复杂网络的有限时间同步

甘勤涛　徐　瑞　著

U0161160

科学出版社

北京

内 容 简 介

复杂网络的连接结构和时空演化错综复杂, 其同步问题的物理机制和控制是应用与设计的基础. 本书主要介绍复杂网络的基本理论知识, 时滞复杂网络的有限时间同步与固定时间同步, 社团网络的有限时间聚类同步以及忆阻神经网络的有限时间、固定时间和指定时间同步控制等. 本书来源于作者近年来的创新性研究成果, 内容丰富、方法实用, 理论分析与数值模拟相结合, 注重系统性与简洁性, 由浅入深, 帮助读者尽快了解和掌握复杂网络的有限时间同步控制的研究方法和前沿动态.

本书可供高等院校应用数学、非线性科学、控制科学、计算机科学、复杂性科学、网络科学以及信息技术等相关专业的高年级本科生、研究生和教师使用, 同时也可供从事相关研究工作的教学、科研人员借鉴与参考.

图书在版编目(CIP)数据

复杂网络的有限时间同步/甘勤涛, 徐瑞著. —北京: 科学出版社, 2022.3
ISBN 978-7-03-070500-6

Ⅰ.①复⋯ Ⅱ.①甘⋯②徐⋯ Ⅲ.①计算机网络–研究 Ⅳ.①TP393

中国版本图书馆 CIP 数据核字(2021) 第 225871 号

责任编辑: 胡庆家 贾晓瑞 / 责任校对: 彭珍珍
责任印制: 吴兆东 / 封面设计: 无极书装

科学出版社 出版
北京东黄城根北街 16 号
邮政编码: 100717
http://www.sciencep.com

北京建宏印刷有限公司 印刷
科学出版社发行 各地新华书店经销

*

2022 年 3 月第 一 版 开本: 720×1000 1/16
2022 年 3 月第一次印刷 印张: 16 插页: 2
字数: 325 000
定价: 128.00 元
(如有印装质量问题, 我社负责调换)

前　　言

　　信息时代，复杂网络广泛存在于自然、社会和人们的生活中，如电力网络、通信网络、计算机网络、神经网络、基因调控网络、生态链、疾病传播网络、舆论和知识传播网络、交通运输网络、经济网络、科学合作网络、社交网络以及作战指挥网络等等. 人类在享受网络化带来的便利与舒适的同时，随之而来的负面影响也日益突出，如传染病更容易大规模扩散和暴发、小范围的电力故障却容易造成大面积的停电事故、城市交通越来越拥堵、地区的金融动荡在短时间内会引发全球性的金融危机等等. 因此，人类社会的日益网络化需要人们对各种人工和自然的复杂网络的行为有更好的认识和理解.

　　复杂网络是由大量节点和节点之间错综复杂的关系共同组成的网络结构，节点数量大且多样、网络结构复杂且随时间演化以及网络结构特征与动力学行为相互影响等构成了复杂网络的基本特征. 同步是复杂网络的一种群体行为，是动力系统之间通过相互耦合或由于外力作用而形成的某种整体协调一致的行为. 在复杂网络中，有些同步对人类是有利的，如心肌细胞的同步使得心脏能够产生有节律的跳动；纳米耦合振子之间的同步行为可以用于研发新的无线通信元件；将两个或多个系统的同步引入到核磁共振仪、信号发生器、激光设备、保密通信以及交通车辆调度等领域将会改善人们的生活. 在军事领域，作战的同步是指各作战单元充分共享战场信息，对战场态势达成一致的理解，最终达到作战行动的一致，取得最好的作战效果. 对作战同步的研究，可以帮助我们更好地理解网络中心战是如何把信息优势转化成作战优势的，能够更加科学地指导战争实践. 而另外一些同步则是有害的，例如 2000 年，伦敦千年大桥落成，拥挤的人群通过大桥，共振使得大桥发生振动；Internet 中路由器都可以决定自身什么时候发送消息，但路由器一段时间后会以同步方式发送数据包，最终可能会导致网络阻塞. 因此，研究复杂网络的同步控制，对于趋利避害、扬长避短，更好地利用同步为人类社会服务，具有重要意义.

　　现如今，随着社会生活节奏的不断加快以及实际应用要求的逐渐提升，人们对于复杂网络同步控制的研究，已不仅仅局限于渐近同步或者指数同步. 在实际应用过程中，通常要求复杂网络能够尽可能快地实现同步，即有限时间同步. 如保密通信只有实现有限时间同步，加密信息才能在规定的时间内解码；刹车控制系统要求车速在有限时间内降到零或车身到达指定位置；航天系统、机器人操控系统等稍短时间工作的系统要在有限时间内满足暂态特性; 反导系统要在有限时间内准确拦截目标; 等等. 复杂网络的有限时间同步不仅在收敛时间上表现出最佳性, 同时也具备更好的鲁棒性和抗外界干扰能力, 这使得人们除了讨论复杂网络的同步机制以外, 也开始关注系统收敛时间的长短.

鉴于复杂网络有限时间同步控制广阔的应用前景, 在作者近年来学习和研究成果的基础上, 本书系统地介绍复杂网络的有限时间同步控制理论. 具体而言, 全书共 6 章:

第 1 章主要介绍复杂网络的基本概念、特征、模型、性质, 同步控制研究方法与控制策略, 有限时间同步的概念与研究现状以及有限时间 Lyapunov 稳定判定定理等.

第 2 章构建具有时变混耦合时滞的复杂网络模型, 利用 Lyapunov 稳定性理论和不等式技巧给出网络实现同步的充分条件, 并讨论无向网络与有向网络在实现同步时所需牵制的关键节点的最少数量以及如何选择关键节点等问题, 为牵制控制器的设计提供理论依据; 利用周期和非周期间歇控制策略分别讨论具有内部时滞和耦合时滞的复杂动态网络的有限时间同步问题, 得到复杂网络系统实现有限时间同步的充分条件.

第 3 章基于间歇控制策略, 分别讨论具有混耦合时滞和具有多重权值的复杂网络的固定时间同步问题, 利用 Lyapunov 稳定性理论、固定时间稳定性理论以及不等式技巧等, 设计复杂网络实现固定时间同步的周期和非周期半间歇控制器, 并分别给出混耦合时滞复杂网络固定时间外部同步和多重权值复杂网络固定时间内部同步的充分条件.

第 4 章介绍具有社团结构的异质复杂网络的有限时间聚类同步问题, 讨论群内部的连接和群之间的连接对聚类同步的动力学行为和网络的聚类同步能力的影响规律, 揭示网络的聚类机制和网络的拓扑结构之间的关系.

第 5 章系统介绍忆阻神经网络的有限时间、固定时间和指定时间同步控制问题, 通过设计更具普适意义的同步控制方案, 构建实现有限时间同步与固定时间同步统一的理论框架, 分析比较有限时间同步与固定时间同步在控制器设计、同步速度和停息时间估计方面的共性与差异, 为忆阻神经网络在保密通信等领域的应用提供理论支撑.

第 6 章讨论 Lévy 噪声干扰下具有忆阻-电阻桥结构突触的神经网络的同步控制问题. 通过设计一类具有忆阻-电阻桥结构的突触, 使得在网络结构不变的情况下连接权重可以为正值、负值或 0, 并能够在一定范围内连续调节. 建立采用该突触的神经网络电路数学模型, 并在模型中保留忆阻器的记忆特性. 在此基础上, 分析网络中神经元状态在 Lévy 噪声干扰下的同步控制问题, 给出神经元状态实现均方指数同步的充分条件. 通过对每个突触施加控制, 进一步实现网络的完全同步. 基于所设计的神经网络电路和完全同步控制结果, 提出一种具有保险措施的伪随机数生成器, 并将其成功应用于保密通信中的文本加密.

本书包含透彻的性能分析、严谨的理论证明以及直观的数值模拟, 是目前复杂网络同步控制的新探索, 不仅可以推动复杂网络理论的发展与完善, 而且能够拓展复杂网络的应用范围, 为复杂网络的设计和应用奠定理论与技术基础.

本书的研究工作得到了国家自然科学基金 (项目编号: 61305076, 11871316, 11371368) 和陆军工程大学基础前沿科技创新项目 (基础研究类)、基础学科科研基金青年人才培育项目 (项目编号: KYSZJQZL2010) 的支持, 也得到了国内外同行的帮助和鼓励, 特别是在本书写作过程中, 山西大学靳祯教授、田晓红研究员, 重庆交通大学宋乾坤教授, 燕山大学武怀勤教授, 新疆大学胡成教授, 陆军工程大学肖峰、孟明强、秦岩、袁诠、吴丽芳和杨婧老师提出了许多宝贵意见, 给予了热情支持; 研究生李梁晨、黄欣、李瑞鸿、张景莎和康巧昆在书稿的整理和校对过程中做了大量的工作. 在此, 作者谨向他们表示衷心感谢! 感谢科学出版社的胡庆家编辑给予的热心支持和付出的辛勤劳动! 书中部分图片来自互联网, 在此对其原创作者表示衷心感谢!

近二十年来, 国内外学术界有关复杂网络的研究成果层出不穷, 由于作者才疏学浅, 尽管毕其全力, 以求全面、系统、深入, 却仍然难免存在不妥之处, 真诚接受该领域内外专家和读者的鼓励与批评.

作　者

2021 年 6 月

目　录

第1章 绪　　论

1.1　复杂网络

随着信息技术的飞速发展, 社会网络化的步伐越来越快, 从互联网到万维网, 从电力网络到四通八达的交通网络, 从通信网络到多机器人系统, 从疾病传播网络到舆情传播网络, 从生物体中大脑结构到新陈代谢网络, 从科研合作网络到各种政治、经济的社会网络等, 事实上, 人们已经生活在一个充满各种各样网络的世界之中. 由于信息的相互交换和传递速度不断加快, 网络的规模在不断扩大, 网络中个体间的交互作用更加频繁, 从而也使得网络的结构更加复杂.

复杂网络不仅是一种数据的表现形式, 同样也是一种科学研究的手段. 在现实生活中, 许多复杂系统都可以通过复杂网络建模进行分析. 如人们为了弄清楚疾病、计算机病毒和网络谣言的传播机理, 可以将它们抽象为一个由众多节点和节点之间的连边组成的复杂网络, 节点表示具体的人或计算机, 连边则表示人与人之间的接触情况或计算机之间的连接情况, 通过对这些复杂网络进行分析, 发现它们的内在规律, 并有针对性地采取措施, 可以有效控制疾病、计算机病毒以及网络谣言的传播. 同样, 在军事领域, 利用复杂网络理论来研究战争也越来越受到人们的关注. 尤其是随着信息时代的来临, 战争形态发生了巨大变化, 网络中心战正日益成为新的作战样式, 作战行动不再是以武器为平台的单元与单元的对抗, 而是以网络为中心的体系与体系的对抗, 战场是由参战单元与信息交流关系构成的动态网络. 传统的描述作战行动的经典作战模型理论 (如兰彻斯特方程模型) 已经不能充分体现信息化战争的特点, 而复杂网络理论可以将战场上分散配置的各种力量按照通信关系、指挥关系或保障关系进行真实描述, 能够更清晰地体现信息化战争信息主导、空间全维、力量一体的特点, 对于军事理论的发展和创新具有重要的指导和借鉴意义.

长久以来, 各个学科一直相对独立地研究各自领域 (诸如通信网络、电力网络、生物网络和社会网络) 中所要解决的问题. 在长期的研究与实践中, 人们发现, 这些网络尽管从表面上看起来千差万别, 各有各的特点, 相互之间也没有明显的联系, 但实际上它们之间有着许许多多出人意料的内在相似之处. 因此, 研究复杂网络的结构与性质, 分析其特点与属性, 可以更准确地揭示隐藏在自然界、生物界、工程领域、军事领域以及人类社会的大量复杂系统中的内在规律, 帮助我们更好地把握这些复杂系统的宏观特征, 为解决在社会实践活动中遇到的复杂问题提供可靠的理论依据. 与此同时, 通过建立复杂网络的数学模型对复杂网络进行更深入的研究也为探索复杂系统提供了一种全新的视角和方法, 有利于对各种真实网络进行比较、研究和综合概括.

1.1.1 复杂网络的概念与发展

追溯复杂网络发展的足迹, 首先是得益于图论和拓扑学等应用数学的发展. 从某种程度上来说, 复杂网络就是将图论科学与物理领域中的非线性动力学、统计物理学、系统科学、计算机科学、社会心理学、传播学等学科结合起来形成的一个全新学科. 对于复杂网络, 如果不考虑节点动力学行为等特征, 而将每个网络中真实的个体视为一个节点, 由连接节点间的边来体现个体之间的相互关系, 那么复杂网络其实就是一张图.

图论起源于著名的哥尼斯堡七桥问题. 哥尼斯堡位于俄罗斯的加里宁格勒, 历史上曾经是东普鲁士的一个城镇, 普雷格尔河横贯城堡, 河中有两座小岛, 并有七座桥将普雷格尔河中岛与岛及岛与河岸连接起来, 如图 1-1 所示. 当地居民提出: 是否存在一种走法, 从这四块陆地中任一块出发, 恰好通过每座桥仅一次再回到起点?

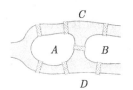

图 1-1   哥尼斯堡七桥问题

1736 年, 瑞士数学家欧拉为了解决此问题, 把它转化为一个数学问题来解决. 他认为这种走法是否存在与两岸和两个岛的大小形状以及桥的长短、曲直都没有关系, 重要的是每两块陆地之间有几座桥. 他用一个点表示一块陆地的区域, 用连接相应顶点的线段表示各座桥, 这样就得出了七桥问题的示意图, 如图 1-2 所示. 于是问题就转化为在这个图中是否能从某一点出发经过每条线段恰好一次再回到出发点. 欧拉证明在这个图中这种走法是不存在的, 并且把该问题归结为 "一笔画" 问题, 同时还给出了对于一个给定的图是否存在如此走遍路线的判断准则.

自欧拉 1736 年解决七桥问题之后, 在相当长一段时间内图论其实并没有得到实质性的研究进展, 图论的早期研究主要集中在简单的规则网络, 如全局耦合网络、最近邻耦合网络以及星形耦合网络等. 直至 20 世纪 60 年代左右, 匈牙利数学家 Erdös 和 Rényi 建立了随机图理论 [1], 该网络模型是完全随机的结构, 即由 N 个节点及任意两个节点之间以相同的概率 p 连接的约有 $pN(N-1)/2$ 条边构成的网络. 在此后很长一段时间, 该理论一直作为复杂网络的基本理论和基本模型. 然而, 随着人们对网络特征认知能力的提高, 在对一些现实网络如技术网、生态环境网和社交网等的实际数据进行计算后, 发现所得到的许多结果都与随机图理论是相背离的, 因此迫切需要新的网络模型来更合理地描述这些实际网络所显示的特性.

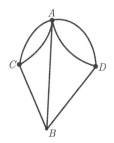

图 1-2　七桥问题示意图

事实上, 绝大多数的实际网络结构并非完全随机或完全规则, 通常是介于完全随机和确定性之间的. 为了解释社会的网络特征, 人们做出了相关的小世界实验, 例如 Milgram 的小世界实验和 Kevin Bacon 游戏. 其中, 20 世纪 60 年代, 美国哈佛大学的心理学家 Milgram 通过一系列社会调查后给出了著名的六度分离理论的推断, 即你与世界上的任何一个人之间产生联系只要通过 5 个人, 也就是 6 个连接关系就能做到. 小世界特性说明了, 大部分的复杂网络系统虽然十分复杂, 规模巨大, 但是它们任意两个节点之间会有一条非常短的路径.

1998 年 6 月, 美国 Cornell 大学理论和应用力学系的博士研究生 Watts 与其导师、非线性动力学专家 Strogatz 教授建立了小世界网络模型 [2], 发现了复杂网络中存在 "小世界效应". 小世界网络是从规则网络出发, 即首先给定一个含有 N 个节点的环状最近邻耦合网络, 其中每个节点都与其左右相邻的各 $K/2$ 个节点相连, 这里的 K 为偶数; 然后采用随机化重连, 即以相同的概率 p 随机地重新连接网络中原有的每一条边, 把每条边的一个端点保持不变, 另一端改为网络中随机选择的一个节点, 其中规定网络不包含自连接和重边, 小世界网络的形成过程如图 1-3 所示. 由于规则网络的平均路径较长, 随机网络的聚类系数较小, 这两点与现实世界中的复杂网络并不相符, 而在 Watts 和 Strogatz 提出的小世界网络模型中有着较短的平均路径和较大的聚类系数, 因此能够较好地反映某些实际系统的特征.

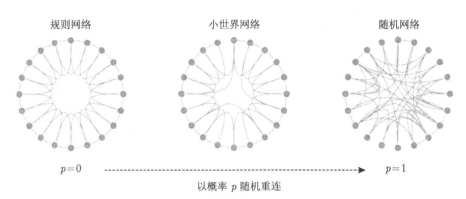

图 1-3   小世界网络的形成过程

1999 年 10 月, 美国 Notre Dame 大学物理系的 Barabási 教授与其博士研究生 Albert 提出了无标度网络 (亦称 BA 网络)[3], 揭示了许多复杂网络具有幂律形式的连接度分布的特点, 并首次从动态、增长的观点出发研究了复杂网络无标度特性的形成机理, 描述了复杂网络的演化过程, 彻底颠覆了人们对真实世界网络的传统认识, 掀起了复杂网络的研究高潮, 同时也开启了复杂网络研究的新时代 [4]. Barabási 与 Albert 认为, 现实世界中的大多数复杂系统是动态演化、开放自组织和随机伴行的. 实际网络中的这种现象来源于两个重要因素, 即增长机制和优先连接机制. 其中, 网络的增长机制是指网络的规模是不断扩大的. 例如, 每个月都会有大量新的学术研究论文发表, 万维网上每天都会有大量新的网页产生等. 网络的优先连接机制是指新的节点更倾向于与那些具有较大连接度的节点相连, 这种现象也被称为 "富者更富" 或 "马太效应". 例如, 新发表的学术研究论文更倾向于引用一些高被引的重要文献, 新的个人网页上的超文本链接更有可能指向百度、新浪、搜狐等著名的站点. 无标度网络是从一个具有 m_0 个节点的网络开始, 每次引入一个新的节点, 并且使新加入的节点与已经存在的节点中的 $m(m \leqslant m_0)$ 个节点以不同的概率相连, 它们相连的概率与已有节点的度成正比, 即新加入的节点与度为 k_i 的节点 i 相连的概率为 $p_i = k_i / \sum_j k_j$. 根据增长性和择优选择, 网络最终演化为一个标度不变的网络, 即网络的度分布不随时间而变. 复杂网络的无标度特性反映了其度分布的不均匀性, 即大部分节点之间只有少数几个连接, 因此它们的度很小, 然而某些节点和其他节点之间却有大量的连接. 这些拥有许多连接的节点被称为 "中心节点" 或者 "集散节点". 鲁棒性和脆弱性是体现随机图网络和无标度网络之间存在显著差异的重要拓扑特性. 与随机图网络不同, 无标度网络中幂律分布特性的存在极大地提高了高度数节点存在的可能性. 因此, 无标度网络同时显现出针对随机故障的鲁棒性和针对蓄意攻击的脆弱性. 这种鲁棒且脆弱性对网络容错和抗攻击能力会产生很大影响. 研究表明, 无标度网络具有很强的容错性, 但是对基于节点度值的选择性攻击而言, 其抗攻击能力相当差, 高度数节点的存在极大地削弱了网络的鲁棒性, 一个恶意攻击者只需选择攻击网络很少的一部分高度数节点, 就能使网络迅速瘫痪.

小世界网络和无标度网络模型的提出是复杂网络研究领域的里程碑, 它破除了人们几十年来习惯性地将随机图用于实际中复杂网络的传统思想, 标志着复杂网络的研究进入了一个新的时期. 随后, 大批学者对复杂网络展开了进一步探索, 许多复杂网络模型被相继建立, 例如改进的 Newman-Watts 小世界模型 [5]、局域世界演化网络模型 [6] 和描述科学引文网的 Klemm-Eguíluz 模型 [7] 等, 许多刻画复杂网络结构的统计特性被提出, 如度与度分布、聚类系数、平均路径长度、介数和度相关性等, 这些研究工作有效地推进了复杂网络理论的创新、完善与发展.

钱学森对于复杂网络给出了一种严格的定义: 具有自组织、自相似、吸引子、小世界、无标度中部分或全部性质的网络称为复杂网络, 即复杂网络就是呈现出高度复杂性的网络, 绝大多数复杂网络的复杂性主要体现在以下几个方面 [4,8,9].

(1) 节点数量巨大: 网络节点数量可以成千上万, 甚至更多, 但大规模的复杂网络行为具有统计特性.

(2) 结构的复杂性: 网络连接结构既非完全规则也非完全随机, 但却具有其内在的自组织规律, 网络结构可呈现多种不同特征, 既可以是无向网络也可以是有向网络, 既可以是静态网络也可以是时变网络, 可以具有社团结构甚至重叠社团结构等.

(3) 节点的复杂性: 首先表现为复杂的节点动力学性态, 即各个节点本身可以是各种非线性系统 (可以由离散或连续的微分方程系统描述, 系统可以是一阶的、高阶的甚至是分数阶的), 具有分岔和混沌等非线性动力学行为; 其次表现为节点的多样性, 复杂网络的节点可以代表任何事物, 而且一个复杂网络中可能出现各种不同类型的节点 (异质网络).

(4) 网络时空演化过程复杂: 复杂网络具有空间和时间的演化复杂性, 展示出丰富的复杂行为, 特别是网络节点之间的不同类型的同步化运动 (包括出现周期、非周期、混沌和阵发行为等运动).

(5) 网络连接的稀疏性: 一个有 N 个节点的具有全局耦合结构的网络的连接数目为 $O(N^2)$, 而实际大型网络的连接数目通常为 $O(N)$.

(6) 多重复杂性融合: 若以上多重复杂性互相影响, 将导致更为难以预测的结果. 例如, 设计一个电力供应网络需要考虑此网络的进化过程, 其进化过程决定网络的拓扑结构. 当两个节点之间频繁进行能量传输时, 它们之间的连接权重会随之增加, 通过不断的学习与记忆逐步改善网络特性.

除了复杂性, 复杂网络一般还具有以下三个特性 [10].

(1) 小世界特性: 大多数网络尽管规模很大, 但任意两个节点间却有一条相当短的路径.

(2) 无标度特性: 人们发现一些复杂网络节点的度分布具有幂指数函数的规律. 因为幂指数函数在双对数坐标中是一条直线, 这个分布与系统特征长度无关, 所以该特性被称为无标度性质. 无标度特性反映了网络中度分布的不均匀性, 只有少数的节点与其他节点有很多的连接, 而大多数节点的度很小.

(3) 超家族特性: 2004 年, Sheffer 和 Alon 等在 *Science* 上发表文章 [11], 比较了许多已有网络的局部结构和拓扑特性, 观察到有一些不同性质的网络的特性在一定条件下具有相似性. 尽管网络不同, 只要组成网络的基本单元 (最小子图) 相同, 它们的拓扑性质的重大轮廓外形就可能具有相似性, 这种现象被他们称为超家族特性.

复杂网络的连接结构和时空演化错综复杂, 探索复杂网络的拓扑结构和动力学行为, 揭示其演化机制和内在规律, 能够为现实网络的理解、设计与改进提供重要的理论依据, 从而趋利避害地利用网络为人类服务 [12].

1.1.2 复杂网络模型

对复杂网络的研究主要是分析网络的拓扑结构对复杂网络系统运行机制的影响. 因此, 根据真实网络的特点, 运用系统科学和数学建模的理论知识与方法构建复杂网络的数学模型是研究复杂网络的重要基础.

2002 年, 上海交通大学汪小帆教授和香港城市大学陈关荣教授假定 N 个相同的节点通过线性扩散耦合构成复杂动态网络且每个节点均是一个 n 维的动态动力系统, 通过利用微分方程描述网络节点的动力学行为和节点之间的连接拓扑结构, 提出了一类简单的具有一致连接的复杂网络数学模型, 即广义无标度动态网络模型 [13]:

$$\dot{x}_i(t) = f(t, x_i(t)) + c \sum_{j=1}^{N} a_{ij} \Gamma x_j(t), \quad i = 1, 2, \cdots, N \tag{1.1.1}$$

式中, $x_i(t) = (x_{i1}(t), x_{i2}(t), \cdots, x_{in}(t))^{\mathrm{T}} \in \mathbb{R}^n$ 为节点 i 的状态变量; $f : \mathbb{R}^n \to \mathbb{R}^n$ 为描述复杂网络节点动力学行为的非线性连续可微向量函数; $c > 0$ 为复杂网络的耦合强度; $\Gamma \in \mathbb{R}^{n \times n}$ 表示节点的内部耦合矩阵, 为由 0 和 1 组成的对角矩阵, 形式为 $\Gamma = \mathrm{diag}(\gamma_1, \gamma_2, \cdots, \gamma_n)$; $A = (a_{ij}) \in \mathbb{R}^{N \times N}$ 为复杂网络的外部耦合矩阵, 它描述了整个网络的节点间的耦合结构, 若节点 i 和节点 $j (j \neq i)$ 之间有连接, 则 $a_{ij} = a_{ji} = 1 \ (i \neq j)$; 否则 $a_{ij} = a_{ji} = 0 \ (i \neq j)$. 如果将节点 i 与其他节点连接的边数定义为节点 i 的度 k_i, 则有 $a_{ii} = -\sum_{j=1, j \neq i}^{N} a_{ij} = -\sum_{j=1, j \neq i}^{N} a_{ji} = k_i$, $i = 1, 2, \cdots, N$. 网络模型 (1.1.1) 的内部耦合是线性的, 称这样的复杂网络为线性耦合动态复杂网络. 矩阵 A 中的对角元素 a_{ii} 的定义为: $a_{ii} = -\sum_{j=1, j \neq i}^{N} a_{ij}$,

称为耗散耦合条件 [14], 是早期研究复杂网络的必要条件.

模型 (1.1.1) 是充分简化的复杂网络数学模型, 具有以下特点 [15]:

(1) 节点间的耦合是线性的 (内部耦合线性);

(2) 网络为无向复杂网络;

(3) 复杂网络中节点间具有相同的耦合强度和静态的网络连接拓扑结构 (a_{ij} 保持不变);

(4) 系统节点本身和节点间信息传输不存在时间延迟 (无时滞);

(5) 系统为一阶非线性系统;

(6) 系统为确定的连续系统, 不存在参数不确定、随机干扰等现象;

(7) 系统的参数、函数均为实值;

(8) 除去节点间耦合, 网络中各个节点具有相同的动力学行为.

随着复杂网络研究工作的不断深入, 其数学模型也得到了逐步完善, 以更精确地刻画复杂网络的演化机制和内在规律, 主要围绕以下 10 个方面开展研究.

1. 非线性耦合复杂网络

复杂网络模型 (1.1.1) 的节点内部耦合是线性关系, 如果用非线性耦合向量函数 $g(x_j(t))$ 代替线性耦合向量函数 $\Gamma x_j(t)$, 则复杂网络的状态方程可描述为

$$\dot{x}_i(t) = f(t, x_i(t)) + c \sum_{j=1}^{N} a_{ij} g(x_j(t)), \quad i = 1, 2, \cdots, N \qquad (1.1.2)$$

式中, $g(\cdot)$ 用于描述网络节点的内部非线性耦合关系. 网络模型 (1.1.2) 称为非线性耦合复杂网络 [16-18].

2. 有向加权复杂网络

对于用图刻画出来的复杂网络, 从节点连边是否区分方向的角度来看, 可以把网络分为无向网络和有向网络. 无向网络用于刻画个体地位相互平等的复杂系统, 其中个体之间的信息交互是不区分方向的, 如交通网络、朋友网络等. 而有向网络所刻画的复杂系统中个体之间的信息交互和方向有关, 如疾病传播网络、舆情传播网络、万维网、食物链网络、论文引用网络等. 从连边是否区分强弱的角度看, 又可以把网络分为无权网络和加权网络. 无权网络只体现节点之间的连接关系和相互作用, 不描述节点之间相互作用的强度. 而加权网络赋予每条连边一个强度, 并通过权值的不同来反映节点在网络中的重要性和差异性, 如 Internet 中不同的路由器和链路带宽的信息处理能力是不同的; 铁路运输网络中不同站点上对火车的承载能力是有差异的; 航空网络中不同机场所能容纳的飞机数量、所能提供的乘客服务也是不一样的; 在科学家合作网络中, 两个科学家合作论文的数

量是他们合作关系的重要反映; 演员合作网络中把演员之间的合作程度定义为边权重; 社会关系网络的边权重则为两个人的相识程度; 电力网络中边权重为高压传输站之间的距离; 等等. 有向加权复杂网络的数学模型也可用 (1.1.1) 表示, 但其中外部耦合矩阵 $A = (a_{ij}) \in \mathbb{R}^{N \times N}$ 定义为: 如果从节点 i 到节点 $j(j \neq i)$ 存在一个有向的连接, 则 $a_{ij} > 0 \ (i \neq j)$; 否则 $a_{ij} = 0 \ (i \neq j)$, 且外部耦合矩阵的对角元素满足 $a_{ii} = -\sum_{j=1, j \neq i}^{N} a_{ij}, i = 1, 2, \cdots, N$.

3. 时变复杂网络

时变复杂网络是指网络的拓扑结构会随着时间而变化的网络, 拓扑变化表现为节点或者链路的增加或减少. 相比于静态网络, 时变网络可以表现出相当复杂的诸如振荡、分岔、混沌等非线性动力学行为, 现实世界中大多数网络的拓扑结构都是随时间变化的. 例如, 在 Internet 中, 由于每天都有一些新的网页被制作出来, 同时又有一些旧网页被删除, 所以由大量网页通过超链接的方式而形成的复杂网络的拓扑结构是随时间不断变化的; 在移动传感器网络中, 有些传感器会由于长距离传输而在某些时间段内与其他传感器的连接发生中断; 此外, 电力网络、银行网络、卫星网络、社会网络等都存在不断变化的现象 [19]. 时变复杂网络的数学模型为 [20]

$$\dot{x}_i(t) = f(t, x_i(t)) + c \sum_{j=1}^{N} a_{ij}(t) \Gamma(t) x_j(t), \quad i = 1, 2, \cdots, N \tag{1.1.3}$$

式中, $\Gamma(t)$ 为内部耦合矩阵 (可能为非对角矩阵), 描述各个节点在 t 时刻内部状态间的耦合; $A(t) = (a_{ij}(t)) \in \mathbb{R}^{N \times N}$ 为时变外部耦合矩阵, 描述整个网络在 t 时刻的拓扑结构和耦合强度且满足: 如果任意两个网络节点 i 和 j 之间有连接, 则 $a_{ij}(t) \neq 0$, 否则 $a_{ij}(t) = 0$, 且对角元素满足 $a_{ii}(t) = -\sum_{j=1, j \neq i}^{N} a_{ij}(t)$.

在时变复杂网络模型 (1.1.3) 中, 一种常见的形式是具有切换拓扑结构的复杂网络, 即网络的拓扑结构根据某个给定的规则在若干连续时间的子系统中来回切换. 具有切换拓扑结构的时变复杂网络的数学模型为 [21,22]

$$\dot{x}_i(t) = f(t, x_i(t), r(t)) + c \sum_{j=1}^{N} a_{ij}(r(t)) \Gamma x_j(t), \quad i = 1, 2, \cdots, N \tag{1.1.4}$$

式中, $\{r(t), t \geqslant 0\}$ 为一个在有限状态空间 $\Lambda = \{1, 2, \cdots, M\}$ 上取值右连续的马尔可夫链, 具有如下的转移概率

$$P\{r(t + \Delta t) = j | r(t) = i\} = \begin{cases} \pi_{ij} \Delta t + O(\Delta t), & i \neq j \\ 1 + \pi_{ij} \Delta t + O(\Delta t), & i = j \end{cases}$$

这里 $\Delta t > 0$ 且 $\lim_{\Delta t \to 0} \dfrac{O(\Delta t)}{\Delta t} = 0$. 如果 $i \neq j$, 则 $\pi_{ij} > 0$ 就是从第 i 个拓扑结构切换到第 j 个拓扑结构的转移率, 否则 $\pi_{ii} = -\sum_{j=1, j \neq i}^{M} \pi_{ij}(t)$.

复杂网络 (1.1.4) 也被称为具有马尔可夫跳变的复杂网络模型, 其动力学行为在生物、医学、模式识别、图像处理、优化问题以及人们的日常生活中具有重要的应用.

4. 时滞复杂网络

时间滞后, 简称时滞, 又称时间延迟, 指的是从发出一个刺激或采取某种措施到获得反应和反响之间的时间延搁. 时滞是现实世界中普遍存在的一种客观现象, 通常是由有限的信号传输、有限的切换速度、交通堵塞和记忆效应等因素引起的, 在建筑构造、机械设计、通信工程、航天工程和生物技术等诸多领域都有重要的应用 [23]. 由于复杂网络是由大量的节点和连边构成的, 信息在各个节点之间进行传输往往会受到各种限制, 不可避免地会出现传输滞后的现象, 因此耦合时滞在复杂网络中是常见现象, 也会影响复杂网络的动力学性态. 在复杂网络中的时滞主要来源于两个方面: 一个是节点的动力学方程本身存在时滞, 另一个是网络连接, 即不同节点之间耦合时出现时滞现象 [24], 时滞的存在往往是系统不稳定或系统性能变差的根源. 具有滞后特性的复杂网络统称为时滞复杂网络, 其数学模型可描述为

$$\dot{x}_i(t) = f\left(t, x_i(t - \tau_1(t))\right) + c \sum_{j=1}^{N} a_{ij} g\left(x_j(t - \tau_2(t))\right), \quad i = 1, 2, \cdots, N \quad (1.1.5)$$

式中, $\tau_1(t)$ 表示节点自身的状态时滞, $\tau_2(t)$ 描述节点间的耦合时滞. 复杂网络 (1.1.5) 的时滞项 $\tau_1(t)$ 和 $\tau_2(t)$ 可以是常数或时变函数.

5. 分数阶复杂网络

分数阶微积分几乎与整数阶微积分同时提出, 其发展至今已有 300 多年的历史. 从数学角度看, 它是指任意阶次的微分和积分, 可以看作是经典整数阶微积分的延伸与拓展. 然而, 由于自身的弱奇异性和缺乏清晰的几何解释和明确的物理意义, 分数阶微积分在过去相当长的一段时期内都是被作为数学领域的纯理论问题进行研究的. 随着研究的不断深入, 人们发现自然界中的许多现象依靠整数阶微分方程是不能精确描述的, 如整数阶神经网络模型无法刻画神经元的记忆性和对历史数据的依赖性 [25], 半无限有损传输线的电压和电流之间表现出了半微分和半积分的关系 [26], 等等. 分数阶微分方程为描述材料和过程中的 "记忆" 与 "遗传" 特性提供了强有力的数学工具, 并借助其为动力学系统建立了更真实、更完备的数学模型. 分数阶微分系统的最大优势在于其非局部性质, 系统状态不但依赖

于目前状态, 而且依赖于其过去状态. 分数阶导数具有非局部性和弱奇异性, 是体现复杂网络 "记忆" 与 "遗传" 特性的有效工具, 能更准确地描述复杂网络的变化状态. 同时, 分数阶微分系统通过分数阶导数增加了一个自由度 [27], 较整数阶微分系统具有更丰富的节点动力学行为, 能够更好地探索复杂网络的同步机理并拓展其实际应用范围, 尤其是随着分数阶微积分运算模拟电路的实现以及计算技术的不断提高, 分数阶复杂网络建模在工程力学、生物医学、复杂物理、系统控制以及图像处理等领域得到了广泛应用.

　　分数阶微积分的定义主要包括 Grunwald-Letnikov 分数阶微积分、Riemann-Liouville 分数阶微积分和 Caputo 分数阶微积分等. 事实上, 在某些条件下, 以上 3 种分数阶微积分的定义是等价的, 它们之间可以进行相互转换 [27]. 通常情况下, Grunwald-Letnikov 定义常用于数值计算, 可以看成是整数阶微积分差分定义极限形式的推广. Riemann-Liouville 定义和 Caputo 定义均为 Grunwald-Letnikov 定义的扩充和改进, 它们之间的本质区别在于求导与积分次序不同, 前者为先求导再积分, 后者为先积分再求导. 从数学的角度来看, Caputo 定义要求函数是 n 阶可微的; Riemann-Liouville 定义具备相对简洁的数学表达式, 而且条件容易满足. 从工程应用的角度来看, Caputo 定义使得 Laplace 变换更加简洁, 从而促进分数阶微分方程在实际应用中更加便于求解, 实用性更强 [28]. 因此, 大多数分数阶复杂网络的数学模型均选择 Caputo 微积分定义, 其对应的分数阶复杂网络的数学模型为 [29]

$$ {}_{t_0}^{c}D_t^{\alpha}x_i(t) = f(t, x_i(t)) + c\sum_{j=1}^{N}a_{ij}\Gamma x_j(t), \quad i = 1, 2, \cdots, N $$

式中, 函数 ${}_{t_0}^{c}D_t^{\alpha}x(t)$ 表示函数 $x(t)$ 的 Caputo 型 α 阶导数:

$$ {}_{t_0}^{c}D_t^{\alpha}x(t) = \frac{1}{\Gamma(n-\alpha)}\int_{t_0}^{t}\frac{x^{(n)}(s)}{(t-s)^{\alpha}}\mathrm{d}s, \quad t \geqslant t_0 $$

其中 n 为正整数且满足 $\alpha \in (n-1, n)$, $\Gamma(\cdot)$ 为 Gamma 函数, 是阶乘概念的推广, 定义为

$$ \Gamma(z) = \int_0^{\infty}t^{z-1}\mathrm{e}^{-t}\mathrm{d}t, \quad \mathrm{Re}(z) > 0 $$

特别地, 当 $\alpha \in (0, 1)$ 时有

$$ {}_{t_0}^{c}D_t^{\alpha}x(t) = \frac{1}{\Gamma(1-\alpha)}\int_{t_0}^{t}\frac{\dot{x}(s)}{(t-s)^{\alpha}}\mathrm{d}s, \quad t \geqslant t_0 $$

　　虽然分数阶复杂网络的有限时间同步已经取得了一定进展, 但由于受到分数阶微分系统的稳定性理论远没有整数阶微分系统的稳定性理论成熟、复杂网络拓

扑结构的复杂性和节点动力学行为的多样性等因素的影响, 其仍然面临许多难题, 如 Lyapunov 直接方法无法很好地直接应用于研究具有混耦合时滞的分数阶复杂网络、具有右端不连续节点函数的分数阶复杂网络、具有全复值的分数阶复杂网络的有限/固定时间同步控制问题以及具有非重叠社团结构或重叠社团结构的分数阶复杂网络的有限时间聚类同步控制问题等, 即使结合 Barbalat 引理、比较原理、LaSalle 不变原理和分数阶导数已知的性质也很难有效解决其基于自适应控制、牵制控制、间歇控制、采样数据控制和事件触发控制等的有限时间同步问题.

6. 随机复杂网络

复杂网络的建模过程中, 由于外界环境的变化, 节点之间的耦合会受到各种不确定因素的干扰和影响, 而且这些干扰往往表现出随机的特性. 如在交通运输网络中, 偶然发生的事故会导致交通拥堵和路面状况发生改变; 在电力网络中, 发电站或变压器一旦出现故障, 电网结构将发生变化, 变化的类型和时间无法确定; 在传感器网络中, 传感器节点的加入或失效会导致网络拓扑结构的改变, 甚至无法保持网络的连通性; 在生物网络中, 某些物种受到环境变化的影响而灭绝, 使得部分食物链的结构发生变化, 而环境的变化是无法确定的; 在通信网络中, 外部噪声会影响网络的通信效果, 通信的可靠性降低. 当所考虑的网络系统有较高的要求或随机因素不可忽略时, 利用随机系统来处理问题就成为自然而然又必要的手段, 随机复杂网络的数学模型常描述为[30]

$$\mathrm{d}x_i(t) = \left[f(t, x_i(t)) + c \sum_{j=1}^{N} a_{ij} \Gamma x_j(t) \right] \mathrm{d}t + h_i(t, x_1(t), x_2(t), \cdots, x_N(t)) \mathrm{d}\omega_i(t)$$

式中, $h_i(t, x_1(t), x_2(t), \cdots, x_N(t))$ 为随机噪声强度的函数矩阵, $\omega_i(t)$ 表示 n 维独立的维纳过程, $i = 1, 2, \cdots, N$. 一般来说, 随机干扰会对复杂网络的耦合产生不利的影响, 导致网络的稳定性变差, 但是在某些特定情况下, 随机干扰也有可能会改善复杂网络的稳定性, 如将网络的不稳定状态转变为稳定状态, 或者使本来的稳定状态更加稳定[31].

7. 复值复杂网络

复杂网络模型 (1.1.1) 的状态变量、节点动力学函数、耦合强度、内部和外部耦合函数/系数等均在实数域上考虑, 因此也被称为实值复杂网络系统. 事实上, 在现实世界中存在许多复数值的复杂系统. 1982 年, Fowler 等首次提出了复 Lorenz 系统[32], 表明非线性动力系统的研究开始由实数域进入复数域. 之后, 一些复值动力学系统如复 Chen 系统、复 Lü 系统、复值神经网络、Orr-Sommerfeld 系统、Ginzburg-Landau 系统、复值 Riccati 系统等被相继提出. 复值系统具有比实值系统更丰富的动力学性态和更广泛的应用前景, 如在保密通信和信息安全领域, 复值系统传输的信息量更大、参数空间更广、加密信号更难破译, 可以解决实值系统无法解决的 XOR(异或) 问题、对称性检测问题以及多值联系记忆问题等 [33-35]. 因此, 复值复杂网络的适用性更强, 更能描述现实中的各种复杂物理现象, 可以更好地模拟实际网络的特征, 其数学模型为

$$\dot{x}_i(t) = f(t, x_i(t)) + c \sum_{j=1}^{N} a_{ij} \Gamma x_j(t), \quad i = 1, 2, \cdots, N$$

式中, $x_i(t) = (x_{i1}(t), x_{i2}(t), \cdots, x_{in}(t))^{\mathrm{T}} \in \mathbb{C}^n$ 为节点 i 的复值状态变量; f : $\mathbb{C}^n \to \mathbb{C}^n$ 为描述复杂网络节点动力学行为的复值非线性连续可微向量函数; $c \in \mathbb{C}$ 为复杂网络的复值耦合强度; $\Gamma \in \mathbb{C}^{n \times n}$ 为节点的复值内部耦合矩阵; $A = (a_{ij}) \in \mathbb{C}^{N \times N}$ 为复杂网络的复值外部耦合矩阵.

8. 异质复杂网络

如果不考虑复杂网络模型 (1.1.1) 中节点间的耦合因素, 其所有节点的动力学函数是完全相同的, 称该类复杂网络模型为同质网络 (或同构复杂网络、一致节点复杂网络). 在对复杂网络的建模和分析中, 不少学者考虑了网络节点的差异性, 即网络节点的动力学性态不完全相同, 称该类复杂网络模型为异质网络 (或异构复杂网络、非一致节点复杂网络). 复杂网络的节点异质性是广泛存在的, 如在 Internet 中, 网络的实体包括个人计算机、各种小型机、服务器、交换机以及路由器等等; 社交网络中的节点之间存在教育背景、职业、区域、爱好等差异; 在疾病传播网络中, 个体在疫苗接种、卫生环境、生活习惯以及身体素质等方面的异质性会对传染病的传播与根除产生很大影响; 在生物链中, 不同种群的变化规律是不一致的等. 异质复杂网络的数学模型可描述为 [36]

$$\dot{x}_i(t) = f_i(t, x_i(t)) + c \sum_{j=1}^{N} a_{ij} \Gamma x_j(t), \quad i = 1, 2, \cdots, N$$

式中 $f_i(t, x_i(t))$ 为描述第 i 个节点的动力学性态的非线性连续可微向量函数, 对于不同的节点其函数表达式是有区别的.

9. 多层复杂网络

随着复杂网络研究的不断深入, 人们发现很多时候只有一层网络的数学模型很难将问题解释清楚, 因此便引入了多层复杂网络的概念 [37]. 例如研究计算机网络与电力网络相互依赖的供电系统 (计算机网络以电力网络为支撑, 电力网络通过计算机网络得到指令) 的级联失效问题时, 将电力网络和计算机网络各自作为一个网络, 再将两者联合起来组成一个双层网络模型就是一个很好的研究方法.

随着人们研究的理论模型不断向实际情况靠近, 多层复杂网络模型已经被运用得越来越广泛 [38], 如包括不同运输工具 (航空网、铁路网和公路网) 的交通网络; 计算机网络中服务器与终端系统的依存; 社会网络中朋友网络、家庭网络和工作关系网络之间的复合重叠; 金融市场与实体产业的交织影响; 包括物种的生态网络的交互网络和食物网; 包括基因调控网络、新陈代谢网络、蛋白质-蛋白质相互作用网络; 等等 [39,40]. 多层复杂网络的数学模型可表示为 [41]

$$\dot{x}_i(t) = f_i(t, x_i(t)) + c \sum_{k=1}^{m} \sum_{j=1}^{N} a_{ij}^{(k)} \Gamma_k x_j(t), \quad i = 1, 2, \cdots, N$$

式中, Γ_k 表示第 k 层网络的内部耦合矩阵; $a_{ij}^{(k)}$ 表示第 k 层网络的外部耦合矩阵, 由层内连接矩阵和层间连接矩阵两部分组成.

10. 离散时间复杂网络

尽管大部分复杂网络都是一个连续时间的系统模型, 但是在当今的数字世界里, 由于计算机仿真和计算技术的飞速发展, 离散时间动力系统在许多科学和工程应用领域都得到了广泛应用, 如图像处理、时间序列模拟、二次最优化问题、系统识别和离散模拟连续系统等. 离散时间复杂网络模型可描述为

$$x_i(t+1) = f(x_i(t)) + c \sum_{j=1}^{N} a_{ij} \Gamma x_j(t), \quad i = 1, 2, \cdots, N$$

式中 t 表示网络中离散化时间.

随着复杂网络研究的逐步深入, 越来越多的现实因素被各领域的研究学者引入复杂网络模型的讨论中, 期望更精确地刻画复杂网络的演化机制和内在规律, 建立与实际网络更加贴切的复杂网络模型.

1.2 同步控制

当前, 人们主要从三个方面对复杂网络进行研究: 对真实网络进行实证性的研究, 进而分析真实网络的统计特性; 构建符合真实网络统计特性的网络演化模型, 以此为基础研究网络的形成机制和内在机理; 研究复杂网络上的动力学行为, 如网络的同步能力、一致性、鲁棒性以及控制等.

同步是复杂网络的一种群体行为, 即在不同的初始条件下两个或多个动力系统通过相互作用使其状态逐渐接近直至最后达到完全相同的状态. 同步现象首次引起人们的关注是在 1665 年, 荷兰物理学家惠更斯发现了同一横梁上的两个钟摆一段时间后会出现同步摆动的情况. 接下来, 人们逐渐发现了许多同步现象: 郊外

晚上在同一棵树上的萤火虫会有规律地一起同时发光或者不发光; 夏天青蛙的叫声能够渐渐趋于同步; 当一群蚂蚁外出觅食时, 在蚂蚁之间没有通过触角发出信号的前提下, 它们自然而然就会排列出整齐的队伍; 在温度低于水的凝固点时, 上万亿个水分子会自然凝聚成对称的冰晶; 当精彩演出结束后, 观众的掌声起初是凌乱的, 但经过几秒之后, 大家会用共同的节奏鼓掌等 [42]. 有些同步是有益的, 如保密通信、语言涌现及其发展 (谈话的同步)、组织管理的协调及高效运行 (代理同步) 等, 我们需要这种同步; 有些同步是有害的, 如传输控制协议窗口的增加、Internet 或通信网络中的信息拥塞、周期路由信息的同步等, 应尽量避免这种同步 [9].

同步的物理机制及控制方法在复杂网络的研究中占有非常重要的地位, 是探索复杂系统性质和功能的基础, 可以帮助人们更清楚地认识自然和世界 [43]. 如电力网络需要实现同步才能使整个智能系统稳定地运行 [44,45]; 心肌细胞的同步使得心脏能够产生有节律的跳动 [46]; 路由数据包传播的同步可能导致通信网络的信息拥塞 [9]; 脑神经网络的同步能够为研究癫痫、帕金森病、阿尔茨海默病和特发性震颤等神经类疾病的发病机制提供重要的理论支撑 [47,48]; 多智能体系统的同步可以实现无人机集群危险规避、分布式机器人控制、编队目标跟踪和路径规划等 [49]; 核磁共振就是利用同步原理来检测人体的健康状况, 这样可以提前预防各种疾病的发生; 将反同步用于保密通信可以保证我们的通信安全问题; 对作战同步的研究, 能够帮助我们更好地理解网络中心战是如何把信息优势转化成作战优势的, 可以更科学地指导战争实践 [50]. 除此之外, 复杂网络同步在公共交通网 [51]、图像加密 [52,53] 和金融市场 [54] 等领域也有着非常广泛的应用前景, 因此, 如何更好地实现有益同步同时克服有害同步已经成了网络科学的一个重要研究方向 [41], 并在保密通信、图像处理以及无人机集群控制与危险规避等领域取得了引人瞩目的成果.

1.2.1   控制策略

通常情况下, 复杂网络很难通过自身的耦合实现同步, 必须对其施加一定的外部控制以改变系统的动力学特性或网络的拓扑结构. 从控制对象来看, 可将同步控制分为网络拓扑结构的控制、复杂网络参数的控制以及控制器的运用 [55]. 网络拓扑结构的控制主要通过某种变换来改变网络拓扑结构, 从而调控网络的动力学行为, 如通过网络结构上的图运算来改变同步能力、通过特定的加边方式来改变网络的同步能力等等. 复杂网络参数的控制主要包括耦合强度的调节、控制力度的调节等. 控制器的运用主要是通过对复杂网络施加适当的控制器, 从而达到同步控制的目的. 设计网络控制器的初衷来源于控制理论, 即将复杂网络看作一个受控系统, 网络实现同步看作控制目标, 设计网络控制器则看作用于实现目标的控制手段. 由此, 将复杂网络系统的同步控制问题转化为受控系统的控制器设计问题, 应用现有控制理论中的控制思想和控制方法进行网络控制器的设计. 随着现代控制理论以及复杂网络理论研究的不断深入, 诸多控制策略已经被成功地用于实现复杂网络的同步问题中, 如线性状态反馈控制、自适应控制、牵制控制、脉冲控制、间歇控制、样本数据控制、滑模变结构控制、切换控制以及事件触发控制等, 这里主要介绍牵制控制、间歇控制和事件触发控制.

1. 牵制控制

复杂网络的连接结构和时空演化错综复杂, 其同步问题的物理机制及控制策略在复杂网络的研究中占有非常重要的地位. 复杂网络的复杂性表现在: 海量的节点数、复杂的连接拓扑结构以及各节点丰富的动力学行为. 由于复杂网络具有海量的节点数, 在实现同步时通常很难将控制器设置于每一个节点. 牵制控制是为了减少控制器数目所做的一种尝试, 其基本思想是只对网络中的部分节点进行控制, 即对网络中的少量节点施加控制作用以实现对整个网络的有效控制.

为了进一步理解这个概念, 不妨先看两个生物例子 [56,57].

第一个例子是线虫, 这是一种寄生虫, 因为其体内的神经网络结构相当简单, 目前对它的认识比较清楚, 因而生物学研究中经常用它来做实验对象. 线虫的神经网络大约有 300 个神经元和 2400 条神经连接线. 通过刺激, 或者说是控制多少个神经元就可以影响到线虫全身的整个神经网络呢? 答案是平均约 49 个, 约占神经元总个数的 16.3%.

第二个例子是鱼群和蜂群. 它们经常因为食物来源的变化而到处迁移. 观察发现: "鱼群中只有很少的个体知道目标在哪里, 但它们能够影响到整个大鱼群的觅食迁移." 类似地, 蜂群中相当少的个体 (约 5%) 就能引导整个群体飞到新的巢穴去.

牵制控制通常包括两种牵制策略: 一种是随机牵制, 即随机选择若干节点实施控制; 另一种是指定控制, 即根据某些指标 (如节点的度、介数等) 选择特定的节点实施控制. 复杂网络的牵制控制是一种高效、简洁、实惠的控制方法, 其研究重点之一就是要确定哪些节点被优先控制更有利于实现复杂网络的同步.

2002 年, 上海交通大学汪小帆教授和香港城市大学陈关荣教授 [13] 首次将牵制控制的思想用于复杂网络, 通过对无标度网络的部分节点实施控制, 利用网络中节点的传播动力学行为实现控制整个网络, 并指出: 在对无标度网络的控制中, 指定牵制策略要比随机牵制策略更有效, 即对于无向无标度网络而言, 选择度值较大的节点进行牵制控制将更有利于实现网络的同步. 汪小帆和陈关荣教授 [58,59] 通过研究还发现: 无权无向网络的拓扑结构对复杂网络的牵制控制同步会产生很大的影响, 具体来说就是对于无标度网络而言, 如果控制器按照节点度的递减顺序放置, 所需控制器的数量比随机放置控制器的数量要少很多, 而对于小世界网络来说, 如果控制器是随机放置的, 随着小世界网络模型中连接概率的增加, 所需控制器的个数随之较少. 随后, 大量关于复杂网络的牵制控制同步的研究如雨后春笋般涌现出来. 2007 年, Sorrentino[60] 讨论了度分布的异质性、度相关性和社团结构对牵制控制的影响规律, 发现度分布的异质性和正相关性都能够降低网络的可控性, 在正相关网络中, 选择度大的节点实施牵制控制并不是有效的控制策略, 在有明显社团结构的网络中, 如果大多数牵制控制器处在社团内部, 就会增加网络的控制成本. 文献 [61] 和 [62] 分别讨论了有向和无向线性耦合复杂网络的牵制控制同步问题, 并指出: 对于有向网络而言, 当节点的出度大于入度时, 该节点可以作为牵制控制的备选节点. 文献 [63] 结合脉冲控制与牵制控制研究了具有时变时滞的耦合反应扩散神经网络的同步问题, 并讨论了无向网络和无标度网络中未控制节点的动力学行为以及扩散耦合对网络同步行为的影响. Adaldo 等 [64] 探索了具有切换拓扑结构的复杂网络的事件触发牵制控制同步问题. Rakkiyappan 等 [65] 利用自由权矩阵方法和线性矩阵不等式技巧, 分析了具有马尔可夫跳变参数的复杂网络的牵制控制同步问题. 文献 [66] 和 [67] 分别研究了具有有向拓扑结构和线性扩散耦合的反应扩散神经网络系统的牵制控制问题, 并给出了相应的自适应控制策略, 讨论了牵制控制、耦合强度和拓扑结构等之间的相互关系.

牵制控制最突出的优点是适用于实现大规模复杂网络的同步, 最少需要控制多少个节点才能够实现复杂网络的同步是另一个困难而又值得研究的重要问题. 利用复杂网络的外部耦合矩阵主子阵的最大特征值进行估计是一个非常有效的方法, 但应用该方法的依据需要严格的数学证明, 而且还需要计算一系列网络耦合矩阵主子阵的最大特征值. 但是对于大规模的复杂网络而言, 这些计算需要巨大的工作量和估算时间. 当网络规模、拓扑结构和耦合强度等参数已知时如何快速计算出需最少牵制的节点数量是研究复杂网络的牵制同步控制的关键性问题.

2. 间歇控制

在实际的应用当中, 传输信号有时会受到外部因素的干扰而变弱甚至中断. 在这种情况下, 非连续控制策略比连续控制策略更加实用. 非连续控制由连续的受控系统、非连续控制器和控制切换机制组成, 例如, 抽样控制、脉冲控制、间歇控制和滑模控制等. 其中, 脉冲控制通过系统间同步信号在某些离散时间点的作用来实现系统的同步, 可以有效减少网络中数据的传输量, 具有低控制成本、安全保密、较强的抗噪声能力和鲁棒性等特点. 间歇控制对系统的控制输入是间歇性的, 即在确定的非零时间间隔工作, 在其他非零时间段停止工作, 其已经被广泛应用于制造业、交通运输业、空气质量控制、生态系统管理、通信以及在治疗痛风时对血尿酸的控制等领域. 根据间歇控制中工作时间的大小, 脉冲控制和传统的连续控制均可以看作极限情况下特殊的间歇控制. 脉冲控制为受控系统状态在某些特定的离散时刻瞬间的突然跳变, 即控制器作用的持续时间为零. 连续控制系统的控制时间为整个连续的时间周期. 间歇控制通常采用周期间歇的形式, 即把控制时间划分成一系列连续的固定周期 (时间间隔), 每个周期分控制 (工作) 时间和非控制 (休息) 时间, 也分别称为控制宽度和非控制宽度. 周期间歇控制器在工作时间对系统实施控制, 而在休息时间对系统不进行控制, 其工作原理如图 1-4 所示.

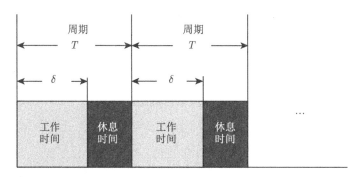

图 1-4   周期间歇控制的工作原理图

2000 年, 周期间歇控制首次由 Zochowski[68] 用于控制动力系统, 之后又被成功应用于复杂网络同步; 2009 年, 文献 [69] 首次将周期间歇控制用于研究具有时滞的复杂网络牵制同步问题; 2013 年, 文献 [70] 结合周期间歇控制、自适应控制以及牵制控制策略, 实现了具有非线性耦合时滞的复杂网络的指数同步; 2017 年, 文献 [71] 结合周期间歇控制与牵制控制策略, 实现了 Caputo 型分数阶复杂网络的完全同步; 2018 年, 文献 [72] 结合周期间歇控制与牵制控制策略, 给出了均方意义下具有随机扰动、内部时滞和耦合时滞的异构复杂网络的外部指数同步条件. 周期间歇控制广泛应用于人们工作生活的方方面面, 例如, 汽车上雨刷器的控制、LED 屏幕上文字的滚动以及地铁到站的时间间隔等. 事实上, 周期间歇控制可以看作一种特殊的非周期间歇控制 (工作原理如图 1-5 所示). 例如, 位于城市中心十字路口的红绿灯, 当非上下班时间, 机动车流量较小时, 红绿灯会按照固定的时间周期进行变换, 这是一种周期间歇控制. 当在上下班高峰期时, 机动车流量突然猛增, 会造成交通拥堵, 这时交警可以介入来控制红绿灯的时间以便于更好地解决道路拥堵问题, 此时的红绿灯变换就是一种非周期间歇控制. 此外, 在自然界中, 风、海啸、地震等都是十分明显的非周期间歇现象. 2017 年, 文献 [73] 利用集中式自适应控制、牵制控制和非周期间歇控制策略研究了有向复杂网络的完全同步问题, 文献 [74] 利用自适应控制、牵制控制和非周期间歇控制策略讨论了具有内部时滞的复杂网络的外部同步问题; 2018 年, 文献 [75] 利用非周期间歇控制策略得到了具有内部时滞的有向复杂网络的指数同步条件, 文献 [76] 利用非周期间歇控制策略分析了具有混耦合时滞的复杂网络的完全同步问题; 2020 年, 文献

[77] 利用图论研究了在自适应控制和非周期间歇控制策略下的具有随机扰动和半马尔可夫跳变结构的时滞复杂网络的完全同步问题.

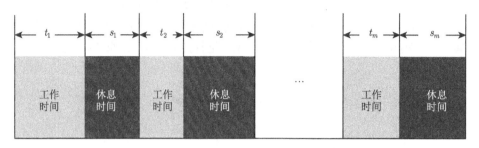

图 1-5   非周期间歇控制的工作原理图

3. 事件触发控制

在实现复杂网络的同步过程中, 为了减少信息传递次数, 有效降低控制成本, 间歇性样本数据控制方法被人们逐渐采用. 广泛使用的间歇性样本数据控制方法的优点是分析和设计比较简单, 容易实现. 然而, 这些采样通常是依赖于时间的, 即时间触发控制, 只考虑是否到了传递的时刻, 而不考虑这个时刻的信息是否需要传递, 这样必然会增加很多不必要的信息传递. 同时, 采用传统的周期采样或时间触发控制方法, 系统在每个采样时刻都要对执行器的状态进行调整. 这样一种机制将不可避免地导致执行器的状态频繁进行变化, 并因此造成不必要的能量消耗和执行器的磨损. 因此, 为了充分利用实时信息并减少信息传递次数, 可以引入一个阈值, 当测量误差信息达到这个阈值时, 信息才开始传递, 这种方法也被称为事件触发控制. 简单来说, 事件触发控制就是执行控制任务按需执行, 在保证闭环系统具有一定性能的前提下, 生成 "零星" 的任务执行, 只有当一个特定事件发生时才执行某种控制 [78,79]. 事件触发控制一个很好的功能就是它既能保证系统的稳定性又能节约计算资源和通信资源的利用, 即提高系统资源的利用率, 其基本工作原理可用图 1-6 表示, 其中, $x(t)$ 表示复杂网络的节点状态向量, x_k 表示网络的采样状态向量, $u(t)$ 表示网络的控制输入向量, $\omega(t)$ 表示网络的外部扰动输入向量.

事件触发控制主要包括集中式和分散式两种. 对于集中式事件触发方法而言, 整个网络的所有节点只有一个共同的事件触发观测器, 即每个节点的事件触发时刻相同; 对于分散式事件触发方法而言, 网络中的每一个节点都有各自的事件触发观测器, 且该事件只与该节点有关 [80]. 集中式事件触发机制便于实现, 但是需要知道全局信息来决定下一个触发时刻, 这显然会导致多余的信息在复杂网络中的传输, 而且中央检测装置很可能无法同时测得系统的所有状态变量. 因此, 为了合理利用通信带宽资源, 文献 [81]∼[90] 提出了复杂网络的分散式事件触发同步控制机制, 为事件触发机制在复杂网络中的应用提供了新的思路.

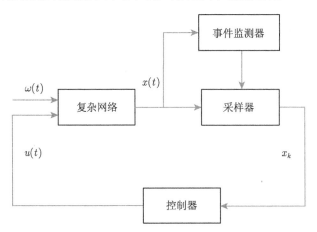

图 1-6 事件触发控制原理图

尽管事件触发机制可以减少信息的发送次数并有效降低网络负载, 但通常会带来三个问题: 一是控制系统会出现 Zeno 现象, 即有限时间内控制任务无限次执行; 二是需要专用硬件连续检测对象信息并实时判断触发条件; 三是需要在控制器已事先设计的情况下才能研究事件触发控制系统的稳定性及事件触发机制的实现问题. 以上三个问题是研究事件触发策略在实现复杂网络同步中的应用时需要考虑的关键问题.

1.2.2 有限时间同步

目前的同步控制策略往往使得复杂网络达到渐近同步或指数同步, 即在无限的时间内逐步达到同步. 然而, 在实际应用过程中, 通常要求复杂网络能够尽可能快地实现同步, 即有限时间同步. 如保密通信只有实现有限时间同步, 加密信息才能在规定的时间内解码; 刹车控制系统要求车速在有限时间内降到零或车身达到指定位置; 反导系统要在有限时间内准确拦截目标; 航天系统、机器人操控系统要在有限时间内满足暂态特性; 等等. 复杂网络的有限时间同步不仅在收敛时间上表现出最佳性, 同时也具备更好的鲁棒性和抗外界干扰能力, 这也使得人们除了讨论复杂网络的同步机制以外, 也开始关注系统收敛时间的长短, 其同步速度直接影响到网络的稳定性和传输效率. 另一方面, 由于复杂的拓扑结构和丰富的节点动力学行为, 仅仅依靠节点之间的相互连接很难实现复杂网络的有限时间同步, 需要对网络采取一定的控制措施, 如误差状态反馈控制[91]、自适应控制[92]、牵制控制[93,94]、间歇控制[95] 和事件触发控制[96] 等, 并展示出了各种控制技术在收敛速度和控制成本上的差异.

鉴于复杂网络有限时间同步控制广阔的应用前景, 文献 [97] 分别研究了具有随机扰动的无向或有向复杂网络的有限时间同步控制问题, 并分析了控制参数对同步速度和停息时间的影响; 文献 [98] 在 Filippov 解的框架下, 基于牵制控制技术探索了具有不连续子系统和随机耦合时滞的 T-S 模糊复杂网络的有限时间聚类同步问题; 文献 [99] 通过设计新的转换牵制控制器, 分别实现了具有强连通拓扑结构和含有有向生成树结构的耦合神经网络的有限时间同步问题; 文献 [100] 基于间歇控制技术分析了一类耦合反应扩散神经网络系统的有限时间同步问题; 文献 [101] 基于牵制控制技术得到了实现具有随机扰动的含有有向生成树的复杂网络的有限时间同步和固定时间同步的统一理论框架; 文献 [102] 基于滑模变结构控制技术给出了具有外部扰动的不连续神经网络实现有限时间同步和固定时间同步的统一理论框架. 基于分数阶比较原理和代数图论等方法, 文献 [103]~[105] 分别研究了拓扑结构为强连通体的分数阶复杂网络模型的有限时间同步、基于有自适应控制和不连续反馈控制组成的混合控制措施的分数阶复杂网络的有限时间同步以及不确定分数阶复杂网络的有限时间同步和参数识别等问题; 文献 [106] 探索了具有不同维数的分数阶复杂网络的有限时间同步和参数识别问题. 这些工作并未考虑时滞对复杂网络同步能力和控制难度的影响, 具有判据保守、适用范围受限和停息时间估计不够精确等缺点. 基于时滞依赖的不连续反馈控制技术, 文献 [107] 研究了具有时变内部时滞的异质分数阶复杂网络的有限时间同步问题, 但给出的有限时间同步判据不能反映时滞对系统同步能力的影响; 文献 [108] 在 Filippov 解的框架下研究了具有多重权值和不确定时滞耦合的不连续分数阶复杂网络的非脆弱鲁棒有限时间同步控制问题; 通过引入基于复数和复值向量的符号函数, 文献 [109] 探索了具有复值变量的分数阶复杂网络的有限时间同步控制问题; 基于混合反馈控制技术, 文献 [110] 研究了具有多层次拓扑结构的分数阶复杂网络的有限时间完全同步问题, 并分析了层间耦合强度与层内耦合强度对系统同步能力的影响规律; 文献 [111] 通过构建 Filippov 集值映射把右端不连续的微分方程转化为微分包含并引入分数阶微分系统的稳定性理论, 探索了一类耦合分数阶神经网络系统的渐近和有限时间聚类同步控制问题; 基于图论和复变函数理论, 文献 [112] 通过设计不包含符号函数的反馈控制器研究了一类分数阶复值耦合系统的有限时间同步问题, 分析了分数阶次、控制参数和拓扑结构等对同步停息时间的影响规律. 这些研究工作使得人们更加关注分数阶复杂网络的有限时间同步控制, 是对复杂网络理论新的探索.

对于停息时间的估计是有限时间同步的一个重要问题. 通常情况下, 停息时间的估计值依赖于复杂网络的初始状态, 对于不同的初值会估算出不同的停息时间. 然而在很多现实的应用中, 复杂网络的初始状态很难被精确测量, 有时甚至是未知的. 因此, 为解决这个问题, 一种特殊的有限时间同步概念——固定时间同步被提出. 固定时间同步能够使复杂系统在固定的时间内实现同步, 而与系统的初始状态无关 (但可能与复杂网络以及控制器的某些参数相关), 在实际的系统中具有更广泛和有效的利用价值. 指定时间同步则是在固定时间同步的基础上使得同步停息时间不仅与初始状态无关, 而且与复杂网络以及控制器的参数无关, 即可在任意事先指定的时间内实现完全同步.

1.2.3　有限时间 Lyapunov 稳定判定定理

复杂网络的有限时间同步问题实际上就是其误差系统零解的有限时间稳定问题. 因此, 本节主要介绍的有限时间 Lyapunov 稳定判定定理, 是基于不同文献中的内容进行汇总, 集合不同研究成果, 以便从不同角度更好地理解相关理论.

1. 整数阶系统的有限时间稳定

1998 年, Bhat 和 Bernstein[113] 给出了最基础的关于整数阶系统的有限时间 Lyapunov 稳定判定定理, 它是基于 Lyapunov 第二方法得出来的, 要求所选择的 Lyapunov 函数在给定区域上正定且满足标量微分不等式 $\dot{V}(t) + \lambda V^\eta(t) \leqslant 0$, 其中 $\lambda > 0, 0 < \eta < 1$.

引理 1.2.1[113]　假设连续、正定函数 $V(t)$ 满足

$$\dot{V}(t) \leqslant -\lambda V^\eta(t), \quad t \geqslant t_0, \quad V(t_0) \geqslant 0$$

其中 $\lambda > 0, 0 < \eta < 1$, 则 $V(t)$ 满足

$$V^{1-\eta}(t) \leqslant V^{1-\eta}(t_0) - \lambda(1-\eta)(t-t_0), \quad t_0 \leqslant t \leqslant t_1$$

且对任意 $t \geqslant t_1$ 有 $V(t) \equiv 0$, 其中停息时间 t_1 为

$$t_1 = t_0 + \frac{V^{1-\eta}(t_0)}{\lambda(1-\eta)}$$

利用此定理设计有限时间控制器时会出现系统状态的分数幂项, 呈现出非光滑特性, 从而使得有限时间闭环控制系统具有比非有限时间闭环控制系统更好的鲁棒性和抗扰动性能 [114]. 之后, 有限时间 Lyapunov 稳定判定定理被推广与改进为如下形式.

引理 1.2.2[115]　假设连续、正定函数 $V(t)$ 满足

$$\dot{V}(t) \leqslant -\lambda V^\eta(t) + \delta V(t), \quad t \geqslant t_0, \quad V^{1-\eta}(t_0) \leqslant \frac{\lambda}{\delta}$$

其中 $\lambda, \delta > 0, 0 < \eta < 1$, 则停息时间 t_2 满足

$$t_2 \leqslant \frac{\ln\left(1 - \frac{\lambda}{\delta}V^{1-\eta}(t_0)\right)}{\delta(\eta-1)}$$

引理 1.2.3[116]　　函数 $V(x(t)): \mathbb{R}^n \to \mathbb{R}$ 是 C-正则函数, 令 $x(t): [0, +\infty) \to \mathbb{R}^n$ 在紧凑的子区间 $[0, +\infty)$ 上绝对连续. 如果对任意 $\sigma \in (0, +\infty)$, 存在连续函数 $\Gamma: (0, +\infty) \to \mathbb{R}^+$ 使得 $\Gamma(\sigma) > 0$ 且满足

$$\dot{V}(x(t)) \leqslant -\Gamma(V(x(t))), \quad t \geqslant 0$$

且有

$$\int_0^{V(x(0))} \frac{1}{\Gamma(s)} \mathrm{d}s = t^* < +\infty$$

则对任意 $t \geqslant t^*$ 有 $V(x(t)) \equiv 0$, 其中停息时间 t^* 为

(1) 若对任意 $s \in (0, +\infty)$ 有 $\Gamma(s) = k > 0$, 则

$$t^* = \frac{V(x(0))}{k}$$

(2) 若对任意 $s \in (0, +\infty)$ 有 $\Gamma(s) = ks^\mu > 0$, 其中 $0 < \mu < 1$, $k > 0$, 则

$$t^* = \frac{V^{1-\mu}(x(0))}{k(1-\mu)}$$

(3) 若对任意 $s \in (0, +\infty)$ 有 $\Gamma(s) = ks^\mu + \theta s > 0$, 其中 $0 < \mu < 1$, $k, \theta > 0$, 则

$$t^* = \frac{\ln\left(1 + \dfrac{\theta}{k} V^{1-\mu}(x(0))\right)}{\theta(1-\mu)}$$

(4) 若对任意 $s \in (0, +\infty)$ 有 $\Gamma(s) = ks^\mu - \theta s > 0$, 其中 $0 < \mu < 1$, $k, \theta > 0$, 则

$$t^* = \frac{\ln\left(1 - \dfrac{\theta}{k} V^{1-\mu}(x(0))\right)}{\theta(\mu-1)}$$

2. 分数阶系统的有限时间稳定

Lyapunov 直接方法是一种分析整数阶系统稳定性的重要方法, 但是很难被直接推广到分数阶情形. 计算 Lyapunov 函数的分数阶导数需要计算无穷项的和, 它包括高阶整数阶导数和分数阶导数. 显然, 这将会比较难处理, 也是目前分数阶 Lyapunov 直接方法应用尤其是用于处理有限时间稳定性问题的瓶颈. 目前关于分数阶系统的有限时间稳定定理主要有:

引理 1.2.4[107,109]　假设存在常数 $\lambda > 0$ 使得对连续、正定函数 $V(t)$ 满足

$$_{t_0}^{c}D_t^{\alpha}V(t) \leqslant -\lambda V^{\eta}(t), \quad t \in [t_0, +\infty)$$

其中 $0 < \alpha < 1, 0 < \eta < \alpha < 1$, 则有

$$V(t) \leqslant V(t_0) - \frac{\lambda(t - t_0)^{\alpha}}{\Gamma(1 + \alpha)}, \quad t_0 \leqslant t \leqslant t_3$$

且对任意 $t \geqslant t_3$ 有 $V(t) \equiv 0$, 其中停息时间 t_3 为

$$t_3 = t_0 + \left(\frac{\Gamma(1 + \alpha)V(t_0)}{\lambda}\right)^{\frac{1}{\alpha}}$$

$\Gamma(\cdot)$ 为 Gamma 函数.

引理 1.2.5[103,109]　假设存在常数 $\lambda > 0$ 使得对连续、正定函数 $V(t)$ 满足

$$_{t_0}^{c}D_t^{\alpha}V(t) \leqslant -\lambda, \quad t \in [t_0, +\infty)$$

其中 $0 < \alpha < 1$, 则有

$$V^{\alpha - \eta}(t) \leqslant V^{\alpha - \eta}(t_0) - \frac{\lambda\Gamma(1 + \alpha - \eta)(t - t_0)^{\alpha}}{\Gamma(1 + \alpha)\Gamma(1 - \eta)}, \quad t_0 \leqslant t \leqslant t_4$$

且对任意 $t \geqslant t_4$ 有 $V(t) \equiv 0$, 其中停息时间 t_4 为

$$t_4 = t_0 + \left(\frac{\Gamma(1 + \alpha)\Gamma(1 - \eta)V^{\alpha - \eta}(t_0)}{\lambda\Gamma(1 + \alpha - \eta)}\right)^{\frac{1}{\alpha}}$$

$\Gamma(\cdot)$ 为 Gamma 函数.

3. 固定/指定时间稳定

考虑如下非线性动力系统:

$$\dot{x}(t) = f(x(t)), \quad x(0) = x_0 \tag{1.2.1}$$

其中 $x \in \mathbb{R}^n$ 表示系统 (1.2.1) 的状态变量, $f: \mathbb{R}^n \to \mathbb{R}$ 为非线性向量函数, x_0 为系统的初始值.

引理 1.2.6[117]　如果存在连续、正定、径向无界函数 $V(x): \mathbb{R}^n \to \mathbb{R}$ 使得对系统 (1.2.1) 的任意解 $x(t)$ 满足下列条件:

$$\dot{V}(x(t)) \leqslant -\left(aV^{\alpha}(x(t)) + bV^{\beta}(x(t))\right)^{\gamma}$$

其中 $\alpha, \beta, \gamma, a, b > 0$, $\alpha\gamma > 1$, $0 < \beta\gamma < 1$, 则系统 (1.2.1) 的零解是固定时间稳定的, 且停息时间 $T(x_0)$ 可估计为

$$T(x_0) \leqslant T_1 = \frac{1}{a^\gamma(\alpha\gamma - 1)} + \frac{1}{b^\gamma(1 - \beta\gamma)}$$

引理 1.2.7[118]　对于系统 (1.2.1), 如果存在连续、正定、径向无界函数 $V(x)$: $\mathbb{R}^n \to \mathbb{R}$ 使得对系统 (1.2.1) 的任意解 $x(t)$ 满足下列条件:

$$\dot{V}(x(t)) \leqslant -\left(aV^\alpha(x(t)) + b\right)^\gamma$$

其中 $\alpha, \gamma, a, b > 0$, $\alpha\gamma > 1$, 则系统 (1.2.1) 的零解是固定时间稳定的, 且停息时间 $T(x_0)$ 可估计为

$$T(x_0) \leqslant T_2 = \frac{1}{b^\gamma} \left(\frac{b}{a}\right)^{\frac{1}{\alpha}} \left(1 + \frac{1}{\alpha\gamma - 1}\right)$$

引理 1.2.8[119]　对于系统 (1.2.1), 如果存在连续、正定、径向无界函数 $V(x)$: $\mathbb{R}^n \to \mathbb{R}$ 使得对系统 (1.2.1) 的任意解 $x(t)$ 满足下列条件:

$$\dot{V}(x(t)) \leqslant cV(x(t)) - aV^\alpha(x(t)) - bV^\beta(x(t)), \quad x(t) \in \mathbb{R}^n \backslash \{0\}$$

其中 $c \in \mathbb{R}$, $a, b > 0$, $\alpha > 1$, $0 < \beta < 1$, 则有

(1) 若 $c \leqslant 0$, 则系统 (1.2.1) 的零解是固定时间稳定的, 且停息时间 $T(x_0)$ 可估计为

$$T(x_0) \leqslant T_3 = \frac{\pi}{(\alpha - \beta)b} \left(\frac{b}{a}\right)^\varepsilon \csc(\varepsilon\pi)$$

其中 $\varepsilon = (1 - \beta)(\alpha - \beta)$.

(2) 若 $0 < c < \min\{a, b\}$, 则系统 (1.2.1) 的零解是固定时间稳定的, 且停息时间 $T(x_0)$ 可估计为

$$T(x_0) \leqslant T_4 = \frac{\pi \csc(\varepsilon\pi)}{a(\alpha - \beta)} \left(\frac{a}{b - c}\right)^{1-\varepsilon} I\left(\frac{a}{a + b - c}, \varepsilon, 1 - \varepsilon\right)$$

$$+ \frac{\pi \csc(\varepsilon\pi)}{b(\alpha - \beta)} \left(\frac{b}{a - c}\right)^\varepsilon I\left(\frac{b}{a + b - c}, 1 - \varepsilon, \varepsilon\right)$$

式中 $\varepsilon = (1 - \beta)(\alpha - \beta)$, $I(x, p, q)$ 为不完全 Beta 函数比:

$$I(x, p, q) = \frac{1}{B(p, q)} \int_0^x t^{p-1}(1 - t)^{q-1}\mathrm{d}t$$

其中 $0 \leqslant x \leqslant 1$, $p > 0$, $q > 0$, $B(p,q)$ 为 Beta 函数:

$$B(p,q) = \int_0^1 t^{p-1}(1-t)^{q-1}\mathrm{d}t$$

引理 1.2.9[119] 对于系统 (1.2.1), 如果存在连续、正定、径向无界函数 $V(x)$: $\mathbb{R}^n \to \mathbb{R}$, 以及常数 $a,b > 0$, $0 < c < 2\sqrt{ab}$, $\alpha > 1$, $0 < \beta < 1$ 满足 $\alpha + \beta = 2$, 且使得对系统 (1.2.1) 的任意解 $x(t)$ 有

$$\dot{V}(x(t)) \leqslant cV(x(t)) - aV^\alpha(x(t)) - bV^\beta(x(t)), \quad x(t) \in \mathbb{R}^n \backslash \{0\}$$

则系统 (1.2.1) 的零解是固定时间稳定的, 且停息时间 $T(x_0)$ 可估计为

$$T(x_0) \leqslant T_5 = \frac{1}{\alpha-1} \frac{2}{\sqrt{4ab-c^2}} \left(\frac{\pi}{2} + \arctan\left(\frac{c}{\sqrt{4ab-c^2}} \right) \right)$$

引理 1.2.10[119] 对于系统 (1.2.1), 如果存在连续、正定、径向无界函数 $V(x) : \mathbb{R}^n \to \mathbb{R}$, 以及常数 $c \in \mathbb{R}$, $a,b > 0$, $\alpha > 1$, $0 < \beta < 1$, $T_p > 0$ 使得对系统 (1.2.1) 的任意解 $x(t)$ 有

$$\dot{V}(x(t)) \leqslant -\frac{T^*}{T_p}\left(-cV(x(t)) + aV^\alpha(x(t)) + bV^\beta(x(t)) \right), \quad x(t) \in \mathbb{R}^n \backslash \{0\}$$

则系统 (1.2.1) 的零解是在事先给定的时间 T_p 内是稳定的, 其中

$$T^* = \begin{cases} T_3, & c \leqslant 0 \\ T_4, & 0 < c < \min\{a,b\} \\ T_5, & 0 < c < 2\sqrt{ab}, \ \alpha + \beta = 2 \end{cases}$$

引理 1.2.11[120] 对于系统 (1.2.1), 如果存在连续、正定、径向无界函数 $V(x) : \mathbb{R}^n \to \mathbb{R}$ 使得对系统 (1.2.1) 的任意解 $x(t)$ 满足下列条件:

$$\dot{V}(x(t)) \leqslant -\left(-cV(x(t)) + aV^\alpha(x(t)) + bV^\beta(x(t)) \right)^\gamma, \quad x(t) \in \mathbb{R}^n$$

其中 $a,b,c > 0$, $\alpha > 1$, $0 < \beta < 1$, $\alpha\gamma > 1$, $0 < \beta\gamma < 1$, $c < \min\{a,b\}$, 则系统 (1.2.1) 的零解是固定时间稳定的, 且停息时间 $T(x_0)$ 可估计为

$$T(x_0) \leqslant T_6 = \frac{1}{(a-c)^\gamma(\alpha\gamma-1)} + \frac{1}{(b-c)^\gamma(1-\beta\gamma)}$$

引理 1.2.12[121] 对于系统 (1.2.1), 如果存在连续、正定、径向无界函数 $V(x):\mathbb{R}^n \to \mathbb{R}$ 使得对系统 (1.2.1) 的任意解 $x(t)$ 满足下列条件:

$$\dot{V}(x(t)) \leqslant cV(x(t)) - aV^{\alpha+\operatorname{sign}(V(x(t))-1)}(x(t)) - bV^{\beta}(x(t))$$

其中 $c\in\mathbb{R}, a,b>0, \alpha>1, 0<\beta<1, c<\min\{a,b\}$, 则系统 (1.2.1) 的零解是固定时间稳定的, 且停息时间 $T(x_0)$ 可估计为

$$T(x_0) \leqslant T_7 = \begin{cases} \dfrac{1}{c(1-\beta)}\ln\dfrac{a}{a-c} + \dfrac{1}{\alpha b}, & c<0 \\[3mm] \dfrac{1}{a(1-\beta)} + \dfrac{1}{\alpha b}, & c=0 \\[3mm] \dfrac{1}{c(1-\beta)}\ln\dfrac{a}{a-c} + \dfrac{1}{\alpha(b-c)}, & c>0 \end{cases}$$

引理 1.2.13[122] 对于系统 (1.2.1), 如果存在连续、正定、径向无界函数 $V(x):\mathbb{R}^n \to \mathbb{R}$ 使得对系统 (1.2.1) 的任意解 $x(t)$ 满足下列条件:

$$\dot{V}(x(t)) \leqslant cV(x(t)) - aV^{\alpha+\operatorname{sign}(V(x(t))-1)}(x(t))$$

其中 $c\in\mathbb{R}, a>0, 1<\alpha<2, c<a$, 则系统 (1.2.1) 的零解是固定时间稳定的, 且停息时间 $T(x_0)$ 可估计为

$$T(x_0) \leqslant T_8 = \begin{cases} \dfrac{1}{c(2-\alpha)}\ln\dfrac{a}{a-c} + \dfrac{1}{\alpha(a-c)}, & c<0 \\[3mm] \dfrac{1}{c(2-\alpha)} + \dfrac{1}{\alpha a}, & c=0 \\[3mm] \dfrac{1}{c(2-\alpha)}\ln\dfrac{a}{a-c} + \dfrac{1}{\alpha c}\ln\dfrac{a}{a-c}, & c>0 \end{cases}$$

4. 整数阶系统的有限/固定时间稳定统一框架

固定时间稳定是一类特殊的有限时间稳定, 是停息时间与初始状态无关的有限时间稳定, 文献 [123]~[125] 通过调整个别参数, 提出了整数阶系统实现有限或固定时间稳定的统一框架.

引理 1.2.14[123] 对于系统 (1.2.1), 如果存在正则、正定和径向无界函数 $V(x):\mathbb{R}^n \to \mathbb{R}$ 使得对系统 (1.2.1) 的任意解 $x(t)$ 满足下列条件:

$$\dot{V}(x(t)) \leqslant -r - \varepsilon V^k(x(t)), \quad x(t)\in\mathbb{R}^n\backslash\{0\}$$

其中 $r, \varepsilon > 0, k \geqslant 0$, 那么下列结论成立:

(1) 当 $k = 0$ 时, 系统 (1.2.1) 的零解是有限时间稳定的, 且停息时间 T_1^* 满足

$$T_1^* \leqslant \frac{V(x_0)}{r + \varepsilon}$$

(2) 当 $0 < k < 1$ 时, 系统 (1.2.1) 的零解是有限时间稳定的, 且停息时间 T_2^* 满足

$$T_2^* \leqslant \frac{1}{1-k} \left(\frac{r^{1-k}}{\varepsilon} \right)^{\frac{1}{k}} \left(\left(1 + \left(\frac{\varepsilon}{r} \right)^{\frac{1}{k}} V(x_0) \right)^{1-k} - 1 \right)$$

(3) 当 $k = 1$ 时, 系统 (1.2.1) 的零解是有限时间稳定的, 且停息时间 T_3^* 满足

$$T_3^* \leqslant \frac{1}{\varepsilon} \ln \left(\frac{r + \varepsilon V(x_0)}{r} \right)$$

(4) 当 $k > 1$ 时, 系统 (1.2.1) 的零解是固定时间稳定的, 且停息时间 T_4^* 满足

$$T_4^* \leqslant \frac{1}{r} \left(\frac{\varepsilon}{r} \right)^{\frac{1}{k}} \left(1 + \frac{1}{k-1} \right)$$

引理 1.2.15[124] 对于系统 (1.2.1), 如果存在正则、正定和径向无界函数 $V(x) : \mathbb{R}^n \to \mathbb{R}$ 使得对系统 (1.2.1) 的任意解 $x(t)$ 满足下列条件:

$$\dot{V}(x(t)) \leqslant -r - \eta V^\alpha(x(t)) - \varepsilon V^\beta(x(t)), \quad x(t) \in \mathbb{R}^n \backslash \{0\}$$

其中 $r, \eta, \varepsilon > 0, \alpha, \beta \geqslant 0$, 那么下列结论成立:

(1) 当 $0 < \alpha, \beta < 1$ 时, 系统 (1.2.1) 的零解是有限时间稳定的, 且停息时间 T_5^* 满足

$$T_5^* \leqslant \min \left(\frac{1}{r(1-\beta)} \ln \left(\frac{r V^{1-\beta}(x_0) + \varepsilon}{\varepsilon} \right), \frac{1}{r(1-\alpha)} \ln \left(\frac{r V^{1-\alpha}(x_0) + \eta}{\eta} \right) \right)$$

(2) 当 $0 < \beta < 1 < \alpha$ 时, 系统 (1.2.1) 的零解是固定时间稳定的, 且停息时间 T_6^* 满足

$$T_6^* \leqslant \frac{1}{r(1-\beta)} \ln \left(\frac{r + \varepsilon}{\varepsilon} \right) + \frac{1}{\eta(\alpha-1)}$$

引理 1.2.16[125] 对于系统 (1.2.1), 如果存在正则、正定和径向无界函数 $V(x) : \mathbb{R}^n \to \mathbb{R}$ 使得对系统 (1.2.1) 的任意解 $x(t)$ 满足下列条件:

$$\dot{V}(x(t)) \leqslant -r - \eta V(x(t)) - \varepsilon V^k(x(t)), \quad x(t) \in \mathbb{R}^n \backslash \{0\}$$

其中 $r, \eta, \varepsilon > 0, k \geqslant 0$, 那么下列结论成立:

(1) 当 $k = 0$ 时, 系统 (1.2.1) 的零解是有限时间稳定的, 且停息时间 T_7^* 满足

$$T_7^* \leqslant \frac{1}{\eta} \ln \left(\frac{r + \eta + \varepsilon V(x_0)}{r + \varepsilon} \right)$$

(2) 当 $0 < k < 1$ 时, 系统 (1.2.1) 的零解是有限时间稳定的, 且停息时间 T_8^* 满足

$$T_8^* \leqslant \frac{1}{\eta} \ln \left(\frac{r + \eta V(x_0)}{r} \right)$$

(3) 当 $k = 1$ 时, 系统 (1.2.1) 的零解是有限时间稳定的, 且停息时间 T_9^* 满足

$$T_9^* \leqslant \frac{1}{\eta + \varepsilon} \ln \left(\frac{r + (\eta + \varepsilon)V(x_0)}{r} \right)$$

(4) 当 $k > 1$ 时, 系统 (1.2.1) 的零解是固定时间稳定的, 且停息时间 T_{10}^* 满足

$$T_{10}^* \leqslant \frac{1}{\eta} \ln \left(\frac{r + \eta}{r} \right) + \frac{1}{\varepsilon(k - 1)}$$

1.3 本书内容介绍

本书主要介绍作者及国内外学者近年来在复杂网络的有限时间同步控制领域的研究成果, 内容分 6 章进行介绍.

第 1 章介绍复杂网络的概念、发展历程、数学模型, 同步控制策略、有限时间同步概念以及有限时间 Lyapunov 稳定判定定理等.

第 2 章首先研究一类具有混耦合时滞 (内部时滞、传输时滞和自反馈时滞) 的复杂动态网络模型, 结合 Lyapunov 稳定性理论和有限时间稳定性理论, 给出实现网络有限时间同步的充分条件以及牵制控制器的设计方法, 并从无向网络和有向网络两方面详细介绍选择优先牵制的关键节点的步骤和方法, 以及解决最少需要牵制多少个关键节点等问题. 分别讨论无向网络和有向网络在实现有限时间同步时, 所需要牵制节点的数量以及如何选择关键节点, 为设计牵制控制器来实现复杂网络的有限时间同步提供理论依据. 随后, 利用周期和非周期间歇控制策略分别探讨具有内部时滞和耦合时滞的复杂动态网络的有限时间同步问题, 利用不等式技巧和 Lyapunov 有限时间稳定性理论, 得到复杂网络系统实现有限时间同步的充分条件, 并对复杂网络的有限时间同步停息时间进行估计.

第 3 章基于间歇控制策略, 分别讨论具有混耦合时滞和具有多重权值的复杂网络的固定时间同步问题. 通过引入并证明一系列新的微分不等式, 解决 Lyapunov 直接方法很难被直接推广到间歇控制下的固定时间稳定问题, 为探索复杂

网络的固定时间同步提供强有力的技术支撑, 为推动复杂网络的发展和应用奠定坚实的理论基础. 利用 Lyapunov 稳定性理论、固定时间稳定性理论以及不等式技巧等, 设计复杂网络实现固定时间同步的周期和非周期半间歇控制器, 并分别给出混耦合时滞复杂网络固定时间外部同步和多重权值复杂网络固定时间同步的充分条件. 通过对同步条件的分析, 给出复杂网络同步过程所需时间的估计值, 讨论间歇控制周期、控制率和网络规模等因素对固定时间同步的影响规律, 比较固定时间同步和有限时间同步在收敛速度方面的差异.

第 4 章讨论具有社团结构的复杂网络的聚类同步控制问题. 首先利用 Lyapunov 稳定性理论、有限时间稳定性理论、不等式技巧以及牵制控制策略, 通过区分与外部有连接和无连接的节点采取不同的控制策略, 得到具有时变时滞的无向社团网络实现有限时间聚类同步的充分条件. 同时, 对具有右端不连续节点动力学行为的有向社团网络的同步问题进行研究, 通过设计不连续周期转换控制控制器和不连续自适应非周期转换控制控制器, 利用 Filippov 解的基本理论、微分包含理论、Lyapunov 稳定性理论以及不等式技巧, 给出保证网络实现固定时间聚类同步的充分条件.

第 5 章首先利用忆阻器模拟 BAM(Bi-Directional Associative Memory) 神经网络中的神经突触, 通过优化忆阻器状态的切换条件构建一类新的忆阻 BAM 神经网络模型, 其双向联想记忆的功能主要体现在连接权重存储关系信息, 具有并行计算能力, 可依赖双层结构实现异联想功能, 在模式识别、图像处理领域有显著优势. 忆阻器的状态切换特性使得在相同网络规模下, 连接权重中可存储更多信息, 使用优化后的切换条件更便于根据应用对网络进行设计. 分别对网络的有限时间同步、固定时间同步、指定时间同步问题进行研究, 并给出相应控制策略. 同时, 构建一类全复值忆阻神经网络模型, 其状态变量、激活函数、自抑制系数、反馈连接权重和外部输入均为复值. 分别对这两类忆阻神经网络的有限时间同步、固定时间同步和指定时间同步问题进行研究, 并给出相应同步控制策略. 在研究固定时间同步问题时, 提出一种新的固定时间稳定判据, 该判据不仅可以降低控制条件的保守性, 还能更准确地估算同步停息时间, 且可广泛应用于研究各类非线性动力系统的固定时间稳定或固定时间同步控制问题.

第 6 章设计一种忆阻–电阻桥结构的突触并将其应用到神经网络电路中, 使得在不改变网络结构的情况下, 网络中的连接权重可以为正值、负值或 0, 并且可以在一定范围内进行连续调节. 对这种新型神经网络电路进行建模, 在模型中保留忆阻器的记忆特性. 基于此模型, 讨论网络中神经元状态在 Lévy 噪声影响下的同步控制问题, 设计可以实现网络神经元状态均方指数同步的控制器, 并给出实现同步的充分条件. 通过对每个突触施加控制, 进一步实现网络的完全同步. 通过数值仿真说明所设计控制器的有效性. 基于具有忆阻–电阻桥结构突触的神经网络电路和分析所得完全同步控制策略, 设计一种具有保险措施、安全度较高的伪随机序列生成器, 并演示其在保密通信领域的应用.

　　本书利用编程工具 MATLAB 对以上研究工作均进行数值模拟, 以说明研究结果的准确性和有效性. 本书的研究内容将进一步拓展和丰富对具有时变时滞的复杂网络有限时间同步问题的研究, 为复杂网络的设计和应用提供一定的理论依据.

第 2 章　时滞复杂网络的有限时间同步

时滞是用于描述系统当前状态变化率依赖于过去状态的特性, 广泛存在于药物循环系统、人口动力学模型、食物链模型、新陈代谢网、舆情传播模型、疾病传染模型、神经网络模型、机械传动模型、流体管道传输系统、冶金工业工程、Internet、通信网络、电力网络以及经济系统 (如投资政策、商品市场的价格波动和贸易周期) 等复杂网络系统 [126]. 例如, 在药物循环系统中, 病人服用或注射药物后并不是立刻释药, 而是大约间隔 1~2 小时才开始释药, 释放后 3~4 小时释药才能完全发挥效用, 即存在明显的时滞; 在传染病模型中, 时滞能够较好地反映传染病的潜伏期和免疫期等现象; 在讨论人口增长问题时, 要考虑到人需要经过一段发育成长阶段才具有生育能力; 在生物神经网络中突触传输信号和人工神经网络中放大器有限的开关速度都存在一定的时滞; 在工业生产过程中, 反应器、管道混合、皮传送、轧辊传输、多容量、多个设备串联以及用分析仪表测量流体的成分等过程都存在着滞后; 在通信网络中, 当发射端与接收端地理位置相距甚远时, 它们之间的信息交互必然存在时滞; 在电力网络中, 发电厂、变电站和调度控制中心、终端用户都不在同一地点, 电力传输必定存在一定的时间滞后; 在经济系统中, 货币增长率的变化平均需要 6~9 个月后才能引起名义收入增长率的变化, 再过 6~9 个月价格才会受到影响, 从而使得从货币增长率变化到物价变化一般有 12~18 个月的时滞, 即从货币供应量增加到物价普遍提高有一个较长时间的传导过程; 国家对国民经济发展进行宏观调控总是把去年或者是前年反馈回来的信息用来指导今年的国民经济发展.

一方面, 时滞的存在往往是增加分析难度和造成系统性能恶化的重要因素之一. 在控制系统中如果被控对象存在滞后, 则系统的控制难度加大, 控制的品质往往会变差, 系统的稳定性也会降低, 延迟时间越大, 系统就越不稳定. 延迟环节的存在, 使得被控量不能及时反映系统所遇到或承受的扰动, 通常需要经过一段延迟时间后才能使被控制量得到控制. 这样系统必然会经过较长的调节时间并产生明显的超调, 带延迟特性的被控系统的控制难度随滞后程度的增加而加大. 另一方面, 时滞混沌系统具有更丰富的动力学性态, 对保密通信来说具有更广泛的应用和安全性 [127], 因此时滞混沌系统的同步控制也越来越重要 [128,129]. 时滞微分方程可描述时滞对系统状态变化的影响, 描述的是无穷维空间上的动力系统, 其相空间是函数空间, 是无穷维的, 且特征方程一般情况下都是超越方程, 这些性质给时滞系统的分析带来了很大难度. 因此, 对时滞动力学系统的研究是一个具有实际意义且极富有挑战性的问题.

在复杂网络同步的研究中, 时滞广泛存在于实际生活的复杂系统当中. 如在通信网络中, 由于传输速度快慢和信号 (通信量) 拥挤等原因, 一个信号通过通信网络通常伴随着时间延迟. 简化或忽略复杂网络中的时滞会导致建模不够精确, 很难对网络的结构和特性做出正确分析, 随后进行的控制或优化手段就显得没有实际意义了. 同时, 在复杂网络中, 不仅节点本身是时滞动力学系统 (称为节点内部时滞), 节点之间的耦合通常也会由于信息传输的有限速率而伴随着时滞 (称为耦合时滞), 这些时滞会破坏网络的稳定性并在很大程度上降低网络的性能, 因此, 研究时滞复杂网络的同步问题具有重要的理论意义和实用价值.

2.1　基于牵制控制的混耦合时滞复杂网络有限时间同步

复杂网络中的时滞通常用于描述节点内部和节点间信息传输速度的有限性以及信息拥塞等导致的信息交换滞后现象. 为了降低数学分析上的难度, 人们往往仅单独考虑节点内部时滞或传输耦合时滞, 或假设传输耦合时滞与自反馈耦合时滞相同的情况, 这并不符合复杂网络的真实状况. 如文献 [130]~[134] 假设信息传递过程中延时仅发生在信息从一个系统传递到另一个系统的过程中, 即当信息从节点 j 传递到节点 i 的过程中 i 收到的信息是带有延时的, 但其自身的信息是没有延时的 (该情况称为异步耦合延时); 文献 [135]~[142] 均考虑了传输耦合时滞与自反馈耦合时滞相同, 即 $\Gamma\left(x_j(t-\tau)-x_i(t-\tau)\right)$ 的情况. 但由于发生机理不同, 传输耦合时滞与自反馈耦合时滞通常并不相同, 即应结合实际考虑具有混耦合时滞 $\Gamma\left(x_j(t-\tau)-x_i(t-\delta)\right)(\tau\neq\delta)$ 的情况 [143]. 文献 [144] 讨论了具有混耦合时滞和外部扰动的脉冲振子动力系统的聚类同步问题; 文献 [145] 分析了具有混合时滞和混合脉冲的复杂网络的随机同步问题. 然而, 文献 [144] 和 [145] 均假设节点内部时滞与传输耦合时滞相同, 事实上, 这两者通常并不一致. 因此, 上述模型并不能精确地刻画复杂网络中的时滞现象.

本节将充分考虑节点内部时滞、自反馈耦合时滞与节点间的耦合时滞互不相同的实际情况, 建立更具普遍性、更接近实际的具有混耦合时变时滞的复杂网络模型, 并利用牵制控制技术, 结合 Lyapunov 稳定性理论和不等式技巧给出该网络实现有限时间同步的充分条件, 达到只对网络中的部分节点实施控制就能有效控制整个网络的目的, 并通过对同步条件的分析, 分别讨论无向网络与有向网络哪些节点被优先控制更有利于实现网络的有限时间同步, 以及最少需要牵制多少个关键节点才能实现有限时间同步等问题, 为牵制控制器的设计提供理论依据.

2.1.1 模型描述

考虑由 N 个节点组成的混耦合时变时滞复杂动态网络, 其每个节点是一个 n 维的动力学系统, 该网络模型描述为

$$\dot{x}_i(t) = f\left(t, x_i(t), x_i(t-\tau_1(t))\right) + c\sum_{j=1}^{N} a_{ij}\Gamma(x_j(t) - x_i(t))$$

$$+ c_\tau \sum_{j=1, j\neq i}^{N} b_{ij}\Gamma_\tau\left(x_j(t-\tau_2(t)) - x_i(t-\tau_3(t))\right) \qquad (2.1.1)$$

其中 $i = 1, 2, \cdots, N$, $x_i(t) = (x_{i1}(t), x_{i2}(t), \cdots, x_{in}(t))^{\mathrm{T}} \in \mathbb{R}^n$ 为节点 i 的状态变量; $f: \mathbb{R} \times \mathbb{R}^n \times \mathbb{R}^n \to \mathbb{R}^n$ 为非线性连续可微的向量函数, 描述节点自身的动力学性态; $\tau_1(t)$, $\tau_2(t)$ 和 $\tau_3(t)$ 分别表示时变节点内部时滞、时变传输耦合时滞和时变自反馈耦合时滞, 且满足 $0 \leqslant \tau_l(t) \leqslant \tau_l$, $\tau_l(l = 1, 2, 3)$ 为非负常量; 正常数 c 和 c_τ 分别为网络无时滞和时滞耦合时的耦合强度, 正定矩阵 $\Gamma = (\gamma_{ij})_{n\times n}$ 和 $\Gamma_\tau = (\gamma_{ij}^\tau)_{n\times n}$ 分别为网络无时滞和时滞耦合时的内部耦合矩阵, 描述了耦合节点变量之间的具体连接关系, 例如, 如果 $\Gamma = \mathrm{diag}(\gamma_1, \gamma_2, \cdots, \gamma_n)$, $\gamma_i = 1$, $\gamma_j = 0 (i \neq j)$, 则表明两个耦合节点之间存在通过第 i 个状态变量的线性耦合; $A = (a_{ij})_{N\times N}$ 和 $B = (b_{ij})_{N\times N}$ 分别表示节点间无时滞和时滞耦合时的外部耦合矩阵, 代表网络的拓扑结构且满足耗散耦合条件:

$$a_{ii} = -\sum_{j=1, j\neq i}^{N} a_{ij}, \quad b_{ii} = -\sum_{j=1, j\neq i}^{N} b_{ij}, \quad i = 1, 2, \cdots, N$$

当外部耦合矩阵 A 和 B 描述有向网络的拓扑结构时, 具体定义如下: 如果存在从节点 j 到节点 i 的连接, 则有 $a_{ij} \geqslant 0$, $b_{ij} \geqslant 0$, 否则 $a_{ij} = 0$, $b_{ij} = 0 (i \neq j)$; 当外部耦合矩阵 A 和 B 描述无向网络的拓扑结构时, 具体定义如下: 如果节点 i 和节点 j 之间存在连接, 则有 $a_{ij} = a_{ji} > 0$, $b_{ij} = b_{ji} > 0$, 否则 $a_{ij} = a_{ji} = 0$, $b_{ij} = b_{ji} = 0 (i \neq j)$, 显然 A 和 B 此时均为对称矩阵.

复杂网络 (2.1.1) 的初始条件由 $x_i(s) = \phi_i(s) \in C\left([-\tau, 0], \mathbb{R}^n\right) (i = 1, 2, \cdots, N)$ 给出, 其中 $C\left([-\tau, 0], \mathbb{R}^n\right)$ 表示定义在区间 $[-\tau, 0]$ 上的所有 n 维连续、可微函数的集合, 这里 $\tau = \max\{\tau_1, \tau_2, \tau_3\}$. 对任意 $\phi_i(t) = (\phi_{i1}(t), \phi_{i2}(t), \cdots, \phi_{in}(t))^{\mathrm{T}} \in C\left([-\tau, 0], \mathbb{R}^n\right)$, 定义 $\|\phi_i(t)\| = \sup\limits_{-\tau \leqslant t \leqslant 0}\left[\sum_{j=1}^{n}|\phi_{ij}(t)|^2\right]^{1/2}$.

基于耗散耦合条件, 复杂网络模型 (2.1.1) 可改写为

$$\dot{x}_i(t) = f\left(t, x_i(t), x_i(t-\tau_1(t))\right) + c\sum_{j=1}^{N} a_{ij}\Gamma x_j(t) + c_\tau \sum_{j=1}^{N} b_{ij}\Gamma_\tau x_j(t-\tau_2(t))$$

$$- c_\tau b_{ii} \Gamma_\tau \left(x_i(t - \tau_2(t)) - x_i(t - \tau_3(t)) \right), \quad i = 1, 2, \cdots, N \qquad (2.1.2)$$

为使复杂网络 (2.1.2) 实现有限时间同步, 首先给出同步流形的定义.

定义 2.1.1   超平面

$$\Lambda = \left\{ (x_1^{\mathrm{T}}, x_2^{\mathrm{T}}, \cdots, x_N^{\mathrm{T}}) \in \mathbb{R}^{nN}, \ x_1(t) = x_2(t) = \cdots = x_N(t) \right\}$$

称作系统 (2.1.2) 的同步流形.

在同步流形面上, 定义 $x_1(t) = x_2(t) = \cdots = x_N(t) = s(t)$. 显然, 根据系统 (2.1.2) 可知 $s(t)$ 满足

$$\dot{s}(t) = f\left(t, s(t), s(t - \tau_1(t)) \right) - c_\tau b_{ii} \Gamma_\tau \left(s(t - \tau_2(t)) - s(t - \tau_3(t)) \right), \quad i = 1, 2, \cdots, N \qquad (2.1.3)$$

其中 $s(t)$ 的轨迹可能是平衡点、周期解, 也有可能是混沌吸引子.

显然, 同步流形 Λ 是唯一的. 因此, 为确保 $s(t)$ 的不变性, b_{ii} 应满足条件 $b_{11} = b_{22} = \cdots = b_{NN} = -a < 0$. 事实上, 如果 $G = (g_{ij})_{N \times N}$ 是满足耗散耦合条件的任意方阵且有 $g_{ii} \neq 0\,(i = 1, 2, \cdots, N)$, 则易知矩阵 $\tilde{G} = (\tilde{g}_{ij})_{N \times N} = \left(g_{ij} / \sum_{j=1, j \neq i}^{N} g_{ij} \right)_{N \times N}$ 的所有对角元素均是 -1, 则可设计满足上述假设条件的外部耦合矩阵 $B = aG$, 因此, 关于外部耦合矩阵 B 的假设并不保守. 根据上述假设, 同步状态方程 (2.1.3) 可改写为

$$\dot{s}(t) = f\left(t, s(t), s(t - \tau_1(t)) \right) + ac_\tau \Gamma_\tau \left(s(t - \tau_2(t)) - s(t - \tau_3(t)) \right) \qquad (2.1.4)$$

复杂网络模型 (2.1.2) 的有限时间同步问题可描述如下:

定义 2.1.2   若存在常数 $T(e(0)) \geqslant 0$ 使得

$$\lim_{t \to T(e(0))} \|e_i(t)\| = 0, \quad \|e_i(t)\| = 0, \quad t \geqslant T(e(0))$$

则称复杂网络 (2.1.2) 是有限时间同步的, 其中 $e(t) = \left(e_1^{\mathrm{T}}(t), e_2^{\mathrm{T}}(t), \cdots, e_N^{\mathrm{T}}(t) \right)^{\mathrm{T}}$, $e_i(t) = x_i(t) - s(t)$, $i = 1, 2, \cdots, N$, $\| \cdot \|$ 是欧几里得范数, 即 $\|e_i(t)\| = \left(\sum_{j=1}^{n} e_{ij}^2(t) \right)^{1/2}$, $e_i(t) = (e_{i1}(t), e_{i2}(t), \cdots, e_{in}(t))^{\mathrm{T}}$. 称

$$T^*(e(0)) = \inf\{ T(e(0)) \geqslant 0 : \|e_i(t)\| = 0, \ t \geqslant T^*(e(0)) \}$$

为复杂网络 (2.1.2) 的同步停息时间.

本节将应用牵制控制方案实现复杂网络 (2.1.2) 中所有节点的状态在有限时间内全局同步到 $s(t)$. 不失一般性, 假设网络 (2.1.2) 的前 $l(1 \leqslant l < N)$ 个节点被选取为牵制节点, 则可得到如下控制下的复杂网络模型:

$$\dot{x}_i(t) = f\left(t, x_i(t), x_i(t - \tau_1(t)) \right) + ac_\tau \Gamma_\tau \left(x_i(t - \tau_2(t)) - x_i(t - \tau_3(t)) \right)$$

$$+ c \sum_{j=1}^{N} a_{ij} \Gamma x_j(t) + c_\tau \sum_{j=1}^{N} b_{ij} \Gamma_\tau x_j(t - \tau_2(t)) + u_i(t), \quad 1 \leqslant i \leqslant N \quad (2.1.5)$$

式中, 有限时间半牵制控制器 $u_i(t)$ 定义如下:

$$u_i(t) = \begin{cases} -d_i e_i(t) - \omega_i(t), & 1 \leqslant i \leqslant l \\ -\omega_i(t), & l+1 \leqslant i \leqslant N \end{cases} \quad (2.1.6)$$

其中 $\omega_i(t) = k' \mathrm{sign}\,(e_i(t))\,|e_i(t)|^\mu + k' \sum_{r=1}^{3} \left(k_r \int_{t-\tau_r(t)}^{t} e_i^{\mathrm{T}}(s) e_i(s) \mathrm{d}s \right)^{\frac{1+\mu}{2}} (e_i(t)/$ $\|e(t)\|^2)$, $d_i > 0$ 为控制增益, k' 和 $k_r (r = 1,2,3)$ 为正常数, $0 \leqslant \mu < 1$.

定义 $e_i(t) = x_i(t) - s(t)(1 \leqslant i \leqslant N)$ 为同步误差. 基于同步状态方程 (2.1.4), 网络模型 (2.1.5) 以及控制器 (2.1.6), 可得误差系统为

$$\dot{e}_i(t) = \tilde{f}\,(t, e_i(t), e_i(t - \tau_1(t))) + a c_\tau \Gamma_\tau\,(e_i(t - \tau_2(t)) - e_i(t - \tau_3(t)))$$
$$+ c \sum_{j=1}^{N} a_{ij} \Gamma e_j(t) + c_\tau \sum_{j=1}^{N} b_{ij} \Gamma_\tau e_j(t - \tau_2(t)) + u_i(t), \quad 1 \leqslant i \leqslant N \quad (2.1.7)$$

式中 $\tilde{f}\,(t, e_i(t), e_i(t - \tau_1(t))) = f\,(t, x_i(t), x_i(t - \tau_1(t))) - f\,(t, s(t), s(t - \tau_1(t)))$. 容易知道, 如果误差系统 (2.1.7) 是有限时间稳定的, 则控制下的复杂网络 (2.1.5) 是有限时间同步的.

假设 2.1.1[146,147] 假设向量值函数 $f\,(t, x(t), x(t - \tau_1(t)))$ 关于时间 t 满足 semi-Lipschitz 条件, 即存在正常数 $L_1 > 0$ 和 $L_2 > 0$ 使得不等式:

$$(x(t) - y(t))^{\mathrm{T}}\,(f\,(t, x(t), x(t - \tau_1(t))) - f\,(t, y(t), y(t - \tau_1(t))))$$
$$\leqslant L_1\,(x(t) - y(t))^{\mathrm{T}}\,(x(t) - y(t))$$
$$+ L_2\,(x(t - \tau_1(t)) - y(t - \tau_1(t)))^{\mathrm{T}}\,(x(t - \tau_1(t)) - y(t - \tau_1(t)))$$

对任意 $x(t) = (x_1(t), x_2(t), \cdots, x_n(t))^{\mathrm{T}} \in \mathbb{R}^n$, $y(t) = (y_1(t), y_2(t), \cdots, y_n(t))^{\mathrm{T}} \in \mathbb{R}^n$ 成立.

备注 2.1.1 假设 2.1.1 对复杂网络 (2.1.1) 中孤立节点的动力学行为给出了一些要求. 如果描述网络 (2.1.1) 中每个节点的函数关于时间 t 满足一致 Lipschitz 条件 [69,148], 即

$$\|f\,(t, x(t), x(t - \tau_1(t))) - f\,(t, y(t), y(t - \tau_1(t)))\|$$
$$\leqslant L_1 \|x(t) - y(t)\| + L_2 \|x(t - \tau_1(t)) - y(t - \tau_1(t))\|$$

则可选取 $L_1 = K_1 + K_2/2$ 和 $L_2 = K_2/2$ 使得假设 2.1.1 满足. 此外, 几乎所有众所周知的带时滞和不带时滞的混沌动力系统, 如著名的 Lorenz 系统、Rössler 系统、Chen 系统、Chua 电路系统以及时滞 Mackey-Glass 系统、时滞 Ikeda 系统、时滞 Hopfield 神经网络以及细胞神经网络 (CNNs) 等 [36,69,147,148] 都满足假设 2.1.1.

为便于接下来的理论推导, 给出下面的假设和引理.

假设 2.1.2[149] 假设时变时滞 $\tau_l(t)(l = 1,2,3)$ 为可微函数, 且满足 $0 \leqslant \dot{\tau}_l(t) \leqslant \psi_l \leqslant 1$, 其中 $\psi_l(l = 1,2,3)$ 为非负常数.

引理 2.1.1[127] 如果 Y 和 Z 是具有适当维数的实矩阵, 则存在一个正常数 $\xi > 0$, 使得

$$Y^{\mathrm{T}}Z + Z^{\mathrm{T}}Y \leqslant \xi Y^{\mathrm{T}}Y + \frac{1}{\xi}Z^{\mathrm{T}}Z$$

引理 2.1.2[146] 假设 $Q = (q_{ij})_{N \times N}$ 是实对称矩阵, 设 $D = \mathrm{diag}\bigg(d_1,\cdots,d_l,$ $\overbrace{0,\cdots,0}^{N-l}\bigg)$, $Q - D = \begin{pmatrix} E - \tilde{D} & S \\ S^{\mathrm{T}} & Q_l \end{pmatrix}$, $d = \min_{1 \leqslant i < l}\{d_i\}$, 其中 $1 \leqslant l < N$, $d_i > 0$, $i = 1,\cdots,l$, Q_l 是矩阵 Q 通过移除其前 $l(1 \leqslant l < N)$ 行和前 $l(1 \leqslant l < N)$ 列所得到的子矩阵, E 和 S 是具有适合维数的矩阵, $\tilde{D} = \mathrm{diag}(d_1,\cdots,d_l)$. 如果 $d > \lambda_{\max}\left(E - SQ_l^{-1}S^{\mathrm{T}}\right)$, 则 $Q - D < 0$ 等价于 $Q_l < 0$.

引理 2.1.3[150] 对于 $x_1, x_2, \cdots, x_n \in \mathbb{R}$ 以及满足 $0 < q < 2$ 的正实数 q, 不等式

$$|x_1|^q + |x_2|^q + \cdots + |x_n|^q \geqslant \left(|x_1|^2 + |x_2|^2 + \cdots + |x_n|^2\right)^{q/2}$$

成立.

引理 2.1.4[151] 对于 $x_1, x_2, \cdots, x_n \in \mathbb{R}^m$ 以及满足 $0 < q < 2$ 的正实数 q, 下列不等式成立:

$$||x_1||^q + ||x_2||^q + \cdots + ||x_n||^q \geqslant \left(||x_1||^2 + ||x_2||^2 + \cdots + ||x_n||^2\right)^{q/2} \quad (2.1.8)$$

证明 当 $n = 1$ 时, 易知不等式 (2.1.8) 成立; 当 $n = 2$ 时, 由引理 2.1.3 可知

$$||x_1||^q + ||x_2||^q = \left(\sum_{i=1}^m |x_{1i}|^2\right)^{q/2} + \left(\sum_{i=1}^m |x_{2i}|^2\right)^{q/2}$$
$$\geqslant \left(\sum_{i=1}^m |x_{1i}|^2 + \sum_{i=1}^m |x_{2i}|^2\right)^{q/2}$$

$$= \left(||x_1||^2 + ||x_{2i}|^2\right)^{q/2}$$

假设不等式 (2.1.8) 对 $n = k$ 成立, 即

$$||x_1||^q + ||x_2||^q + \cdots + ||x_k||^q \geqslant \left(||x_1||^2 + ||x_2||^2 + \cdots + ||x_k||^2\right)^{q/2} \quad (2.1.9)$$

则当 $n = k+1$ 时, 令 $||Y|| = \left(||x_1||^q + ||x_2||^q + \cdots + ||x_k||^q\right)^{1/q}$ 并利用 (2.1.9) 可得

$$||x_1||^q + ||x_2||^q + \cdots + ||x_k||^q + ||x_{k+1}||^q = ||Y||^q + ||x_{k+1}||^q \geqslant \left(||Y||^2 + ||x_{k+1}||^2\right)^{q/2} \quad (2.1.10)$$

由 (2.1.9) 可知

$$||Y||^2 = \left(||x_1||^q + ||x_2||^q + \cdots + ||x_k||^q\right)^{2/q} \geqslant ||x_1||^2 + ||x_2||^2 + \cdots + ||x_k||^2$$

进一步, 可得

$$\left(||Y||^2 + ||x_{k+1}||^2\right)^{q/2} \geqslant \left(||x_1||^2 + ||x_2||^2 + \cdots + ||x_{k+1}||^2\right)^{q/2} \quad (2.1.11)$$

综合 (2.1.10) 与 (2.1.11) 可得

$$||x_1||^q + ||x_2||^q + \cdots + ||x_{k+1}||^q \geqslant \left(||x_1||^2 + ||x_2||^2 + \cdots + ||x_{k+1}||^2\right)^{q/2}$$

由数学归纳法可知对任意自然数 n 不等式 (2.1.8) 均成立. 证毕.

备注 2.1.2 当 $q = 1$ 时, 易得如下结论: 对于 $x_1, x_2, \cdots, x_n \in \mathbb{R}^m$, 不等式

$$||x_1|| + ||x_2|| + \cdots + ||x_n|| \geqslant \sqrt{||x_1||^2 + ||x_2||^2 + \cdots + ||x_n||^2}$$

成立.

引理 2.1.5[97,150,152,153] 假设连续正定函数 $V(t)$ 满足下列不等式:

$$\dot{V}(t) \leqslant -pV^k(t), \quad \forall t \geqslant t_0, \quad V(t_0) \geqslant 0$$

其中 $p > 0$ 和 $0 < k < 1$ 为常数, 则对于任意给定的时间 t_0, 函数 $V(t)$ 满足不等式 $V^{1-k}(t) \leqslant V^{1-k}(t_0) - p(1-k)(t-t_0), t_0 \leqslant t \leqslant t_1$, 且对于所有的 $t \geqslant t_1$ 有 $V(t) \equiv 0$, 其中 $t_1 = t_0 + V^{1-k}(t_0) / [p(1-k)]$.

2.1.2 同步分析

在本小节中 $\rho_{\min}$ 表示矩阵 $(\Gamma + \Gamma^{\mathrm{T}})/2$ 的最小特征值, 即 $\rho_{\min} = \lambda_{\min}\{(\Gamma + \Gamma^{\mathrm{T}})/2\}$. 假设 $\rho_{\min} \neq 0$ 且 $||\Gamma|| = \rho_0 > 0$. 令 $\hat{A}^s = (\hat{A} + \hat{A}^{\mathrm{T}})/2$, 其中 $\hat{A}^{\mathrm{T}}$ 为矩阵 $\hat{A}$ 的转置, $\hat{A}$ 为将矩阵 A 的对角线元素 a_{ii} 替换为 $(\rho_{\min}/\rho_0)a_{ii}$ 后得到的矩阵. 易知 $\hat{A}^s$ 是一个对角线元素非负的对称不可约矩阵[154]. 一般情况下, 矩阵 $\hat{A}^s$ 的每一行元素的总和不等于零. 此外, 对于一般的矩阵 A, A 和 $\hat{A}^s$ 的特征值之间并不存在确定关系[69,155].

1. 无向网络的有限时间同步问题

定理 2.1.1　若假设 2.1.1 和假设 2.1.2 成立, 且存在正常数 ς_1, ς_2, ς_3, q 和 $d_i(i = 1, 2, \cdots, l)$ 使得下列条件成立:

(1) $(p + q)I_N + c\rho_0\hat{A} - D < 0$;

(2) $L_2 - \dfrac{1 - \psi_1}{2}k_1 < 0$;

(3) $ac_\tau\dfrac{\lambda_{\max}\left(\Gamma_\tau^{\mathrm{T}}\Gamma_\tau\right)}{2\varsigma_1} + \dfrac{1}{2\varsigma_3} - \dfrac{1 - \psi_2}{2}k_2 < 0$;

(4) $ac_\tau\dfrac{\lambda_{\max}\left(\Gamma_\tau^{\mathrm{T}}\Gamma_\tau\right)}{2\varsigma_2} - \dfrac{1 - \psi_3}{2}k_3 < 0$,

式中, $D = \mathrm{diag}\left(d_1, \cdots, d_l, \overbrace{0, \cdots, 0}^{N-l}\right)$, $p = L_1 + ac_\tau\dfrac{\varsigma_1}{2} + ac_\tau\dfrac{\varsigma_2}{2} + \dfrac{\varsigma_3}{2}\lambda_{\max}(BB^{\mathrm{T}}) \times$

$\lambda_{\max}(\Gamma_\tau\Gamma_\tau^{\mathrm{T}})$, $q = \dfrac{1}{2}(k_1 + k_2 + k_3)$, I_N 为 N 维单位向量, 则复杂网络 (2.1.1)

能够在有限时间 $t \leqslant t^* = t_0 + (2V(t_0))^{\frac{1-\mu}{2}}/(1-\mu)k'$ 内实现完全同步, 其中

$V(t_0) = \dfrac{1}{2}\sum_{i=1}^{N}e_i^{\mathrm{T}}(t_0)e_i(t_0) + \dfrac{1}{2}\sum_{i=1}^{N}\sum_{r=1}^{3}k_r\displaystyle\int_{t_0-\tau_r(t_0)}^{t_0}e_i^{\mathrm{T}}(s)e_i(s)\mathrm{d}s$, $e_i(t_0)$ 和

$\tau_r(t_0)$ $(r = 1, 2, 3)$ 分别表示 $e_i(t)$ 和 $\tau_r(t)$ 的初值.

证明　构造如下 Lyapunov-Krasovskii 泛函:

$$V(t) = \frac{1}{2}\sum_{i=1}^{N}e_i^{\mathrm{T}}(t)e_i(t) + \frac{1}{2}\sum_{i=1}^{N}\sum_{r=1}^{3}k_r\int_{t-\tau_r(t)}^{t}e_i^{\mathrm{T}}(s)e_i(s)\mathrm{d}s$$

计算 Lyapunov-Krasovskii 泛函 $V(t)$ 沿着误差系统 (2.1.7) 的状态轨迹关于时间 t 的全导数可得

$$\begin{aligned}
\dot{V}(t) = &\sum_{i=1}^{N}e_i^{\mathrm{T}}(t)\Bigg[\tilde{f}\left(t, e_i(t), e_i(t - \tau_1(t))\right) + ac_\tau\Gamma_\tau\left(e_i(t - \tau_2(t)) - e_i(t - \tau_3(t))\right) \\
&+ c\sum_{j=1}^{N}a_{ij}\Gamma e_j(t) + c_\tau\sum_{j=1}^{N}b_{ij}\Gamma_\tau e_j(t - \tau_2(t)) + u_i(t)\Bigg] + \frac{1}{2}\sum_{i=1}^{N}\sum_{r=1}^{3}k_r e_i^{\mathrm{T}}(t)e_i(t) \\
&- \sum_{i=1}^{N}\sum_{r=1}^{3}\frac{1 - \dot{\tau}_r(t)}{2}k_r e_i^{\mathrm{T}}(t - \tau_r(t))e_i(t - \tau_r(t)) \qquad\qquad (2.1.12)
\end{aligned}$$

由假设 2.1.1 可得如下不等式:

$$\sum_{i=1}^{N} e_i^{\mathrm{T}}(t)\tilde{f}\left(t, e_i(t), e_i(t-\tau_1(t))\right)$$

$$\leqslant L_1 \sum_{i=1}^{N} e_i^{\mathrm{T}}(t)e_i(t) + L_2 \sum_{i=1}^{N} e_i^{\mathrm{T}}(t-\tau_1(t))e_i(t-\tau_1(t)) \qquad (2.1.13)$$

将 (2.1.13) 代入 (2.1.12) 可得

$$\begin{aligned}
\dot{V}(t) \leqslant\ & L_1 \sum_{i=1}^{N} e_i^{\mathrm{T}}(t)e_i(t) + L_2 \sum_{i=1}^{N} e_i^{\mathrm{T}}(t-\tau_1(t))e_i(t-\tau_1(t)) \\
& + ac_\tau \sum_{i=1}^{N} e_i^{\mathrm{T}}(t)\Gamma_\tau e_i(t-\tau_2(t)) \\
& - ac_\tau \sum_{i=1}^{N} e_i^{\mathrm{T}}(t)\Gamma_\tau e_i(t-\tau_3(t)) + c \sum_{i=1}^{N} \sum_{j=1, j\neq i}^{N} a_{ij} e_i^{\mathrm{T}}(t)\Gamma e_j(t) \\
& + c \sum_{i=1}^{N} a_{ii}\rho_{\min} e_i^{\mathrm{T}}(t)e_i(t) \\
& + c_\tau \sum_{i=1}^{N} \sum_{j=1}^{N} b_{ij} e_i^{\mathrm{T}}(t)\Gamma_\tau e_j(t-\tau_2(t)) + \sum_{i=1}^{N} e_i^{\mathrm{T}}(t)u_i(t) \\
& + \frac{1}{2} \sum_{i=1}^{N} \sum_{r=1}^{3} k_r e_i^{\mathrm{T}}(t)e_i(t) \\
& - \sum_{i=1}^{N} \sum_{r=1}^{3} \frac{1-\dot{\tau}_r(t)}{2} k_r e_i^{\mathrm{T}}(t-\tau_r(t))e_i(t-\tau_r(t)) \qquad (2.1.14)
\end{aligned}$$

根据引理 2.1.1 和矩阵的克罗内克 (Kronecker) 积性质, 可推导出下列不等式:

$$ac_\tau \sum_{i=1}^{N} e_i^{\mathrm{T}}(t)\Gamma_\tau e_i(t-\tau_2(t))$$

$$\leqslant \frac{ac_\tau}{2}\left[\varsigma_1 \sum_{i=1}^{N} e_i^{\mathrm{T}}(t)e_i(t) + \frac{1}{\varsigma_1} \sum_{i=1}^{N} e_i^{\mathrm{T}}(t-\tau_2(t))\Gamma_\tau^{\mathrm{T}}\Gamma_\tau e_i(t-\tau_2(t))\right]$$

$$\leqslant ac_\tau\frac{\varsigma_1}{2} \sum_{i=1}^{N} e_i^{\mathrm{T}}(t)e_i(t) + ac_\tau\frac{\lambda_{\max}\left(\Gamma_\tau^{\mathrm{T}}\Gamma_\tau\right)}{2\varsigma_1} \sum_{i=1}^{N} e_i^{\mathrm{T}}(t-\tau_2(t))e_i(t-\tau_2(t)) \qquad (2.1.15)$$

$$- ac_\tau \sum_{i=1}^{N} e_i^{\mathrm{T}}(t)\Gamma_\tau e_i(t-\tau_3(t))$$

$$\leqslant \frac{ac_\tau}{2}\left[\varsigma_2 \sum_{i=1}^{N} e_i^{\mathrm{T}}(t)e_i(t) + \frac{1}{\varsigma_2}\sum_{i=1}^{N} e_i^{\mathrm{T}}(t-\tau_3(t))\Gamma_\tau^{\mathrm{T}}\Gamma_\tau e_i(t-\tau_3(t))\right]$$

$$\leqslant ac_\tau \frac{\varsigma_2}{2} \sum_{i=1}^{N} e_i^{\mathrm{T}}(t)e_i(t) + ac_\tau \frac{\lambda_{\max}\left(\Gamma_\tau^{\mathrm{T}}\Gamma_\tau\right)}{2\varsigma_2} \sum_{i=1}^{N} e_i^{\mathrm{T}}(t-\tau_3(t))e_i(t-\tau_3(t)) \quad (2.1.16)$$

$$\sum_{i=1}^{N}\sum_{j=1}^{N} b_{ij}^1 e_i^{\mathrm{T}}(t)\Gamma_\tau e_j(t-\tau_2(t))$$

$$= e^{\mathrm{T}}(t)(B^1 \otimes \Gamma_\tau)e(t-\tau_2(t))$$

$$\leqslant \frac{1}{2}\left[\varsigma_3 e^{\mathrm{T}}(t)(AA^{\mathrm{T}} \otimes \Gamma_\tau \Gamma_\tau^{\mathrm{T}})e(t) + \frac{1}{\varsigma_3}e^{\mathrm{T}}(t-\tau_2(t))(I_N \otimes I_n)e(t-\tau_2(t))\right]$$

$$\leqslant \frac{\varsigma_3}{2}\lambda_{\max}\left(AA^{\mathrm{T}}\right)\lambda_{\max}\left(AA^{\mathrm{T}}\right)\sum_{i=1}^{N} e_i^{\mathrm{T}}(t)e_i(t) + \frac{1}{2\varsigma_3}\sum_{i=1}^{N} e_i^{\mathrm{T}}(t-\tau_2(t))e_i(t-\tau_2(t))$$

$$(2.1.17)$$

式中 $\otimes$ 表示克罗内克积, 即设 $A=(a_{ij})_{m\times n} \in \mathbb{R}^{m\times n}$, $B=(b_{ij})_{p\times q} \in \mathbb{R}^{p\times q}$, 则有

$$A \otimes B = \begin{pmatrix} a_{11}B & a_{12}B & \cdots & a_{1n}B \\ a_{21}B & a_{22}B & \cdots & a_{2n}B \\ \vdots & \vdots & & \vdots \\ a_{m1}B & a_{m2}B & \cdots & a_{mn}B \end{pmatrix} \in \mathbb{R}^{mp\times nq}$$

称为矩阵 A 与 B 的克罗内克积, 也叫做矩阵的张量积或直积.

将 (2.1.15)～(2.1.17) 代入 (2.1.14) 可得

$$\dot{V}(t) \leqslant L_1 \sum_{i=1}^{N} e_i^{\mathrm{T}}(t)e_i(t) + L_2 \sum_{i=1}^{N} e_i^{\mathrm{T}}(t-\tau_1(t))e_i(t-\tau_1(t))$$

$$+ ac_\tau \frac{\lambda_{\max}\left(\Gamma_\tau^{\mathrm{T}}\Gamma_\tau\right)}{2\varsigma_1} \sum_{i=1}^{N} e_i^{\mathrm{T}}(t-\tau_2(t))e_i(t-\tau_2(t)) + ac_\tau \frac{\varsigma_1}{2} \sum_{i=1}^{N} e_i^{\mathrm{T}}(t)e_i(t)$$

$$+ ac_\tau \frac{\varsigma_2}{2} \sum_{i=1}^{N} e_i^{\mathrm{T}}(t)e_i(t) + ac_\tau \frac{\lambda_{\max}\left(\Gamma_\tau^{\mathrm{T}}\Gamma_\tau\right)}{2\varsigma_2} \sum_{i=1}^{N} e_i^{\mathrm{T}}(t-\tau_3(t))e_i(t-\tau_3(t))$$

$$+ c\sum_{i=1}^{N}\sum_{j=1,j\neq i}^{N} a_{ij}\rho_0\|e^{\mathrm{T}}(t)\|\|e_j(t)\| + c\sum_{i=1}^{N} a_{ii}\rho_{\min} e_i^{\mathrm{T}}(t)e_i(t)$$

$$+ \frac{\varsigma_3}{2}\lambda_{\max}\left(AA^{\mathrm{T}}\right)\lambda_{\max}\left(\Gamma_\tau\Gamma_\tau^{\mathrm{T}}\right)\sum_{i=1}^{N} e_i^{\mathrm{T}}(t)e_i(t)$$

$$+ \frac{1}{2\varsigma_3} \sum_{i=1}^{N} e_i^{\mathrm{T}}(t - \tau_2(t)) e_i(t - \tau_2(t))$$

$$- \sum_{i=1}^{N} \sum_{r=1}^{3} \frac{1 - \dot{\tau}_r(t)}{2} k_r e_i^{\mathrm{T}}(t - \tau_r(t)) e_i(t - \tau_r(t))$$

$$+ q \sum_{i=1}^{N} e_i^{\mathrm{T}}(t) e_i(t) - \sum_{i=1}^{l} d_i e_i^{\mathrm{T}}(t) e_i(t)$$

$$- k' \sum_{i=1}^{N} e_i^{\mathrm{T}}(t) \Bigg[\mathrm{sign}\,(e_i(t))\,|e_i(t)|^{\mu}$$

$$+ \sum_{r=1}^{3} \left(k_r \int_{t-\tau_r(t)}^{t} e_i^{\mathrm{T}}(s) e_i(s) \mathrm{d}s \right)^{\frac{1+\mu}{2}} \frac{e_i(t)}{||e(t)||^2} \Bigg]$$

令 $e(t) = (||e_1(t)||, ||e_2(t)||, \cdots, ||e_N(t)||)^{\mathrm{T}}$, 则有

$$\dot{V}(t)$$

$$\leqslant L_1 e^{\mathrm{T}}(t) e(t) + L_2 e^{\mathrm{T}}(t - \tau_1(t)) e(t - \tau_1(t)) + a c_\tau \frac{\varsigma_1}{2} e^{\mathrm{T}}(t) e(t)$$

$$+ a c_\tau \frac{\lambda_{\max}\left(\Gamma_\tau^{\mathrm{T}} \Gamma_\tau\right)}{2\varsigma_1} e^{\mathrm{T}}(t - \tau_2(t)) e(t - \tau_2(t)) + a c_\tau \frac{\varsigma_2}{2} e^{\mathrm{T}}(t) e(t)$$

$$+ a c_\tau \frac{\lambda_{\max}\left(\Gamma_\tau^{\mathrm{T}} \Gamma_\tau\right)}{2\varsigma_2} e^{\mathrm{T}}(t - \tau_3(t)) e(t - \tau_3(t)) + c \rho_0 e^{\mathrm{T}}(t) \hat{A} e(t)$$

$$+ \frac{\varsigma_3}{2} \lambda_{\max}\left(A A^{\mathrm{T}}\right) \lambda_{\max}\left(\Gamma_\tau \Gamma_\tau^{\mathrm{T}}\right) e^{\mathrm{T}}(t) e(t) + \frac{1}{2\varsigma_3} e^{\mathrm{T}}(t - \tau_2(t)) e(t - \tau_2(t))$$

$$- \sum_{r=1}^{3} \frac{1 - \dot{\tau}_r(t)}{2} k_r e^{\mathrm{T}}(t - \tau_r(t)) e(t - \tau_r(t)) + q \sum_{i=1}^{N} e_i^{\mathrm{T}}(t) e_i(t) - D e^{\mathrm{T}}(t) e(t)$$

$$- k' \sum_{i=1}^{N} e_i^{\mathrm{T}}(t) \Bigg[\mathrm{sign}\,(e_i(t))\,|e_i(t)|^{\mu} + \sum_{r=1}^{3} \left(k_r \int_{t-\tau_r(t)}^{t} e_i^{\mathrm{T}}(s) e_i(s) \mathrm{d}s \right)^{\frac{1+\mu}{2}} \frac{e_i(t)}{||e(t)||^2} \Bigg]$$

$$(2.1.18)$$

根据定理 2.1.1 中的条件, 假设 2.1.2 以及引理 2.1.4, 由 (2.1.18) 可得如下不等式:

$$\dot{V}(t) \leqslant \left(p + c \rho_0 \hat{A} + q - D \right) e^{\mathrm{T}}(t) e(t)$$

$$+ \left(L_2 - \frac{1 - \psi_1}{2} k_1 \right) e^{\mathrm{T}}(t - \tau_1(t)) e(t - \tau_1(t))$$

$$+ \left(ac_\tau \frac{\lambda_{\max}\left(\Gamma_\tau^{\mathrm{T}}\Gamma_\tau\right)}{2\varsigma_1} + \frac{1}{2\varsigma_3} - \frac{1-\psi_2}{2}k_2 \right) e^{\mathrm{T}}(t-\tau_2(t))e(t-\tau_2(t))$$

$$+ \left(ac_\tau \frac{\lambda_{\max}\left(\Gamma_\tau^{\mathrm{T}}\Gamma_\tau\right)}{2\varsigma_2} - \frac{1-\psi_3}{2}k_3 \right) e^{\mathrm{T}}(t-\tau_3(t))e(t-\tau_3(t))$$

$$- k' \sum_{i=1}^{N} e_i^{\mathrm{T}}(t) \Bigg[\mathrm{sign}\left(e_i(t)\right)|e_i(t)|^\mu$$

$$+ \sum_{r=1}^{3} \left(k_r \int_{t-\tau_r(t)}^{t} e_i^{\mathrm{T}}(s)e_i(s)\mathrm{d}s \right)^{\frac{1+\mu}{2}} \frac{e_i(t)}{\|e(t)\|^2} \Bigg]$$

$$\leqslant - k' \sum_{i=1}^{N} e_i^{\mathrm{T}}(t) \Bigg[\mathrm{sign}\left(e_i(t)\right)|e_i(t)|^\mu$$

$$+ \sum_{r=1}^{3} \left(k_r \int_{t-\tau_r(t)}^{t} e_i^{\mathrm{T}}(s)e_i(s)\mathrm{d}s \right)^{\frac{1+\mu}{2}} \frac{e_i(t)}{\|e(t)\|^2} \Bigg]$$

$$\leqslant - k' \sum_{i=1}^{N} |e_i^{\mathrm{T}}(t)e_i(t)|^{\frac{1+\mu}{2}} - k' \sum_{i=1}^{N}\sum_{r=1}^{3} \left(k_r \int_{t-\tau_r(t)}^{t} e_i^{\mathrm{T}}(s)e_i(s)\mathrm{d}s \right)^{\frac{1+\mu}{2}}$$

$$\leqslant - 2^{\frac{1+\mu}{2}} k' \left(\frac{1}{2} \sum_{i=1}^{N} e_i^2(t) + \frac{1}{2} \sum_{i=1}^{N}\sum_{r=1}^{3} k_r \int_{t-\tau_r(t)}^{t} e_i^{\mathrm{T}}(s)e_i(s)\mathrm{d}s \right)^{\frac{1+\mu}{2}}$$

$$= - 2^{\frac{1+\mu}{2}} k' V^{\frac{1+\mu}{2}}(t) \tag{2.1.19}$$

根据引理 2.1.5 可知复杂动态网络 (2.1.1) 能够在有限时间

$$t \leqslant t^* = t_0 + \frac{1}{(1-\mu)k'} \left(2V(t_0)\right)^{\frac{1-\mu}{2}}$$

内实现同步. 证毕.

备注 2.1.3 令 $Q = (p+q)I_N + c\rho_0\hat{A}$, $(p+q)I_N + c\rho_0\hat{A} - D = Q - D = \begin{pmatrix} E-\tilde{D} & S \\ S^{\mathrm{T}} & Q_l \end{pmatrix}$, 且 $d = \min_{1\leqslant i\leqslant l}\{d_i\}$, 其中 Q_l 是通过移除矩阵 Q 前 $l(1 \leqslant l < N)$ 行和前 $l(1 \leqslant l < N)$ 列所得的子矩阵, E 和 S 是具有适当维数的矩阵, $\tilde{D} = \mathrm{diag}\,(d_1, d_2, \cdots, d_l)$. 由引理 2.1.2 可知 $Q - D < 0$ 等价于 $Q_l < 0$, $d > \lambda_{\max}\left(E-SQ_l^{-1}S^{\mathrm{T}}\right)$. 如果 d 充分大 (令 $d_i > \lambda_{\max}(E-SQ_l^{-1}S^{\mathrm{T}})$, $i = 1, 2, \cdots, l$),

则 $Q - D < 0$ 等价于 $Q_l < 0$, 其中 $Q_l = (p+q)I_{N-l} + c\rho_0\hat{A}_l$, $\hat{A}_l$ 是通过移除矩阵 $\hat{A}$ 前 $l(1 \leqslant l < N)$ 行和前 $l(1 \leqslant l < N)$ 所得的子矩阵. 因此, 由定理 2.1.1 可得如下推论.

推论 2.1.1　若假设 2.1.1 和假设 2.1.2 成立, 如果控制增益 $d_i(i = 1, 2, \cdots, l)$ 足够大且存在正常数 $\varsigma_1, \varsigma_2, \varsigma_3$ 和 q 使得下面条件成立:

(1) $(p+q)I_N + c\rho_0\lambda_{\max}\left(\hat{A}_l\right) < 0$;

(2) $L_2 - \dfrac{1-\psi_1}{2}k_1 < 0$;

(3) $ac_\tau\dfrac{\lambda_{\max}\left(\Gamma_\tau^{\mathrm{T}}\Gamma_\tau\right)}{2\varsigma_1} + \dfrac{1}{2\varsigma_3} - \dfrac{1-\psi_2}{2}k_2 < 0$;

(4) $ac_\tau\dfrac{\lambda_{\max}\left(\Gamma_\tau^{\mathrm{T}}\Gamma_\tau\right)}{2\varsigma_2} - \dfrac{1-\psi_3}{2}k_3 < 0$,

式中, $D = \mathrm{diag}\left(d_1, \cdots, d_l, \overbrace{0, \cdots, 0}^{N-l}\right)$, $p = L_1 + ac_\tau\dfrac{\varsigma_1}{2} + ac_\tau\dfrac{\varsigma_2}{2} + \dfrac{\varsigma_3}{2}\lambda_{\max}(BB^{\mathrm{T}}) \times$

$\lambda_{\max}(\Gamma_\tau\Gamma_\tau^{\mathrm{T}})$, $q = \dfrac{1}{2}(k_1 + k_2 + k_3)$, I_N 为 N 维单位向量, 则复杂网络 (2.1.1) 能够在有限时间 $t \leqslant t^* = t_0 + (2V(t_0))^{\frac{1-\mu}{2}}\big/(1-\mu)k'$ 内实现完全同步, 其中

$$V(t_0) = \frac{1}{2}\sum_{i=1}^N e_i^{\mathrm{T}}(t_0)e_i(t_0) + \frac{1}{2}\sum_{i=1}^N\sum_{r=1}^3 k_r\int_{t_0-\tau_r(t_0)}^{t_0} e_i^{\mathrm{T}}(s)e_i(s)\mathrm{d}s,$$ $e_i(t_0)$ 和

$\tau_r(t_0)(r = 1, 2, 3)$ 分别是 $e_i(t)$ 和 $\tau_r(t)$ 的初值.

备注 2.1.4　下面将讨论如何选择牵制节点以及至少需要牵制多少节点才能实现无向网络的有限时间同步. 令 $C = Q - D = (p+q)I_N + c\rho_{\min}A - D$, $C = (C_{ij})_{N\times N}$, $g_i = \sum_{j=1,j\neq i}^N b_{ij}^0$ 表示节点 i 和其他节点之间具有连接关系的数量, 即节点 i 的度. 复杂网络 (2.1.1) 实现有限时间同步的必要条件 $C = Q-D < 0$ 等价于

$$C_{ii} = (p+q) - c\rho_{\min}g_i - d_i < 0, \quad 1 \leqslant i \leqslant l \tag{2.1.20}$$

$$C_{ii} = (p+q) - c\rho_{\min}g_i < 0, \quad l+1 \leqslant i \leqslant N \tag{2.1.21}$$

从 (2.1.18) 和 (2.1.19) 可看出: 非牵制节点的度必须满足 $g_i > (p+q)/(c\rho_{\min})$. 同时, 当耦合强度 c 足够大时, 条件 (2.1.20) 和 (2.1.21) 很容易实现, 即每个节点的度均能满足条件 $C = Q - D < 0$. 但如果耦合强度 c 不足够大, 度相对较小的节点就需要实施牵制控制. 事实上, 度越小的节点从其他节点接收的信息和连接就越少, 由于孤立节点的非线性特征, 只有利用控制器才可实现同步. 同样地, 度

越大的节点, 从其他节点接收的信息和连接也就越多. 如果控制一个度大的节点就等价于间接对它所连接的诸多节点实施了一定程度的控制, 这样的控制效果更好. 因此, 在无向网络中, 通常选择控制两类的节点: 度大和度小的节点. 综合以上分析可知, 选择牵制节点的方法和步骤可为: 第一步, 将所有节点按照度的大小进行降序排列; 第二步, 按照从两边到中间的方法选择首要控制的关键节点. 这种方法和步骤能将度大和度小的节点全部考虑进来.

根据备注 2.1.3 可知, 为了实现复杂网络的有限时间同步, 需要满足条件 $Q - D < 0$, 且当 d 充分大时 $Q - D < 0$ 等价于 $Q_l < 0$, 即 $(p+q)I_{N-l} + c\rho_0 \hat{A}_l < 0$. 假设至少需要控制 l_0 个关键节点, 则 l_0 满足

$$\lambda_{\max}\left(\hat{A}_{l_0-1}\right) \geqslant -\frac{(p+q)}{c\rho_0}, \quad \lambda_{\max}\left(\hat{A}_{l_0}\right) < -\frac{(p+q)}{c\rho_0} \tag{2.1.22}$$

选择重新排列顺序后的前 l 个节点, 使得 l 从 1 开始递增, 依次计算 $\lambda_{\max}(\hat{A}_l)$ 的值, 当且仅当 $\lambda_{\max}(\hat{A}_{l_0-1})$ 和 $\lambda_{\max}(\hat{A}_{l_0})$ 满足条件 (2.1.22) 时, l_0 便为至少需要控制的关键节点的数量.

2. 有向网络的有限时间同步问题

定理 2.1.2　若假设 2.1.1 和假设 2.1.2 成立, 且存在正常数 $\varsigma_1, \varsigma_2, \varsigma_3, q$ 和 $d_i\ (i=1,2,\cdots,l)$ 使得下列条件成立:

(1) $(p+q)I_N + c\rho_0 \hat{A}^s - D < 0$;

(2) $L_2 - \dfrac{1-\psi_1}{2}k_1 < 0$;

(3) $ac_\tau \dfrac{\lambda_{\max}\left(\Gamma_\tau^{\mathrm{T}}\Gamma_\tau\right)}{2\varsigma_1} + \dfrac{1}{2\varsigma_3} - \dfrac{1-\psi_2}{2}k_2 < 0$;

(4) $ac_\tau \dfrac{\lambda_{\max}\left(\Gamma_\tau^{\mathrm{T}}\Gamma_\tau\right)}{2\varsigma_2} - \dfrac{1-\psi_3}{2}k_3 < 0$,

式中, $D = \mathrm{diag}\left(d_1,\cdots,d_l,\overbrace{0,\cdots,0}^{N-l}\right)$, $p = L_1 + ac_\tau \dfrac{\varsigma_1}{2} + ac_\tau \dfrac{\varsigma_2}{2} + \dfrac{\varsigma_3}{2}\lambda_{\max}(BB^{\mathrm{T}}) \times \lambda_{\max}(\Gamma_\tau\Gamma_\tau^{\mathrm{T}})$, $q = \dfrac{1}{2}(k_1 + k_2 + k_3)$, I_N 为 N 维单位向量, 则复杂网络 (2.1.1) 能够在有限时间 $t \leqslant t_1^* = t_0 + (2V(t_0))^{\frac{1-\mu}{2}}\big/(1-\mu)k'$ 内实现同步, 其中 $V(t_0) = \dfrac{1}{2}\sum_{i=1}^{N} e_i^{\mathrm{T}}(t_0)e_i(t_0) + \dfrac{1}{2}\sum_{i=1}^{N}\sum_{r=1}^{3}k_r \displaystyle\int_{t_0-\tau_r(t_0)}^{t_0} e_i^{\mathrm{T}}(s)e_i(s)\mathrm{d}s$, $e_i(t_0)$ 和 $\tau_r(t_0)(r = 1,2,3)$ 分别是 $e_i(t)$ 和 $\tau_r(t)$ 的初值.

实现有向网络同步的证明过程与无向网络类似, 因此这里不再赘述.

备注 2.1.5　令 $Q = (p+q)I_N + c\rho_0 \hat{A}^s$, $(p+q)I_N + c\rho_0 \hat{A}^s - D = Q - D = \begin{pmatrix} E - \tilde{D} & S \\ S^{\mathrm{T}} & Q_l \end{pmatrix}$ 及 $d = \min_{1 \leqslant i \leqslant l}\{d_i\}$, 其中 Q_l 是通过移除矩阵 Q 前 $l(1 \leqslant l < N)$ 行和前 $l(1 \leqslant l < N)$ 列所得的子矩阵, E 和 S 是具有适当维数的矩阵, $\tilde{D} = \operatorname{diag}(d_1, d_2, \cdots, d_l)$. 由引理 2.1.2 可知 $Q - D < 0$ 等价于 $Q_l < 0$ 且 $d > \lambda_{\max}\left(E - SQ_l^{-1}S^{\mathrm{T}}\right)$. 如果 d 充分大 (可以简单地选择 $d_i > \lambda_{\max}(E - SQ_l^{-1}S^{\mathrm{T}})$, $i = 1, 2, \cdots, l$), 则 $Q - D < 0$ 等价于 $Q_l < 0$, 其中 $Q_l = (p+q)I_{N-l} + c\rho_0 \hat{A}_l^s$, $\hat{A}_l^s$ 是通过移除矩阵 $\hat{A}^s$ 前 $l(1 \leqslant l < N)$ 行和前 $l(1 \leqslant l < N)$ 列所得的子矩阵. 因此, 可以得到如下推论.

推论 2.1.2　在假设 2.1.1 和假设 2.1.2 下, 如果控制增益 d_i $(i = 1, 2, \cdots, l)$ 足够大且存在正常数 $\varsigma_1, \varsigma_2, \varsigma_3$ 和 q 使得下列条件成立:

(1) $(p+q)I_N + c\rho_0 \lambda_{\max}\left(\hat{A}_l^s\right) < 0$;

(2) $L_2 - \dfrac{1 - \psi_1}{2}k_1 < 0$;

(3) $ac_\tau \dfrac{\lambda_{\max}\left(\Gamma_\tau^{\mathrm{T}}\Gamma_\tau\right)}{2\varsigma_1} + \dfrac{1}{2\varsigma_3} - \dfrac{1 - \psi_2}{2}k_2 < 0$;

(4) $ac_\tau \dfrac{\lambda_{\max}\left(\Gamma_\tau^{\mathrm{T}}\Gamma_\tau\right)}{2\varsigma_2} - \dfrac{1 - \psi_3}{2}k_3 < 0$,

式中, $D = \operatorname{diag}\left(d_1, \cdots, d_l, \overbrace{0, \cdots, 0}^{N-l}\right)$, $p = L_1 + ac_\tau \dfrac{\varsigma_1}{2} + ac_\tau \dfrac{\varsigma_2}{2} + \dfrac{\varsigma_3}{2}\lambda_{\max}(BB^{\mathrm{T}}) \cdot \lambda_{\max}(\Gamma_\tau\Gamma_\tau^{\mathrm{T}})$, $q = \dfrac{1}{2}(k_1 + k_2 + k_3)$, I_N 为 N 维单位向量, 则复杂网络 (2.1.1) 能够在有限时间 $t \leqslant t^* = t_0 + (2V(t_0))^{\frac{1-\mu}{2}}/(1-\mu)k'$ 内实现完全同步, 其中 $V(t_0) = \dfrac{1}{2}\sum_{i=1}^{N} e_i^{\mathrm{T}}(t_0)e_i(t_0) + \dfrac{1}{2}\sum_{i=1}^{N}\sum_{r=1}^{3} k_r \displaystyle\int_{t_0 - \tau_r(t_0)}^{t_0} e_i^{\mathrm{T}}(s)e_i(s)\mathrm{d}s$, $e_i(t_0)$ 和 $\tau_r(t_0)$ $(r = 1, 2, 3)$ 分别是 $e_i(t)$ 和 $\tau_r(t)$ 的初值.

备注 2.1.6　有向网络节点的度分为入度和出度: 入度表示其他节点指向该节点的数量, 出度则表示该节点指向其他节点的数量. 本小节中, 令 $\operatorname{Deg}_{\mathrm{in}}(i)$ 和 $\operatorname{Deg}_{\mathrm{out}}(i)$ 分别表示节点 i 的入度和出度, 即 $\operatorname{Deg}_{\mathrm{out}}(i) = \sum_{j=1, j \neq i}^{N} b_{ji}^0$, $\operatorname{Deg}_{\mathrm{in}}(i) = \sum_{j=1, j \neq i}^{N} b_{ij}^0$. 将出度和入度之间的差值定义为节点的 "度差"(Degree-Difference), 表示为: $\operatorname{Deg}_{\mathrm{diff}}(i)$, 即 $\operatorname{Deg}_{\mathrm{diff}}(i) = \operatorname{Deg}_{\mathrm{out}}(i) - \operatorname{Deg}_{\mathrm{in}}(i)$. 对于控制下的有向网络

(2.1.1), 首先控制入度为零的节点, 然后将其他所有节点的度差按照降序排列, 其中度差相等的节点要按照它们的出度大小降序排列. 在有向网络中最少需要牵制多少个关键节点的方法与无向网络中的方法类似. 即需要满足条件 $Q - D < 0$, 且当 d 充分大时, $Q - D < 0$ 等价于 $Q_l < 0$, 其中 $Q_l = (p+q)I_{N-l} + c\rho_0 \hat{A}_l^s$, 则有 $(p+q)I_{N-l} + c\rho_0 \hat{A}_l^s < 0$. 假设至少需要控制 l_0 个关键节点, 则 l_0 满足

$$\lambda_{\max}\left(\hat{A}_{l_0-1}^s\right) \geqslant -\frac{(p+q)}{c\rho_0}, \quad \lambda_{\max}\left(\hat{A}_{l_0}^s\right) < -\frac{(p+q)}{c\rho_0}$$

2.1.3　数值模拟

选择时滞神经网络作为复杂网络 (2.1.1) 的孤立节点:

$$\dot{x}_i(t) = f\left(t, x_i(t), x_i(t-\tau_1(t))\right) = Ax(t) + C_1 g_1(x(t)) + C_2 g_2(x(t-\tau_1(t))) \quad (2.1.23)$$

令 $x(t) = (x_1(t), x_2(t))^{\mathrm{T}} \in \mathbb{R}^2$, $g_1(x) = g_2(x) = (\tanh(x_1), \tanh(x_2))^{\mathrm{T}}$, $\tau_1(t) = 1$ 以及

$$A = \begin{pmatrix} -1 & 0 \\ 0 & -1 \end{pmatrix}, \quad C_1 = \begin{pmatrix} 3 & -0.2 \\ -4.5 & 5.5 \end{pmatrix}, \quad C_2 = \begin{pmatrix} -2 & -0.1 \\ -0.3 & -5 \end{pmatrix}$$

图 2-1 显示了时滞神经网络系统 (2.1.23) 的混沌行为.

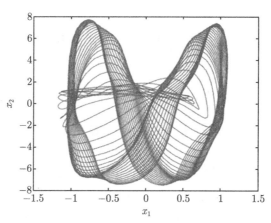

图 2-1　系统 (2.1.23) 的混沌状态, 初始条件为: $x_1(t) = 0.3$, $x_2(t) = 0.8$, 其中 $t \in [-1, 0]$

基于 (2.1.4), 同步状态方程可描述如下:

$$\dot{s}(t) = As(t) + C_1 g_1(s(t)) + C_2 g_2(s(t-\tau_1(t))) + ac_\tau \Gamma_\tau\left(s(t-\tau_2(t)) - s(t-\tau_3(t))\right)$$

例 2.1.1 考虑由 100 个节点组成的无向复杂网络模型[3]:

$$\dot{x}_i(t) = Ax(t) + C_1 g_1(x(t)) + C_2 g_2(x(t - \tau_1(t)))$$
$$+ ac_\tau \Gamma_\tau \left(x_i(t - \tau_2(t)) - x_i(t - \tau_3(t)) \right)$$
$$+ c \sum_{j=1}^N a_{ij} \Gamma x_j(t) + c_\tau \sum_{j=1}^N b_{ij} \Gamma_\tau x_j(t - \tau_2(t)), \quad i = 1, 2, \cdots, N \quad (2.1.24)$$

其中 $c_\tau = 1$, $c = 20$, $\Gamma_\tau = \mathrm{diag}(1, 1)$, $\Gamma = \mathrm{diag}(1.1, 1)$, $\tau_1 = 1$, $\tau_2(t) = \mathrm{e}^t/(1 + \mathrm{e}^t)$(这里 e 为自然对数的底数), $\tau_3(t) = 0.03|\cos(t)|$, $k_1 = 2$, $k_2 = 4$, $k_3 = 6$, $k' = 4$ 和 $\mu = 0.5$, 无时滞的外部耦合矩阵 A 由无向 BA 无标度网络生成[146](从一个具有 $m_0 = 5$ 个节点的网络开始, 每次引入一个新的节点, 并且连接到 $m = 5$ 个已存在的节点上, 网络规模 $N = 100$), 且 $B = 0.1\tilde{A}$, 式中 $\tilde{A} = (\tilde{a}_{ij})_{N \times N} = \left(a_{ij} / \sum_{j=1, j \neq i}^N a_{ij} \right)_{N \times N}$, 则 $a = 0.1$.

通过简单计算可得: $\lambda_{\max}(BB^{\mathrm{T}}) = 2.6296$, $\lambda_{\max}(\Gamma_\tau \Gamma_\tau^{\mathrm{T}}) = 1$, $\psi_1 = 0$, $\psi_2 = 0.25$, $\psi_3 = 0.03$, $\rho_0 = \|\Gamma\| = 1.1$, $L_1 = 18.9613$, $L_2 = 0.5015$, $\varsigma_1 = \varsigma_2 = 1$, $\varsigma_3 = 0.62$, $p = 19.7765$, $q = 6$, $V(0) = 245.5$, $t^* = 1.979$, 定理 2.1.1 中的条件均满足.

如图 2-2 所示 (将节点按照备注 2.1.4 的方式重新排序, 取前 50 个节点进行讨论), $\lambda_{\max}(\hat{A}_l)$ 随牵制节点数量的增加单调递减. 特别地, 当 $l = 10$ 和 $l = 11$ 时分别有 $\lambda_{\max}(\hat{A}_{10}) = -1.1688 > -(p+q)/c\rho_0 = -1.1717$ 和 $\lambda_{\max}(\hat{A}_{11}) = -1.3459 < -1.1717$. 因此, 为实现复杂网络 (2.1.24) 的有限时间同步, 只需要将

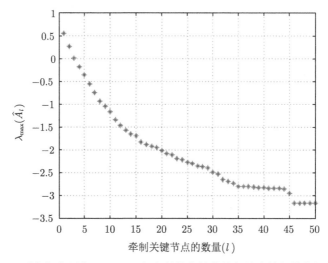

图 2-2 无向复杂网络 (2.1.24) 中牵制节点的数量与最大特征值之间的关系

网络 (2.1.24) 重新排序后的前 11 个节点作为牵制节点. 控制下的无向复杂网络
(2.1.24) 的同步误差 $e_i(t)$ ($i = 1, 2, \cdots, 100$) 在时间间隔 $[0, 5]$ 内的演化过程如
图 2-3 所示, 显然, 在 11 个控制器的作用下, 无向复杂网络 (2.1.24) 是有限时间同
步的.

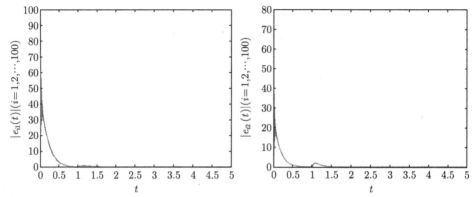

图 2-3　控制下的无向复杂网络 (2.1.24) 的同步误差 $e_i(t)$ ($i = 1, 2, \cdots, 100$) 在时间间隔
$[0, 5]$ 内的演化过程

例 2.1.2　考虑具有 100 个节点 (节点动力学模型为神经网络模型 (2.1.23))
的有向小世界网络模型 (2.1.24), 其参数为: $c_\tau = 1$, $c = 20$, $\Gamma_\tau = \mathrm{diag}(1, 1)$,
$\Gamma = \mathrm{diag}(1.1, 1)$, $\tau_1 = 1$, $\tau_2(t) = 0.5\mathrm{e}^t/(1 + \mathrm{e}^t)$, $\tau_3(t) = 0.02|\cos(t)|$, $k_1 = 2$,
$k_2 = 4$, $k_3 = 6$, $k' = 6$ 和 $\mu = 0.5$, 无时滞时的外部耦合矩阵 A 由有向小世界网
络生成[146,156], 且 $B = 0.1\tilde{A}$, 其中 $\tilde{A} = (\tilde{a}_{ij})_{N \times N} = \left(a_{ij}/\sum_{j=1, j\neq i}^{N} a_{ij}\right)_{N \times N}$,
有 $a = 0.1$.

有向小世界网络的构造算法: ① 从规则图开始: 考虑一个规模 $N = 100$ 的有
向最近邻耦合网络, 它们围成一个环, 其中每个节点与其左右相邻的各 4 个节点
双向相连; ② 随机化重连: 以 0.2 的概率随机地重新连接网络中的每条有向边, 即
将连边的一个始点保持不变, 而终点取为网络中随机选择的一个节点, 并规定任
意两个不同的有序节点之间至多只能有一条有向边, 且每一个节点都不存在有向
边与自身相连. 当每条有向边重复上述随机化重连过程后即可得到有向小世界网
络模型, 其构造过程如图 2-4 所示 (为清楚起见, 只有少数有向边已重新连接. 实
线表示有向边, 虚线表示重连的有向边).

通过计算得到: $\lambda_{\max}(\hat{A}^s) = 0.4590$, $\lambda_{\max}(BB^{\mathrm{T}}) = 0.0290$, $\lambda_{\max}(\Gamma_\tau \Gamma_\tau^{\mathrm{T}}) = 1$,
$\psi_1 = 0$, $\psi_2 = 0.125$, $\psi_3 = 0.02$, $a = 0.1$, $\rho_0 = \|\Gamma\| = 1.1$, $L_1 = 18.9613$, $L_2 =$
0.5015, $\varsigma_1 = \varsigma_2 = 1$, $\varsigma_3 = 5.8722$, $p = 19.1464$, $q = 6$, $V(0) = 192.5$, $t_1^* = 1.242$,
定理 2.1.2 中的条件均满足. 由推论 2.1.2 能够得到 $\lambda_{\max}(\hat{A}_l^s) < -1.1430$.

如图 2-5 所示 (将节点按照备注 2.1.6 的方式重新排序, 取前 100 个节点进行讨论), $\lambda_{\max}(\hat{A}_l^s)$ 随牵制节点数量的增加单调递减. 同样, 当 $l = 53$ 和 $l = 54$ 时有 $\lambda_{\max}(\hat{A}_{53}^s) = -1.0512 > -(p + q)/c\rho_0 = -1.1430$ 和 $\lambda_{\max}(\hat{A}_{54}^s) = -1.1548 < -1.1430$. 因此, 为实现复杂网络 (2.1.24) 的有限时间同步, 只需将网络 (2.1.24) 重新排序后的前 54 个节点作为牵制节点. 控制下的无向复杂网络的同步误差 $e_i(t)$ $(i = 1, 2, \cdots, 100)$ 在时间间隔 $[0, 2]$ 内的演化过程如图 2-6 所示, 显然, 在 54 个控制器的作用下, 有向复杂网络是有限时间同步的.

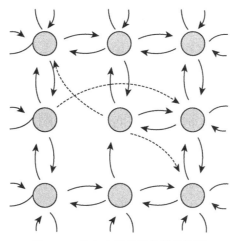

图 2-4   有向小世界网络的构造图

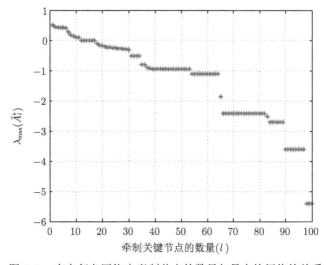

图 2-5   有向复杂网络中牵制节点的数量与最大特征值的关系

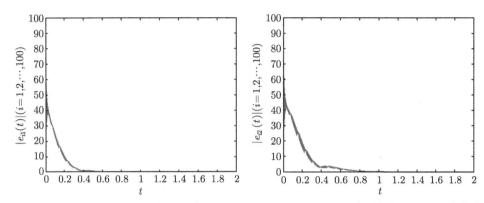

图 2-6   控制下的有向复杂网络的同步误差 $e_i(t)$ $(i = 1, 2, \cdots, 100)$ 在时间间隔 $[0,\ 2]$ 内的演
化过程

2.2   基于间歇控制的时变时滞复杂网络有限时间同步

在实际应用中, 连续控制消耗巨大, 实用性不强, 而间歇控制 [157-161] 可以以
较低的代价获得预定的同步要求, 控制成本低且简单易行. 近年来, 间歇控制下时
滞混沌系统和时滞动态网络的稳定性与同步问题已经引起了人们极大的研究兴趣
并取得了许多重要成果 [69,140,162-166]. 然而, 这些研究工作都存在不同程度的约束
和限制 [167], 例如, 文献 [69], [140] 及 [162]~[166] 利用两个重要的微分不等式和
Lyapunov 稳定性理论讨论了间歇控制下时滞混沌系统和时滞动态网络的稳定性
与同步问题, 但其要求控制时间宽度大于时滞, 且文献 [69] 和 [140] 还要求非控制
时间宽度也要大于时滞, 这些结果并不适用于时滞较大的情况. 因此, 本节将进一
步讨论基于周期和非周期间歇控制的时变时滞复杂网络的有限时间内部同步和外
部同步问题. 利用 Lyapunov 稳定性理论、有限时间稳定性理论、间歇控制方法
以及不等式技巧, 分别设计实现网络有限时间内部同步的周期间歇控制器和外部
同步的非周期间歇控制器, 并给出相应的有限时间同步判据, 在此基础上通过对
同步判据的分析, 讨论自适应耦合强度、间歇控制周期和控制率等因素对系统同
步能力的影响规律等问题.

2.2.1   基于周期间歇控制的有限时间同步

1. 模型描述

考虑一个由 N 个相同的非线性时变时滞动力系统以线性扩散排列耦合的形
式组成的一般复杂动态网络, 整个网络的状态方程可描述为

$$\dot{x}_i(t) = f(t, x_i(t), x_i(t - \tau_1(t))) + c_1(t) \sum_{j=1}^{N} a_{ij} \Gamma_1 x_j(t) + c_2(t) \sum_{j=1}^{N} b_{ij} \Gamma_2 x_j(t - \tau_2(t))$$

$$(2.2.1)$$

式中, $i = 1, 2, \cdots, N$, $x_i(t) = (x_{i1}(t), x_{i2}(t), \cdots, x_{in}(t))^{\mathrm{T}} \in \mathbb{R}^n$ 为第 i 个节点的状态向量, $f : \mathbb{R} \times \mathbb{R}^n \times \mathbb{R}^n \to \mathbb{R}^n$ 为非线性连续可微的向量函数, 描述节点自身的动力学; $0 \leqslant \tau_1(t) \leqslant \tau_1$ 和 $0 \leqslant \tau_2(t) \leqslant \tau_2$ 分别表示发生在动态节点中的内部时滞和节点间的耦合时滞, 其中 τ_1 和 τ_2 均为已知常数; $c_1(t), c_2(t) > 0$ 为自适应耦合强度且定义如下:

$$c_1(t) = \hat{\psi}_1(t) + \mu_1, \quad c_2(t) = \hat{\psi}_2(t) + \mu_2$$

其中 $\mu_1, \mu_2 > 0$. 令 $\hat{\psi}_1(0), \hat{\psi}_2(0) > 0$, $\hat{\psi}_1(t)$ 和 $\hat{\psi}_2(t)$ 为关于时间 t 的函数且分别满足下列方程组:

$$\dot{\hat{\psi}}_1(t) = -\sum_{i=1}^{N} e_i^{\mathrm{T}}(t) e_i(t), \quad \dot{\hat{\psi}}_2(t) = -\sum_{i=1}^{N} \left[e_i^{\mathrm{T}}(t) e_i(t) + e_i^{\mathrm{T}}(t - \tau_2(t)) e_i(t - \tau_2(t)) \right]$$

式中, $e_i(t) = x_i(t) - s(t) (1 \leqslant i \leqslant N)$ 为同步误差, $s(t) \in \mathbb{R}^n$ 为单个孤立节点的状态向量, 满足

$$\dot{s}(t) = f(t, s(t), s(t - \tau_1(t)))$$

Γ_1 和 Γ_2 为内部耦合矩阵, $A = (a_{ij})_{N \times N}$ 和 $B = (b_{ij})_{N \times N}$ 为节点间的外部耦合矩阵, 且如果节点 i 和 j 间存在联系, 则有 $a_{ij} = a_{ji} > 0$ 和 $b_{ij} = b_{ji} > 0$, 否则 $a_{ij} = a_{ji} = 0$ 和 $b_{ij} = b_{ji} = 0$ 并满足耗散耦合条件:

$$a_{ii} = -\sum_{j=1, j \neq i}^{N} a_{ij}, \quad b_{ii} = -\sum_{j=1, j \neq i}^{N} b_{ij}$$

复杂网络 (2.2.1) 的初始条件由 $x_i(s) = \phi_i(s) \in C([-\tau, 0], \mathbb{R}^n) (i = 1, 2, \cdots, N)$ 给出, 其中 $C([-\tau, 0], \mathbb{R}^n)$ 表示定义在区间 $[-\tau, 0]$ 上的所有 n 维连续、可微函数的集合, 这里 $\tau = \max\{\tau_1, \tau_2\}$. 对任意 $\phi_i(t) = (\phi_{i1}(t), \phi_{i2}(t), \cdots, \phi_{in}(t))^{\mathrm{T}} \in C([-\tau, 0], \mathbb{R}^n)$, 定义 $\|\phi_i(t)\| = \sup_{-\tau \leqslant t \leqslant 0} \left[\sum_{j=1}^{n} |\phi_{ij}(t)|^2 \right]^{1/2}$.

复杂动态网络 (2.2.1) 的有限时间同步问题描述如下:

定义 2.2.1 若存在时间常量 $t^* \geqslant 0 (t^*$ 依赖于 $e_i(t)$ 的初始值 $e_i(0))$ 使得 $\lim_{t \to t^*} \|e_i(t)\| = 0$, 且当 $t \geqslant t^*$ 时 $\|e_i(t)\| = 0$, $i = 1, 2, \cdots, N$, $\|\cdot\|$ 是欧几里得范数, 则称复杂网络 (2.2.1) 是有限时间同步的.

周期间歇控制器下的时滞复杂动态网络模型可描述为

$$\dot{x}_i(t) = f\left(t, x_i(t), x_i(t - \tau_1(t))\right) + c_1(t) \sum_{j=1}^{N} a_{ij} \Gamma_1 x_j(t)$$

$$+ c_2(t) \sum_{j=1}^{N} b_{ij} \Gamma_2 x_j(t - \tau_2(t)) + u_i(t), \quad i = 1, 2, \cdots, N \qquad (2.2.2)$$

其中, 周期间歇控制器 $u_i(t)$ 为

$$u_i(t) = \begin{cases} -q e_i(t) - k \sum\limits_{r=1}^{2} \left[\left(k_r \int_{t-\tau_r(t)}^{t} e_i^{\mathrm{T}}(s) e_i(s) \mathrm{d}s \right)^{\frac{1+\eta}{2}} + \left(\dfrac{\|\tilde{\psi}_r(t)\|}{\sqrt{\beta_r}} \right)^{1+\eta} \right] \dfrac{e_i(t)}{\|e(t)\|^2} \\ \quad - k \operatorname{sign}(e_i(t)) |e_i(t)|^\eta, \quad mT \leqslant t < mT + \delta, \quad i = 1, 2, \cdots, N \\ 0, \qquad\qquad\qquad\qquad\quad mT + \delta \leqslant t < (m+1)T, \quad i = 1, 2, \cdots, N \end{cases}$$

$$(2.2.3)$$

式中, $m = 0, 1, 2, \cdots$ 为自然数; k 为可选择的正常数; k_1 和 k_2 均为正常数, 令 $q = 0.5(k_1 + k_2)$; $0 \leqslant \eta < 1$ 为正常数; $\theta = \delta/T$ 称为控制率, 其中正常数 $T > 0$, $\delta > 0$ 分别为间歇控制器的控制周期和控制宽度; $\beta_1 = \max\{|\lambda_1(Q)|, |\lambda_2(Q)|, \cdots, |\lambda_{N \times n}(Q)|\}$, $\beta_2 = \max\left\{0.5\lambda_{\max}(PP^{\mathrm{T}}), 0.5\right\}$, 其中 $Q = A \otimes \Gamma_1$, $P = B \otimes \Gamma_2$, $\otimes$ 表示矩阵的克罗内克积; $\operatorname{sign}(e_i(t)) = \operatorname{diag}(\operatorname{sign}(e_{i1}(t)), \operatorname{sign}(e_{i2}(t)), \cdots, \operatorname{sign}(e_{in}(t)))$; $\tilde{\psi}_1(t)$ 和 $\tilde{\psi}_2(t)$ 为关于时间 t 的函数, 将在定理 2.2.1 的证明中提到. 根据控制协议 (2.2.3), 同步状态方程和同步误差, 将网络误差动态系统写成如下形式:

$$\dot{e}_i(t) = \begin{cases} \tilde{f}\left(t, x_i(t), x_i(t - \tau_1(t))\right) + c_1(t) \sum\limits_{j=1}^{N} a_{ij} \Gamma_1 e_j(t) \\ \quad + c_2(t) \sum\limits_{j=1}^{N} b_{ij} \Gamma_2 e_j(t - \tau_2(t)) \\ \quad + c_1(t) \sum\limits_{j=1}^{N} a_{ij} \Gamma_1 s_i(t) + c_2(t) \sum\limits_{j=1}^{N} b_{ij} \Gamma_2 s_i(t - \tau_1(t)) + u_i(t) \\ \qquad mT \leqslant t < mT + \theta T, \quad i = 1, 2, \cdots, N \\[4pt] \tilde{f}\left(t, x_i(t), x_i(t - \tau_1(t))\right) + c_1(t) \sum\limits_{j=1}^{N} a_{ij} \Gamma_1 e_j(t) \\ \quad + c_2(t) \sum\limits_{j=1}^{N} b_{ij} \Gamma_2 e_j(t - \tau_2(t)) \\ \quad + c_1(t) \sum\limits_{j=1}^{N} a_{ij} \Gamma_1 s_i(t) + c_2(t) \sum\limits_{j=1}^{N} b_{ij} \Gamma_2 s_i(t - \tau_1(t)) \\ \qquad mT + \theta T \leqslant t < (m+1)T, \quad i = 1, 2, \cdots, N \end{cases}$$

$$(2.2.4)$$

式中

$$\tilde{f}\left(t, x_i(t), x_i(t - \tau_1(t))\right) = f\left(t, x_i(t), x_i(t - \tau_1(t))\right) - f\left(t, s(t), s(t - \tau_1(t))\right)$$

容易知道, 如果误差系统 (2.2.4) 是有限时间稳定的, 则控制下的复杂网络 (2.2.2) 是有限时间同步的.

假设 2.2.1[149] 假设时变时滞 $\tau_r(t)$ $(r = 1, 2)$ 是可微函数, 且满足条件 $0 \leqslant \dot{\tau}_r(t) \leqslant \gamma_r \leqslant 1$, 其中 $\gamma_r (r = 1, 2)$ 是常数.

引理 2.2.1[167] 对于任意两个向量 x, y 以及具有适合维数的正定矩阵 $S > 0$, 有

$$2x^{\mathrm{T}} y \leqslant x^{\mathrm{T}} S x + y^{\mathrm{T}} S^{-1} y$$

引理 2.2.2[168] 假设当 $t \in [0, \infty)$ 时, 连续正定函数 $V(t)$ 满足

$$\begin{cases} \dot{V}(t) \leqslant -\alpha V^\eta(t), & mT \leqslant t < mT + \theta T \\ \dot{V}(t) \leqslant \beta V(t), & mT + \theta T \leqslant t < (m+1)T \end{cases}$$

则有

$$V^{1-\eta}(t) \leqslant V^{1-\eta}(0) \exp\left\{\beta(1-\eta)(1-\theta)t\right\} - \alpha\theta(1-\eta)t, \quad 0 \leqslant t \leqslant t^*$$

且当 $t \geqslant t^*$ 时 $V(t) \equiv 0$, 式中 $\alpha > 0$, $\beta \geqslant 0$, $0 < \eta < 1$ 均为正常数; t^* 称为停息时间, 且有 $t^* = V^{1-\eta}(0)\exp\left\{\beta(1-\eta)(1-\theta)t\right\}/[\alpha\theta(1-\eta)]$.

证明 令 $M_0 = V^{1-\eta}(0)$, $W(t) = V^{1-\eta}(t) + \alpha(1-\eta)t$, 其中 $t \geqslant 0$. 设 $Q(t) = W(t) - hM_0$, 其中 $h > 1$ 为常量. 易知

$$Q(0) < 0 \tag{2.2.5}$$

首先证明

$$Q(t) < 0, \quad t \in [0, \theta T) \tag{2.2.6}$$

否则, 存在 $t_0 \in [0, \theta T)$ 使得

$$Q(t_0) = 0, \quad \dot{Q}(t_0) > 0 \tag{2.2.7}$$

$$Q(t) < 0, \quad 0 \leqslant t < t_0 \tag{2.2.8}$$

由 (2.2.5), (2.2.7) 及 (2.2.8) 可知

$$\dot{Q}(t_0) = (1-\eta)V^{-\eta}(t_0)\dot{V}(t_0) + \alpha(1-\eta)$$

$$\leqslant (1-\eta)V^{-\eta}(t_0)\left(-\alpha V^{\eta}(t_0)\right) + \alpha(1-\eta)$$
$$= -\alpha(1-\eta) + \alpha(1-\eta) = 0$$

其与 (2.2.7) 相矛盾, 故 (2.2.6) 成立.

令

$$W_1(t) = \left[V^{1-\eta}(t) + \alpha(1-\eta)t\right]\exp\left\{-\beta(1-\eta)(t-\theta T)\right\}$$

$$H(t) = W_1(t) - hM_0 - \alpha(1-\eta)(t-\theta T)\exp\left\{-\beta(1-\eta)(t-\theta T)\right\}$$

其中 $t \geqslant \theta T$. 接下来证明

$$H(t) < 0, \quad t \in [\theta T, T) \tag{2.2.9}$$

若 (2.2.9) 不成立, 则存在 $t_1 \in [\theta T, T)$ 使得

$$H(t_1) = 0, \quad \dot{H}(t_1) > 0 \tag{2.2.10}$$

$$H(t) < 0, \quad \theta T \leqslant t < t_1 \tag{2.2.11}$$

由 (2.2.10) 和 (2.2.11) 可知

$$\dot{H}(t_1) = \left[(1-\eta)V^{-\eta}(t_1)\dot{V}(t_1) + \alpha(1-\eta)\right]\exp\left\{-\beta(1-\eta)(t-\theta T)\right\}$$
$$\qquad - \beta(1-\eta)\left[V^{1-\eta}(t_1) + \alpha(1-\eta)t\right]\exp\left\{-\beta(1-\eta)(t-\theta T)\right\}$$
$$\qquad - \alpha(1-\eta)\left[1 - \beta(1-\eta)(t-\theta T)\right]\exp\left\{-\beta(1-\eta)(t-\theta T)\right\}$$
$$\qquad \leqslant -\alpha\beta\theta T(1-\eta)^2\exp\left\{-\beta(1-\eta)(t-\theta T)\right\} < 0 \tag{2.2.12}$$

其与 (2.2.10) 相矛盾, 故 (2.2.9) 成立, 且有

$$W(t) \leqslant \left[hM_0 + \alpha(1-\eta)(t-\theta T)\exp\left\{-\beta(1-\eta)(t-\theta T)\right\}\right]\exp\left\{\beta(1-\eta)(t-\theta T)\right\}$$
$$= hM_0\exp\left\{\beta(1-\eta)(t-\theta T)\right\} + \alpha(1-\eta)(t-\theta T)$$
$$\leqslant hM_0\exp\left\{\beta(1-\eta)(1-\theta)T\right\} + \alpha(1-\eta)(1-\theta)T$$

因此, 一方面, 当 $t \in [\theta T, T)$ 时有

$$W(t) \leqslant hM_0\exp\left\{\beta(1-\eta)(t-\theta T)\right\} + \alpha(1-\eta)(t-\theta T)$$
$$< hM_0\exp\left\{\beta(1-\eta)(1-\theta)T\right\} + \alpha(1-\eta)(1-\theta)T$$

另一方面, 由 (2.2.5) 和 (2.2.6) 可知当 $t \in [0, \theta T)$ 时有

$$W(t) \leqslant hM_0 < hM_0\exp\left\{\beta(1-\eta)(1-\theta)T\right\} + \alpha(1-\eta)(1-\theta)T$$

因此, 对于任意 $t \in [0, T)$, 不等式

$$W(t) < hM_0 \exp\{\beta(1-\eta)(1-\theta)T\} + \alpha(1-\eta)(1-\theta)T \qquad (2.2.13)$$

恒成立.

类似于不等式 (2.2.9) 的证明过程, 易知当 $t \in [(1+\theta)T, 2T)$ 时, 不等式 (2.2.13) 亦成立. 设 $Q_1(t) = W(t) - hM_0 \exp\{\beta(1-\eta)(1-\theta)T\} - \alpha(1-\eta)(1-\theta)T$, 易知当 $t \in [T, (1+\theta)T)$ 时 $\dot{Q}_1(t) < 0$. 重复 (2.2.9) 的证明过程可知当 $t \in [(1+\theta)T, 2T)$ 时, 有

$$\begin{aligned}
W(t) <& hM_0 \exp\{\beta(1-\eta)(1-\theta)T + \beta(1-\eta)(t-\theta T - T)\} \\
& + \alpha(1-\eta)(1-\theta)T + \alpha(1-\eta)(t-\theta T - T) \\
=& hM_0 \exp\{\beta(1-\eta)(t-2\theta T)\} + \alpha(1-\eta)(t-2\theta T)
\end{aligned}$$

令

$$W_2(t) = \left[V^{1-\eta}(t) + \alpha(1-\eta)t\right] \exp\{-\beta(1-\eta)(t-2\theta T)\}$$

$$H_1(t) = W_2(t) - hM_0 - \alpha(1-\eta)(t-2\theta T) \exp\{-\beta(1-\eta)(t-2\theta T)\} \leqslant 0$$

其中 $t \geqslant 2\theta T$. 由 (2.2.12) 易知: 当 $t \in [(1+\theta)T, 2T)$ 时, $\dot{H}_1(t) < 0$.

接下来, 对任意正整数 m, 将利用数学归纳法证明如下不等式成立:

当 $t \in [nT, (n+\theta)T)$ 时, 有

$$W(t) < hM_0 \exp\{\beta(1-\eta)(1-\theta)nT\} + \alpha(1-\eta)(1-\theta)nT \qquad (2.2.14)$$

当 $t \in [(n+\theta)T, (n+1)T)$ 时, 有

$$W(t) < hM_0 \exp\{\beta(1-\eta)[t-(n+1)\theta T]\} + \alpha(1-\eta)[t-(n+1)\theta T] \qquad (2.2.15)$$

假设对 $n \leqslant k-1$, 其中 k 为正整数, (2.2.14) 和 (2.2.15) 成立, 则对任意满足 $0 \leqslant m \leqslant k-1$ 的正整数 m, 当 $t \in [mT, (m+\theta)T)$ 时, 有

$$\begin{aligned}
W(t) <& hM_0 \exp\{\beta(1-\eta)(1-\theta)mT\} + \alpha(1-\eta)(1-\theta)mT \\
<& hM_0 \exp\{\beta(1-\eta)(1-\theta)kT\} + \alpha(1-\eta)(1-\theta)kT
\end{aligned}$$

而当 $t \in [(m+\theta)T, (m+1)T)$ 时, 有

$$\begin{aligned}
W(t) <& hM_0 \exp\{\beta(1-\eta)[t-(m+1)\theta T]\} + \alpha(1-\eta)[t-(m+1)\theta T] \\
<& hM_0 \exp\{\beta(1-\eta)(1-\theta)(m+1)T\} + \alpha(1-\eta)(1-\theta)(m+1)T \\
\leqslant& hM_0 \exp\{\beta(1-\eta)(1-\theta)kT\} + \alpha(1-\eta)(1-\theta)kT
\end{aligned}$$

结合 (2.2.5) 可知: 对任意 $t \in [0, kT)$, 有

$$W(t) < hM_0 \exp\{\beta(1-\eta)(1-\theta)kT\} + \alpha(1-\eta)(1-\theta)kT \qquad (2.2.16)$$

类似于不等式 (2.2.15) 的证明过程可知: 对任意 $t \in [kT, (k+\theta)T)$, 不等式 (2.2.16) 恒成立. 重复不等式 (2.2.9) 的证明过程, 易验证当 $t \in [(k+\theta)T, (k+1)T)$ 时, 有

$$W(t) < hM_0 \exp\{\beta(1-\eta)[t-(k+1)\theta T]\} + \alpha(1-\eta)[t-(k+1)\theta T]$$

由数学归纳法可知, 对任意正整数 n, 不等式 (2.2.14) 和 (2.2.15) 恒成立. 于对任意 $t \geqslant 0$, 存在一个非负整数 n 使得 $t \in [nT, (n+1)T)$. 因此, 当 $t \in [(n+\theta)T, (n+1)T)$ 时, $n \leqslant t/T$, 则有

$$\begin{aligned} W(t) &< hM_0 \exp\{\beta(1-\eta)(1-\theta)nT\} + \alpha(1-\eta)(1-\theta)nT \\ &\leqslant hM_0 \exp\{\beta(1-\eta)(1-\theta)t\} + \alpha(1-\eta)(1-\theta)t \end{aligned}$$

当 $t \in [(n+\theta)T, (n+1)T)$ 时, 亦有 $n+1 > t/T$, 则有

$$\begin{aligned} W(t) &< hM_0 \exp\{\beta(1-\eta)[t-(n+1)\theta T]\} + \alpha(1-\eta)[t-(n+1)\theta T] \\ &\leqslant hM_0 \exp\{\beta(1-\eta)(1-\theta)t\} + \alpha(1-\eta)(1-\theta)t \end{aligned}$$

令 $h \to 1$, 由 $W(t)$ 的定义可知: 对任意 $t \geqslant 0$, 有

$$\begin{aligned} V^{1-\eta}(t) &\leqslant V^{1-\eta}(0) \exp\{\beta(1-\eta)(1-\theta)t\} - \alpha(1-\eta)t + \alpha(1-\eta)(1-\theta)t \\ &= V^{1-\eta}(0) \exp\{\beta(1-\eta)(1-\theta)t\} - \alpha\theta(1-\eta)t \end{aligned}$$

停息时间 t^* 可通过求解方程 $V^{1-\eta}(0) \exp\{\beta(1-\eta)(1-\theta)t\} - \alpha\theta(1-\eta)t = 0$ 得到

$$t^* = \frac{V^{1-\eta}(0)\exp\{\beta(1-\eta)(1-\theta)t\}}{\alpha\theta(1-\eta)}$$

证毕.

2. 同步分析

定理 2.2.1   若假设 2.2.1 成立, 如果存在正常数 μ, α_2 和 q 使得下面条件成立:

(1) $\mu\lambda_{\max}(Q) + \dfrac{1}{2}\mu^2\lambda_{\max}(PP^{\mathrm{T}}) - \alpha_2 < 0$;

(2) $\alpha_2 - \dfrac{1-\gamma_1}{2}k_1 < 0$;

(3) $\dfrac{1}{2} - \alpha_2 - \dfrac{1-\gamma_2}{2}k_2 < 0,$

式中, $\mu = \max\{\mu_1, \mu_2\}$, $\alpha_2 = \max\left\{L_2, \mu\lambda_{\max}(Q) + \dfrac{1}{2}\mu^2\lambda_{\max}(PP^{\mathrm{T}}) + 1\right\}$, 则复杂动态网络 (2.2.2) 能够在有限时间 $t \leqslant t^* = \sqrt{2}V^{\frac{1-\eta}{2}}(0)\mathrm{e}^{(1-\eta)q(1-\theta)t} \big/ k\theta(1-\eta)$ 内实现同步, 其中, $V(0) = \dfrac{1}{2}\sum_{i=1}^{N} e_i^{\mathrm{T}}(0)e_i(0) + \dfrac{1}{2}\sum_{r=1}^{2}\left[k_r\sum_{i=1}^{N}\int_{-\tau_r(0)}^{0} e_i^{\mathrm{T}}(s)\cdot\right.$

$\left. e_i(s)\mathrm{d}s + \tilde{\psi}_r^2(0)/\beta_r\right]$, $e_i(0)$ 和 $\tau_i(0)$ 分别是 $e_i(t)$ 和 $\tau_i(t)$ $(i=1,2)$ 的初值.

证明　构造 Lyapunov-Krasovskii 泛函

$$V(t) = \frac{1}{2}\sum_{i=1}^{N} e_i^{\mathrm{T}}(t)e_i(t) + \frac{1}{2}\sum_{r=1}^{2}\left[k_r\sum_{i=1}^{N}\int_{t-\tau_r(t)}^{t} e_i^{\mathrm{T}}(s)e_i(s)\mathrm{d}s + \frac{\tilde{\psi}_r^2(t)}{\beta_r}\right] \quad (2.2.17)$$

式中, $\tilde{\psi}_1(t) = \alpha_1 + \beta_1\hat{\psi}_1(t)$, $\tilde{\psi}_2(t) = \alpha_2 + \beta_2\hat{\psi}_2(t)$, 即 $\dot{\tilde{\psi}}_1(t) = -\beta_1\sum_{i=1}^{N} e_i^{\mathrm{T}}(t)e_i(t)$, $\dot{\tilde{\psi}}_2(t) = -\beta_2\sum_{i=1}^{N}\left[e_i^{\mathrm{T}}(t)e_i(t) + e_i^{\mathrm{T}}(t-\tau_2(t))e_i(t-\tau_2(t))\right]$.

当定理 2.2.1 的条件成立且 $mT \leqslant t < mT + \theta T$ 时, 式 (2.2.17) 关于时间 t 的导数可表示为

$$\begin{aligned}
\dot{V}(t) = &\sum_{i=1}^{N} e_i^{\mathrm{T}}(t)\left[\tilde{f}\left(t, x_i(t), x_i(t-\tau_1(t))\right) + c_1(t)\sum_{j=1}^{N} a_{ij}\Gamma_1 e_j(t)\right.\\
&\left. + c_2(t)\sum_{j=1}^{N} b_{ij}\Gamma_2 e_j(t-\tau_2(t)) + u_i(t)\right] + \frac{1}{2}k_1\sum_{i=1}^{N} e_i^{\mathrm{T}}(t)e_i(t)\\
&- \frac{1-\dot{\tau}_1(t)}{2}k_1\sum_{i=1}^{N} e_i^{\mathrm{T}}(t-\dot{\tau}_1(t))e_i(t-\dot{\tau}_1(t)) + \frac{1}{2}k_2\sum_{i=1}^{N} e_i^{\mathrm{T}}(t)e_i(t)\\
&- \frac{1-\dot{\tau}_2(t)}{2}k_2\sum_{i=1}^{N} e_i^{\mathrm{T}}(t-\tau_2(t))e_i(t-\tau_2(t)) + \tilde{\psi}_1(t)\dot{\tilde{\psi}}_1(t) + \tilde{\psi}_2(t)\dot{\tilde{\psi}}_2(t)
\end{aligned}$$
$$(2.2.18)$$

利用假设 2.1.1, 可得

$$\sum_{i=1}^{N} e_i^{\mathrm{T}}(t)\tilde{f}\left(t, x_i(t), x_i(t-\tau_1(t))\right)$$

$$\leqslant \alpha_1\sum_{i=1}^{N} e_i^{\mathrm{T}}(t)e_i(t) + \alpha_2\sum_{i=1}^{N} e_i^{\mathrm{T}}(t-\tau_1(t))e_i(t-\tau_1(t))$$

式中 $\alpha_1 = L_1$, 则式 (2.2.18) 可改写为

$$
\begin{aligned}
\dot{V}(t) \leqslant {} & \alpha_1 \sum_{i=1}^{N} e_i^{\mathrm{T}}(t)e_i(t) + \alpha_2 \sum_{i=1}^{N} e_i^{\mathrm{T}}(t-\tau_1(t))e_i(t-\tau_1(t)) \\
& + c_1(t)\sum_{i=1}^{N}\sum_{j=1}^{N} a_{ij}e_i^{\mathrm{T}}(t)\Gamma_1 e_j(t) + c_2(t)\sum_{i=1}^{N}\sum_{j=1}^{N} b_{ij}e_i^{\mathrm{T}}(t)\Gamma_2 e_j(t-\tau_2(t)) \\
& + \frac{1}{2}k_1 \sum_{i=1}^{N} e_i^{\mathrm{T}}(t)e_i(t) - \frac{1-\dot{\tau}_1(t)}{2}k_1 \sum_{i=1}^{N} e_i^{\mathrm{T}}(t-\tau_1(t))e_i(t-\tau_1(t)) \\
& + \frac{1}{2}k_2 \sum_{i=1}^{N} e_i^{\mathrm{T}}(t)e_i(t) - \frac{1-\dot{\tau}_2(t)}{2}k_2 \sum_{i=1}^{N} e_i^{\mathrm{T}}(t-\tau_2(t))e_i(t-\tau_2(t)) \\
& + \sum_{i=1}^{N} e_i^{\mathrm{T}}(t)u_i(t) + \tilde{\psi}_1(t)\dot{\tilde{\psi}}_1(t) + \tilde{\psi}_2(t)\dot{\tilde{\psi}}_2(t)
\end{aligned} \tag{2.2.19}
$$

令 $e(t) = (\|e_1(t)\|, \|e_2(t)\|, \cdots, \|e_N(t)\|)^{\mathrm{T}}$, 利用矩阵的克罗内克积性质可推出等式:

$$
c_1(t)\sum_{i=1}^{N}\sum_{j=1}^{N} a_{ij}e_i^{\mathrm{T}}(t)\Gamma_1 e_j(t) = c_1(t)e^{\mathrm{T}}(t)(A\otimes\Gamma_1)e(t) = c_1(t)e^{\mathrm{T}}(t)Qe(t) \tag{2.2.20}
$$

$$
\begin{aligned}
c_2(t)\sum_{i=1}^{N}\sum_{j=1}^{N} b_{ij}e_i^{\mathrm{T}}(t)\Gamma_2 e_j(t-\tau_2(t)) &= c_2(t)e^{\mathrm{T}}(t)(B\otimes\Gamma_2)e(t-\tau_2(t)) \\
&= c_2(t)e^{\mathrm{T}}(t)Pe(t-\tau_2(t))
\end{aligned} \tag{2.2.21}
$$

将式 (2.2.20) 和 (2.2.21) 代入式 (2.2.19) 可得

$$
\begin{aligned}
\dot{V}(t) \leqslant {} & \alpha_1 e^{\mathrm{T}}(t)e(t) + \alpha_2 e^{\mathrm{T}}(t-\tau_1(t))e(t-\tau_1(t)) + \mu e^{\mathrm{T}}(t)Qe(t) \\
& + \mu e^{\mathrm{T}}(t)Pe(t-\tau_2(t)) + \hat{\psi}_1(t)e^{\mathrm{T}}(t)Qe(t) + \hat{\psi}_2(t)e^{\mathrm{T}}(t)Pe(t-\tau_2(t)) \\
& + \frac{1}{2}k_1 e^{\mathrm{T}}(t)e(t) - \frac{1-\dot{\tau}_1(t)}{2}k_1 e^{\mathrm{T}}(t-\tau_1(t))e(t-\tau_1(t)) + \frac{1}{2}k_2 e^{\mathrm{T}}(t)e(t) \\
& - \frac{1-\dot{\tau}_2(t)}{2}k_2 e^{\mathrm{T}}(t-\tau_2(t))e(t-\tau_2(t)) + \tilde{\psi}_1(t)\dot{\tilde{\psi}}_1(t) + \tilde{\psi}_2(t)\dot{\tilde{\psi}}_2(t) \\
& + \sum_{i=1}^{N} e_i^{\mathrm{T}}(t)u_i(t)
\end{aligned} \tag{2.2.22}
$$

根据引理 2.1.4, 引理 2.2.1, 假设 2.2.1, 不等式 (2.2.22), 并定义
$$\beta_2 = \max\left\{\lambda_{\max}(PP^{\mathrm{T}})/2,\ 1/2\right\}$$
可得

$$
\begin{aligned}
\dot{V}(t) \leqslant &\ (\alpha_1 + \beta_1\hat{\psi}_1(t))e^{\mathrm{T}}(t)e(t) + (\alpha_2 + \beta_2\hat{\psi}_2(t))\\
&\cdot (e^{\mathrm{T}}(t)e(t) + e^{\mathrm{T}}(t-\tau_2(t))e(t-\tau_2(t)))\\
&+ \mu e^{\mathrm{T}}(t)Qe(t) + \frac{1}{2}\mu^2 e^{\mathrm{T}}(t)PP^{\mathrm{T}}e(t) - \alpha_2 e^{\mathrm{T}}(t)e(t) + q e^{\mathrm{T}}(t)e(t)\\
&+ \left(\alpha_2 - \frac{1-\gamma_1}{2}k_1\right)e^{\mathrm{T}}(t-\tau_1(t))e(t-\tau_1(t)) + \tilde{\psi}_1(t)\dot{\hat{\psi}}_1(t) + \tilde{\psi}_2(t)\dot{\hat{\psi}}_2(t)\\
&+ \left(\frac{1}{2} - \alpha_2 - \frac{1-\gamma_2}{2}k_2\right)e^{\mathrm{T}}(t-\tau_2(t))e(t-\tau_2(t)) + \sum_{i=1}^{N}e_i^{\mathrm{T}}(t)u_i(t)\\
\leqslant &\ \left(\mu\lambda_{\max}(Q) + \frac{1}{2}\mu^2\lambda_{\max}(PP^{\mathrm{T}}) - \alpha_2\right)e^{\mathrm{T}}(t)e(t) + q e^{\mathrm{T}}(t)e(t)\\
&+ \left(\alpha_2 - \frac{1-\gamma_1}{2}k_1\right)e^{\mathrm{T}}(t-\tau_1(t))e(t-\tau_1(t))\\
&+ \left(\frac{1}{2} - \alpha_2 - \frac{1-\gamma_2}{2}k_2\right)e^{\mathrm{T}}(t-\tau_2(t))e(t-\tau_2(t)) + \sum_{i=1}^{N}e_i^{\mathrm{T}}(t)u_i(t)\\
\leqslant &\ -k\sum_{i=1}^{N}e_i^{\mathrm{T}}(t)\left[\sum_{r=1}^{2}\left(\left(k_r\int_{t-\tau_r(t)}^{t}e_i^{\mathrm{T}}(s)e_i(s)\mathrm{d}s\right)^{\frac{1+\eta}{2}} + \left(\frac{||\tilde{\psi}_r(t)||}{\sqrt{\beta_r}}\right)^{1+\eta}\right)\right.\\
&\left.\cdot \frac{e_i(t)}{||e(t)||^2} + \mathrm{sign}\,(e_i(t))\,|e_i(t)|^{\eta}\right]\\
\leqslant &\ -k\sum_{i=1}^{N}|e_i^{\mathrm{T}}(t)e_i(t)|^{\frac{\eta+1}{2}}\\
&-k\sum_{r=1}^{2}\left(\sum_{i=1}^{N}\left(k_r\int_{t-\tau_r(t)}^{t}e_i^{\mathrm{T}}(s)e_i(s)\mathrm{d}s\right)^{\frac{1+\eta}{2}} + \left(\frac{\tilde{\psi}_r^2(t)}{\beta_r}\right)^{\frac{1+\eta}{2}}\right)\\
\leqslant &\ -2^{\frac{1+\eta}{2}}k\left[\frac{1}{2}\sum_{i=1}^{N}e_i^2(t) + \frac{1}{2}\sum_{r=1}^{2}\left(k_r\sum_{i=1}^{N}\int_{t-\tau_r(t)}^{t}e_i^{\mathrm{T}}(s)e_i(s)\mathrm{d}s + \frac{\tilde{\psi}_r^2(t)}{\beta_r}\right)\right]^{\frac{1+\eta}{2}}\\
\leqslant &\ -\sqrt{2}kV^{\frac{1+\eta}{2}}(t) \tag{2.2.23}
\end{aligned}
$$

类似地, 当定理 2.2.1 的条件成立且 $mT + \theta T \leqslant t < (m+1)T$ 时, 式 (2.2.18) 可表示为

$$\dot{V}(t) \leqslant \left(\alpha_1 + \beta_1\hat{\psi}_1(t)\right)e^{\mathrm{T}}(t)e(t) + \left(\alpha_2 + \beta_2\hat{\psi}_2(t)\right)(e^{\mathrm{T}}(t)e(t)$$

$$
\begin{aligned}
&+ e^{\mathrm{T}}(t - \tau_2(t))e(t - \tau_2(t)))\\
&+ \mu e^{\mathrm{T}}(t)Qe(t) + \frac{1}{2}\mu^2 e^{\mathrm{T}}(t)PP^{\mathrm{T}}e(t) - \alpha_2 e^{\mathrm{T}}(t)e(t) + q e^{\mathrm{T}}(t)e(t)\\
&+ \left(\frac{1}{2} - \frac{1 - \gamma_2}{2}k_2\right)e^{\mathrm{T}}(t - \tau_2(t))e(t - \tau_2(t)) + \tilde{\psi}_1(t)\dot{\tilde{\psi}}_1(t) + \tilde{\psi}_2(t)\dot{\tilde{\psi}}_2(t)\\
&\leqslant \left(\mu\lambda_{\max}(Q) + \frac{1}{2}\mu^2\lambda_{\max}(PP^{\mathrm{T}}) - \alpha_2\right)e^{\mathrm{T}}(t)e(t) + q e^{\mathrm{T}}(t)e(t)\\
&+ \left(\frac{1}{2} - \frac{1 - \gamma_2}{2}k_2\right)e^{\mathrm{T}}(t - \tau_2(t))e(t - \tau_2(t))\\
&\leqslant 2qV(t) \hspace{6cm} (2.2.24)
\end{aligned}
$$

由式 (2.2.23) 和 (2.2.24) 可得

$$
\begin{cases}
\dot{V}(t) \leqslant -\sqrt{2}kV^{\frac{1+\eta}{2}}(t), & mT \leqslant t < mT + \theta T\\
\dot{V}(t) \leqslant 2qV(t), & mT + \theta T \leqslant t < (m+1)T
\end{cases} \hspace{1.5cm} (2.2.25)
$$

根据引理 2.2.2 及不等式 (2.2.25) 可得

$$
V^{\frac{1-\eta}{2}}(t) \leqslant V^{\frac{1-\eta}{2}}(0)\mathrm{e}^{(1-\eta)q(1-\theta)t} - \frac{\sqrt{2}}{2}k\theta(1-\eta)t
$$

因此, 复杂网络 (2.2.1) 能够在有限时间

$$
t \leqslant t^* = \frac{\sqrt{2}V^{\frac{1-\eta}{2}}(0)\mathrm{e}^{(1-\eta)q(1-\theta)t}}{k\theta(1-\eta)}
$$

内实现同步. 证毕.

备注 2.2.1 当控制率 $\theta = \delta/T = 1$ 时, 间歇控制将退化为连续控制; 当控制率 $\theta \to 0$ 时, 间歇控制将退化为脉冲控制. 因此, 连续控制和脉冲均可看成间歇控制的特殊情况, 研究间歇控制将更具普适性.

备注 2.2.2 文献 [169] 对具有时变耦合强度的复杂网络同步问题进行了数值分析, 并比较了常数耦合强度与时变耦合强度之间的对同步能力的影响, 指出时变耦合强度有利于实现复杂网络的同步; 文献 [168] 和 [170] 分别讨论了具有时变耦合强度的复杂网络的完全同步和聚类同步问题, 本小节则进一步分析了具有时变耦合强度的复杂网络的有限时间同步问题, 不仅在收敛时间上表现出最佳性, 同时也具备更好的鲁棒性和抗外界干扰能力.

3. 数值模拟

例 2.2.1 考虑如下由 50 个节点组成的无向 BA 无标度网络模型 [146]:

$$\dot{x}_i(t) = f(t, x_i(t), x_i(t - \tau_1(t))) + c_1(t) \sum_{j=1}^{N} a_{ij} \Gamma_1 x_j(t)$$

$$+ c_2(t) \sum_{j=1}^{N} b_{ij} \Gamma_2 x_j(t - \tau_2(t)) + u_i(t), \quad i = 1, 2, \cdots, 50 \qquad (2.2.26)$$

式中

$$f(t, x_i(t), x_i(t - \tau_1(t))) = D x_i(t) + h_1(x_i(t)) + h_2(x_i(t - \tau_1(t)))$$

$$x_i(t) = (x_{i1}(t), x_{i2}(t), x_{i3}(t))^{\mathrm{T}}, \quad h_1(x) = h_2(x) = (\tanh(x_1), \tanh(x_2), \tanh(x_3))^{\mathrm{T}}$$

$$\Gamma_1 = \Gamma_2 = \mathrm{diag}(1,\ 1,\ 1), \quad \tau_1(t) = \frac{0.2\mathrm{e}^t}{1 + \mathrm{e}^t}, \quad \tau_2(t) = \frac{2\mathrm{e}^t}{1 + \mathrm{e}^t}$$

$$D = \begin{pmatrix} -10 & 10 & 0 \\ 28 & 4 & 0 \\ 0 & 0 & -8/3 \end{pmatrix}$$

并令 $T = 0.2$, $\delta = 0.16$, $\mu = 0.1$, $\gamma_1 = \gamma_2 = 0.5$, $\eta = 0.7$, $k = 15$, $k_1 = 10$ 以及 $k_2 = 5$; 外部耦合矩阵 $A = (a_{ij})_{N \times N}$, $B = (b_{ij})_{N \times N}$ 且满足 $B = 0.1A$. 经计算可得 $\lambda_{\max}(A) = 4.1824$, $\lambda_{\max}(B) = 0.4182$, $\lambda_{\max}(BB^{\mathrm{T}}) = 3.5849$. 通过简单计算得出参数: $L_1 = 7.6824$, $L_2 = 0.1$ 以及 $V(0) = 157.36$. 因此, 定理 2.2.1 的条件 (1)~(3) 均成立, 且可估计停息时间为 $t^* = 4.31$. 控制下的复杂网络 (2.2.26) 的同步误差 $e_i(t)$ ($i = 1, 2, \cdots, 50$) 在时间间隔 $[0, 6]$ 内的演化过程如图 2-7 所示, 其表明: 控制下的复杂网络 (2.2.26) 是有限时间同步的. 图 2-8 为时变耦合强度随时间的变化, 可以看出: 随着时间的增长自适应耦合强度趋于稳定.

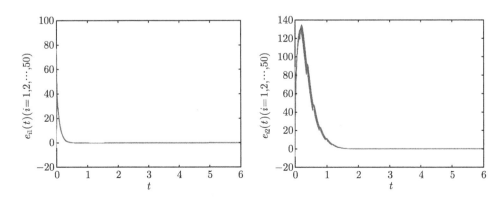

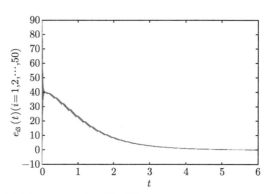

图 2-7　控制下的复杂网络 (2.2.26) 的同步误差 $e_i(t)$ $(i = 1, 2, \cdots, 50)$ 在时间间隔 [0, 6] 内的演化过程

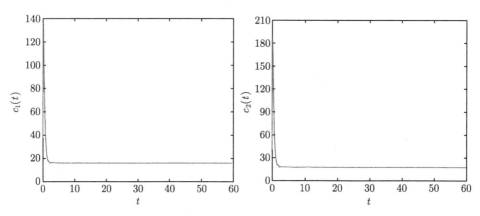

图 2-8　自适应耦合强度 $c_1(t)$ 和 $c_2(t)$ 在时间间隔 [0, 60] 内的演化过程

2.2.2　基于非周期间歇控制的有限时间外部同步

1. 模型描述

本小节考虑一类由 N 个动态节点组成的时变时滞复杂网络, 描述如下:

$$\dot{x}_i(t) = f\left(t, x_i(t), x_i(t - \tau_1(t))\right) + c_1 \sum_{j=1}^{N} a_{ij} \Gamma_1 x_j(t) + c_2 \sum_{j=1}^{N} b_{ij} \Gamma_2 x_j(t - \tau_2(t))$$

$$(2.2.27)$$

其中 $i = 1, 2, \cdots, N$, $x_i(t) = (x_{i1}(t), x_{i2}(t), \cdots, x_{in}(t))^{\mathrm{T}} \in \mathbb{R}^n$ 为第 i 个节点的状态向量, $f : \mathbb{R} \times \mathbb{R}^n \times \mathbb{R}^n \to \mathbb{R}^n$ 为连续可微的向量函数, 描述节点自身的动力学行为; $c_l (l = 1, 2)$ 为耦合强度; $0 \leqslant \tau_1(t) \leqslant \tau_1$, $0 \leqslant \tau_2(t) \leqslant \tau_2$ 分别代表发生在节点中的内部时滞和节点间的耦合时滞, 其中 τ_1 和 τ_2 均为已知常数; Γ_1 和 Γ_2 为内部

耦合矩阵, $A = (a_{ij})_{N \times N}$ 和 $B = (b_{ij})_{N \times N}$ 代表节点间的外部耦合矩阵, 外部耦合矩阵满足下列条件:

$$a_{ij}, b_{ij} \geqslant 0, \quad a_{ii} = -\sum_{j=1, j \neq i}^{N} a_{ij}, \quad b_{ii} = -\sum_{j=1, j \neq i}^{N} b_{ij}, \quad i \neq j$$

网络模型 (2.2.27) 的初始条件由 $x_i(s) = \phi_i(s) \in C([-\tau, 0], \mathbb{R}^n) \ (i = 1, 2, \cdots, N)$ 给出, 其中 $C([-\tau, 0], \mathbb{R}^n)$ 表示定义在区间 $[-\tau, 0]$ 上的所有 n 维连续、可微函数的集合, 这里 $\tau = \max\{\tau_1, \tau_2\}$. 对任意 $\phi_i(t) = (\phi_{i1}(t), \phi_{i2}(t), \cdots, \phi_{in}(t))^{\mathrm{T}} \in C([-\tau, 0], \mathbb{R}^n)$, 定义 $\|\phi_i(t)\| = \sup\limits_{-\tau \leqslant t \leqslant 0} \left[\sum_{j=1}^{n} |\phi_{ij}(t)|^2\right]^{1/2}$.

为了实现驱动系统 (2.2.27) 的有限时间外部同步, 相应的响应系统设计为

$$\dot{y}_i(t) = f(t, y_i(t), y_i(t - \tau_1(t))) + c_1 \sum_{j=1}^{N} a_{ij} \Gamma_1 y_j(t) + c_2 \sum_{j=1}^{N} b_{ij} \Gamma_2 y_j(t - \tau_2(t)) + u_i(t)$$

$$(2.2.28)$$

其中 $i = 1, 2, \cdots, N$; $y_i(t) = (y_{i1}(t), y_{i2}(t), \cdots, y_{in}(t))^{\mathrm{T}} \in \mathbb{R}^n$; $u_i(t)$ 表示在响应系统中第 i 个节点的控制输入, 且其他参数与驱动网络 (2.2.27) 中对应参数的含义相同. (2.2.28) 的初始条件为 $y_i(s) = \psi_i(s) \in C([-\tau, 0], \mathbb{R}^n) \ (i = 1, 2, \cdots, N)$.

令 $e_i(t) = y_i(t) - x_i(t) (i = 1, 2, \cdots, N)$ 表示同步误差状态, 则有

$$\dot{e}_i(t) = f(t, e_i(t), e_i(t - \tau_1(t))) + c_1 \sum_{j=1}^{N} a_{ij} \Gamma_1 e_j(t) + c_2 \sum_{j=1}^{N} b_{ij} \Gamma_2 e_j(t - \tau_2(t)) + u_i(t)$$

$$(2.2.29)$$

其中 $f(t, e_i(t), e_i(t - \tau_1(t))) = f(t, y_i(t), y_i(t - \tau_1(t))) - f(t, x_i(t), x_i(t - \tau_1(t)))$, 非周期间歇控制器 $u_i(t)$ 为

$$u_i(t) = \begin{cases} -\eta e_i(t) - k \left(\sum_{r=1}^{2} \frac{k_r}{1 - \gamma_r} \int_{t-\tau_r(t)}^{t} e_i^{\mathrm{T}}(s) e_i(s) \mathrm{d}s \right)^{\frac{1+\mu}{2}} \frac{e_i(t)}{\|e(t)\|^2} \\ -k \mathrm{sign}(e_i(t)) |e_i(t)|^{\mu}, \quad t_m \leqslant t \leqslant s_m \\ 0, \quad\quad\quad\quad\quad\quad\quad\quad s_m < t < t_{m+1} \end{cases} \quad (2.2.30)$$

其中 $m = 0, 1, 2, \cdots$,

$$\mathrm{sign}(e_i(t)) = \mathrm{diag}(\mathrm{sign}(e_{i1}(t)), \mathrm{sign}(e_{i2}(t)), \cdots, \mathrm{sign}(e_{in}(t)))$$

η 和 $k_r > 0 (r = 1, 2)$ 为控制增益, k 为可选择的正常数, 实数 μ 满足 $0 \leqslant \mu < 1$. 容易知道, 如果误差系统 (2.2.29) 是有限时间稳定的, 则复杂网络 (2.2.27) 与 (2.2.28) 在非周期间歇控制器 (2.2.30) 作用下是有限时间外部同步的.

定义 2.2.2　若存在时间常量 $t^* \geqslant 0$ (t^* 依赖于 $y_i(t) - x_i(t)$ 的初始值 $y_i(0) - x_i(0)$) 使得 $\lim_{t \to t^*} \|y_i(t) - x_i(t)\| = 0$, 且当 $t \geqslant t^*$ 时 $\|y_i(t) - x_i(t)\| = 0$, $i = 1, 2, \cdots, N$, $\|\cdot\|$ 是欧几里得范数, 则称复杂网络 (2.2.27) 与 (2.2.28) 是有限时间外部同步的.

假设 2.2.2[149,171,172]　对于非周期间歇控制策略, 存在两个正标量 $0 < \theta < \omega < +\infty$, 使得对 $m = 0, 1, 2, \cdots$, 有

$$\begin{cases} \inf_m \{s_m - t_m\} = \theta \\ \sup_m \{t_{m+1} - t_m\} = \omega \end{cases}$$

定义 2.2.3[149,171,172]　对于非周期间歇控制, 定义:

$$\Psi = \limsup_{m \to +\infty} \left\{ \frac{t_{m+1} - s_m}{t_{m+1} - t_m} \right\}$$

很显然, $0 \leqslant \Psi < 1$ 且满足 $\Psi \leqslant 1 - \theta/\omega$. 当 $\Psi = 0$ 时, 非周期间歇控制将退化为连续控制; 当 $\Psi \to 1$ 时, 非周期间歇控制将退化为脉冲控制.

引理 2.2.3[149,171,172]　对于任意的 $m = 0, 1, 2, \cdots$, 有

$$\Psi(t) = \frac{t - s_m}{t - t_m}, \quad t \in [s_m, t_{m+1}]$$

则 $\Psi(t)$ 是一个严格单调递增的函数, 且满足 $\Psi(t) \leqslant (t_{m+1} - s_m)/(t_{m+1} - t_m)$.

引理 2.2.4[149,172]　假定函数 $V(t)$ 是非负连续的, 且当时间 $t \in [-\tau, +\infty)$ 时, 满足下列条件:

$$\begin{cases} \dot{V}(t) \leqslant -\alpha V^{\xi}(t), & t_m \leqslant t \leqslant s_m \\ \dot{V}(t) \leqslant \beta V(t), & s_m < t < t_{m+1} \end{cases}$$

其中 $m = 0, 1, 2, \cdots, \alpha, \beta > 0, 0 < \xi < 1$. 如果存在一个常数 $\Psi \in (0, 1)$, 其中 Ψ 已在定义 2.2.3 中给出, 则有下列不等式成立:

$$V^{1-\xi}(t) \leqslant \left(\sup_{-\tau \leqslant s \leqslant 0} V(s) \right)^{1-\xi} \exp\{\beta\Psi(1-\xi)t\} - \alpha(1-\Psi)(1-\xi)t, \quad 0 \leqslant t \leqslant T$$

其中常数 T 为停息时间, 且满足

如果　$\alpha(1-\Psi) \bigg/ \left(\sup_{-\tau \leqslant s \leqslant 0} V(s) \right)^{1-\xi} = \mathrm{e}\beta\Psi$, 则　$T = \dfrac{1}{\beta\Psi(1-\xi)}$;

如果　$\alpha(1-\Psi) \bigg/ \left(\sup_{-\tau \leqslant s \leqslant 0} V(s) \right)^{1-\xi} > \mathrm{e}\beta\Psi$, 则　$T = T_1$, 其中 T_1 是方程

$\left(\sup_{-\tau \leqslant s \leqslant 0} V(s) \right)^{1-\xi} \exp\{\beta\Psi(1-\xi)t\} - \alpha(1-\Psi)(1-\xi)t = 0$ 的最小解.

证明 令 $M_0 = \left(\sup\limits_{-\tau \leqslant s \leqslant 0} V(s) \right)^{1-\xi}$, $W(t) = V^{1-\xi}(t) + \alpha(1-\xi)t$, 其中 $t \geqslant -\tau$.

设 $Q(t) = W(t) - M_0$. 易知

$$Q(t) \leqslant 0, \quad t \in [-\tau, 0] \tag{2.2.31}$$

首先证明

$$Q(t) \leqslant 0, \quad t \in [0, s_0] \tag{2.2.32}$$

对任意 $t \in [0, s_0]$ 使得

$$\dot{Q}(t) \leqslant (1-\xi)V^{-\xi}(t)\left(-\alpha V^{\xi}(t)\right) + \alpha(1-\xi) = 0$$

即 $Q(t)$ 在区间 $[0, s_0]$ 为单调不增函数. 因此, $Q(t) \leqslant Q(0) \leqslant 0$, 不等式 (2.2.32) 成立.

令

$$W_1(t) = W(t) \exp\left\{-\beta(1-\xi)(t-s_0)\right\}$$
$$H(t) = W_1(t) - M_0 - \alpha(1-\xi)(t-s_0) \exp\left\{-\beta(1-\xi)(t-s_0)\right\}$$

接下来证明

$$H(t) \leqslant 0, \quad t \in (s_0, t_1) \tag{2.2.33}$$

对任意 $t \in (s_0, t_1)$ 可知

$$\begin{aligned}
\dot{H}(t_1) &= \left[(1-\xi)V^{-\eta}(t)\dot{V}(t) + \alpha(1-\xi)\right] \exp\left\{-\beta(1-\xi)(t-s_0)\right\} \\
&\quad - \beta(1-\xi)\left[V^{1-\xi}(t) + \alpha(1-\xi)t\right] \exp\left\{-\beta(1-\xi)(t-s_0)\right\} \\
&\quad - \alpha(1-\xi)\left[1 - \beta(1-\xi)(t-s_0)\right] \exp\left\{-\beta(1-\xi)(t-s_0)\right\} \\
&\leqslant -\alpha\beta s_0(1-\xi)^2 \exp\left\{-\beta(1-\eta)(t-s_0)\right\} < 0 \tag{2.2.34}
\end{aligned}$$

即 $H(t)$ 在区间 (s_0, t_1) 为单调递减函数. 因此

$$H(t) \leqslant H(s_0) = W_1(s_0) - M_0 = W(s_0) - M_0 \leqslant 0$$

不等式 (2.2.33) 成立.

另一方面, 综合 (2.2.31)~(2.2.33), 可知

$$W(t) \leqslant M_0 \exp\left\{\beta(1-\xi)(t_1-s_0)\right\} + \alpha(1-\xi)(t_1-s_0), \quad t \in [-\tau, t_1)$$

同理, 当 $t \in [t_1, s_1]$ 时

$$\dot{W}(t) = (1 - \xi)V^{-\xi}(t)\dot{V}(t) + \alpha(1 - \xi) \leqslant (1 - \xi)V^{-\xi}(t)\left(-\alpha V^{\xi}(t)\right) + \alpha(1 - \xi) = 0$$

即 $W(t)$ 在区间 $[t_1, s_1]$ 为单调不增函数. 因此

$$W(t) \leqslant W(t_1) \leqslant M_0 \exp\left\{\beta(1 - \xi)(t_1 - s_0)\right\} + \alpha(1 - \xi)(t_1 - s_0), \quad t \in [t_1, s_1]$$

设 $Q_1(t) = W(t) - M_0 \exp\left\{\beta(1 - \xi)(t_1 - s_0)\right\} - \alpha(1 - \eta)(t_1 - s_0)$, 易知当 $t \in [t_1, s_1]$ 时 $\dot{Q}_1(t) < 0$. 重复 (2.2.33) 的证明过程可知当 $t \in (s_1, t_2)$ 时, 有

$$\begin{aligned} W(t) &< M_0 \exp\left\{\beta(1 - \xi)(t_1 - s_0) + \beta(1 - \xi)(t - s_1)\right\} \\ &\quad + \alpha(1 - \xi)(t_1 - s_0) + \alpha(1 - \xi)(t - s_1) \\ &= M_0 \exp\left\{(1 - \xi)\beta(t - s_0 + t_1 - s_1)\right\} + \alpha(1 - \xi)(t - s_0 + t_1 - s_1) \end{aligned}$$

令

$$W_2(t) = W(t) \exp\left\{-\beta(1 - \xi)(t - s_0 + t_1 - s_1)\right\}$$

$$H_1(t) = W_2(t) - M_0 - \alpha(1 - \xi)(t - s_0 + t_1 - s_1) \exp\left\{-\beta(1 - \xi)(t - s_0 + t_1 - s_1)\right\}$$

由 (2.2.34) 易知: 当 $t \in (s_1, t_2)$ 时, $\dot{H}_1(t) < 0$.

接下来, 对任意正整数 m, 将利用数学归纳法证明如下不等式成立:

当 $t \in [t_m, s_m]$ 时, 有

$$W(t) < M_0 \exp\left\{\beta(1 - \xi)\sum_{k=1}^{m}(t_k - s_{k-1})\right\} + \alpha(1 - \xi)\sum_{k=1}^{m}(t_k - s_{k-1}) \quad (2.2.35)$$

当 $t \in (s_m, t_{m+1})$ 时, 有

$$\begin{aligned} W(t) &< M_0 \exp\left\{\beta(1 - \xi)\left[\sum_{k=1}^{m}(t_k - s_{k-1}) + (t - s_m)\right]\right\} \\ &\quad + \alpha(1 - \xi)\left[\sum_{k=1}^{m}(t_k - s_{k-1}) + (t - s_m)\right] \end{aligned} \quad (2.2.36)$$

假设对 $m \leqslant p - 1$, 其中 k 为正整数, (2.2.35) 和 (2.2.36) 成立, 则对任意满足 $0 \leqslant q \leqslant p - 1$ 的正整数 q, 当 $t \in [t_q, s_q]$ 时, 有

$$W(t) < M_0 \exp\left\{\beta(1 - \xi)\sum_{k=1}^{q}(t_k - s_{k-1})\right\} + \alpha(1 - \xi)\sum_{k=1}^{q}(t_k - s_{k-1})$$

而当 $t \in (s_q, t_{q+1})$ 时, 有

$$
W(t) < M_0 \exp\left\{\beta(1-\xi)\left[\sum_{k=1}^{q}(t_k - s_{k-1}) + (t - s_q)\right]\right\}
$$
$$
+ \alpha(1-\xi)\left[\sum_{k=1}^{q}(t_k - s_{k-1}) + (t - s_q)\right]
$$
$$
< M_0 \exp\left\{\beta(1-\xi)\left[\sum_{k=1}^{q}(t_k - s_{k-1}) + (t_{q+1} - s_q)\right]\right\}
$$
$$
+ \alpha(1-\xi)\left[\sum_{k=1}^{q}(t_k - s_{k-1}) + (t_{q+1} - s_q)\right]
$$
$$
= M_0 \exp\left\{\beta(1-\xi)\sum_{k=1}^{q+1}(t_k - s_{k-1})\right\} + \alpha(1-\xi)\sum_{k=1}^{q+1}(t_k - s_{k-1})
$$
$$
< M_0 \exp\left\{\beta(1-\xi)\sum_{k=1}^{p}(t_k - s_{k-1})\right\} + \alpha(1-\xi)\sum_{k=1}^{p}(t_k - s_{k-1})
$$

结合 (2.2.31) 可知: 对任意 $t \in [-\tau, t_p]$, 有

$$
W(t) \leqslant M_0 \exp\left\{\beta(1-\xi)\sum_{k=1}^{p}(t_k - s_{k-1})\right\} + \alpha(1-\xi)\sum_{k=1}^{p}(t_k - s_{k-1}) \quad (2.2.37)
$$

类似于不等式 (2.2.32) 的证明过程可知: 对任意 $t \in [t_q, s_q]$, 不等式 (2.2.37) 恒成立. 重复不等式 (2.2.33) 的证明过程, 易验证当 $t \in (s_q, t_{q+1})$ 时, 有

$$
W(t) \leqslant M_0 \exp\left\{\beta(1-\xi)\left[\sum_{k=1}^{p}(t_k - s_{k-1}) + (t - s_p)\right]\right\}
$$
$$
+ \alpha(1-\xi)\left[\sum_{k=1}^{p}(t_k - s_{k-1}) + (t - s_p)\right]
$$

由数学归纳法可知, 对任意自然数 m, 不等式 (2.2.35) 和 (2.2.36) 恒成立. 由于对任意 $t \geqslant 0$, 存在一个非负整数 m 使得 $t \in [t_m, t_{m+1})$. 因此, 当 $t \in [t_m, s_m]$ 时, 由定义 2.2.3 可知

$$
W(t) \leqslant M_0 \exp\left\{\beta(1-\xi)\sum_{k=1}^{m}(t_k - s_{k-1})\right\} + \alpha(1-\xi)\sum_{k=1}^{m}(t_k - s_{k-1})
$$

$$= M_0 \exp\left\{\beta(1-\xi)\sum_{k=1}^{m}\frac{t_k - s_{k-1}}{t_k - t_{k-1}}\cdot(t_k - t_{k-1})\right\}$$

$$+\alpha(1-\xi)\sum_{k=1}^{m}\frac{t_k - s_{k-1}}{t_k - t_{k-1}}\cdot(t_k - t_{k-1})$$

$$\leqslant M_0 \exp\left\{\beta\Psi(1-\xi)\sum_{k=1}^{m}(t_k - t_{k-1})\right\}+\alpha\Psi(1-\xi)\sum_{k=1}^{m}(t_k - t_{k-1})$$

$$= M_0 \exp\left\{\beta\Psi(1-\xi)t_m\right\}+\alpha\Psi(1-\xi)t_m$$

$$\leqslant M_0 \exp\left\{\beta\Psi(1-\xi)t\right\}+\alpha\Psi(1-\xi)t$$

当 $t \in (s_m, t_{m+1})$ 时, 由引理 2.2.3 可知

$$W(t)\leqslant M_0 \exp\left\{\beta(1-\xi)\left[\sum_{k=1}^{m}(t_k - s_{k-1})+(t - s_m)\right]\right\}$$

$$+\alpha(1-\xi)\left[\sum_{k=1}^{m}(t_k - s_{k-1})+(t - s_m)\right]$$

$$= M_0 \exp\left\{\beta(1-\xi)\left[\sum_{k=1}^{m}\frac{t_k - s_{k-1}}{t_k - t_{k-1}}\cdot(t_k - t_{k-1})+\frac{t - s_m}{t - t_m}\cdot(t - t_m)\right]\right\}$$

$$+\alpha(1-\xi)\left[\sum_{k=1}^{m}\frac{t_k - s_{k-1}}{t_k - t_{k-1}}\cdot(t_k - t_{k-1})+\frac{t - s_m}{t - t_m}\cdot(t - t_m)\right]$$

$$\leqslant M_0 \exp\left\{\beta(1-\xi)\left[\sum_{k=1}^{m}\frac{t_k - s_{k-1}}{t_k - t_{k-1}}\cdot(t_k - t_{k-1})+\frac{t_{m+1} - s_m}{t_{m+1} - t_m}\cdot(t - t_m)\right]\right\}$$

$$+\alpha(1-\xi)\left[\sum_{k=1}^{m}\frac{t_k - s_{k-1}}{t_k - t_{k-1}}\cdot(t_k - t_{k-1})+\frac{t_{m+1} - s_m}{t_{m+1} - t_m}\cdot(t - t_m)\right]$$

$$\leqslant M_0 \exp\left\{\beta\Psi(1-\xi)\left[\sum_{k=1}^{m}(t_k - t_{k-1})+(t - t_m)\right]\right\}$$

$$+\alpha\Psi(1-\xi)\left[\sum_{k=1}^{m}(t_k - t_{k-1})+(t - t_m)\right]$$

$$= M_0 \exp\left\{\beta\Psi(1-\xi)t\right\}+\alpha\Psi(1-\xi)t$$

由 $W(t)$ 的定义可知: 对任意 $t \geqslant 0$, 有

$$V^{1-\eta}(t) \leqslant M_0 \exp\left\{\beta\Psi(1-\xi)t\right\} - \alpha(1-\xi)t + \alpha\Psi(1-\xi)t$$

$$= \left(\sup_{-\tau \leqslant s \leqslant 0} V(s)\right)^{1-\xi} \exp\left\{\beta\Psi(1-\xi)t\right\} - \alpha(1-\Psi)(1-\xi)t$$

停息时间 T 可通过求解方程

$$\left(\sup_{-\tau \leqslant s \leqslant 0} V(s)\right)^{1-\xi} \exp\left\{\beta\Psi(1-\xi)t\right\} - \alpha(1-\Psi)(1-\xi)t = 0$$

得到.

接下来将讨论停息时间 T 的值. 显然, T 满足方程:

$$\frac{\alpha(1-\Psi)(1-\xi)t}{\left(\sup\limits_{-\tau \leqslant s \leqslant 0} V(s)\right)^{1-\xi}} = \exp\left\{\beta\Psi(1-\xi)t\right\} \tag{2.2.38}$$

根据线性函数和指数函数的性质可知, 当

$$\frac{\alpha(1-\Psi)(1-\xi)t}{\left(\sup\limits_{-\tau \leqslant s \leqslant 0} V(s)\right)^{1-\xi}} = \beta\Psi(1-\xi) \exp\left\{\beta\Psi(1-\xi)t\right\}$$

两个函数的曲线是正切的, 计算可得切点的值为

$$t = \frac{1}{\beta\Psi(1-\xi)} \ln \frac{\alpha(1-\Psi)}{\beta\Psi \left(\sup\limits_{-\tau \leqslant s \leqslant 0} V(s)\right)^{1-\xi}} \tag{2.2.39}$$

将 (2.2.39) 代入方程 (2.2.38), 可得

$$\frac{\alpha(1-\Psi)}{\mathrm{e}\beta\Psi} = \left(\sup_{-\tau \leqslant s \leqslant 0} V(s)\right)^{1-\xi}$$

因此, 方程 (2.2.38) 的解可分三种情况进行讨论:

(1) 当 $\dfrac{\alpha(1-\Psi)}{\mathrm{e}\beta\Psi} < \left(\sup\limits_{-\tau \leqslant s \leqslant 0} V(s)\right)^{1-\xi}$ 时, 方程 (2.2.38) 无解, 如图 2-9 所示.

此时, 系统的动力学性态并不确定, 可能渐近稳定、有限时间稳定, 甚至有可能不稳定.

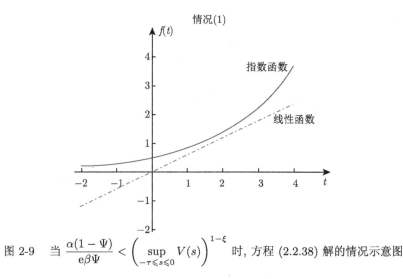

图 2-9 当 $\dfrac{\alpha(1-\Psi)}{\mathrm{e}\beta\Psi} < \left(\sup\limits_{-\tau \leqslant s \leqslant 0} V(s)\right)^{1-\xi}$ 时, 方程 (2.2.38) 解的情况示意图

(2) 当 $\dfrac{\alpha(1-\Psi)}{\mathrm{e}\beta\Psi} = \left(\sup\limits_{-\tau \leqslant s \leqslant 0} V(s)\right)^{1-\xi}$ 时, 方程 (2.2.38) 有且仅有一个解 $T = \dfrac{1}{\beta\Psi(1-\xi)}$, 如图 2-10 所示.

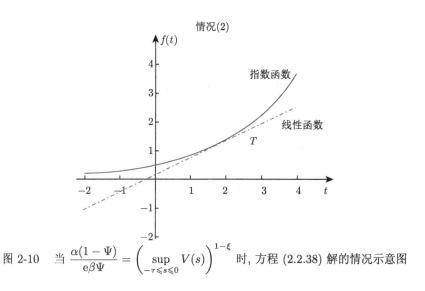

图 2-10 当 $\dfrac{\alpha(1-\Psi)}{\mathrm{e}\beta\Psi} = \left(\sup\limits_{-\tau \leqslant s \leqslant 0} V(s)\right)^{1-\xi}$ 时, 方程 (2.2.38) 解的情况示意图

当 $t \to T$ 时, 有 $V(t) \to 0$. 当 $t \geqslant T$ 时, 则必然存在某个非负整数 m 使得 $T \in [t_m, s_m]$ 或 $T \in (s_m, t_{m+1})$.

当 $T \in [t_m, s_m]$ 时, $t \in [T, s_m]$ 或 $t \in (s_m, t_{m+1})$. 如果 $t \in [T, s_m]$, 由

$\dot{V}(t) \leqslant -\alpha V^{\xi}(t)$ 可知

$$V(t) \leqslant V(T) \exp\{-\alpha(t-T)\} \equiv 0$$

如果 $t \in (s_m, t_{m+1})$, 由 $\dot{V}(t) \leqslant \beta V(t)$ 可知

$$V(t) \leqslant V(s_m) \exp\{\beta(t-s_m)\} \equiv 0$$

当 $T \in (s_m, t_{m+1})$ 时, 对于任意 $t \in [T, t_{m+1}]$, 由 $\dot{V}(t) \leqslant \beta V(t)$ 可知

$$V(t) \leqslant V(T) \exp\{\beta(t-T)\} \equiv 0$$

对于任意 $t \in [t_{m+1}, s_{m+1}]$, 由 $\dot{V}(t) \leqslant -\alpha V^{\xi}(t)$ 可知

$$V(t) \leqslant V(t_{m+1}) \exp\{-\alpha(t-t_{m+1})\} \equiv 0$$

综上所述, 当 $t \to T$ 时, 有 $V(t) \to 0$; 当 $t \geqslant T$ 时, $V(t) \equiv 0$.

(3) 当 $\dfrac{\alpha(1-\Psi)}{e\beta\Psi} > \left(\sup\limits_{-\tau \leqslant s \leqslant 0} V(s) \right)^{1-\xi}$ 时, 方程 (2.2.38) 有两个解, 分别记

为 T_1 和 T_2 且有 $T_1 < T_2$, 如图 2-11 所示. 类似于情况 (2) 的讨论过程, 可知当 $t \to T_1$ 时, 有 $V(t) \to 0$; 当 $t \geqslant T_1$ 时, $V(t) \equiv 0$, 因此停息时间 $T = T_1$.

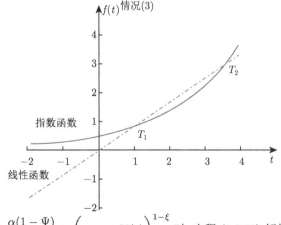

图 2-11　当 $\dfrac{\alpha(1-\Psi)}{e\beta\Psi} > \left(\sup\limits_{-\tau \leqslant s \leqslant 0} V(s) \right)^{1-\xi}$ 时, 方程 (2.2.38) 解的情况示意图

通过分析可知, 只有情况 (2) 和 (3) 能够保证系统是有限时间稳定的. 因此, 当初始值 $\left(\sup\limits_{-\tau \leqslant s \leqslant 0} V(s) \right)^{1-\xi}$ 较小时, 系统是有限时间稳定的, 且当 $\dfrac{\alpha(1-\Psi)}{e\beta\Psi} =$

$$\left(\sup_{-\tau \leqslant s \leqslant 0} V(s)\right)^{1-\xi} \text{ 时, } T = \frac{1}{\beta\Psi(1-\xi)}; \text{ 当 } \frac{\alpha(1-\Psi)}{\mathrm{e}\beta\Psi} > \left(\sup_{-\tau \leqslant s \leqslant 0} V(s)\right)^{1-\xi} \text{ 时,}$$
$$T = T_1. \text{ 证毕.}$$

2. 同步分析

定理 2.2.2　若假设 2.1.1, 假设 2.2.1 和假设 2.2.2 成立, 且存在正整数 α_1, α_2 和 ζ_1 使得下式成立:

(1) $\alpha_1 + c_1 \lambda_{\max}(Q) + \dfrac{c_2 \zeta_1}{2} \lambda_{\max}(P^{\mathrm{T}} P) + \pi - \eta < 0;$

(2) $\alpha_2 - \dfrac{1}{2} k_1 < 0;$

(3) $\dfrac{c_2}{2\zeta_1} - \dfrac{1}{2} k_2 < 0;$

(4) $\dfrac{\sqrt{2} k(1-\Psi)}{\left(\displaystyle\sup_{-\tau \leqslant s \leqslant 0} V(s)\right)^{\frac{1-\mu}{2}}} \geqslant 2\mathrm{e}\eta\Psi,$

式中, $\pi = 0.5 \sum_{r=1}^{2} k_r/(1-\gamma_r)$, 则复杂网络 (2.2.27) 和 (2.2.28) 能够在有限时间 $t \leqslant t^*$ 内实现同步, 其中: 当 $\sqrt{2} k(1-\Psi) \left/ \left(\displaystyle\sup_{-\tau \leqslant s \leqslant 0} V(s)\right)^{\frac{1-\mu}{2}} \right. = 2\mathrm{e}\eta\Psi$ 时,

$t^* = 1/[\eta\Psi(1-\mu)]$; 当 $\sqrt{2} k(1-\Psi) \left/ \left(\displaystyle\sup_{-\tau \leqslant s \leqslant 0} V(s)\right)^{\frac{1-\mu}{2}} \right. > 2\mathrm{e}\eta\Psi$ 时, $t^* = T_1$, T_1

是方程 $\left(\displaystyle\sup_{-\tau \leqslant s \leqslant 0} V(s)\right)^{\frac{1-\mu}{2}} \exp\{\eta\Psi(1-\mu)t\} - \dfrac{\sqrt{2}}{2} k(1-\Psi)(1-\mu)t = 0$ 的最小解.

证明　构造如下 Lyapunov-Krasovskii 泛函:

$$V(t) = \frac{1}{2} \sum_{i=1}^{N} e_i^{\mathrm{T}}(t) e_i(t) + \frac{1}{2} \sum_{r=1}^{2} \left[\frac{k_r}{1-\gamma_r} \sum_{i=1}^{N} \int_{t-\tau_r(t)}^{t} e_i^{\mathrm{T}}(s) e_i(s) \mathrm{d}s \right]$$

计算 $V(t)$ 沿着误差系统 (2.2.29) 的状态轨迹关于时间 t 的导数:

$$\dot{V}(t) = \sum_{i=1}^{N} e_i^{\mathrm{T}}(t) \left[f(t, e_i(t), e_i(t-\tau_1(t))) + c_1 \sum_{j=1}^{N} a_{ij} \Gamma_1 e_j(t) \right.$$
$$\left. + c_2 \sum_{j=1}^{N} b_{ij} \Gamma_2 e_j(t-\tau_2(t)) + u_i(t) \right] + \frac{1}{2} \sum_{i=1}^{N} \sum_{r=1}^{2} \frac{k_r}{1-\gamma_r} e_i^{\mathrm{T}}(t) e_i(t)$$

$$-\frac{1}{2}\sum_{i=1}^{N}\sum_{r=1}^{2}k_r\frac{1-\dot{\tau}_r(t)}{1-\gamma_r}e_i^{\mathrm{T}}(t-\tau_r(t))e_i(t-\tau_r(t))$$

根据时变时滞 $\tau_r(t)(r=1,2)$ 的性质可得

$$\dot{V}(t)\leqslant\sum_{i=1}^{N}e_i^{\mathrm{T}}(t)\left[f\left(t,e_i(t),e_i(t-\tau_1(t))\right)+c_1\sum_{j=1}^{N}a_{ij}\Gamma_1e_j(t)\right.$$
$$\left.+c_2\sum_{j=1}^{N}b_{ij}\Gamma_2e_j(t-\tau_2(t))+u_i(t)\right]+\frac{1}{2}\sum_{i=1}^{N}\sum_{r=1}^{2}\frac{k_r}{1-\gamma_r}e_i^{\mathrm{T}}(t)e_i(t)$$
$$-\frac{1}{2}\sum_{i=1}^{N}\sum_{r=1}^{2}k_re_i^{\mathrm{T}}(t-\tau_r(t))e_i(t-\tau_r(t))$$

根据假设 2.1.1 可知

$$\dot{V}(t)\leqslant\alpha_1\sum_{i=1}^{N}e_i^{\mathrm{T}}(t)e_i(t)+\alpha_2\sum_{i=1}^{N}e_i^{\mathrm{T}}(t-\tau_1(t))e_i(t-\tau_1(t))$$
$$+c_1\sum_{i=1}^{N}\sum_{j=1}^{N}a_{ij}e_i^{\mathrm{T}}(t)\Gamma_1e_j(t)+c_2\sum_{i=1}^{N}\sum_{j=1}^{N}b_{ij}e_i^{\mathrm{T}}(t)\Gamma_2e_j(t-\tau_2(t))$$
$$+\frac{1}{2}\sum_{i=1}^{N}\sum_{r=1}^{2}\frac{k_r}{1-\gamma_r}e_i^{\mathrm{T}}(t)e_i(t)-\frac{1}{2}\sum_{i=1}^{N}\sum_{r=1}^{2}k_re_i^{\mathrm{T}}(t-\tau_r(t))e_i(t-\tau_r(t))$$
$$+\sum_{i=1}^{N}e_i^{\mathrm{T}}(t)u_i(t) \tag{2.2.40}$$

令 $e(t)=(\|e_1(t)\|,\|e_2(t)\|,\cdots,\|e_N(t)\|)^{\mathrm{T}}$, $Q=A\otimes\Gamma_1$, $P=B\otimes\Gamma_2$, 根据克罗内克积性质和引理 2.1.1 可得

$$c_1\sum_{i=1}^{N}\sum_{j=1}^{N}a_{ij}e_i^{\mathrm{T}}(t)\Gamma_1e_j(t)=c_1e^{\mathrm{T}}(t)(A\otimes\Gamma_1)e(t)=c_1e^{\mathrm{T}}(t)Qe(t) \tag{2.2.41}$$

$$c_2\sum_{i=1}^{N}\sum_{j=1}^{N}b_{ij}e_i^{\mathrm{T}}(t)\Gamma_2e_j(t-\tau_2(t))$$
$$=c_2e^{\mathrm{T}}(t)(B\otimes\Gamma_2)e(t-\tau_2(t))=c_2e^{\mathrm{T}}(t)Pe(t-\tau_2(t))$$
$$\leqslant\frac{c_2\zeta_1}{2}e^{\mathrm{T}}(t)P^{\mathrm{T}}Pe(t)+\frac{c_2}{2\zeta_1}e^{\mathrm{T}}(t-\tau_2(t))e(t-\tau_2(t)) \tag{2.2.42}$$

将 (2.2.41), (2.2.42) 代入 (2.2.40) 得

$$\dot{V}(t) \leqslant \alpha_1 e^{\mathrm{T}}(t)e(t) + \alpha_2 e^{\mathrm{T}}(t - \tau_1(t))e(t - \tau_1(t)) + c_1 e^{\mathrm{T}}(t)Qe(t)$$

$$+ \frac{c_2\zeta_1}{2}e^{\mathrm{T}}(t)P^{\mathrm{T}}Pe(t) + \frac{c_2}{2\zeta_1}e^{\mathrm{T}}(t - \tau_2(t))e(t - \tau_2(t))$$

$$+ \frac{1}{2}\sum_{r=1}^{2}\frac{k_r}{1 - \gamma_r}e^{\mathrm{T}}(t)e(t) - \frac{1}{2}\sum_{r=1}^{2}k_r e^{\mathrm{T}}(t - \tau_r(t))e(t - \tau_r(t)) + \sum_{i=1}^{N}e_i^{\mathrm{T}}(t)u_i(t)$$

当 $t_m \leqslant t \leqslant s_m$ 时,

$$\dot{V}(t) \leqslant \alpha_1 e^{\mathrm{T}}(t)e(t) + \alpha_2 e^{\mathrm{T}}(t - \tau_1(t))e(t - \tau_1(t)) + c_1 e^{\mathrm{T}}(t)Qe(t)$$

$$+ \frac{c_2\zeta_1}{2}e^{\mathrm{T}}(t)P^{\mathrm{T}}Pe(t) + \frac{c_2}{2\zeta_1}e^{\mathrm{T}}(t - \tau_2(t))e(t - \tau_2(t))$$

$$+ \frac{1}{2}\sum_{r=1}^{2}\frac{k_r}{1 - \gamma_r}e^{\mathrm{T}}(t)e(t) - \frac{1}{2}\sum_{r=1}^{2}k_r e^{\mathrm{T}}(t - \tau_r(t))e(t - \tau_r(t))$$

$$- \eta e^{\mathrm{T}}(t)e(t) - k\sum_{i=1}^{N}e_i^{\mathrm{T}}(t)\left[\left(\sum_{r=1}^{2}\frac{k_r}{1 - \gamma_r}\int_{t - \tau_r(t)}^{t}e_i^{\mathrm{T}}(s)e_i(s)\mathrm{d}s\right)^{\frac{1+\mu}{2}}\frac{e_i(t)}{||e(t)||^2}\right.$$

$$\left. + \mathrm{sign}\left(e_i(t)\right)|e_i(t)|^{\mu}\right]$$

$$\leqslant \left[\alpha_1 + c_1\lambda_{\max}(Q) + \frac{c_2\zeta_1}{2}\lambda_{\max}(P^{\mathrm{T}}P) + \pi - \eta\right]e^{\mathrm{T}}(t)e(t)$$

$$+ \left(\alpha_2 - \frac{1}{2}k_1\right)e^{\mathrm{T}}(t - \tau_1(t))e(t - \tau_1(t))$$

$$+ \left(\frac{c_2}{2\zeta_1} - \frac{1}{2}k_2\right)e^{\mathrm{T}}(t - \tau_2(t))e(t - \tau_2(t))$$

$$- k\sum_{i=1}^{N}e_i^{\mathrm{T}}(t)\left[\left(\sum_{r=1}^{2}\frac{k_r}{1 - \gamma_r}\int_{t - \tau_r(t)}^{t}e_i^{\mathrm{T}}(s)e_i(s)\mathrm{d}s\right)^{\frac{1+\mu}{2}}\frac{e_i(t)}{||e(t)||^2}\right.$$

$$\left. + \mathrm{sign}\left(e_i(t)\right)|e_i(t)|^{\mu}\right]$$

根据定理 2.2.2 的条件可得

$$\dot{V}(t) \leqslant -k\sum_{i=1}^{N}e_i^{\mathrm{T}}(t)\left[\left(\sum_{r=1}^{2}\frac{k_r}{1 - \gamma_r}\int_{t - \tau_r(t)}^{t}e_i^{\mathrm{T}}(s)e_i(s)\mathrm{d}s\right)^{\frac{1+\mu}{2}}\frac{e_i(t)}{||e(t)||^2}\right.$$

$$\left. + \mathrm{sign}\left(e_i(t)\right)|e_i(t)|^{\mu}\right]$$

$$\leqslant -k \sum_{i=1}^{N} |e_i^{\mathrm{T}}(t)e_i(t)|^{\frac{\mu+1}{2}} - k \sum_{r=1}^{2} \left[\sum_{i=1}^{N} \left(\frac{k_r}{1-\gamma_r} \int_{t-\tau_r(t)}^{t} e_i^{\mathrm{T}}(s)e_i(s)\mathrm{d}s \right)^{\frac{1+\mu}{2}} \right]$$

$$\leqslant -2^{\frac{\mu+1}{2}} k \left[\frac{1}{2} \sum_{i=1}^{N} e_i^2(t) + \frac{1}{2} \sum_{r=1}^{2} \left(\frac{k_r}{1-\gamma_r} \sum_{i=1}^{N} \int_{t-\tau_r(t)}^{t} e_i^{\mathrm{T}}(s)e_i(s)\mathrm{d}s \right) \right]^{\frac{\mu+1}{2}}$$

$$\leqslant -\sqrt{2} k V^{\frac{\mu+1}{2}}(t) \tag{2.2.43}$$

同样地, 对于 $s_m < t < t_{m+1}$ 有

$$\begin{aligned} \dot{V}(t) &\leqslant \left[\alpha_1 + c_1 \lambda_{\max}(Q) + \frac{c_2 \zeta_1}{2} \lambda_{\max}(P^{\mathrm{T}} P) + \pi - \eta \right] e^{\mathrm{T}}(t)e(t) \\ &\quad + \left(\alpha_2 - \frac{1}{2} k_1 \right) e^{\mathrm{T}}(t-\tau_1(t))e(t-\tau_1(t)) \\ &\quad + \left(\frac{c_2}{2\zeta_1} - \frac{1}{2} k_2 \right) e^{\mathrm{T}}(t-\tau_2(t))e(t-\tau_2(t)) + \eta e^{\mathrm{T}}(t)e(t) \\ &\leqslant 2\eta V(t) \end{aligned} \tag{2.2.44}$$

因此, 由 (2.2.43) 和 (2.2.44) 得到

$$\begin{cases} \dot{V}(t) \leqslant -\sqrt{2} k V^{\frac{\mu+1}{2}}(t), & t_m \leqslant t \leqslant s_m \\ \dot{V}(t) \leqslant 2\eta V(t), & s_m < t < t_{m+1} \end{cases} \tag{2.2.45}$$

利用引理 2.2.4 并由 (2.2.45) 可得

$$V^{\frac{1-\mu}{2}}(t) \leqslant \left(\sup_{-\tau \leqslant s \leqslant 0} V(s) \right)^{\frac{1-\mu}{2}} \exp\{\eta \Psi(1-\mu)t\} - \frac{1}{\sqrt{2}} k(1-\Psi)(1-\mu)t$$

因此, 误差系统 (2.2.29) 的零解是有限时间稳定的, 即复杂网络 (2.2.27) 与 (2.2.28) 可以在有限时间 $t \leqslant t^*$ 内实现同步, 其中: 当 $\sqrt{2} k(1-\Psi) \Big/ \left(\sup_{-\tau \leqslant s \leqslant 0} V(s) \right)^{\frac{1-\mu}{2}} = 2e\eta\Psi$ 时, $t^* = 1/[\eta\Psi(1-\mu)]$; 当 $\sqrt{2} k(1-\Psi) \Big/ \left(\sup_{-\tau \leqslant s \leqslant 0} V(s) \right)^{\frac{1-\mu}{2}} > 2e\eta\Psi$ 时, $t^* = T_1$, 式中 T_1 是方程 $2 \left(\sup_{-\tau \leqslant s \leqslant 0} V(s) \right)^{\frac{1-\mu}{2}} \exp\{\eta\Psi(1-\mu)t\} - \sqrt{2} k(1-\Psi)(1-\mu)t = 0$ 的最小解. 证毕.

3. 数值模拟

例 2.2.2 考虑一个具有时变时滞的 2 维耦合复杂网络模型, 其节点自身的动力学性态可描述为

$$\dot{x}(t) = Cx(t) + Dg_1(x(t)) + Eg_2(x(t-\tau_1(t))) \tag{2.2.46}$$

式中, $C = \begin{pmatrix} -1 & 0 \\ 0 & -1 \end{pmatrix}$, $D = \begin{pmatrix} 2 & -0.1 \\ -4 & 3 \end{pmatrix}$, $E = \begin{pmatrix} -1.5 & -0.1 \\ -0.1 & -1.5 \end{pmatrix}$, $g_1(u) = g_2(u) = (\tanh(u_1), \tanh(u_2))^{\mathrm{T}}$, $\tau_1(t) = 1$, 具有上述参数的系统 (2.2.46) 的混沌状态如图 2-12 所示.

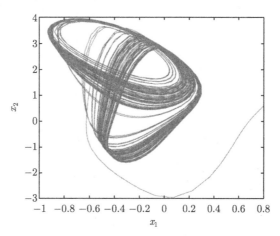

图 2-12   网络 (2.2.46) 的混沌吸引子, 初始条件为 $x = (0.8, 0.6)^{\mathrm{T}}$

接下来, 给出具有时变时滞的 2 维驱动-响应网络模型:

$$\dot{x}_i(t) = Cx_i(t) + Dg_1(x_i(t)) + Eg_2(x_i(t-1))$$
$$+ c_1 \sum_{j=1}^{N} a_{ij} \Gamma_1 x_j(t) + c_2 \sum_{j=1}^{N} b_{ij} \Gamma_2 x_j(t - \tau_2(t)) \qquad (2.2.47)$$

$$\dot{y}_i(t) = Cy_i(t) + Dg_1(y_i(t)) + Eg_2(y_i(t-1))$$
$$+ c_1 \sum_{j=1}^{N} a_{ij} \Gamma_1 y_j(t) + c_2 \sum_{j=1}^{N} b_{ij} \Gamma_2 y_j(t - \tau_2(t)) + u_i(t) \qquad (2.2.48)$$

其中, $i = 1, 2, \cdots, 8$, $x_i(t) = (x_{i1}(t), x_{i2}(t))^{\mathrm{T}}$, $y_i(t) = (y_{i1}(t), y_{i2}(t))^{\mathrm{T}}$. 选择 $c_1 = 2$, $c_2 = 1$, $\tau_2(t) = \mathrm{e}^t/(1 + \mathrm{e}^t)$, $\Gamma_1 = \Gamma_2 = \begin{pmatrix} 1 & 0 \\ 0 & 1 \end{pmatrix}$, $k_1 = 1$, $k_2 = 2$, $\mu = 0.6$, $\eta = 10$, 并给出间歇控制的时间间隔:

$$[0, 3] \cup [3.2, 6.4] \cup [6.5, 9.6] \cup [9.8, 12.8] \cup [13, 16] \cup [16.2, 19.2]$$
$$\cup [19.5, 22.6] \cup [22.8, 25.8] \cup \cdots$$

且外部耦合矩阵 $A = (a_{ij})_{8 \times 8}$ 和 $B = (b_{ij})_{8 \times 8}$ 表示如下:

$$A = \begin{pmatrix} -4 & 0.4 & 0.8 & 0.4 & 0.6 & 0.6 & 0.64 & 0.56 \\ 0.72 & -4 & 0.48 & 0.48 & 0.72 & 0.56 & 0.64 & 0.4 \\ 0.4 & 0.4 & -4 & 0.64 & 0.52 & 0.68 & 0.6 & 0.76 \\ 0.8 & 0.6 & 0.32 & -4 & 0.64 & 0.6 & 0.64 & 0.4 \\ 0.48 & 0.72 & 0.6 & 0.68 & -4 & 0.68 & 0.44 & 0.4 \\ 0.4 & 0.6 & 0.6 & 0.64 & 0.4 & -4 & 0.64 & 0.72 \\ 0.68 & 0.56 & 0.64 & 0.52 & 0.48 & 0.36 & -4 & 0.76 \\ 0.52 & 0.72 & 0.56 & 0.64 & 0.64 & 0.52 & 0.4 & -4 \end{pmatrix}$$

$$B = \begin{pmatrix} -1 & 0 & 0.3 & 0.1 & 0.16 & 0.14 & 0.3 & 0 \\ 0.18 & -1 & 0.24 & 0 & 0 & 0.32 & 0.16 & 0.1 \\ 0.23 & 0.14 & -1 & 0.16 & 0 & 0.17 & 0 & 0.3 \\ 0.2 & 0 & 0.29 & -1 & 0 & 0.31 & 0.1 & 0.1 \\ 0.12 & 0.18 & 0 & 0.15 & -1 & 0.19 & 0.26 & 0.1 \\ 0.29 & 0 & 0 & 0.16 & 0.25 & -1 & 0.12 & 0.18 \\ 0.17 & 0.27 & 0.16 & 0 & 0.22 & 0 & -1 & 0.18 \\ 0 & 0.18 & 0.3 & 0 & 0.3 & 0.12 & 0.1 & -1 \end{pmatrix}$$

综合以上已知条件, 通过简单计算可得: $\lambda_{\max}(Q) = \lambda_{\max}(A \otimes \Gamma_1) = -4.8354$, $\lambda_{\max}(P^{\mathrm{T}}P) = \lambda_{\max}\left((B \otimes \Gamma_2)^{\mathrm{T}}(B \otimes \Gamma_2)\right) = 2.3582$, $\theta = 3$, $\omega = 3.3$, $\Psi = 1/11$, $\zeta_1 = 1$, $\alpha_1 = 8.2807$, $\alpha_2 = 0.16$, $\gamma_1 = 0$, $\gamma_2 = 1/4$. 经验证易知定理 2.2.2 中的条件均满足. 此外, 给出响应网络系统 (2.2.48) 的初始值: $y_1 = (0.1, -2)^{\mathrm{T}}$, $y_2 = (-0.45, 2)^{\mathrm{T}}$, $y_3 = (0.45, -0.5)^{\mathrm{T}}$, $y_4 = (0.2, 1)^{\mathrm{T}}$, $y_5 = (-0.2, 0.8)^{\mathrm{T}}$, $y_6 = (1, -0.4)^{\mathrm{T}}$, $y_7 = (2, 0.6)^{\mathrm{T}}$, $y_8 = (-1, 0.4)^{\mathrm{T}}$.

通过计算得: $\sup\limits_{-1 \leqslant s \leqslant 0} V(s) = 32.3750$, 当 $\sqrt{2}k(1-\Psi) \Big/ \left(\sup\limits_{-\tau \leqslant s \leqslant 0} V(s)\right)^{\frac{1-\mu}{2}} = 2\mathrm{e}\eta\Psi$ 时, $k = 2.835\mathrm{e}$. 根据定理 2.2.3 可知复杂网络能够在有限时间 $t^* = 2.75$ 内实现同步, 同步效果如图 2-13 所示.

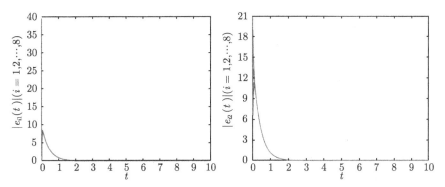

图 2-13 控制下的复杂网络 (2.2.47) 与 (2.2.48) 的同步误差 $|e_{ij}(t)|(j = 1, 2; \ i = 1, 2, \cdots, 8)$ 在时间间隔 [0, 10] 内的演化过程

例 2.2.3　当时滞为零时, 2 维驱动-响应网络模型变为如下形式:

$$\dot{x}_i(t) = Cx_i(t) + Dg_1(x_i(t)) + c_1 \sum_{j=1}^{N} a_{ij}\Gamma_1 x_j(t) \tag{2.2.49}$$

$$\dot{y}_i(t) = Cy_i(t) + Dg_1(y_i(t)) + c_1 \sum_{j=1}^{N} a_{ij}\Gamma_1 y_j(t) + u_i'(t) \tag{2.2.50}$$

其中

$$u_i'(t) = \begin{cases} -\eta e_i(t) - k\,\mathrm{sign}\,(e_i(t))\,|e_i(t)|^{\mu}, & t_m \leqslant t \leqslant s_m \\ 0, & s_m < t < t_{m+1} \end{cases}$$

其他参数与例 2.2.2 相同. 如图 2-14 所示, 复杂网络 (2.2.49) 和 (2.2.50) 的同步误差为有限时间稳定的.

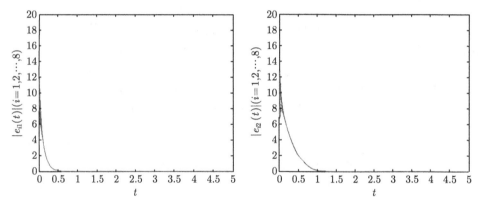

图 2-14　控制下的复杂网络 (2.2.49) 与 (2.2.50) 的同步误差 $|e_{ij}(t)|(j = 1, 2;\ i = 1, 2, \cdots, 8)$
在时间间隔 $[0, 5]$ 内的演化过程

从图 2-13 和图 2-14 中, 可以看出, 通过非周期间歇控制策略, 无时滞的复杂网络模型 (2.2.49) 和 (2.2.50) 相较于具有时变时滞的复杂网络模型 (2.2.47) 和 (2.2.48) 能够更加快速地实现有限时间同步.

2.3　本 章 小 结

本章首先研究了一类具有混耦合时滞 (内部时滞、传输时滞和自反馈时滞) 的复杂动态网络模型, 结合 Lyapunov 稳定性理论和有限时间稳定性理论, 给出了实现网络有限时间同步的充分条件以及牵制控制器的设计方法, 并从无向网络和有向网络两方面详细介绍了选择优先牵制的关键节点的步骤和方法, 以及解决了最少需要牵制多少个关键节点等问题, 通过理论分析和数值模拟发现：随着牵制节点数量的增加, 实现同步所需的时间也会逐渐减少. 分别讨论了无向网络和有向网络在实现有限时间同步时, 所需要牵制节点的数量以及如何选择关键节点, 为设计牵制控制器来实现复杂网络的有限时间同步提供了理论依据. 随后, 利用周期和非周期间歇控制策略分别探讨了具有内部时滞和耦合时滞的复杂动态网络的有限时间同步问题, 利用不等式技巧和 Lyapunov 有限时间稳定性理论, 得到了复杂网络系统实现有限时间同步的充分条件. 通过理论分析和数值模拟, 分析了具有自适应耦合强度的复杂网络在实现同步时的情况; 发现了在参数相同的情况下, 无时滞的复杂网络要比具有时变时滞的复杂网络能够更加快速地实现同步, 并对复杂网络的同步停息时间实施了估计.

第 3 章 时滞复杂网络的固定时间同步

有限时间同步的停息时间估算值依赖于复杂网络的初始状态, 对于不同的初值会估算到不同的停息时间. 而在实际应用中, 并不是所有复杂系统的初值都是已知或提前获知的, 这在一定程度上限制了复杂网络有限时间同步的现实应用. 例如, 在实际生产过程中人们常常需要提前预知同步目标实现的时间范围, 从而实现资源的合理配置和优化. 系统初值对停息时间的影响, 无疑会增加生产过程中的很多不确定性, 从而造成资源的浪费并增加实现同步目标的控制成本. 为克服同步停息时间随初值变化的不足, 一种特殊的有限时间同步概念——固定时间同步被提出. 固定时间同步能够使复杂系统在固定的时间内实现同步而与系统的初始状态无关, 在实际系统中具有更广泛和有效的现实意义和应用价值 [118,173]. 目前, 复杂网络的固定时间同步已经取得了一定的研究成果 (参见文献 [30]、[123] 及 [174]~[181] 等), 并被广泛地应用到智能电网、智能交通、卫星导航控制系统以及多站雷达系统等领域.

复杂网络系统的固定时间同步往往需要通过设计适当的控制器来实现, 目前相继出现了很多有效的控制方法和技术, 其中状态反馈控制、自适应控制、事件触发控制以及牵制控制等已在复杂动力系统的同步研究中得到了广泛应用和发展. 状态反馈控制 [30,123,174-177] 具有抑制干扰的能力, 对原件特性变化不敏感, 能改善系统的相应特性, 且简单易操作; 自适应控制 [178,179] 可以随时间变化根据需要不断调整控制强度以提高同步效率, 所依据的关于模型和扰动的先验知识比较少, 需要在系统的运行过程中不断提取有关模型的信息来使其逐步准确, 并能够依据对象的输入输出数据不断地辨识模型参数, 不仅具备一定的鲁棒性而且可以有效降低控制成本; 事件触发控制 [180,181] 按需执行控制任务, 只有当某一特定事件发生时才实施控制 (如某一参数超过规定的阈值), 既能保证系统的稳定性又能节约计算资源和通信资源的利用, 可以有效解决有限的网络资源和愈加复杂的控制任务之间的突出矛盾, 并能很好应对网络结构的日趋复杂化对网络中数据传输的安全性问题; 牵制控制 [101,182] 则只需要通过控制网络中的部分节点来达到控制全局的目的, 也能有效节约控制成本. 而在实际应用中, 综合运用上述多种控制策略往往能够提高控制效率或节约控制成本, 从而更好地达到控制目的 [183]. 这些工作对于复杂网络的固定时间同步控制研究具有一定的推动作用, 对于探索复杂网络的低成本、高效率同步控制措施具有较强的启发性, 能够为后续研究工作奠定坚实的理论和实践基础.

事实上, 目前关于复杂网络的固定时间同步大部分采用连续控制的方法, 均依赖于控制节点和目标系统的状态. 在实际的应用当中, 传输信号有时会受到外部因素的影响, 导致信号变弱甚至中断. 此时, 连续控制往往起不到应有的效果, 非连续控制策略更加实用. 脉冲控制和间歇控制是典型的非连续控制方法, 两者之间的区别在于: 脉冲控制通过系统间同步信号仅在某些离散时间节点实施控制, 具有低控制成本、安全保密、抗噪能力和鲁棒性强等特点[184,185]; 间歇控制在确定的非零时间间隔内实施控制, 在其他非零时间段则无需控制. 从某种意义上来讲, 脉冲控制是一种特殊的间歇控制. 由于控制系统的状态时刻发生变化, 所以当系统状态可测时, 脉冲控制是一种非常有效的控制方法. 而当控制系统的系统状态不可测时, 脉冲控制效果并不理想. 同时, 在实际的控制应用中, 控制的实现需要一定的时间宽度, 并且控制过程在时间段上的实现要比在时间节点上的实现更加合理. 因此, 相比于脉冲控制, 间歇控制在生活中的应用更为广泛, 例如, 生态系统管理、空气质量控制、制造业、交通运输业、通信控制、雨刮器间歇控制以及在治疗痛风时对血尿酸的控制等. 因此, 研究基于间歇控制的复杂网络的固定时间同步问题具有重要意义. 本章将利用 Lyapunov 稳定性理论、固定时间稳定性理论以及不等式技巧等, 分别设计复杂网络实现固定时间同步的周期和非周期半间歇控制器, 探索具有混耦合时滞的复杂网络实现固定时间外部同步和具有多重权值的时滞复杂网络实现固定时间同步的充分条件, 并对复杂网络实现固定时间同步的停息时间进行估算; 通过对同步条件的分析, 确定最优的间歇控制策略并分析控制时间率保持在多高能实现网络的固定时间同步等关键问题.

3.1 基于周期间歇控制的混耦合时滞复杂网络固定时间外部同步

3.1.1 模型描述

考虑一类由 N 个节点组成的具有混耦合时滞的复杂动态网络, 且每个节点均是 n 维动态系统, 描述如下:

$$\dot{x}_i(t) = f\left(t, x_i(t), x_i(t - \tau_1(t))\right) + c_1 \sum_{j=1}^{N} a_{ij} G_1\left(x_j(t) - x_i(t)\right)$$

$$+ c_2 \sum_{j=1, j \neq i}^{N} b_{ij} G_2\left(x_j(t - \tau_2(t)) - x_i(t - \tau_3(t))\right), \quad i = 1, 2, \cdots, N \quad (3.1.1)$$

其中 $x_i(t) = (x_{i1}(t), x_{i2}(t), \cdots, x_{in}(t))^{\mathrm{T}} \in \mathbb{R}^n$ 为节点 i 的状态变量, $f : \mathbb{R} \times \mathbb{R}^n \times \mathbb{R}^n \to \mathbb{R}^n$ 表示非线性向量函数, 描述节点自身的动力学行为; $c_l (l = 1, 2)$

是耦合强度, $G_l \in \mathbb{R}^{n \times n}(l = 1, 2)$ 是内部耦合矩阵, $\tau_1(t) \in [0, \tau_1]$ 表示发生在动态节点中的内部时滞, $\tau_2(t) \in [0, \tau_2]$ 代表从节点 j 到节点 i $(i \neq j)$ 的传输时滞, $\tau_3(t) \in [0, \tau_3]$ 为自反馈时滞, 且有 $\tau_k \geqslant 0(k = 1, 2, 3)$; $A = (a_{ij})_{N \times N}$ 和 $B = (b_{ij})_{N \times N}$ 分别表示复杂网络模型中无时滞和有时滞时的外部耦合矩阵, 用于描述网络的拓扑结构, 其中如果节点 i 和节点 j 之间存在联系, 则有 $a_{ij}, b_{ij} > 0$, 否则 $a_{ij} = b_{ij} = 0(i \neq j)$, A 和 B 的对角线元素定义如下:

$$a_{ii} = -\sum_{j=1, j \neq i}^{N} a_{ij}, \quad b_{ii} = -\sum_{j=1, j \neq i}^{N} b_{ij}, \quad i = 1, 2, \cdots, N \tag{3.1.2}$$

复杂网络 (3.1.1) 的初始条件由 $x_i(s) = \phi_i(s) \in C([-\tau, 0], \mathbb{R}^n)(i = 1, 2, \cdots, N)$ 给出, 其中 $C([-\tau, 0], \mathbb{R}^n)$ 表示定义在区间 $[-\tau, 0]$ 上的所有 n 维连续可微函数的集合, 这里 $\tau = \max\{\tau_1, \tau_2, \tau_3\}$. 对任意 $\phi_i(t) = (\phi_{i1}(t), \phi_{i2}(t), \cdots, \phi_{in}(t))^{\mathrm{T}} \in C([-\tau, 0], \mathbb{R}^n)$, 定义 $\|\phi_i(t)\| = \sup\limits_{-\tau \leqslant t \leqslant 0} \left[\sum_{j=1}^{n} |\phi_{ij}(t)|^2\right]^{1/2}$.

基于耗散耦合条件 (3.1.2), 复杂网络模型 (3.1.1) 可改写为

$$\dot{x}_i(t) = f(t, x_i(t), x_i(t - \tau_1(t))) + c_1 \sum_{j=1}^{N} a_{ij} G_1 x_j(t) + c_2 \sum_{j=1}^{N} b_{ij} G_2 x_j(t - \tau_2(t))$$

$$- c_2 b_{ii} G_2 (x_i(t - \tau_2(t)) - x_i(t - \tau_3(t))), \quad i = 1, 2, \cdots, N \tag{3.1.3}$$

为了实现具有混耦合时滞的复杂网络实现固定外部时间同步, 设系统 (3.1.3) 为驱动网络, 响应系统可描述如下:

$$\dot{y}_i(t) = f(t, y_i(t), y_i(t - \tau_1(t))) + c_1 \sum_{j=1}^{N} a_{ij} G_1 y_j(t) + c_2 \sum_{j=1}^{N} b_{ij} G_2 y_j(t - \tau_2(t))$$

$$- c_2 b_{ii} G_2 (y_i(t - \tau_2(t)) - y_i(t - \tau_3(t))) + u_i(t), \quad i = 1, 2, \cdots, N \tag{3.1.4}$$

其中 $y_i(t) = (y_{i1}(t), y_{i2}(t), \cdots, y_{in}(t))^{\mathrm{T}} \in \mathbb{R}^n$, $u_i(t)$ 表示在响应系统中第 i 个节点的控制输入, 其他参数的含义与驱动系统中所对应参数相同. 响应网络 (3.1.4) 的初始条件为 $y_i(s) = \psi_i(s) \in c([-\tau, 0], \mathbb{R}^n)(i = 1, 2, \cdots, N)$.

令 $e_i(t) = y_i(t) - x_i(t)(i = 1, 2, \cdots, N)$ 为同步误差状态, 则有

$$\dot{e}_i(t) = \tilde{f}(t, e_i(t), e_i(t - \tau_1(t))) + c_1 \sum_{j=1}^{N} a_{ij} G_1 e_j(t) + c_2 \sum_{j=1}^{N} b_{ij} G_2 e_j(t - \tau_2(t))$$

$$- c_2 b_{ii} G_2 (e_i(t - \tau_2(t)) - e_i(t - \tau_3(t))) + u_i(t), \quad i = 1, 2, \cdots, N \tag{3.1.5}$$

其中 $\tilde{f}(t, e_i(t), e_i(t - \tau_1(t))) = f(t, y_i(t), y_i(t - \tau_1(t))) - f(t, x_i(t), x_i(t - \tau_1(t)))$, 周期半间歇控制器 $u_i(t)$ 为

$$u_i(t) = \begin{cases} -k_i e_i(t) - \alpha \sum\limits_{r=1}^{3} \left(\dfrac{\xi_r}{1-\sigma_r} \displaystyle\int_{t-\tau_r(t)}^{t} e_i^{\mathrm{T}}(s) e_i(s) \mathrm{d}s \right)^{\frac{1+p}{2}} \dfrac{e_i(t)}{\|e(t)\|^2} \\[3mm] \quad - \beta \sum\limits_{r=1}^{3} \left(\dfrac{\xi_r}{1-\sigma_r} \displaystyle\int_{t-\tau_r(t)}^{t} e_i^{\mathrm{T}}(s) e_i(s) \mathrm{d}s \right)^{\frac{1+q}{2}} \dfrac{e_i(t)}{\|e(t)\|^2} \\[3mm] \quad - \alpha \operatorname{sign}(e_i(t)) |e_i(t)|^p - \beta \operatorname{sign}(e_i(t)) |e_i(t)|^q, \quad mT \leqslant t < (m+\theta)T \\[3mm] -k_i e_i(t), \qquad\qquad\qquad\qquad\qquad\qquad\qquad\quad (m+\theta)T \leqslant t < (m+1)T \end{cases}$$

$$(3.1.6)$$

其中 $m = 0, 1, 2, \cdots$, $k_i(i = 1, 2, \cdots, N)$ 和 $\xi_r(r = 1, 2, 3)$ 为正常数表示控制增益, α 和 β 为可选常数, $0 < p < 1$, $q > 1$, $T > 0$ 表示控制周期, θ 是控制宽度与控制周期的比率, 称为控制率. 容易知道, 如果误差系统 (3.1.5) 是固定时间稳定的, 则复杂网络 (3.1.3) 与 (3.1.4) 在周期半间歇控制器 (3.1.6) 作用下是固定时间外部同步的.

定义 3.1.1[186]　若存在常数 $T(e(0)) \geqslant 0$ 使得

$$\lim_{t \to T(e(0))} \|e_i(t)\| = 0, \quad \|e_i(t)\| = 0, \quad t \geqslant T(e(0))$$

则称复杂网络 (3.1.3) 与 (3.1.4) 为有限时间外部同步的, 其中 $\|\cdot\|$ 是欧几里得范数, $e(t) = \left(e_1^{\mathrm{T}}(t), e_2^{\mathrm{T}}(t), \cdots, e_N^{\mathrm{T}}(t) \right)^{\mathrm{T}}$, $e_i(t) = x_i(t) - y_i(t)$, $i = 1, 2, \cdots, N$. 称

$$\tilde{T}(e(0)) = \inf\{ T(e(0)) \geqslant 0 : \|e_i(t)\| = 0, \ t \geqslant T(e(0)) \}$$

为复杂网络 (2.1.2) 的同步停息时间. 如果存在一个固定的时间 (不依赖于初值) $T_f \geqslant 0$ 使得对任意的 $e(0) \in \mathbb{R}^{nN}$ 满足 $T(e(0)) \leqslant T_f$, 则称复杂网络 (3.1.3) 与 (3.1.4) 为固定时间外部同步的.

引理 3.1.1[187]　令 $a_i \geqslant 0(i = 1, 2, \cdots, n)$, $0 < p < 1$, $q > 1$, 则有下列不等式成立:

$$\sum_{i=1}^{n} a_i^p \geqslant \left(\sum_{i=1}^{n} a_i \right)^p, \quad \sum_{i=1}^{n} a_i^q \geqslant n^{1-q} \left(\sum_{i=1}^{n} a_i \right)^q$$

引理 3.1.2[188,189]　假设当 $t \in [-\tau, +\infty)$ 时, 连续非负函数 $V(t)$ 满足条件:

$$\begin{cases} \dot{V}(t) \leqslant -\alpha V^\eta(t), & t \in [mT, (m+\theta)T) \\ \dot{V}(t) \leqslant 0, & t \in [(m+\theta)T, (m+1)T) \end{cases}$$

其中 $m = 0, 1, 2, \cdots$, $0 < \eta, \theta < 1$, $\alpha, T > 0$, 则下列不等式成立:

$$V^{1-\eta}(t) \leqslant \left(\sup_{-\tau \leqslant s \leqslant 0} V(0) \right)^{1-\eta} - \alpha\theta(1-\eta)t, \quad 0 \leqslant t \leqslant T_s$$

其中 T_s 为稳定停息时间且满足

$$T_s = \frac{\left(\sup\limits_{-\tau \leqslant s \leqslant 0} V(0) \right)^{1-\eta}}{\alpha\theta(1-\eta)}$$

引理 3.1.3　假设非负连续函数 $V(t)$ 满足条件:

$$\begin{cases} \dot{V}(t) \leqslant -\alpha V^q(t) - \beta V^p(t), & t \in [mT, (m+\theta)T) \\ \dot{V}(t) \leqslant 0, & t \in [(m+\theta)T, (m+1)T) \end{cases} \tag{3.1.7}$$

其中 $\alpha > 0$, $\beta > 0$, $T > 0$, $0 < p < 1$, $q > 1$, $0 < \theta < 1$, $m = 0, 1, 2, \cdots$, 则当

$$t \geqslant \frac{1}{\alpha\theta(q-1)} + \frac{1}{\beta\theta(1-p)}$$

时, $V(t) \equiv 0$.

　　证明　考虑如下参考系统:

$$\begin{cases} \dot{W}(t) = \begin{cases} -\alpha W^q(t), & W(t) \geqslant 1 \\ -\beta W^p(t), & 0 < W(t) < 1, \quad t \in [mT, (m+\theta)T) \\ 0, & W(t) = 0 \end{cases} \\ \dot{W}(t) = 0, & t \in [(m+\theta)T, (m+1)T) \\ W(0) = V(0) \end{cases} \tag{3.1.8}$$

　　将 (3.1.7) 和 (3.1.8) 比较可知 $0 \leqslant V(t) \leqslant W(t)$. 因此, 如果存在时间 $T_f > 0$ 使得当 $t > T_f$ 时 $W(t) \equiv 0$, 则有 $t > T_f$ 时 $V(t) \equiv 0$.

　　当 $W(t) \geqslant 1$ 时, 令 $U(t) = W^{1-q}(t)$. 由参考系统 (3.1.8) 易看出: 当 $W(0) \to +\infty$ 时, $U(0) \to 0$; 当 $W(t) \to 1$ 时, $U(t) \to 1$. 因此, 可将系统 (3.1.8) 转换为

$$\begin{cases} \dot{U}(t) = \alpha(q-1), & t \in [mT, (m+\theta)T), \quad 0 < U(t) \leqslant 1 \\ \dot{U}(t) = 0, & t \in [(m+\theta)T, (m+1)T) \\ U(0) = U_0 = W^{1-q}(0) \end{cases} \tag{3.1.9}$$

当 $0 \leqslant W(t) < 1$ 时, 令 $U(t) = W^{1-p}(t)$. 由参考系统 (3.1.8) 易看出: 当 $W(t) \to 1$ 时, $U(t) \to 1$; 当 $W(t) \to 0$ 时, $U(t) \to 0$. 同理, 系统 (3.1.8) 可转换为

$$
\begin{cases}
\dot{U}(t) = -\beta(1-p), & t \in [mT, (m+\theta)T), \quad 0 \leqslant U(t) < 1 \\
\dot{U}(t) = 0, & t \in [(m+\theta)T, (m+1)T) \\
U(0) = 1
\end{cases} \tag{3.1.10}
$$

因此, 系统 (3.1.8) 的零解的全局固定时间稳定性问题将被分解成了两个子问题: ① 在固定时间 T_1 内, (3.1.9) 的解渐近趋向于 1; ② 在固定时间 T_2 内, (3.1.10) 的解渐近趋向于 0. 因此, 对于任意的初值 $W(0)$, 在固定时间 $T_f = T_1 + T_2$ 内 $W(t) \to 0$.

对于 $t \in [mT, (m+\theta)T)$, 由子系统 (3.1.9) 可知

$$
\begin{aligned}
U(t) &= U(0) + \sum_{i=0}^{m-1} \int_{iT}^{(i+\theta)T} \alpha(q-1) \mathrm{d}s + \int_{mT}^{t} \alpha(q-1) \mathrm{d}s \\
&= U(0) + \alpha(q-1)\left[t - mT(1-\theta)\right]
\end{aligned} \tag{3.1.11}
$$

由 $U(0) < 1$ 和 $\lim_{t \to \infty} U(t) = +\infty$ 可知: 存在时间 T_1 使得当 $0 < t < T_1$ 时, 有 $\lim_{t \to T_1} U(t) = 1$ 和 $0 < U(t) < 1$. 因此, 根据 (3.1.11) 可以推导出:

$$
U(0) + \alpha(q-1)\left[t - mT(1-\theta)\right] = 1
$$

即

$$
\alpha(q-1)\left[t - mT(1-\theta)\right] \leqslant 1 \tag{3.1.12}
$$

如果 $t \in [mT, (m+\theta)T)$, 则有 $m \leqslant t/T$, 由 (3.1.12) 可以得到

$$
t \leqslant \frac{1}{\alpha\theta(q-1)}
$$

同样地, 当 $t \in [(m+\theta)T, (m+1)T)$ 时,

$$
U(t) = U(0) + \sum_{i=0}^{m-1} \int_{iT}^{(i+\theta)T} \alpha(q-1) \mathrm{d}s = U(0) + \alpha(q-1)(m+1)\theta T
$$

且 $m+1 > t/T$, 易知

$$
t \leqslant \frac{1}{\alpha\theta(q-1)}
$$

因此, 对于任意 $t \in [0, +\infty)$ 有

$$T_1 = \frac{1}{\alpha\theta(q-1)} \tag{3.1.13}$$

接下来, 将估计时间 T_2 使得 (3.1.8) 的 $U(t)$ 从 1 趋向于 0.

当 $t \in [mT, (m+\theta)T)$ 时, 由 (3.1.11) 可知

$$U(t) = U(0) - \sum_{i=0}^{m-1} \int_{iT}^{(i+\theta)T} \beta(1-p)\mathrm{d}s - \int_{mT}^{t} \beta(1-p)\mathrm{d}s$$

$$= U(0) - \beta(1-p)\left[t - mT(1-\theta)\right]$$

$$U(t) = U(0) + \sum_{i=0}^{m-1} \int_{iT}^{(i+\theta)T} \alpha(q-1)\mathrm{d}s + \int_{mT}^{t} \alpha(q-1)\mathrm{d}s$$

$$= U(0) + \alpha(q-1)\left[t - mT(1-\theta)\right]$$

易知 $U(t)$ 关于 $t \in [0, +\infty)$ 单调递减. 令 $U(0) = 1$ 和 $U(t) = 0$, 有

$$0 = 1 - \beta(1-p)\left[t - mT(1-\theta)\right] \leqslant 1 - \beta\theta(1-p)t$$

设 $h(t) = 1 - \beta\theta(1-p)t$. 由于 $h(0) = 1 > 0$, $h(+\infty) = -\infty < 0$ 且 $\dot{h}(t) = -\beta\theta(1-p) < 0$, 因此, 存在唯一的时间 $T_2 > 0$ 满足 $h(T_2) = 0$, 且可计算出

$$T_2 = \frac{1}{\beta\theta(1-p)}$$

对于 $t \in [(m+\theta)T, (m+1)T)$ 有

$$U(t) = U(0) - \sum_{i=0}^{m} \int_{iT}^{(i+\theta)T} \beta(1-p)\mathrm{d}s = U(0) - \beta(1-p)(m+1)\theta T$$

同理可得

$$T_2 = \frac{1}{\beta\theta(1-p)} \tag{3.1.14}$$

结合 (3.1.13) 和 (3.1.14) 可知: 对于任意初值 $W(0)$, 在固定时间 $T_f = T_1 + T_2$ 内均有 $W(t) \to 0$. 因此, 对于 $t \geqslant T_f$ 有 $V(t) \equiv 0$ 成立. 证毕.

3.1.2 同步分析

本小节将利用周期半间歇控制讨论具有混耦合时滞的复杂动态网络的固定时间外部同步问题并估算其同步停息时间.

定理 3.1.1 假定假设 2.1.1 和假设 2.1.2 成立, 如果存在正常数 η, ς, ς_r, ξ_r $(r = 1, 2, 3)$ 和 $k_i (i = 1, 2, \cdots, N)$ 使得下列条件成立:

(1) $\varepsilon I_N + c_1 \rho_0 \tilde{A} - K \leqslant 0$;

(2) $\varsigma - \dfrac{\xi_1}{2} \leqslant 0$;

(3) $\dfrac{c_2}{2\varsigma_1} - \dfrac{c_2}{2\varsigma_2} b_{\min} - \dfrac{\xi_2}{2} \leqslant 0$;

(4) $-\dfrac{c_2}{2\varsigma_3} b_{\min} - \dfrac{\xi_3}{2} \leqslant 0$,

其中, I_N 是 N 维单位矩阵, $K = \text{diag}(k_1, k_2, \cdots, k_N)$, $b_{\min} = \min\{b_{ii}\}$ $(i = 1, 2, \cdots, N)$, $\rho_0 = \|G_1\|$, $\tilde{A}$ 是通过将矩阵 A 的对角元素由 a_{ii} 替换为 $(\rho_{\min} a_{ii}/\rho_0)$ 后所得矩阵, $\rho_{\min}$ 是矩阵 $(G_1 + G_1^{\mathrm{T}})/2$ 的最小特征值, 且

$$\varepsilon = \frac{c_2 \varsigma_1}{2} \lambda_{\max}(B^{\mathrm{T}}B) \lambda_{\max}(G_2^{\mathrm{T}}G_2) - \frac{c_2(\varsigma_2 + \varsigma_3)}{2} \lambda_{\max}(G_2^{\mathrm{T}}G_2) b_{\min} + \eta + \frac{1}{2}\sum_{r=1}^{3} \frac{\xi_r}{1 - \sigma_r}$$

则复杂网络 (3.1.3) 与 (3.1.4) 在周期半间歇控制器 (3.1.6) 的控制下能够实现固定时间外部同步, 且同步停息时间 T_f 可估算如下:

$$T_f \leqslant \frac{1}{\alpha \theta (q - 1)} + \frac{1}{\beta (Nn)^{\frac{1-q}{2}} \theta (1 - p)}$$

证明 令 $e(t) = \left(e_1^{\mathrm{T}}(t), e_2^{\mathrm{T}}(t), \cdots, e_N^{\mathrm{T}}(t)\right)^{\mathrm{T}}$, 构造如下 Lyapunov-Krasovskii 泛函:

$$V(t) = \frac{1}{2}\sum_{i=1}^{N} e_i^{\mathrm{T}}(t)e_i(t) + \frac{1}{2}\sum_{i=1}^{N}\sum_{r=1}^{3} \frac{\xi_r}{1 - \sigma_r} \int_{t-\tau_r(t)}^{t} e_i^{\mathrm{T}}(s)e_i(s)\mathrm{d}s$$

当 $mT \leqslant t < (m+\theta)T$ $(m = 0, 1, 2, \cdots)$ 时, 计算 $V(t)$ 沿着同步误差系统 (3.1.5) 的状态轨迹关于时间 t 的导数, 且由假设 2.1.1 和假设 2.1.2 可得

$$\dot{V}(t) \leqslant \sum_{i=1}^{N} e_i^{\mathrm{T}}(t)\Big[\tilde{f}\left(t, e_i(t), e_i(t - \tau_1(t))\right) + c_1 \sum_{j=1}^{N} a_{ij}G_1 e_j(t)$$

$$+ c_2 \sum_{j=1}^{N} b_{ij}G_2 e_j(t - \tau_2(t)) - c_2 b_{ii}G_2\left(e_i(t - \tau_2(t)) - e_i(t - \tau_3(t))\right)\Big]$$

$$- \alpha \sum_{i=1}^{N} e_i^{\mathrm{T}}(t) \mathrm{sign}\, (e_i(t)) \, |e_i(t)|^p - \alpha \sum_{i=1}^{N} \sum_{r=1}^{3} \left(\frac{\xi_r}{1-\sigma_r} \int_{t-\tau_r(t)}^{t} e_i^{\mathrm{T}}(s) e_i(s) \mathrm{d}s \right)^{\frac{p+1}{2}}$$

$$- \beta \sum_{i=1}^{N} e_i^{\mathrm{T}}(t) \mathrm{sign}\, (e_i(t)) \, |e_i(t)|^q - \beta \sum_{i=1}^{N} \sum_{r=1}^{3} \left(\frac{\xi_r}{1-\sigma_r} \int_{t-\tau_r(t)}^{t} e_i^{\mathrm{T}}(s) e_i(s) \mathrm{d}s \right)^{\frac{q+1}{2}}$$

$$+ \frac{1}{2} \sum_{i=1}^{N} \sum_{r=1}^{3} \frac{\xi_r}{1-\sigma_r} e_i^{\mathrm{T}}(t) e_i(t) - \frac{1}{2} \sum_{i=1}^{N} \sum_{r=1}^{3} \xi_r e_i^{\mathrm{T}}(t-\tau_r(t)) e_i(t-\tau_r(t))$$

$$- \sum_{i=1}^{N} k_i e_i^{\mathrm{T}}(t) e_i(t) \tag{3.1.15}$$

由引理 2.1.1 可知

$$c_2 \sum_{i=1}^{N} \sum_{j=1}^{N} b_{ij} e_i^{\mathrm{T}}(t) G_2 e_j(t-\tau_2(t)) \leqslant \frac{c_2 \varsigma_1}{2} \lambda_{\max}(B^{\mathrm{T}} B) \lambda_{\max}(G_2^{\mathrm{T}} G_2) \sum_{i=1}^{N} e_i^{\mathrm{T}}(t) e_i(t)$$

$$+ \frac{c_2}{2\varsigma_1} \sum_{i=1}^{N} e_i^{\mathrm{T}}(t-\tau_2(t)) e_i(t-\tau_2(t)) \tag{3.1.16}$$

$$- c_2 \sum_{i=1}^{N} b_{ii} e_i^{\mathrm{T}}(t) G_2 e_i(t-\tau_2(t))$$

$$\leqslant - \frac{c_2}{2} \sum_{i=1}^{N} b_{ii} \left[\varsigma_2 e_i^{\mathrm{T}}(t) G_2^{\mathrm{T}} G_2 e_i(t) + \frac{1}{\varsigma_2} e_i^{\mathrm{T}}(t-\tau_2(t)) e_i(t-\tau_2(t)) \right]$$

$$\leqslant - \frac{c_2 \varsigma_2}{2} \lambda_{\max}(G_2^{\mathrm{T}} G_2) \sum_{i=1}^{N} b_{ii} e_i^{\mathrm{T}}(t) e_i(t) - \frac{c_2}{2\varsigma_2} \sum_{i=1}^{N} b_{ii} e_i^{\mathrm{T}}(t-\tau_2(t)) e_i(t-\tau_2(t))$$

$$\tag{3.1.17}$$

$$c_2 \sum_{i=1}^{N} b_{ii} e_i^{\mathrm{T}}(t) G_2 e_i(t-\tau_3(t))$$

$$\leqslant - \frac{c_2}{2} \sum_{i=1}^{N} b_{ii} \left[\varsigma_3 e_i^{\mathrm{T}}(t) G_2^{\mathrm{T}} G_2 e_i(t) + \frac{1}{\varsigma_3} e_i^{\mathrm{T}}(t-\tau_3(t)) e_i(t-\tau_3(t)) \right]$$

$$\leqslant - \frac{c_2 \varsigma_3}{2} \lambda_{\max}(G_2^{\mathrm{T}} G_2) \sum_{i=1}^{N} b_{ii} e_i^{\mathrm{T}}(t) e_i(t) - \frac{c_2}{2\varsigma_3} \sum_{i=1}^{N} b_{ii} e_i^{\mathrm{T}}(t-\tau_3(t)) e_i(t-\tau_3(t))$$

$$\tag{3.1.18}$$

$$c_1 \sum_{i=1}^{N} \sum_{j=1}^{N} a_{ij} e_i^{\mathrm{T}}(t) G_1 e_j(t)$$

$$= c_1 \sum_{i=1}^{N} \sum_{j=1, j\neq i}^{N} a_{ij} e_i^{\mathrm{T}}(t) G_1 e_j(t) + c_1 \sum_{i=1}^{N} a_{ii} e_i^{\mathrm{T}}(t) G_1 e_i(t)$$

$$\leqslant c_1 \sum_{i=1}^{N} \sum_{j=1, j\neq i}^{N} a_{ij} \rho_0 \|e_i(t)\| \|e_j(t)\| + c_1 \sum_{i=1}^{N} a_{ii} \rho_{\min} e_i^{\mathrm{T}}(t) e_i(t)$$

$$= c_1 \rho_0 \sum_{i=1}^{N} \sum_{j=1}^{N} \tilde{a}_{ij} \|e_i(t)\| \|e_j(t)\|$$

$$= c_1 \rho_0 \sum_{i=1}^{N} e_i^{\mathrm{T}}(t) \tilde{A} e_i(t) \tag{3.1.19}$$

其中, 当 $i \neq j$ 且 $\tilde{a}_{ii} = a_{ii}$ 时, 有 $\tilde{a}_{ij} = a_{ij}$, $i, j = 1, 2, \cdots, N$.

此外, 由假设 2.1.1 和引理 3.1.1 可得

$$\sum_{i=1}^{N} e_i^{\mathrm{T}}(t) \tilde{f}(t, e_i(t), e_i(t - \tau_1(t))) \leqslant \eta \sum_{i=1}^{N} e_i^{\mathrm{T}}(t) e_i(t) + \varsigma \sum_{i=1}^{N} e_i^{\mathrm{T}}(t - \tau_1(t)) e_i(t - \tau_1(t)) \tag{3.1.20}$$

$$-\alpha \sum_{i=1}^{N} e_i^{\mathrm{T}}(t) \mathrm{sign}\,(e_i(t)) |e_i(t)|^p = -\alpha \sum_{i=1}^{N} \sum_{j=1}^{n} |e_{ij}(t)|^{1+p} \leqslant -\alpha \left(\sum_{i=1}^{N} e_i^{\mathrm{T}}(t) e_i(t) \right)^{\frac{1+p}{2}} \tag{3.1.21}$$

$$-\beta \sum_{i=1}^{N} e_i^{\mathrm{T}}(t) \mathrm{sign}\,(e_i(t)) |e_i(t)|^q = -\beta \sum_{i=1}^{N} \sum_{j=1}^{n} |e_{ij}(t)|^{1+q}$$

$$\leqslant -\beta (Nn)^{\frac{1-q}{2}} \left(\sum_{i=1}^{N} e_i^{\mathrm{T}}(t) e_i(t) \right)^{\frac{1+q}{2}} \tag{3.1.22}$$

将 (3.1.16)~(3.1.22) 代入 (3.1.15) 并结合引理 3.1.1 可知: 当 $mT \leqslant t < (m+\theta)T$ $(m = 0, 1, 2, \cdots)$ 时, 有

$$\dot{V}(t)$$

$$\leqslant \left(\frac{c_2 \varsigma_1}{2} \lambda_{\max}(B^{\mathrm{T}}B) \lambda_{\max}(G_2^{\mathrm{T}}G_2) - \frac{c_2(\varsigma_2 + \varsigma_3)}{2} \lambda_{\max}(G_2^{\mathrm{T}}G_2) b_{\min} + c_1 \rho_0 \tilde{A} + \eta \right.$$

$$+ \frac{1}{2}\sum_{r=1}^{3}\frac{\xi_r}{1-\sigma_r} - K\Bigg)\sum_{i=1}^{N}e_i^{\mathrm{T}}(t)e_i(t) + \left(\varsigma - \frac{\xi_1}{2}\right)\sum_{i=1}^{N}e_i^{\mathrm{T}}(t-\tau_1(t))e_i(t-\tau_1(t))$$

$$+ \left(\frac{c_2}{2\varsigma_1} - \frac{c_2}{2\varsigma_2}b_{\min} - \frac{\xi_2}{2}\right)\sum_{i=1}^{N}e_i^{\mathrm{T}}(t-\tau_2(t))e_i(t-\tau_2(t))$$

$$- \left(\frac{c_2}{2\varsigma_3}b_{\min} + \frac{\xi_3}{2}\right)\sum_{i=1}^{N}e_i^{\mathrm{T}}(t-\tau_3(t))e_i(t-\tau_3(t))$$

$$- \alpha\left(\sum_{i=1}^{N}e_i^{\mathrm{T}}(t)e_i(t)\right)^{\frac{1+p}{2}} - \alpha\sum_{i=1}^{N}\sum_{r=1}^{3}\left(\frac{\xi_r}{1-\sigma_r}\int_{t-\tau_r(t)}^{t}e_i^{\mathrm{T}}(s)e_i(s)\mathrm{d}s\right)^{\frac{1+p}{2}}$$

$$- \beta(Nn)^{\frac{1-q}{2}}\left(\sum_{i=1}^{N}e_i^{\mathrm{T}}(t)e_i(t)\right)^{\frac{1+q}{2}} - \beta\sum_{i=1}^{N}\sum_{r=1}^{3}\left(\frac{\xi_r}{1-\sigma_r}\int_{t-\tau_r(t)}^{t}e_i^{\mathrm{T}}(s)e_i(s)\mathrm{d}s\right)^{\frac{1+q}{2}}$$

$$\leqslant - \alpha\left(\sum_{i=1}^{N}e_i^{\mathrm{T}}(t)e_i(t)\right)^{\frac{1+p}{2}} - \alpha\sum_{i=1}^{N}\sum_{r=1}^{3}\left(\frac{\xi_r}{1-\sigma_r}\int_{t-\tau_r(t)}^{t}e_i^{\mathrm{T}}(s)e_i(s)\mathrm{d}s\right)^{\frac{1+p}{2}}$$

$$- \beta(Nn)^{\frac{1-q}{2}}\left(\sum_{i=1}^{N}e_i^{\mathrm{T}}(t)e_i(t)\right)^{\frac{1+q}{2}} - \beta\sum_{i=1}^{N}\sum_{r=1}^{3}\left(\frac{\xi_r}{1-\sigma_r}\int_{t-\tau_r(t)}^{t}e_i^{\mathrm{T}}(s)e_i(s)\mathrm{d}s\right)^{\frac{1+q}{2}}$$

$$\leqslant - \alpha\left(\sum_{i=1}^{N}e_i^{\mathrm{T}}(t)e_i(t) + \sum_{i=1}^{N}\sum_{r=1}^{3}\frac{\xi_r}{1-\sigma_r}\int_{t-\tau_r(t)}^{t}e_i^{\mathrm{T}}(s)e_i(s)\mathrm{d}s\right)^{\frac{1+p}{2}}$$

$$- \beta(Nn)^{\frac{1-q}{2}}\left(\sum_{i=1}^{N}e_i^{\mathrm{T}}(t)e_i(t) + \sum_{i=1}^{N}\sum_{r=1}^{3}\frac{\xi_r}{1-\sigma_r}\int_{t-\tau_r(t)}^{t}e_i^{\mathrm{T}}(s)e_i(s)\mathrm{d}s\right)^{\frac{1+q}{2}}$$

$$= - \alpha V^{\frac{1+p}{2}}(t) - \beta(Nn)^{\frac{1-q}{2}}V^{\frac{1+q}{2}}(t)$$

同理, 当 $(m+\theta)T \leqslant t < (m+1)T\ (m=0,1,2,\cdots)$ 时, 能够得到

$$\dot{V}(t) \leqslant \left(\frac{c_2\varsigma_1}{2}\lambda_{\max}(B^{\mathrm{T}}B)\lambda_{\max}(G_2^{\mathrm{T}}G_2) - \frac{c_2(\varsigma_2+\varsigma_3)}{2}\lambda_{\max}(G_2^{\mathrm{T}}G_2)b_{\min} + c_1\rho_0\tilde{A}\right.$$

$$\left. + \eta + \frac{1}{2}\sum_{r=1}^{3}\frac{\xi_r}{1-\sigma_r} - K\right)\sum_{i=1}^{N}e_i^{\mathrm{T}}(t)e_i(t)$$

$$\leqslant 0$$

根据引理 3.1.3 可知, 对于任意初值 $V(0) > 0$, 存在与初值 $V(0)$ 无关的固定时间 T_f, 使得 $\lim_{t\to T_f}V(t) = 0$, 且当 $t > T_f$ 时 $V(t) \equiv 0$. 由 $\|e_i(t)\|^2 \leqslant V(t)/\lambda_{\min}(P)$

可知 $\lim_{t \to T_f} ||e_i(t)|| = 0$, 且当 $t > T_f$ 时, $||e_i(t)|| \equiv 0$, 即复杂网络 (3.1.1) 与 (3.1.4) 在半周期间歇控制器 (3.1.6) 的控制下是固定时间外部同步的. 证毕.

备注 3.1.1 与文献 [190] 和 [191] 类似, 控制器 (3.1.6) 被称为周期半间歇控制器, 其相比于传统的非周期间歇控制器要保守一些. 在引理 3.1.3 中, 当 $(m + \theta)T \leqslant t < (m + 1)T(m = 0, 1, 2, \cdots)$ 时要求 $\dot{V}(t) \leqslant 0$, 即在时间区间 $[(m + \theta)T, (m + 1)T)$ 内, 要求复杂网络 (3.1.3) 与 (3.1.4) 是渐近同步的. 通常情况下, 复杂网络并不能通过自身内部耦合实现同步, 因此, 当 $(m + \theta)T \leqslant t < (m + 1)T$ 时, 必须对所有节点实施一定的控制, 这也在很大程度上限制了引理 3.1.3 的应用以及周期间歇控制器的设计.

备注 3.1.2 定理 3.1.1 中的正常数 η, ς, ς_r, $\xi_r(r = 1, 2, 3)$ 和 $k_i(i = 1, 2, \cdots, N)$ 可灵活选择, 这在一定程度上拓展了定理 3.1.1 的应用范围, 但如果选择不当则可能会放大不等式左边的值, 进而使得结果更加保守. 因此, 确定合适的参数, 降低定理 3.1.1 的保守性非常重要. 定理 3.1.1 中确定这些参数的具体算法如下:

(1) 根据假设 2.1.1 计算出正常数 η 和 ς. 易知: 正常数 η 和 ς 的值越小, 定理 3.1.1 的保守性越低.

(2) 类似于文献 [63], [145] 和 [184] 中所列方法, 利用多元函数的极值理论, 易知: 选择 $\varsigma_1 = 1/\sqrt{\lambda_{\max}(B^{\mathrm{T}}B)\lambda_{\max}(G_2^{\mathrm{T}}G_2)}$ 和 $\varsigma_2 = \varsigma_3 = 1/\sqrt{\lambda_{\max}(G_2^{\mathrm{T}}G_2)}$ 将会在很大程度上降低定理 3.1.1 的保守性.

(3) 控制增益 k_i 和 $\xi_r(i = 1, 2, \cdots, N, \ r = 1, 2, 3)$ 的值越大, 定理 3.1.1 的保守性越低. 然而, 控制增益越大意味着控制成本也就越高. 因此, 应选择满足定理 3.1.1 且尽可能小的控制增益 k_i 和 ξ_r $(i = 1, 2, \cdots, N, \ r = 1, 2, 3)$.

为了实现复杂网络 (3.1.3) 与 (3.1.4) 的有限时间外部同步, 周期半间歇控制器可设计如下:

$$
u_i(t) = \begin{cases} -k_i e_i(t) - \alpha \sum_{r=1}^{3} \left(\dfrac{\xi_r}{1 - \sigma_r} \displaystyle\int_{t-\tau_r(t)}^{t} e_i^{\mathrm{T}}(s)e_i(s)\mathrm{d}s \right)^{\frac{1+p}{2}} \dfrac{e_i(t)}{||e(t)||^2} \\ -\alpha\,\mathrm{sign}\,(e_i(t))\,|e_i(t)|^p, \quad mT \leqslant t < (m+\theta)T \\ -k_i e_i(t), \qquad\qquad\qquad (m+\theta)T \leqslant t < (m+1)T \end{cases} \tag{3.1.23}
$$

控制器 (3.1.23) 中的参数与控制器 (3.1.6) 所对应的参数含义相同. 基于引理 3.1.2, 类似于定理 3.1.1 的证明, 易得复杂网络 (3.1.3) 与 (3.1.4) 实现有限时间外部同步的判定准则.

定理 3.1.2 若假设 2.1.1 和假设 2.1.2 成立, 且存在正常数 η, ς, ς_r, $\xi_r(r = 1, 2, 3)$ 和 $k_i(i = 1, 2, \cdots, N)$ 使得下列条件成立:

(1) $\varepsilon I_N + c_1\rho_0\tilde{A} - K \leqslant 0$;

(2) $\varsigma - \dfrac{\xi_1}{2} \leqslant 0$;

(3) $\dfrac{c_2}{2\varsigma_1} - \dfrac{c_2}{2\varsigma_2}b_{\min} - \dfrac{\xi_2}{2} \leqslant 0$;

(4) $-\dfrac{c_2}{2\varsigma_3}b_{\min} - \dfrac{\xi_3}{2} \leqslant 0$,

其中, I_N 是 N 维单位矩阵, $K = \mathrm{diag}(k_1, k_2, \cdots, k_N)$, $b_{\min} = \min\{b_{ii}\}\,(i = 1, 2, \cdots, N)$, $\tilde{A}$ 是通过将矩阵 A 的对角元素由 a_{ii} 替换为 $(\rho_{\min}a_{ii}/\rho_0)$ 后所得矩阵, $\rho_{\min}$ 是矩阵 $(G_1 + G_1^{\mathrm{T}})/2$ 的最小特征值, $\rho_0 = \|G_1\|$, 且

$$\varepsilon = \frac{c_2\varsigma_1}{2}\lambda_{\max}(B^{\mathrm{T}}B)\lambda_{\max}(G_2^{\mathrm{T}}G_2) - \frac{c_2(\varsigma_2 + \varsigma_3)}{2}\lambda_{\max}(G_2^{\mathrm{T}}G_2)b_{\min} + \eta + \frac{1}{2}\sum_{r=1}^{3}\frac{\xi_r}{1 - \sigma_r}$$

则复杂网络 (3.1.3) 与 (3.1.4) 在周期半间歇控制器 (3.1.23) 的控制下能够实现有限时间外部同步, 且同步停息时间 T_s 可估算如下:

$$T_s \leqslant \frac{\left(\sup\limits_{-\tau \leqslant s \leqslant 0} V(0)\right)^{1-p}}{\alpha\theta(1-p)}$$

令 $\theta = 1$, 则周期间歇控制器 (3.1.23) 退化为连续控制器. 基于定理 3.1.1, 易得下列结论.

推论 3.1.1　假定假设 2.1.1 和假设 2.1.2 成立, 若存在正常数 η, ς, ς_r, $\xi_r(r = 1, 2, 3)$ 和 $k_i(i = 1, 2, \cdots, N)$ 使得下列条件成立:

(1) $\varepsilon I_N + c_1\rho_0\tilde{A} - K \leqslant 0$;

(2) $\varsigma - \dfrac{\xi_1}{2} \leqslant 0$;

(3) $\dfrac{c_2}{2\varsigma_1} - \dfrac{c_2}{2\varsigma_2}b_{\min} - \dfrac{\xi_2}{2} \leqslant 0$;

(4) $-\dfrac{c_2}{2\varsigma_3}b_{\min} - \dfrac{\xi_3}{2} \leqslant 0$,

其中, I_N 是 N 维单位矩阵, $K = \mathrm{diag}(k_1, k_2, \cdots, k_N)$, $b_{\min} = \min\{b_{ii}\}\ (i = 1, 2, \cdots, N)$, $\rho_{\min}$ 是矩阵 $(G_1 + G_1^{\mathrm{T}})/2$ 的最小特征值, $\rho_0 = \|G_1\|$, $\tilde{A}^s = (\tilde{A} + \tilde{A}^{\mathrm{T}})/2$, $\tilde{A}$ 是通过将矩阵 A 的对角元素由 a_{ii} 替换为 $(\rho_{\min}a_{ii}/\rho_0)$ 后所得矩阵, 且

$$\varepsilon = \frac{c_2\varsigma_1}{2}\lambda_{\max}(B^{\mathrm{T}}B)\lambda_{\max}(G_2^{\mathrm{T}}G_2) - \frac{c_2(\varsigma_2 + \varsigma_3)}{2}\lambda_{\max}(G_2^{\mathrm{T}}G_2)b_{\min} + \eta + \frac{1}{2}\sum_{r=1}^{3}\frac{\xi_r}{1 - \sigma_r}$$

则复杂网络 (3.1.3) 与 (3.1.4) 能够实现固定时间外部同步, 其中控制器 $u_i(t)$ 可设

计为

$$u_i(t) = -k_i e_i(t) - \alpha \sum_{r=1}^{3} \left(\frac{\xi_r}{1-\sigma_r} \int_{t-\tau_r(t)}^{t} e_i^{\mathrm{T}}(s)e_i(s)\mathrm{d}s \right)^{\frac{1+p}{2}} \frac{e_i(t)}{||e(t)||^2}$$

$$- \alpha \mathrm{sign}(e_i(t))|e_i(t)|^p$$

$$- \beta \sum_{r=1}^{3} \left(\frac{\xi_r}{1-\sigma_r} \int_{t-\tau_r(t)}^{t} e_i^{\mathrm{T}}(s)e_i(s)\mathrm{d}s \right)^{\frac{1+q}{2}} \frac{e_i(t)}{||e(t)||^2} - \beta \mathrm{sign}(e_i(t))|e_i(t)|^q$$

且同步停息时间 $\tilde{T}_f$ 可估算如下:

$$\tilde{T}_f \leqslant \frac{1}{\alpha(q-1)} + \frac{1}{\beta(Nn)^{\frac{1-q}{2}}(1-p)} \tag{3.1.24}$$

假设 $\tau_r(t) = 0$ $(r = 1,2,3)$, 复杂网络 (3.1.3) 可简化为

$$\dot{x}_i(t) = f(t,x_i(t)) + c_1 \sum_{j=1}^{N} a_{ij}G_1 x_j(t), \quad i=1,2,\cdots,N \tag{3.1.25}$$

相应地, 响应网络可设计如下:

$$\dot{y}_i(t) = f(t,y_i(t)) + c_1 \sum_{j=1}^{N} a_{ij}G_1 y_j(t) + u_i(t), \quad i=1,2,\cdots,N \tag{3.1.26}$$

其中 $u_i(t)$ 是周期半间歇控制器, 设计如下:

$u_i(t)$

$$= \begin{cases} -k_i e_i(t) - \alpha \mathrm{sign}(e_i(t))|e_i(t)|^p - \beta \mathrm{sign}(e_i(t))|e_i(t)|^q, & mT \leqslant t < (m+\theta)T \\ -k_i e_i(t), & (m+\theta)T \leqslant t < (m+1)T \end{cases}$$

对于无节点内部时滞和耦合时滞的复杂网络 (3.1.25) 与 (3.1.26), 基于定理 3.1.1, 易得下列结论.

推论 3.1.2 假定假设 2.1.1 和假设 2.1.2 成立, 若存在正常数 η 和 $k_i(i=1,2,\cdots,N)$ 使得不等式

$$\eta I_N + c_1\rho_0\tilde{A} - K \leqslant 0$$

成立, 其中, I_N 是 N 维单位矩阵, $K = \mathrm{diag}(k_1,k_2,\cdots,k_N)$, $b_{\min} = \min\{b_{ii}\}$ $(i=1,2,\cdots,N)$, $\tilde{A}$ 是通过将矩阵 A 的对角元素由 a_{ii} 替换为 $(\rho_{\min}a_{ii}/\rho_0)$ 后所得矩

阵, $\rho_{\min}$ 是矩阵 $(G_1 + G_1^{\mathrm{T}})/2$ 的最小特征值, $\rho_0 = ||G_1||$, 则复杂网络 (3.1.25) 与 (3.1.26) 能够实现固定时间外部同步, 且同步停息时间 $\hat{T}_f$ 可估算如下:

$$\hat{T}_f \leqslant \frac{1}{\alpha\theta(q-1)} + \frac{1}{\beta\theta(Nn)^{\frac{1-q}{2}}(1-p)}$$

3.1.3　数值模拟

首先, 考虑一个具有 200 个节点的无向复杂网络, 其单个节点的动力学行为可描述如下:

$$\dot{x}(t) = Dx(t) + f_1(x(t)) + f_2(x(t - \tau_1(t))) \tag{3.1.27}$$

其中

$$D = \begin{pmatrix} -10 & 10 & 0 \\ 28 & -1 & 0 \\ 0 & 0 & -8/3 \end{pmatrix}$$

$$f_1(x(t)) = (0, -x_1x_3, x_1x_2)^{\mathrm{T}}, \quad f_2(x(t - \tau_1(t))) = (0, 6x_2(t-1), 0)^{\mathrm{T}}$$

如图 3-1 所示, 具有上述系数的非线性动力系统 (3.1.27) 呈现出典型的混沌行为.

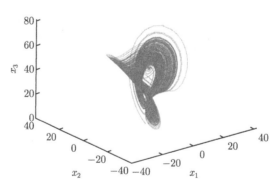

图 3-1　系统 (3.1.27) 的混沌吸引子, 初始条件为 $(0.2, 0.4, 0.8)^{\mathrm{T}}$

为了验证定理 3.1.1 中提出的固定时间同步方案的可行性和有效性, 外部耦合矩阵 A 由 BA 无标度网络形成 (从一个具有 $m_0 = 5$ 个节点的网络开始, 每次引入一个新的节点, 并且连接到 $m = 5$ 个已存在的节点上, 网络规模 $N = 200$).

令 $B = 0.1A$, $G_1 = \mathrm{diag}(1.1, 1, 1)$, $G_2 = \mathrm{diag}(1, 1, 1)$, $c_1 = c_2 = 1$, $\tau_1(t) = 1$, $\tau_2(t) = \mathrm{e}^t/(1 + \mathrm{e}^t)$(这里 e 为自然对数的底数), $\tau_3(t) = 0.02|\sin(t)|$,

控制器 (3.1.6) 的参数为 $T = 0.2$, $\theta = 0.4$, $p = 0.5$, $q = 1.5$, $\alpha = \beta = 10$, $\xi_r = 5(r = 1, 2, 3)$, $\varsigma_1 = \varsigma_2 = 2$, $\varsigma_3 = 1$, $k_i = 100(i = 1, 2, \cdots, 200)$.

计算可得: $a = 0.1$, $b_{\min} = -4.7$, $\lambda_{\max}(\tilde{A}^s) = 0.1924$, $\lambda_{\max}(B^{\mathrm{T}}B) = 23.4167$, $\lambda_{\max}(G_2^{\mathrm{T}}G_2) = 1$, $\rho_0 = 1.1$, $\rho_{\min} = 1$, $\eta = 3.5064$, $\varsigma = 0.1$, $\sigma_1 = 0$, $\sigma_2 = 0.25$ 和 $\sigma_3 = 0.02$. 由定理 3.1.1 可知, 复杂网络 (3.1.3) 与 (3.1.4) 在周期半间歇控制器 (3.1.6) 的作用下可以实现固定时间外部同步, 且同步停息时间可估算为 $T_f \leqslant 2.97$. 控制下的无向复杂网络 (3.1.3) 与 (3.1.4) 的同步误差 $e_i(t)$ $(i = 1, 2, \cdots, 200)$ 和总同步误差 $E(t)$ 在时间间隔 $[0, 9.5]$ 内的演化过程如图 3-2 所示.

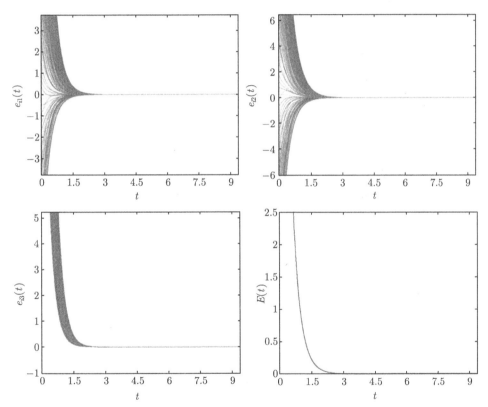

图 3-2　控制下的无向复杂网络 (3.1.3) 与 (3.1.4) 的同步误差 $e_i(t)$ $(i = 1, 2, \cdots, 200)$ 和总同步误差 $E(t)$ 在时间间隔 $[0, 9.5]$ 内的演化过程

接下来, 将以有向网络为例说明理论结果的有效性.

下面分别给出有向网络的外部耦合矩阵 A 和 B, 表示如下:

$$A = I_{20} \otimes \begin{pmatrix} -5 & 0.4 & 0.8 & 0.4 & 0.6 & 0.6 & 0.64 & 0.56 & 0.6 & 0.4 \\ 0.72 & -5 & 0.48 & 0.48 & 0.72 & 0.56 & 0.64 & 0.4 & 0.64 & 0.36 \\ 0.3 & 0.3 & -4 & 0.54 & 0.42 & 0.58 & 0.5 & 0.56 & 0.14 & 0.66 \\ 0.8 & 0.6 & 0.32 & -5 & 0.64 & 0.6 & 0.64 & 0.4 & 0.52 & 0.48 \\ 0.38 & 0.52 & 0.5 & 0.58 & -4 & 0.58 & 0.34 & 0.3 & 0.22 & 0.58 \\ 0.5 & 0.7 & 0.7 & 0.74 & 0.6 & -6 & 0.74 & 0.82 & 0.7 & 0.5 \\ 0.68 & 0.56 & 0.64 & 0.52 & 0.48 & 0.36 & -5 & 0.76 & 0.28 & 0.72 \\ 0.42 & 0.62 & 0.46 & 0.54 & 0.54 & 0.42 & 0.3 & -4 & 0.4 & 0.3 \\ 0.64 & 0.44 & 0.72 & 0.48 & 0.76 & 0.32 & 0.48 & 0.36 & -5 & 0.8 \\ 0.46 & 0.66 & 0.38 & 0.62 & 0.44 & 0.78 & 0.62 & 0.74 & 1.3 & -6 \end{pmatrix}$$

$$B = I_{20} \otimes \begin{pmatrix} -1.1 & 0 & 0.3 & 0.1 & 0.16 & 0.14 & 0.2 & 0.1 & 0 & 0.1 \\ 0.18 & -1.3 & 0.24 & 0 & 0.2 & 0.12 & 0.16 & 0.1 & 0.15 & 0.15 \\ 0.13 & 0.14 & -1.0 & 0.16 & 0 & 0.17 & 0 & 0.3 & 0 & 0.1 \\ 0.3 & 0 & 0.29 & -1.6 & 0 & 0.31 & 0.1 & 0.1 & 0.2 & 0.3 \\ 0.12 & 0.18 & 0 & 0.15 & -1.2 & 0.29 & 0.16 & 0.1 & 0.2 & 0 \\ 0.15 & 0 & 0 & 0.16 & 0.15 & -1.0 & 0.12 & 0.18 & 0.14 & 0.1 \\ 0.17 & 0.27 & 0.16 & 0.1 & 0.12 & 0 & -1.1 & 0.15 & 0 & 0.13 \\ 0 & 0.38 & 0.2 & 0 & 0.32 & 0.12 & 0.1 & -1.4 & 0.15 & 0.13 \\ 0.1 & 0 & 0.27 & 0.21 & 0.35 & 0.1 & 0.19 & 0 & -1.5 & 0.28 \\ 0 & 0.16 & 0.12 & 0.18 & 0.14 & 0.13 & 0.1 & 0.27 & 0 & -1.1 \end{pmatrix}$$

计算易得: $b_{\min} = -1$, $\lambda_{\max}(\tilde{A}^s) = 0.4663$, $\lambda_{\max}(B^T B) = 3.4956$, $\lambda_{\max}(G_2^T G_2) = 1$, $\rho_0 = 1.1$, $\rho_{\min} = 1$, $\eta = 3.5064$, $\varsigma = 0.1$, $\sigma_1 = 0$, $\sigma_2 = 0.5$ 和 $\sigma_3 = 0.06$. 由定理 3.1.1 可知, 复杂网络 (3.1.3) 与 (3.1.4) 在周期半间歇控制器 (3.1.6) 的作用下可以实现固定时间外部同步, 且同步停息时间可估算为 $T_f \leqslant 2.15$, 控制下的有向复杂网络 (3.1.3) 与 (3.1.4) 的同步误差 $e_i(t)$ $(i = 1, 2, \cdots, 200)$ 和总同步误差 $E(t)$ 在时间间隔 $[0, 6]$ 内的演化过程如图 3-3 所示.

通过分析不等式 (3.1.24) 可知: 周期间歇控制速率 θ, 网络大小 N 和节点维数 n 均对同步状态的停息时间的估算会产生很大的影响. 图 3-4 描述了当 $\theta = 0.4$ 且 N 分别取 100, 200 和 400 时, 控制下的复杂网络 (3.1.3) 与 (3.1.4) 的总同步误差 $E(t)$ 的演化过程, 可以看出: 无论是无向网络还是有向网络, 网络节点的数量越多 (即 N 越大), 网络的收敛速度就越慢. 图 3-5 描述了当 $N = 200$ 且 θ 分别为 0.4, 0.6 和 0.8 时, 控制下的复杂网络 (3.1.3) 与 (3.1.4) 的总同步误差 $E(t)$

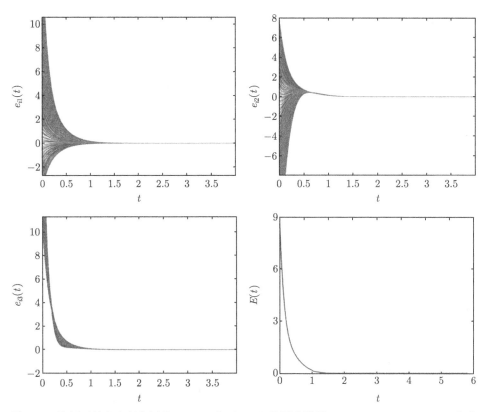

图 3-3　控制下的有向复杂网络 (3.1.3) 与 (3.1.4) 的同步误差 $e_i(t)$ $(i = 1, 2, \cdots, 200)$ 和总同步误差 $E(t)$ 在时间间隔 $[0,\ 6]$ 内的演化过程

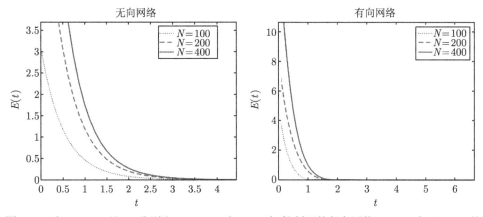

图 3-4　当 $\theta = 0.4$ 且 N 分别取 $100, 200$ 和 400 时, 控制下的复杂网络 (3.1.3) 与 (3.1.4) 的总同步误差 $E(t)$ 的演化过程

的演化过程, 其表明: 无向网络和有向网络的周期间歇控制速率 θ 越大, 网络的收敛速度越快.

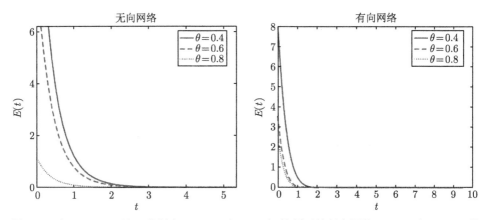

图 3-5　当 $N = 200$ 且 θ 分别为 0.4, 0.6 和 0.8 时, 控制下的复杂网络 (3.1.3) 与 (3.1.4) 的总同步误差 $E(t)$ 的演化过程

与对应的有限时间同步相比, 固定时间同步的稳定时间是有界的, 且与系统的初始状态无关. 图 3-6 显示了当 $N = 200$, $\theta = 0.4$ 时, 分别在固定时间控制 ($\beta = 10$) 和有限时间控制 ($\beta = 0$) 下的复杂网络 (3.1.3) 与 (3.1.4) 的总同步误差 $E(t)$ 的演化过程 (其中实线 a 表示固定时间同步误差, 虚线 b 表示有限时间同步误差), 其表明固定时间同步的收敛速度快于有限时间同步的速度.

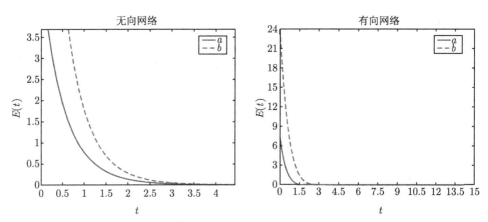

图 3-6　当 $N = 200$, $\theta = 0.4$ 时, 分别在固定时间控制 ($\beta = 10$) 和有限时间控制 ($\beta = 0$) 下的复杂网络 (3.1.3) 与 (3.1.4) 的总同步误差 $E(t)$ 的演化过程

3.2　具有多重权值的时滞复杂网络固定时间同步

在现实的复杂网络系统中, 节点之间的相互作用通常存在着差异, 比如社会网络中人与人之间的关系存在密切和疏远之分, Internet 中路由器之间的网络连接存在宽带的差异. 网络节点之间关系和相互作用可以用权重值来刻画, 例如, 在科学协作网中, 用两个作者之间合作的文章数量来表示连边的权值, 反映作者间的合作程度; 在航空网络中, 连边的权值可以表示两个机场之间的客流量, 反映机场间的往来程度. 加权复杂网络可以更加接近真实网络, 更能刻画网络中节点间的相互作用等细节, 因此, 也为人们深入探索复杂系统的实际特性和复杂行为提供了途径.

在现实生活中, 许多复杂网络如: 人际关系网、社交网络、舆情传播网络以及交通运输网络等都可以用具有多种不同性质的权值构成的多重权值复杂网络来描述, 其单个连边具有多个不同意义的权值 [192-195]. 例如, 两个人之间存在多种社会关系, 如朋友关系、亲属关系、上下级关系、竞争关系等, 这样的人际关系网就形成了一个具有多重权值的复杂网络; 社交网络是人与人之间联系沟通加深了解的一种交流形式, 每个人可以通过多种方式与他人取得联系, 如电话、书信、短信、QQ、微信或者邮件等, 假如把不同的联系方式作为权值, 这样边上具有多个不同性质权值的社交网络就构成了一个具有多重权值的复杂网络; 舆情可以通过报纸、电视、微信、微博、论坛、贴吧、新闻媒体客户端以及主流门户网站等多种方式进行传播; 城市之间存在多种交通方式, 如铁路、高速公路和航空等, 假如把不同交通工具的运营时间作为权值, 则在交通运输网络中的连边上有若干种不同的权值, 具有多重权值的复杂网络能够更直观、更宏观地描述交通运输网络; 具有多个不同意义的多重权值的复杂网络相比于具有单一意义的单值复杂网络, 其网络的拓扑结构、节点动力学性态将更加复杂, 能更好地刻画现实世界的网络特性. 因此, 有必要建立具有多重权值的复杂网络模型并对其进行 "静态" 属性和 "动态" 过程的研究 [196]. 例如, 研究具有多重权值的城市复杂公共交通网络模型的同步, 并利用复杂网络的同步理论 "动态" 地研究公共交通系统的一些常用指标, 如乘客流量、发车频次等因素对整个公共交通网络的影响, 可以从理论上全面系统地探索交通网络系统的运行机理和规律, 对交通管理部门进行规划、设计和管理具有重要的借鉴意义, 从而更好地为缓解交通拥堵、制定阻塞疏导方案, 完善交通网络结构和实施有效的交通控制服务.

鉴于具有多重权值的复杂网络广阔的应用前景, 文献 [197] 采用虚拟站点技术讨论了通信代价、处理能力均不同的具有双重权值的复杂网络的数据分布优化问题; 文献 [198] 从成交量和回报两方面研究了基于我国股票市场煤炭电力板块的具有双重权值的复杂网络模型; 文献 [199] 从限制费用使得容量最大的角度对具有双重权值的复杂网络的最优路径问题进行了分析, 并利用二分法给出了最优算法; 文献 [200] 以传统的加权复杂网络为基础, 构造了一种新的多重权重复杂网络模型, 按每条边上权重性质的不同将其拆分为具有单一权值的复杂网络, 同时分析了该复杂网络的全局同步控制问题, 并在此基础上以公交停靠站点为节点, 建立了具有多重权重的公交网络模型, 以每条边上不同的权值为研究对象, 采用 Lorenz 混沌系统进行数值仿真, 讨论了整个公交网络的平衡性问题; 文献 [51] 和 [201] 基于公共交通网络建立了具有多重权值的复杂网络模型, 并利用网络拆分方法 [194] 将该网络拆分为具有单一权值的复杂网络模型, 对其全局同步性能进行了详细分析, 并根据模型的同步条件讨论了公共交通道路网络的平衡性记忆优化公共交通网络的一些措施; 文献 [202] 利用周期间歇控制策略实现了具有多重权值的复杂网络的有限时间外部同步; 基于 Lyapunov 稳定性理论、有限时间稳定性理论以及线性矩阵不等式技巧, 文献 [203] 分别利用周期间歇控制和脉冲控制这两类非连续控制策略讨论了具有多重权值的复杂网络的有限时间同步问题; 文献 [204] 利用周期转换控制策略实现了具有多重权值的复杂网络的有限时间同步, 并对网络的参数和拓扑结构进行了识别; 文献 [205] 基于图论和非周期间歇控制技术讨论了具有多重权值、马尔可夫跳变拓扑结构和随机扰动的复杂网络的有限时间同步问题; 文献 [91], [206] 和 [207] 分别研究了具有固定拓扑结构和转换拓扑结构的多重权值时滞复杂网络的完全同步和 H_∞ 同步问题; 文献 [208] 利用牵制控制技术实现了具有多重权值的复杂网络的完全同步; 文献 [209] 利用图论和状态反馈控制理论探究了具有多重权值和随机扰动的强连通有向复杂网络的指数外部同步问题; 文献 [210] 分析了具有多重权值的耦合反应扩散神经网络的有限时间无源性和同步问题; 文献 [34] 和 [108] 分别讨论了具有多重权值的分数阶复杂网络的有限时间同步问题. 然而到目前为止, 具有多重权值的复杂网络的固定时间同步问题尤其是利用间歇控制技术实现其固定时间同步还没有得到有效研究. 因此, 本节将通过复杂网络的拆分思想, 将具有多重权值的时滞复杂动态网络, 根据边权性质的不同拆分为多个具有单一权值的复杂网络模型, 利用非周期间歇控制策略讨论复杂网络的固定时间同步问题, 并通过数值模拟和仿真验证所得结论的正确性, 为具有多重权值的复杂网络的设计和应用奠定理论与技术基础.

3.2.1　模型描述

考虑具有 N 个节点和 n 重权值的时滞复杂网络模型, 假设在无时滞时每条连边上的权值为 $(B_{ij}^1, B_{ij}^2, \cdots, B_{ij}^n)$, 而在有时滞时每条连边上的权值为 $(\tilde{B}_{ij}^1, \tilde{B}_{ij}^2, \cdots, \tilde{B}_{ij}^n)$, 其中 B_{ij}^l 和 $\tilde{B}_{ij}^l(l = 1, 2, \cdots, n)$ 分别表示在无时滞和有时滞情况下节点 i 和节点 j 之间的第 l 个权值. 根据网络拆分原则, 将 n 重权值的复杂网络

模型拆分为 n 个具有单一权值的子网络, 则整个动态网络的状态方程为

$$\dot{x}_i(t) = f(t, x_i(t)) + \sum_{l=1}^{n}\sum_{j=1}^{N} c_l b_{ij}^l \Gamma_l x_j(t) + \sum_{l=1}^{n}\sum_{j=1}^{N} \tilde{c}_l \tilde{b}_{ij}^l \tilde{\Gamma}_l x_j(t - \tau(t)) \quad (3.2.1)$$

其中 $i = 1, 2, \cdots, N$, $x_i(t) = (x_{i1}(t), x_{i2}(t), \cdots, x_{ih}(t))^{\mathrm{T}} \in \mathbb{R}^h$ 表示第 i 节点的状态变量; 函数 $f(t, x_i(t)) = (f_1(t, x_{i1}(t)), f_2(t, x_{i2}(t)), \cdots, f_h(t, x_{ih}(t)))^{\mathrm{T}} \in \mathbb{R}^h$ 是连续可微的, 描述节点自身的动力学性态; $c_l > 0$ 和 $\tilde{c}_l > 0 (l = 1, 2, \cdots, n)$ 分别反映无时滞和有时滞时第 l 个耦合方式下的耦合强度; $\Gamma_l = \mathrm{diag}(\gamma_{l1}, \gamma_{l2}, \cdots, \gamma_{lh}) > 0$ 和 $\tilde{\Gamma}_l = \mathrm{diag}(\tilde{\gamma}_{l1}, \tilde{\gamma}_{l2}, \cdots, \tilde{\gamma}_{lh}) > 0 (l = 1, 2, \cdots, n)$ 分别为无时滞和有时滞时各个节点状态变量之间的内部耦合矩阵, 描述了耦合节点之间的连接关系; $B^l = (b_{ij}^l)_{N \times N}$ 和 $\tilde{B}^l = (\tilde{b}_{ij}^l)_{N \times N} (l = 1, 2, \cdots, n)$ 分别为无时滞和有时滞时的外部耦合矩阵, 表示第 l 个耦合方式下的结构, 其中矩阵元素 b_{ij}^l 和 $\tilde{b}_{ij}^l$ 的定义如下: b_{ij}^l 和 $\tilde{b}_{ij}^l (i \neq j)$ 分别为无时滞和有时滞时第 $l(l = 1, 2, \cdots, n)$ 个具有单一权值的子网络的节点 i 和节点 j 之间连边上的权值, 当两个节点之间有连接时, $b_{ij}^l = b_{ji}^l > 0$, $\tilde{b}_{ij}^l = \tilde{b}_{ji}^l > 0 (i \neq j)$; 当两个节点之间无连接时, $b_{ij}^l = b_{ji}^l = 0$, $\tilde{b}_{ij}^l = \tilde{b}_{ji}^l = 0 (i \neq j)$, 外部耦合矩阵 B^l 和 $\tilde{B}^l$ 的对角线元素定义为

$$b_{ii}^l = -\sum_{j=1, j\neq i}^{N} b_{ij}^l = -\sum_{j=1, j\neq i}^{N} b_{ji}^l, \quad \tilde{b}_{ii}^l = -\sum_{j=1, j\neq i}^{N} \tilde{b}_{ij}^l = -\sum_{j=1, j\neq i}^{N} \tilde{b}_{ji}^l$$

式中 $i = 1, 2, \cdots, N$, $l = 1, 2, \cdots, n$, $\tau(t)$ 为耦合时滞, 满足 $0 \leqslant \tau(t) \leqslant \tau$, $\dot{\tau}(t) \leqslant \sigma < 1$, 其中 τ 和 σ 为常数. 具有耦合时滞的多重权值复杂网络 (3.2.1) 的初始条件由 $x_i(s) = \phi_i(s) \in C([-\tau, 0], \mathbb{R}^h) (i = 1, 2, \cdots, N)$ 给出, 其中 $C([-\tau, 0], \mathbb{R}^h)$ 表示定义在区间 $[-\tau, 0]$ 上的所有 h 维连续、可微函数的集合. 定义 $\|\phi_i(t)\| = \sup_{-\tau \leqslant t \leqslant 0} \left[\sum_{j=1}^{h} |\phi_{ij}(t)|^2 \right]^{1/2}$, 其中 $\phi_i(t) = (\phi_{i1}(t), \phi_{i2}(t), \cdots, \phi_{ih}(t))^{\mathrm{T}} \in C([-\tau, 0], \mathbb{R}^h)$.

定义 $e_i(t) = x_i(t) - s(t) (1 \leqslant i \leqslant N)$ 为同步误差, $s(t) = s(t; t_0, x_0) \in \mathbb{R}^h$, $x_0 \in \mathbb{R}^h$ 是孤立动力系统 $\dot{s}(t) = f(t, s(t))$ 的一条轨道. 这里, $s(t)$ 可以是一个平衡点、一条周期轨道或混沌吸引子. 下面给出多重权值复杂网络 (3.2.1) 的固定时间同步问题描述.

定义 3.2.1 若存在一个不依赖初值的固定时间值 T_f 使得

$$\lim_{t \to T_f} \|e_i(t)\| = 0, \quad \|e_i(t)\| = 0, \quad t \geqslant T_f$$

则称具有多重权值的复杂网络 (3.2.1) 是固定时间同步的, 其中

$$e(t) = \left(e_1^{\mathrm{T}}(t), e_2^{\mathrm{T}}(t), \cdots, e_N^{\mathrm{T}}(t) \right)^{\mathrm{T}}, \quad e_i(t) = x_i(t) - s(t), \quad i = 1, 2, \cdots, N$$

$\|\cdot\|$ 是欧几里得范数. 称 T_f 为复杂网络 (3.2.1) 的同步停息时间.

非周期半间歇控制下的具有多重权值的复杂网络可描述为

$$\dot{x}_i(t) = f(t, x_i(t)) + \sum_{l=1}^{n} \sum_{j=1}^{N} c_l b_{ij}^l \Gamma_l x_j(t) + \sum_{l=1}^{n} \sum_{j=1}^{N} \tilde{c}_l \tilde{b}_{ij}^l \tilde{\Gamma}_l x_j(t-\tau(t)) + u_i(t) \quad (3.2.2)$$

其中 $i = 1, 2, \cdots, N$, 控制器 $u_i(t)$ 为

$$u_i(t) = \begin{cases} -k_1 e_i(t) - k_2 \left(\dfrac{\xi}{1-\sigma} \displaystyle\int_{t-\tau(t)}^{t} e_i^{\mathrm{T}}(s) e_i(s) \mathrm{d}s \right)^{\frac{1+p}{2}} \dfrac{e_i(t)}{\|e_i(t)\|^2} \\ \quad -k_3 \left(\dfrac{\xi}{1-\sigma} \displaystyle\int_{t-\tau(t)}^{t} e_i^{\mathrm{T}}(s) e_i(s) \mathrm{d}s \right)^{\frac{1+q}{2}} \dfrac{e_i(t)}{\|e_i(t)\|^2} \\ \quad -k_2 \mathrm{sign}\,(e_i(t)) \,|e_i(t)|^p - k_3 \mathrm{sign}\,(e_i(t)) \,|e_i(t)|^q, \quad t_m \leqslant t < s_m \\ -k_1 e_i(t), \qquad\qquad\qquad\qquad\qquad\qquad\qquad\qquad\quad s_m \leqslant t < t_{m+1} \end{cases}$$
$$(3.2.3)$$

其中, $m = 0, 1, 2, \cdots$ 为自然数, k_1 和 ξ 是正常数, 表示控制增益; k_2 和 k_3 为可选常数, $\mathrm{sign}(e_i(t)) = \mathrm{diag}\,(\mathrm{sign}\,(e_{i1}(t)), \mathrm{sign}\,(e_{i2}(t)), \cdots, \mathrm{sign}\,(e_{ih}(t))) \,(1 \leqslant i \leqslant N)$, $0 < p < 1, q > 1$. 复杂网络的误差动态系统为

$$\dot{e}_i(t) = f(t, e_i(t)) + \sum_{l=1}^{n} \sum_{j=1}^{N} c_l b_{ij}^l \Gamma_l e_j(t)$$

$$+ \sum_{l=1}^{n} \sum_{j=1}^{N} \tilde{c}_l \tilde{b}_{ij}^l \tilde{\Gamma}_l e_j(t-\tau(t)) + u_i(t), \quad i = 1, 2, \cdots, N \quad (3.2.4)$$

式中 $f(t, e_i(t)) = f(t, x_i(t)) - f(t, s(t))$. 容易知道, 如果误差系统 (3.2.4) 是固定时间稳定的, 则控制下的复杂网络 (3.2.2) 是固定时间同步的.

假设 3.2.1[95,211] 假设向量值函数 $f(t, x(t)): \mathbb{R} \times \mathbb{R}^h \to \mathbb{R}^h$ 关于时间 t 满足 semi-Lipschitz 条件, 也就是, 存在正常数 $\eta > 0$ 使得

$$(x(t) - s(t))^{\mathrm{T}} [f(t, x(t)) - f(t, s(t))] \leqslant \eta \,(x(t) - s(t))^{\mathrm{T}} (x(t) - s(t))$$

对任意的 $x(t) = (x_1(t), x_2(t), \cdots, x_h(t))^{\mathrm{T}} \in \mathbb{R}^h$, $s(t) = (s_1(t), s_2(t), \cdots, s_h(t))^{\mathrm{T}} \in \mathbb{R}^h$ 成立.

引理 3.2.1 若函数 $V(t)$ 是非负的, 且满足下列条件:

$$\begin{cases} \dot{V}(t) \leqslant -\alpha V^q(t) - \beta V^p(t), & t_m \leqslant t < s_m \\ \dot{V}(t) \leqslant 0, & s_m \leqslant t < t_{m+1} \end{cases} \quad (3.2.5)$$

其中 $\alpha > 0$, $\beta > 0$, $0 < p < 1$, $q > 1$, $m = 0, 1, 2, \cdots$, 则当 $t \geqslant \omega/[\alpha\theta(q-1)] + \omega/[\beta\theta(1-p)]$ 时, $V(t) \equiv 0$, 式中 $\theta = \inf\limits_{m=0,1,\cdots} (s_m - t_m)$ 和 $\omega = \sup\limits_{m=0,1,\cdots} (t_{m+1} - t_m)$.

证明 考虑如下参考系统:

$$
\begin{cases}
\dot{W}(t) = \begin{cases}
-\alpha W^q(t), & W(t) \geqslant 1, \\
-\beta W^p(t), & 0 < W(t) < 1, \quad t_m \leqslant t < s_m \\
0, & W(t) = 0,
\end{cases} \\
\dot{W}(t) = 0, & s_m \leqslant t < t_{m+1} \\
W(0) = V(0)
\end{cases}
\tag{3.2.6}
$$

将 (3.2.5) 和 (3.2.6) 比较可知 $0 \leqslant V(t) \leqslant W(t)$. 因此, 如果存在时间 $T_f > 0$ 使得当 $t > T_f$ 时 $W(t) \equiv 0$, 则有 $t > T_f$ 时 $V(t) \equiv 0$.

当 $W(t) \geqslant 1$ 时, 令 $U(t) = W^{1-q}(t)$. 由参考系统 (3.2.6) 易看出: 当 $W(0) \to +\infty$ 时, $U(0) \to 0$; 当 $W(t) \to 1$ 时, $U(t) \to 1$. 因此, 可将系统 (3.2.6) 转换为

$$
\begin{cases}
\dot{U}(t) = \alpha(q-1), & t_m \leqslant t < s_m, \ 0 < U(t) \leqslant 1 \\
\dot{U}(t) = 0, & s_m \leqslant t < t_{m+1} \\
U(0) = U_0 = W^{1-q}(0)
\end{cases}
\tag{3.2.7}
$$

当 $0 \leqslant W(t) < 1$ 时, 令 $U(t) = W^{1-p}(t)$. 由参考系统 (3.2.6) 易看出: 当 $W(t) \to 1$ 时, $U(t) \to 1$; 当 $W(t) \to 0$ 时, $U(t) \to 0$. 同理, 系统 (3.2.6) 可转换为

$$
\begin{cases}
\dot{U}(t) = -\beta(1-p), & t_m \leqslant t < s_m, \ 0 \leqslant U(t) < 1 \\
\dot{U}(t) = 0, & s_m \leqslant t < t_{m+1} \\
U(0) = 1
\end{cases}
\tag{3.2.8}
$$

因此, 系统 (3.2.6) 的零解的全局固定时间稳定性问题将被分解成了两个子问题: ① 在固定时间 T_1 内, (3.2.7) 的解渐近趋向于 1; ② 在固定时间 T_2 内, (3.2.8) 的解渐近趋向于 0. 因此, 对于任意的初值 $W(0)$, 在固定时间 $T_f = T_1 + T_2$ 内 $W(t) \to 0$.

对于 $t_m \leqslant t < s_m$, 由子系统 (3.2.7) 可知

$$
\begin{aligned}
U(t) &= U(0) + \sum_{i=0}^{m-1} \int_{t_i}^{s_i} \alpha(q-1)\mathrm{d}s + \int_{t_m}^{t} \alpha(q-1)\mathrm{d}s \\
&= U(0) + \alpha(q-1) \sum_{i=0}^{m-1} (s_i - t_i) + \alpha(q-1)(t - t_m)
\end{aligned}
\tag{3.2.9}
$$

由 $U(0) < 1$ 和 $\lim_{t \to \infty} U(t) = +\infty$ 可知: 存在时间 T_1 使得当 $0 < t < T_1$ 时, 有 $\lim_{t \to T_1} U(t) = 1$ 和 $0 < U(t) < 1$. 因此, 根据 (3.2.9) 可以推导出

$$U(0) + \alpha(q-1) \sum_{i=0}^{m-1} (s_i - t_i) + \alpha(q-1)(t - t_m) = 1$$

也就意味着

$$\alpha(q-1) \sum_{i=0}^{m-1} (s_i - t_i) + \alpha(q-1)(t - t_m) \leqslant 1 \qquad (3.2.10)$$

对于 $t_m \leqslant t < s_m$, 易知

$$\alpha(q-1) \sum_{i=0}^{m-1} (s_i - t_i) + \alpha(q-1)(t - t_m)$$

$$= \alpha(q-1) \sum_{i=0}^{m-1} \frac{s_i - t_i}{t_{i+1} - t_i} \cdot (t_{i+1} - t_i) + \alpha(q-1)(t - t_m)$$

$$\geqslant \frac{\alpha\theta(q-1)}{\omega} \left[\sum_{i=0}^{m-1} (t_{i+1} - t_i) + (t - t_m) \right]$$

$$= \frac{\alpha\theta(q-1)}{\omega} t \qquad (3.2.11)$$

综合 (3.2.10) 和 (3.2.11) 可得

$$t \leqslant \frac{\omega}{\alpha\theta(q-1)}$$

同理, 当 $s_m \leqslant t < t_{m+1}$ 时

$$U(t) = U(0) + \sum_{i=0}^{m} \int_{t_i}^{s_i} \alpha(q-1)\mathrm{d}s = U(0) + \alpha(q-1) \sum_{i=0}^{m} (s_i - t_i)$$

即

$$(q-1) \sum_{i=0}^{m} (s_i - t_i) \leqslant 1 \qquad (3.2.12)$$

对于 $s_m \leqslant t < t_{m+1}$, 易得

$$\alpha(q-1) \sum_{i=0}^{m} (s_i - t_i) = \alpha(q-1) \sum_{i=0}^{m} \frac{s_i - t_i}{t_{i+1} - t_i} (t_{i+1} - t_i)$$

$$\geqslant \frac{\alpha\theta(q-1)}{\omega} \sum_{i=0}^{m} (t_{i+1} - t_i)$$

$$= \frac{\alpha\theta(q-1)}{\omega} t_{m+1}$$

$$\geqslant \frac{\alpha\theta(q-1)}{\omega} t \tag{3.2.13}$$

综合 (3.2.12) 和 (3.2.13) 可得

$$t \leqslant \frac{\omega}{\alpha\theta(q-1)}$$

因此, 对于任意的 $t \in [0, +\infty)$ 有

$$T_1 = \frac{\omega}{\alpha\theta(q-1)} \tag{3.2.14}$$

下面将估计使 (3.2.7) 中的 $U(t)$ 从 1 趋向于 0 的时间 T_2.

当 $t_m \leqslant t < s_m$ 时, 从 (3.2.8) 能够推出

$$U(t) = U(0) - \sum_{i=0}^{m-1} \int_{t_i}^{s_i} \beta(1-p)\mathrm{d}s - \int_{t_m}^{t} \beta(1-p)\mathrm{d}s$$

$$= U(0) - \beta(1-p) \sum_{i=0}^{m-1} (s_i - t_i) - \beta(1-p)(t - t_m)$$

由于 $U(t)$ 在 $t \in [0, +\infty)$ 上是递减的, 令 $U(0) = 1$ 和 $U(t) = 0$, 则有

$$0 = 1 - \beta(1-p) \sum_{i=0}^{m-1} (s_i - t_i) - \beta(1-p)(t - t_m) \leqslant 1 - \frac{\beta\theta(1-p)}{\omega} t$$

设 $h(t) = 1 - \beta\theta(1-p)t/\omega$. 由于 $h(0) = 1 > 0$, $h(+\infty) = -\infty < 0$ 且 $\dot{h}(t) = -\beta\theta(1-p)/\omega < 0$, 因此存在唯一的 $T_2 > 0$ 满足 $h(T_2) = 0$, 且有

$$T_2 = \frac{\omega}{\beta\theta(1-p)}$$

对于 $s_m \leqslant t < t_{m+1}$ 有

$$U(t) = U(0) - \sum_{i=0}^{m} \int_{t_i}^{s_i} \beta(1-p)\mathrm{d}s = U(0) - \beta(1-p) \sum_{i=0}^{m} (s_i - t_i)$$

同理可得

$$T_2 = \frac{\omega}{\beta\theta(1-p)} \tag{3.2.15}$$

结合 (3.2.14) 和 (3.2.15), 易知: 对于任意的初值 $W(0)$, 在固定时间 $T = T_1 + T_2$ 内均有 $W(t) \to 0$. 因此, 当 $t \geqslant T$ 时有 $V(t) \equiv 0$ 成立. 证毕.

3.2.2　同步分析

定理 3.2.1　假定假设 3.2.1 成立, 若存在正常数 η, σ, k_1, c_l, $\tilde{c}_l$, ξ 和 $\zeta_l(l = 1, 2, \cdots, n)$ 使得下列条件成立:

(1) $\eta + n(\Omega + \Psi) + \dfrac{\xi}{2(1-\sigma)} - k_1 < 0$;

(2) $n\Pi - \dfrac{\xi}{2} < 0$,

式中

$$\Omega = \max\left\{ c_1\lambda_{\max}^1(Q_1), c_2\lambda_{\max}^2(Q_2), \cdots, c_n\lambda_{\max}^n(Q_n) \right\}$$

$$\Psi = \max\left\{ \frac{\zeta_1\tilde{c}_1}{2}\lambda_{\max}^1(\tilde{Q}_1^{\mathrm{T}}\tilde{Q}_1), \frac{\zeta_2\tilde{c}_2}{2}\lambda_{\max}^2(\tilde{Q}_2^{\mathrm{T}}\tilde{Q}_2), \cdots, \frac{\zeta_n\tilde{c}_n}{2}\lambda_{\max}^n(\tilde{Q}_n^{\mathrm{T}}\tilde{Q}_n) \right\}$$

$$\Pi = \max\left\{ \frac{\tilde{c}_1}{2\zeta_1}, \frac{\tilde{c}_2}{2\zeta_2}, \cdots, \frac{\tilde{c}_n}{2\zeta_n} \right\}$$

其中 $Q_l = \Gamma_l \otimes B^l, \tilde{Q}_l = \tilde{\Gamma}_l \otimes \tilde{B}^l$, 则复杂网络 (3.2.1) 在非周期半间歇控制器 (3.2.3) 下是固定时间同步的, 同步停息时间可通过

$$T \leqslant \frac{\omega}{k_3(Nh)^{\frac{1-q}{2}}\theta(q-1)} + \frac{\omega}{k_2\theta(1-p)}$$

估算, 式中 $\theta = \inf\limits_{m=0,1,\cdots}(s_m - t_m)$ 和 $\omega = \sup\limits_{m=0,1,\cdots}(t_{m+1} - t_m)$.

证明　构造如下 Lyapunov-Krasovskii 泛函:

$$V(t) = \frac{1}{2}\sum_{i=1}^{N} e_i^{\mathrm{T}}(t)e_i(t) + \frac{1}{2}\sum_{i=1}^{N}\frac{\xi}{1-\sigma}\int_{t-\tau(t)}^{t} e_i^{\mathrm{T}}(s)e_i(s)\mathrm{d}s$$

则有

$$\dot{V}(t)$$
$$= \sum_{i=1}^{N} e_i^{\mathrm{T}}(t)\left[f(t, e_i(t)) + \sum_{l=1}^{n}\sum_{j=1}^{N} c_l b_{ij}^l \Gamma_l e_j(t) + \sum_{l=1}^{n}\sum_{j=1}^{N} \tilde{c}_l \tilde{b}_{ij}^l \tilde{\Gamma}_l e_j(t-\tau(t)) + u_i(t) \right]$$

$$+ \frac{1}{2} \sum_{i=1}^{N} \frac{\xi}{1-\sigma} e_i^{\mathrm{T}}(t) e_i(t) - \frac{\xi}{2} \sum_{i=1}^{N} \frac{1-\dot{\tau}(t)}{1-\sigma} e_i^{\mathrm{T}}(t-\tau(t)) e_i(t-\tau(t)) \qquad (3.2.16)$$

当 $t_m \leqslant t < s_m$ 时, 由式 (3.2.16) 可得

$$\dot{V}(t) \leqslant \sum_{i=1}^{N} e_i^{\mathrm{T}}(t) f(t, e_i(t)) + \sum_{l=1}^{n} \sum_{i=1}^{N} \sum_{j=1}^{N} c_l b_{ij}^l e_i^{\mathrm{T}}(t) \Gamma_l e_j(t)$$

$$+ \sum_{l=1}^{n} \sum_{i=1}^{N} \sum_{j=1}^{N} \tilde{c}_l \tilde{b}_{ij}^l e_i^{\mathrm{T}}(t) \tilde{\Gamma}_l e_j(t-\tau(t)) + \sum_{i=1}^{N} e_i^{\mathrm{T}}(t) u_i(t)$$

$$+ \frac{\xi}{2(1-\sigma)} \sum_{i=1}^{N} e_i^{\mathrm{T}}(t) e_i(t) - \frac{\xi}{2} \sum_{i=1}^{N} e_i^{\mathrm{T}}(t-\tau(t)) e_i(t-\tau(t)) \qquad (3.2.17)$$

利用假设 3.2.1, 引理 2.1.1 以及矩阵的克罗内克积性质, 并令 $Q_l = \Gamma_l \otimes B^l$, $\tilde{Q}_l = \tilde{\Gamma}_l \otimes \tilde{B}^l$, $e(t) = (\|e_1(t)\|, \|e_2(t)\|, \cdots, \|e_N(t)\|)^{\mathrm{T}}$, 可得

$$\sum_{i=1}^{N} e_i^{\mathrm{T}}(t) f(t, e_i(t)) \leqslant \eta e^{\mathrm{T}}(t) e(t) \qquad (3.2.18)$$

$$\sum_{l=1}^{n} \sum_{i=1}^{N} \sum_{j=1}^{N} c_l b_{ij}^l e_i^{\mathrm{T}}(t) \Gamma_l e_j(t)$$

$$= \sum_{l=1}^{n} c_l e^{\mathrm{T}}(t) \left(\Gamma_l \otimes B^l \right) e(t)$$

$$= \sum_{l=1}^{n} c_l e^{\mathrm{T}}(t) Q_l e(t)$$

$$\leqslant \sum_{l=1}^{n} c_l \lambda_{\max}^l(Q_l) e^{\mathrm{T}}(t) e(t) \qquad (3.2.19)$$

$$\sum_{l=1}^{n} \sum_{i=1}^{N} \sum_{j=1}^{N} \tilde{c}_l \tilde{b}_{ij}^l e_i^{\mathrm{T}}(t) \tilde{\Gamma}_l e_j(t-\tau(t))$$

$$= \sum_{l=1}^{n} \tilde{c}_l e^{\mathrm{T}}(t) \left(\tilde{\Gamma}_l \otimes \tilde{B}^l \right) e(t-\tau(t))$$

$$= \sum_{l=1}^{n} \tilde{c}_l e^{\mathrm{T}}(t) \tilde{Q}_l e(t - \tau(t))$$

$$\leqslant \sum_{l=1}^{n} \frac{\zeta_l \tilde{c}_l}{2} e^{\mathrm{T}}(t) \tilde{Q}_l^{\mathrm{T}} \tilde{Q}_l e(t) + \sum_{l=1}^{n} \frac{\tilde{c}_l}{2\zeta_l} e^{\mathrm{T}}(t - \tau(t)) e(t - \tau(t))$$

$$\leqslant \sum_{l=1}^{n} \frac{\zeta_l \tilde{c}_l}{2} \lambda_{\max}^{l}(\tilde{Q}_l^{\mathrm{T}} \tilde{Q}_l) e^{\mathrm{T}}(t) e(t) + \sum_{l=1}^{n} \frac{\tilde{c}_l}{2\zeta_l} e^{\mathrm{T}}(t - \tau(t)) e(t - \tau(t)) \qquad (3.2.20)$$

将式 (3.2.18)~(3.2.20) 代入式 (3.2.17) 可得

$$\dot{V}(t) \leqslant \eta e^{\mathrm{T}}(t) e(t) + \sum_{l=1}^{n} c_l \lambda_{\max}^{l}(Q_l) e^{\mathrm{T}}(t) e(t)$$

$$+ \sum_{l=1}^{n} \frac{\zeta_l \tilde{c}_l}{2} \lambda_{\max}^{l}(\tilde{Q}_l^{\mathrm{T}} \tilde{Q}_l) e^{\mathrm{T}}(t) e(t) + \sum_{l=1}^{n} \frac{\tilde{c}_l}{2\zeta_l} e^{\mathrm{T}}(t - \tau(t)) e(t - \tau(t))$$

$$+ \frac{\xi}{2(1-\sigma)} \sum_{i=1}^{N} e_i^{\mathrm{T}}(t) e_i(t) - \frac{\xi}{2} \sum_{i=1}^{N} e_i^{\mathrm{T}}(t - \tau(t)) e_i(t - \tau(t)) + \sum_{i=1}^{N} e_i^{\mathrm{T}}(t) u_i(t)$$

$$\leqslant \eta e^{\mathrm{T}}(t) e(t) + \sum_{l=1}^{n} c_l \lambda_{\max}^{l}(Q_l) e^{\mathrm{T}}(t) e(t) + \sum_{l=1}^{n} \frac{\zeta_l \tilde{c}_l}{2} \lambda_{\max}^{l}(\tilde{Q}_l^{\mathrm{T}} \tilde{Q}_l) e^{\mathrm{T}}(t) e(t)$$

$$+ \sum_{l=1}^{n} \frac{\tilde{c}_l}{2\zeta_l} e^{\mathrm{T}}(t - \tau(t)) e(t - \tau(t)) - \frac{\xi}{2} e^{\mathrm{T}}(t - \tau(t)) e(t - \tau(t))$$

$$+ \frac{\xi}{2(1-\sigma)} e^{\mathrm{T}}(t) e(t) - k_1 e^{\mathrm{T}}(t) e(t) + \sum_{i=1}^{N} e_i^{\mathrm{T}}(t) w_i(t)$$

$$\leqslant \left(\eta + \sum_{l=1}^{n} c_l \lambda_{\max}^{l}(Q_l) + \sum_{l=1}^{n} \frac{\zeta_l \tilde{c}_l}{2} \lambda_{\max}^{l}(\tilde{Q}_l^{\mathrm{T}} \tilde{Q}_l) + \frac{\xi}{2(1-\sigma)} - k_1 \right) e^{\mathrm{T}}(t) e(t)$$

$$+ \left(\sum_{l=1}^{n} \frac{\tilde{c}_l}{2\zeta_l} - \frac{\xi}{2} \right) e^{\mathrm{T}}(t - \tau(t)) e(t - \tau(t)) + \sum_{i=1}^{N} e_i^{\mathrm{T}}(t) w_i(t)$$

其中

$$w_i(t) = - k_2 \left(\frac{\xi}{1-\sigma} \int_{t-\tau(t)}^{t} e_i^{\mathrm{T}}(s) e_i(s) \mathrm{d}s \right)^{\frac{1+p}{2}} \frac{e_i(t)}{||e_i(t)||^2} - k_2 \mathrm{sign}\,(e_i(t))\,|e_i(t)|^p$$

$$- k_3 \left(\frac{\xi}{1-\sigma} \int_{t-\tau(t)}^t e_i^{\mathrm{T}}(s)e_i(s)\mathrm{d}s \right)^{\frac{1+q}{2}} \frac{e_i(t)}{||e_i(t)||^2} - k_3\mathrm{sign}\left(e_i(t)\right)|e_i(t)|^q \tag{3.2.21}$$

由引理 3.2.1 可得

$$-k_2 \sum_{i=1}^N e_i^{\mathrm{T}}(t)\mathrm{sign}\left(e_i(t)\right)|e_i(t)|^p = -k_2 \sum_{i=1}^N \sum_{j=1}^h |e_{ij}(t)|^{1+p}$$

$$\leqslant -k_2 \left(\sum_{i=1}^N e_i^{\mathrm{T}}(t)e_i(t) \right)^{\frac{1+p}{2}} \tag{3.2.22}$$

$$-k_3 \sum_{i=1}^N e_i^{\mathrm{T}}(t)\mathrm{sign}\left(e_i(t)\right)|e_i(t)|^q = -k_3 \sum_{i=1}^N \sum_{j=1}^h |e_{ij}(t)|^{1+q}$$

$$\leqslant -k_3(Nh)^{\frac{1-q}{2}} \left(\sum_{i=1}^N e_i^{\mathrm{T}}(t)e_i(t) \right)^{\frac{1+q}{2}} \tag{3.2.23}$$

将 (3.2.22) 和 (3.2.23) 代入 (3.2.21), 根据定理 3.2.1 中的条件可推出

$$\dot{V}(t) \leqslant -k_2 \left(\sum_{i=1}^N e_i^{\mathrm{T}}(t)e_i(t) \right)^{\frac{1+p}{2}} - k_2 \sum_{i=1}^N \left(\frac{\xi}{1-\sigma} \int_{t-\tau(t)}^t e_i^{\mathrm{T}}(s)e_i(s)\mathrm{d}s \right)^{\frac{1+p}{2}}$$

$$- k_3(Nh)^{\frac{1-q}{2}} \left(\sum_{i=1}^N e_i^{\mathrm{T}}(t)e_i(t) \right)^{\frac{1+q}{2}} - k_3 \sum_{i=1}^N \left(\frac{\xi}{1-\sigma} \int_{t-\tau(t)}^t e_i^{\mathrm{T}}(s)e_i(s)\mathrm{d}s \right)^{\frac{1+q}{2}}$$

$$\leqslant -k_2 \left(\sum_{i=1}^N e_i^{\mathrm{T}}(t)e_i(t) + \sum_{i=1}^N \frac{\xi}{1-\sigma} \int_{t-\tau(t)}^t e_i^{\mathrm{T}}(s)e_i(s)\mathrm{d}s \right)^{\frac{1+p}{2}}$$

$$- k_3(Nh)^{\frac{1-q}{2}} \left(\sum_{i=1}^N e_i^{\mathrm{T}}(t)e_i(t) + \sum_{i=1}^N \frac{\xi}{1-\sigma} \int_{t-\tau(t)}^t e_i^{\mathrm{T}}(s)e_i(s)\mathrm{d}s \right)^{\frac{1+q}{2}}$$

$$= -k_2 V^{\frac{1+p}{2}}(t) - k_3(Nh)^{\frac{1-q}{2}} V^{\frac{1+q}{2}}(t)$$

同理, 当 $s_m \leqslant t < t_{m+1}(m=0,1,2,\cdots)$ 时, 能够得到

$$\dot{V}(t) \leqslant \left(\eta + \sum_{l=1}^n c_l \lambda_{\max}^l(Q_l) + \sum_{l=1}^n \frac{\zeta_l \tilde{c}_l}{2} \lambda_{\max}^l(\tilde{Q}_l^{\mathrm{T}}\tilde{Q}_l) + \frac{\xi}{2(1-\sigma)} - k_1 \right) e^{\mathrm{T}}(t)e(t)$$

$$+ \left(\sum_{l=1}^{n} \frac{\tilde{c}_l}{2\zeta_l} - \frac{\xi}{2} \right) e^{\mathrm{T}}(t - \tau(t)) e(t - \tau(t))$$

$$\leqslant 0$$

根据引理 3.2.1 可知, 对于任意的初值 $V(0) > 0$, 存在不依赖于 $V(0)$ 的固定时间 T, 使得 $\lim_{t \to T} V(t) = 0$, 且当 $t > T$ 时, $V(t) \equiv 0$, 即具有多重权值的时滞复杂网络 (3.2.1) 能够在固定时间 $t \leqslant T$ 内实现同步. 证毕.

备注 3.2.1　根据各种权值性质的不同, 可将具有多重权值的复杂网络拆分为若干个具有单一权值的复杂网络的组合形式[192,193]. 考虑含有 N 个节点的多重权值复杂网络, 假设网络中每条连边上最多有 n 个性质不同的权值, 其中性质相同的权值和 N 个节点就形成一个子网络, 通过这样的拆分方式可以得到 n 个不同的子网络. 以交通运输网络为例, 以各城市为网络节点, 两个城市之间的多种交通方式如火车、汽车、飞机、轮船等有不同的运营时间. 假设考虑其中 n 种交通工具有 n 种不同的运营时间, 于是在网络的一条连边上就有 n 个性质不同的权值, 这样就构成了一个具有 n 重权值的复杂网络模型. 把每一种交通方式的运营时间看作相同性质的权值, 则可按相同性质的权值把具有多重权值的复杂网络拆分为多个具有单一权值的子网络. 例如, 把 3 个不同的城市看作网络的 3 个节点, 把城市之间的交通工具抽象为连边, 两两城市之间都有火车和汽车两种不同的交通工具, 两种交通工具的运营时间分别为 a_{ij}^1 和 $a_{ij}^2 (i = 1, 2; \ j = 2, 3; \ i \neq j)$, 于是可以建立一个具有双重权值的复杂网络模型. 按照网络拆分思想, 上述含有 3 个节点和双重权值的复杂网络的拆分示意图如图 3-7 所示.

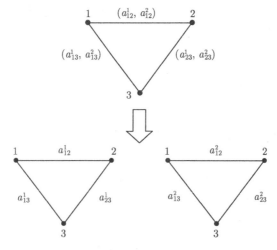

图 3-7　含有 3 个节点和双重权值的复杂网络的拓扑结构图及拆分示意图

对于具有单一权值的复杂网络来说, 如果要刻画两个节点之间多种不同的信息, 需要把各种信息 "分散" 在节点和权值上, 甚至要建立多个网络模型才能描述. 对比具有单一权值的复杂网络模型, 这种具有多重权值的复杂网络能更清晰地反映现实网络, 同时也能传递节点间更多的信息.

3.2.3 数值模拟

考虑具有 50 个节点和双重权值的时滞复杂动态网络:

$$\dot{x}_i(t) = f(t, x_i(t)) + \sum_{l=1}^{2} \sum_{j=1}^{50} c_l b_{ij}^l \Gamma_l x_j(t)$$

$$+ \sum_{l=1}^{2} \sum_{j=1}^{50} \tilde{c}_l \tilde{b}_{ij}^l \tilde{\Gamma}_l x_j(t - \tau(t)), \quad i = 1, 2, \cdots, 50 \qquad (3.2.24)$$

其中

$$x_i(t) = (x_1(t), x_2(t), x_3(t))^{\mathrm{T}}, \quad f(t, x_i(t)) = (-2x_{i1}(t), -3x_{i2}(t), -4x_{i3}(t))^{\mathrm{T}}$$

$$c_1 = 0.1, \quad c_2 = 0.3, \quad \tilde{c}_1 = 0.15, \quad \tilde{c}_2 = 0.2, \quad \Gamma_1 = \mathrm{diag}(3, \ 4, \ 5)$$

$\Gamma_2 = \mathrm{diag}(8, \ 7, \ 6)$, $\tilde{\Gamma}_1 = \mathrm{diag}(1, \ 2, \ 3)$, $\tilde{\Gamma}_2 = \mathrm{diag}(4, \ 3, \ 2)$, $\tau(t) = 0.5 - 0.5\mathrm{e}^{-t}$
分别选择外部耦合矩阵 $B^1 = (b_{ij}^1)_{50 \times 50}$, $\tilde{B}^1 = (\tilde{b}_{ij}^1)_{50 \times 50}$, $B^2 = (b_{ij}^2)_{50 \times 50}$ 及
$\tilde{B}^2 = (\tilde{b}_{ij}^2)_{50 \times 50}$ 为

$$B^1 = I_{10} \otimes \begin{pmatrix} -0.4 & 0.1 & 0 & 0.1 & 0.2 \\ 0.1 & -0.5 & 0.1 & 0.2 & 0.1 \\ 0 & 0.1 & -0.4 & 0 & 0.3 \\ 0.1 & 0.2 & 0 & -0.5 & 0.2 \\ 0.2 & 0.1 & 0.3 & 0.2 & -0.8 \end{pmatrix}$$

$$\tilde{B}^1 = I_{10} \otimes \begin{pmatrix} -0.6 & 0.2 & 0 & 0.3 & 0.1 \\ 0.2 & -0.6 & 0.1 & 0.2 & 0.1 \\ 0 & 0.1 & -0.4 & 0 & 0.3 \\ 0.3 & 0.2 & 0 & -0.5 & 0 \\ 0.1 & 0.1 & 0.3 & 0 & -0.5 \end{pmatrix}$$

$$B^2 = I_{10} \otimes \begin{pmatrix} -0.5 & 0.2 & 0 & 0.2 & 0.1 \\ 0.2 & -0.8 & 0.3 & 0.1 & 0.2 \\ 0 & 0.3 & -0.7 & 0 & 0.4 \\ 0.2 & 0.1 & 0 & -0.6 & 0.3 \\ 0.1 & 0.2 & 0.4 & 0.3 & -1.0 \end{pmatrix}$$

$$\tilde{B}^2 = I_{10} \otimes \begin{pmatrix} -0.7 & 0.1 & 0.2 & 0.1 & 0.3 \\ 0.1 & -0.6 & 0.3 & 0.2 & 0 \\ 0.2 & 0.3 & -0.9 & 0.1 & 0.3 \\ 0.1 & 0.2 & 0.1 & -0.7 & 0.3 \\ 0.3 & 0 & 0.3 & 0.3 & -0.9 \end{pmatrix}$$

控制器 (3.2.3) 的参数选择为 $p = 0.5$, $q = 1.5$, $k_1 = 35$, $k_2 = 5$, $k_3 = 10$, $\xi = 5$, 间歇控制的控制时间间隔为

$$[0,3] \cup [3.2,6.4] \cup [6.5,9.6] \cup [9.8,12.8] \cup [13,16]$$
$$\cup [16.2,19.2] \cup [19.5,22.6] \cup [22.8,25.8] \cup \cdots$$

通过简单计算可得: $\theta = 3$, $\omega = 3.3$, $\zeta_1 = 3$, $\zeta_2 = 4$, $\sigma = 0.5$ 以及 $T \leqslant 1.996$, 由定理 3.2.1 可知: 具有多重权值的时滞复杂网络 (3.2.24) 通过非周期半间歇控制 (3.2.3) 能够在固定时间 $T \leqslant 1.996$ 内实现同步. 控制下的复杂网络 (3.2.24) 的同步误差在时间间隔 $[0, 6.2]$ 内的演化过程如图 3-8 所示, 其表明: 控制下的复杂网络 (3.2.4) 是固定时间同步的.

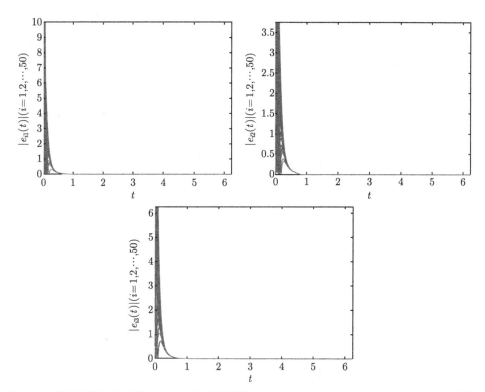

图 3-8 控制下的复杂网络 (3.2.24) 的同步误差 $|e_{ij}(t)|$ $(i = 1, 2, \cdots, 50; j = 1, 2, 3)$ 在时间间隔 $[0, 6.2]$ 内的演化过程

从具有双重权值的复杂网络模型 (3.2.24) 中, 可以看出: 当 $n = 1$ 时, (3.2.24) 退化为具有 50 个节点和单一权值的复杂网络模型:

$$\dot{x}_i(t) = f(t, x_i(t)) + \sum_{j=1}^{50} c_1 b_{ij}^1 \Gamma_1 x_j(t) + \sum_{j=1}^{50} \tilde{c}_1 \tilde{b}_{ij}^1 \tilde{\Gamma}_1 x_j(t - \tau(t)) \quad (3.2.25)$$

模型 (3.2.25) 的参数值与 (3.2.24) 中对应的参数值相同. 如图 3-9 所示, 控制下的复杂网络模型 (3.2.25) 的同步误差 $|e_{ij}(t)|(i = 1, 2, \cdots, 50; j = 1, 2, 3)$ 是固定时间稳定的, 即复杂网络 (3.2.25) 在非周期半间歇控制 (3.2.3) 的作用下是固定时间同步的.

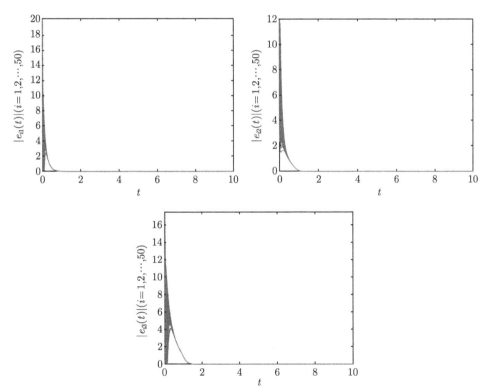

图 3-9 控制下的复杂网络 (3.2.25) (单个权值) 同步误差 $|e_{ij}(t)|(i = 1, 2, \cdots, 50; j = 1, 2, 3)$ 在时间间隔 $[0, 10]$ 内的演化过程

3.3 本 章 小 结

有限时间同步对停息时间的估计依赖于复杂网络的初始状态, 对于不同的初值, 便会有不同的收敛时间. 而在实际的应用中, 并不是所有复杂系统的初值都

是已知的. 因此, 为解决这个问题, 一种特殊的有限时间同步方法——固定时间同步被提出. 固定时间同步优越于传统的有限时间同步, 能够使复杂系统在固定时间实现同步而与系统的初值无关. 本章基于间歇控制策略, 分别讨论了具有混耦合时滞和具有多重权值的复杂网络的固定时间同步问题. 通过引入并证明一系列新的微分不等式, 解决了 Lyapunov 直接方法很难被直接推广到间歇控制下的固定时间稳定问题, 为探索复杂网络的固定时间同步提供了强有力的技术支撑, 为推动复杂网络的发展和应用奠定了坚实的理论基础. 利用 Lyapunov 稳定性理论、固定时间稳定性理论以及不等式技巧等, 设计了复杂网络实现固定时间同步的周期和非周期半间歇控制器, 并分别给出了混耦合时滞复杂网络固定时间外部同步和多重权值复杂网络固定时间同步的充分条件. 通过对同步条件的分析, 给出了复杂网络同步过程所需时间的估计值, 讨论了间歇控制周期、控制率和网络规模等因素对固定时间同步的影响规律, 比较了固定时间同步和有限时间同步在收敛速度方面的差异.

第 4 章　社团网络的有限时间聚类同步

社团结构是复杂网络中广泛存在的一种拓扑属性, 能够体现自然界和社会中具有相似特点的事物往往联系更加紧密的特征, 即整个网络是由若干个社团结构构成的, 社团内部节点之间连接比较稠密而外部连接却相对稀疏 [212,213], 如图 4-1 所示. 图中的网络包含 3 个社团 (亦称聚类), 分别对应图中 3 种不同的节点.

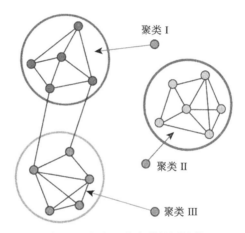

图 4-1　复杂网络中的社团结构

社团结构对网络的抗毁性、健壮性和稳定性, 对传染病的传播和防控, 对大数据基础上的知识传播和数据挖掘以及网络的简化等都具有重要的价值 [8]. "物以类聚、人以群分", 在人际关系网络中, 社团结构可表示具有相似特点 (如职业、年龄、兴趣爱好、家庭等) 的群体; 在生物网络中, 社团与功能模块密切相关, 如蛋白质网络中的社团结构通常表示一组具有相同功能的蛋白质; 在科学研究中, 为了描述科学家之间交流的痕迹, 可以通过期刊论文之间的相互引用关系构建论文引用网络, 为突出论文所属的科学领域, 可围绕论文引用网络中的社团构建科学图谱, 其社团结构代表了某一研究领域. 揭示复杂网络的社团结构有助于分析整个网络的结构、功能与特性, 因此, 社团结构分析在数学、物理、生物、计算机图形学和社会学等领域有着非常广泛的应用 [9,212,214]. 用于描述这些具有社团结构的复杂网络被称为社团网络, 它由一些互不相交的社团组成, 每个社团内部的节点孤立时具有相同的动力学行为, 而属于不同社团的节点之间具有不同的动力学行为.

在复杂网络的同步控制问题中, 研究最多的是完全同步, 即网络中各个个体的动力学状态达到完全一致. 这也意味着完全同步不是一般复杂网络上的普遍现象, 而是对网络本身有着一些特殊要求, 其中最典型的就是要求网络中各个个体具有相同的动力学性质, 从数学的角度讲, 就是节点具有相同的动力学方程, 这对社团网络而言是不符合实际情况的. 与完全同步不同, 聚类同步不再要求所有节点的动力学状态一致, 而是将节点根据社团结构分为若干个 "群 (Group)" 或 "团 (Cluster)", 在每一个群内的节点其动力学状态一致, 而来自不同群的节点的动力学状态却并不相同. 事实上, 完全同步是一种特殊的聚类同步, 也就是分一群的情形. 因此, 聚类同步现象在交通控制 [215]、脑科学 [216]、工程控制 [217-219]、生态学 [220,221]、通信工程 [222]、社会科学 [223] 以及分布式计算 [224,225] 等领域中被认为是比完全同步更重要的一种同步现象.

分析社团网络的聚类同步控制问题更能满足现实需求, 广大科学工作者也对此进行了深入系统的研究并取得了一系列深刻而有实际意义的理论成果 [226-233]. 文献 [226] 讨论了由两个具有不同动力学性质的社团组成的复杂网络的聚类同步问题, 并利用连接图稳定性方法实现了每个社团内部的完全同步, 而不同社团之间不存在同步; 文献 [227] 利用牵制控制技术仅控制每个社团中与外部有联系的节点, 实现了具有异质节点的社团网络的聚类同步; 文献 [228] 沿用文献 [227] 的方法, 将牵制控制与自适应控制相结合, 讨论了具有异质节点的社团网络的聚类同步问题; 文献 [229] 研究了具有异质节点和多个社团的有向加权网络, 并通过调整权重值的方法实现了网络的聚类同步. 上述关于社团网络聚类同步的判断准则都是基于单个节点的信息得到的. 事实上, 每个社团都是由具有相同动力学性质的节点组成, 那么在研究社团网络的聚类同步过程中, 网络中的社团应该被视为一个整体来处理, 聚类同步准则应包含每个社团的整体信息而不仅仅是单个节点的信息. 根据这一思想, 文献 [230] 分析了具有混合耦合的社团网络的聚类同步问题, 并讨论了拓扑结构对网络同步能力的影响规律; 文献 [231] 利用自适应非周期间歇牵制控制技术实现了有向社团网络的指数聚类同步, 并从耦合强度、牵制节点数、控制时间以及相应的耦合矩阵主子阵最大特征值等方面探讨控制与同步的优化问题; 文献 [232] 通过构建不连续的 Lyapunov 函数, 利用自适应非周期间歇牵制控制技术实现了具有不同维度节点的有向社团网络的指数聚类同步; 文献 [233] 讨论了多层社团网络的聚类同步控制问题. 以上工作极大地推动了社团网络的聚类同步控制理论的创新与发展, 但是这些研究从时间角度来看本质上都是渐近同步或指数同步, 并未考虑网络收敛速度的问题. 因此, 本章将分别研究社团网络的有限时间和固定时间聚类同步控制问题, 其中网络模型具有同一社团内部节点具有相同特性而不同社团之间的节点具有不同特性的不完全异质特点, 进一步讨论社团内部的连接和社团之间的连接对聚类同步的动力学行为和网络的聚类同步能力的影响规律, 揭示网络的聚类机制和网络的拓扑结构之间的关系.

4.1 时变时滞社团网络的有限时间聚类同步

4.1.1 模型描述

本节考虑一类由 N 个节点、m 个社团组成的具有时变时滞的无向社团网络的有限时间聚类同步控制问题, 社团网络的数学模型可描述如下:

$$\dot{x}_i(t) = f_{\mu_i}\left(t, x_i(t), x_i(t - \tau_{\mu_i}(t))\right) + c_1 \sum_{j=1}^{N} a_{ij} \Gamma_1 x_j(t)$$

$$+ c_2 \sum_{j=1}^{N} b_{ij} \Gamma_2 x_j(t - \tau_{\mu_i}(t)) \tag{4.1.1}$$

其中 $i = 1, 2, \cdots, N$. 假设网络模型 (4.1.1) 有 $m(2 \leqslant m \leqslant N)$ 个非空社团, 即

$$\{1, 2, \cdots, N\} = J_1 \cup J_2 \cup \cdots \cup J_m$$

其中 $J_1 = \{1, \cdots, r_1\}$, $J_2 = \{r_1 + 1, \cdots, r_2\}$, $\cdots$, $J_m = \{r_{m-1} + 1, \cdots, N\}$. 定义函数 $\mu : \{1, 2, \cdots, N\} \to \{1, 2, \cdots, m\}$, 如果节点 $j \in J_k (k = 1, 2, \cdots, m)$, 则有 $\mu_j = k$, 即节点 j 属于第 k 个社团; $x_i(t) = (x_{i1}(t), x_{i2}(t), \cdots, x_{in}(t))^{\mathrm{T}} \in \mathbb{R}^n$ 为第 i 个节点的状态向量, $f_{\mu_i} : \mathbb{R} \times \mathbb{R}^n \times \mathbb{R}^n \to \mathbb{R}^n$ 为连续可微的向量函数, 表示在第 μ_i 个社团内节点的动力学性态, 本节假设孤立时的每个社团内的所有节点均具有相同的动力学性态, 而不同社团之间节点则具有不同的动力学性态; $\tau_{\mu_i}(t) \geqslant 0$ 代表时变时滞, 本节假设节点内部时滞与耦合时滞相同; $c_1 > 0$ 和 $c_2 > 0$ 为耦合强度, $\Gamma_1 \in \mathbb{R}^{n \times n}$ 和 $\Gamma_2 \in \mathbb{R}^{n \times n}$ 为内部耦合矩阵; $A = (a_{ij})_{N \times N}$ 和 $B = (b_{ij})_{N \times N}$ 为外部耦合矩阵, 代表网络的拓扑结构, 且定义为: 若节点 i 和节点 $j(i \neq j)$ 之间存在联系, 则有 $a_{ij} = a_{ji} > 0$ 和 $b_{ij} = b_{ji} > 0$, 否则 $a_{ij} = a_{ji} = 0$, $b_{ij} = b_{ji} = 0$. 外部耦合矩阵在无向网络中满足耗散耦合条件:

$$a_{ii} = -\sum_{j=1, j \neq i}^{N} a_{ij}, \quad b_{ii} = -\sum_{j=1, j \neq i}^{N} b_{ij}, \quad i = 1, 2, \cdots, N$$

令 $s_{\mu_i}(t) \in \mathbb{R}^n$ 为社团网络中单个节点的状态向量, 且满足

$$\dot{s}_{\mu_i}(t) = f_{\mu_i}\left(t, s_{\mu_i}(t), s_{\mu_i}(t - \tau_{\mu_i}(t))\right) \quad (i = 1, 2, \cdots, N)$$

及

$$\lim_{t \to \infty} \|s_{\mu_i}(t) - s_{\mu_j}(t)\| \neq 0 \quad (\mu_i \neq \mu_j)$$

为实现有限时间聚类同步, 控制下的社团网络模型 (4.1.1) 可描述为

$$\dot{x}_i(t) = f_{\mu_i}(t, x_i(t), x_i(t - \tau_{\mu_i}(t))) + c_1 \sum_{j=1}^{N} a_{ij} \Gamma_1 x_j(t) + c_2 \sum_{j=1}^{N} b_{ij} \Gamma_2 x_j(t - \tau_{\mu_i}(t)) + u_i(t)$$

$$(4.1.2)$$

其中 $u_i(t)(i = 1, 2, \cdots, N)$ 为待设计的控制器.

定义 4.1.1　定义社团网络 (4.1.1) 的同步误差为

$$e_i(t) = x_i(t) - s_{\mu_i}(t), \quad i = 1, 2, \cdots, N \qquad (4.1.3)$$

若存在依赖于初值的常数 $T(e(0)) \geqslant 0$ 使得

$$\lim_{t \to T(e(0))} \|e_i(t)\| = 0, \quad \|e_i(t)\| = 0, \quad t \geqslant T(e(0))$$

及

$$\lim_{t \to \infty} \left(x_i(t) - s_{\mu_j}(t) \right) \neq 0, \quad \mu_i \neq \mu_j, \quad t \geqslant 0$$

则称社团网络 (4.1.2) 是有限时间聚类同步的, 其中 $\| \cdot \|$ 是欧几里得范数, 即 $\|e_i(t)\| = \left(\sum_{j=1}^{n} e_{ij}^2(t) \right)^{1/2}$, $e_i(t) = (e_{i1}(t), e_{i2}(t), \cdots, e_{in}(t))^{\mathrm{T}}$. 称

$$T^* = \inf\{T(e(0)) \geqslant 0 : \|e_i(t)\| = 0, \ t \geqslant T^*(e(0))\}$$

为社团网络 (4.1.1) 的同步停息时间.

假设 4.1.1[168]　假设向量值函数 $f_{\mu_i}(t, x_i(t), x_i(t - \tau_{\mu_i}(t)))$ 关于时间 t 满足 semi-Lipschitz 条件, 即存在正常数 $\varsigma_{\mu_i} > 0$ 和 $\theta_{\mu_i} > 0 (i = 1, 2, \cdots, N)$ 使得不等式:

$$(x_i(t) - y_i(t))^{\mathrm{T}} \left(f_{\mu_i}(t, x_i(t), x_i(t - \tau_{\mu_i}(t))) - f_{\mu_i}(t, y_i(t), y_i(t - \tau_{\mu_i}(t))) \right)$$

$$\leqslant \varsigma_{\mu_i} (x_i(t) - y_i(t))^{\mathrm{T}} (x_i(t) - y_i(t))$$

$$+ \theta_{\mu_i} (x_i(t - \tau_{\mu_i}(t)) - y_i(t - \tau_{\mu_i}(t)))^{\mathrm{T}} (x_i(t - \tau_{\mu_i}(t)) - y_i(t - \tau_{\mu_i}(t)))$$

对任意 $x_i(t) = (x_{i1}(t), \ x_{i2}(t), \ \cdots, \ x_{in}(t))^{\mathrm{T}} \in \mathbb{R}^n$, $y_i(t) = (y_{i1}(t), \ y_{i2}(t), \cdots, \ y_{in}(t))^{\mathrm{T}} \in \mathbb{R}^n (t \geqslant 0)$ 成立.

假设 4.1.2[168]　假设时变时滞 $\tau_{\mu_i}(t)$ 是可微函数, 且满足 $0 \leqslant \dot{\tau}_{\mu_i}(t) \leqslant \varepsilon \leqslant 1$, 其中 ε 为非负常数.

引理 4.1.1[234]　假设存在一个范数有界的不确定向量值参数 $\alpha \in \mathbb{R}^n$, 即 $||\alpha|| < \omega$, 其中 ω 为已知的正常数, 则对任意 $\tilde{\alpha} \in \mathbb{R}^n$ 有

$$||\tilde{\alpha} - \alpha|| \leqslant ||\tilde{\alpha}|| + ||\alpha|| \leqslant ||\tilde{\alpha}|| + \omega$$

4.1.2　同步分析

基于社团网络 (4.1.2) 和同步误差 (4.1.3) 可得同步误差系统为

$$\dot{e}_i(t) = \tilde{f}_{\mu_i}(t, e_i(t), e_i(t - \tau_{\mu_i}(t))) + c_1 \sum_{j=1}^{N} a_{ij} \Gamma_1 e_j(t)$$

$$+ c_2 \sum_{j=1}^{N} b_{ij} \Gamma_2 e_j(t - \tau_{\mu_i}(t)) + u_i(t) \qquad (4.1.4)$$

其中

$$\tilde{f}_{\mu_i}(t, e_i(t), e_i(t - \tau_{\mu_i}(t))) = f_{\mu_i}(t, x_i(t), x_i(t - \tau_{\mu_i}(t)))$$

$$- f_{\mu_i}(t, s_{\mu_i}(t), s_{\mu_i}(t - \tau_{\mu_i}(t)))$$

控制器 $u_i(t)$ 为

$$u_i(t) = \begin{cases} -g_1 e_i(t) - \alpha_i(t), & i \in \tilde{J}_{\mu_i} \\ -\omega_i(t), & i \in J_{\mu_i} \setminus \tilde{J}_{\mu_i} \end{cases} \qquad (4.1.5)$$

式中

$$\alpha_i(t) = k\,\mathrm{sign}\,(e_i(t))\,|e_i(t)|^\gamma + k \left(k_1 \int_{t-\tau_{\mu_i}(t)}^{t} e_i^{\mathrm{T}}(s)e_i(s)\mathrm{d}s \right)^{\frac{1+\gamma}{2}} \Psi(e_i(t), ||e(t)||)$$

$$\omega_i(t) = k\,\mathrm{sign}\,(e_i(t))\,|e_i(t)|^\gamma + k \left(k_1 \int_{t-\tau_{\mu_i}(t)}^{t} e_i^{\mathrm{T}}(s)e_i(s)\mathrm{d}s \right)^{\frac{1+\gamma}{2}} \Psi(e_i(t), ||e(t)||)$$

$$+ 2k \left(g_1 \int_{t}^{t_1} e_i^{\mathrm{T}}(s)e_i(s)\mathrm{d}s \right)^{\frac{1+\gamma}{2}} \Psi(e_i(t), ||e(t)||)$$

其中 $i = 1, 2, \cdots, N$, k 是可选择常数, 正常数 $g_1 > 0$ 为耦合强度, $k_1 > 0$ 为正常数, $0 < \gamma < 1$; J_{μ_i} 表示在第 μ_i 个社团的所有节点集合, $\tilde{J}_{\mu_i}$ 表示在第 μ_i 个社

团中与外部有连接的节点组成的集合, $J_{\mu_i} \backslash \tilde{J}_{\mu_i}$ 表示 J_{μ_i} 中除 $\tilde{\mu}_i$ 外其他节点的集合; 函数 $\Psi(e_i(t), \|e(t)\|)$ 定义为

$$\Psi(e_i(t), \|e(t)\|) = \begin{cases} e_i(t)/\|e(t)\|^2, & \|e(t)\| \neq 0 \\ 0, & \|e(t)\| = 0 \end{cases}$$

备注 4.1.1　以图 4-2 所示无向 BA 无标度网络为例介绍网络模型 (4.1.1) 及控制器 (4.1.5) 相关参数的含义. 在本例中, 社团网络共有 19 个节点, 即 $N = 19$, 可分为 3 个社团, 即 $m = 3$, 且有 $J_1 = \{1, 2, \cdots, 6\}$, $J_2 = \{7, 8, \cdots, 12\}$, $J_3 = \{13, 14, \cdots, 19\}$, 即 $\mu_1, \mu_2, \cdots, \mu_6 = 1$, $\mu_7, \mu_8, \cdots, \mu_{12} = 2$, $\mu_{13}, \mu_{14}, \cdots, \mu_{19} = 3$. $\tilde{J}_1 = \{3, 4, 5, 6\}$, $\tilde{J}_2 = \{7, 8\}$, $\tilde{J}_3 = \{13, 14, 15\}$ 分别为 3 个社团中与外部有连接的节点组成的集合. 从控制器 (4.1.5) 可以看出, 在每个社团中与外部有联系的节点和无联系的节点的控制策略是不同的.

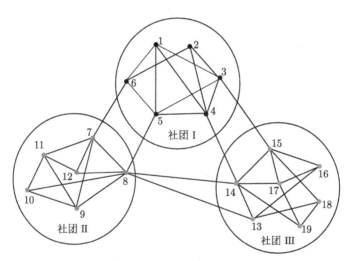

图 4-2　具有 3 个社团的无向 BA 无标度网络的拓扑结构

备注 4.1.2　通过借鉴牵制控制技术的思路, 本节设计了混合控制器 (4.1.5), 其主要思想是将网络模型中每个社团的节点分为两个部分进行控制. 其中, 在 $i \in \tilde{J}_{\mu_i}$ 中的节点为关键的控制节点, 也就意味着这些节点会被重点控制.

定理 4.1.1　假定假设 4.1.1 和假设 4.1.2 成立, 如果不等式

(1) $\eta_2 + \dfrac{1}{2} - \dfrac{1 - \varepsilon}{2} k_1 < 0$;

(2) $\eta_1 + c_1 \lambda_{\max}(Q) + \dfrac{1}{2} c_2^2 \lambda_{\max}(PP^{\mathrm{T}}) + \dfrac{1}{2} k_1 - g_1 < 0$

成立, 其中 $\eta_1 = \max\limits_{1 \leqslant \mu_i \leqslant m} \{\varsigma_{\mu_i}\} > 0, \eta_2 = \max\limits_{1 \leqslant \mu_i \leqslant m} \{\theta_{\mu_i}\} > 0, Q = A \otimes \Gamma_1, P = B \otimes \Gamma_2$, 则社团网络 (4.1.1) 在控制器 (4.1.5) 下能够在有限时间

$$T^* = t_0 + \frac{1}{(1-\gamma)k} \left(2V(t_0)\right)^{\frac{1-\gamma}{2}}$$

内实现聚类同步, 其中

$$V(t_0) = \frac{1}{2} \sum_{i=1}^{N} e_i^{\mathrm{T}}(t_0)e_i(t_0) + \frac{1}{2}k_1 \sum_{i=1}^{N} \int_{t_0-\tau_{\mu_i}(t_0)}^{t_0} e_i^{\mathrm{T}}(s)e_i(s)\mathrm{d}s$$
$$+ g_1 \sum_{\mu_i=1}^{m} \sum_{i \in J_{\mu_i} \setminus \tilde{J}_{\mu_i}} \int_{t_0}^{t_1} e_i^{\mathrm{T}}(s)e_i(s)\mathrm{d}s$$

$e_i(t_0)$ 和 $\tau_{\mu_i}(t_0)$ 分别为 $e_i(t)$ 和 $\tau_{\mu_i}(t)$ 的初始值.

证明 构造如下 Lyapunov-Krasovskii 泛函:

$$V(t) = \frac{1}{2} \sum_{i=1}^{N} e_i^{\mathrm{T}}(t)e_i(t) + \frac{1}{2}k_1 \sum_{i=1}^{N} \int_{t-\tau_{\mu_i}(t)}^{t} e_i^{\mathrm{T}}(s)e_i(s)\mathrm{d}s$$
$$+ g_1 \sum_{\mu_i=1}^{m} \sum_{i \in J_{\mu_i} \setminus \tilde{J}_{\mu_i}} \int_{t}^{t_1} e_i^{\mathrm{T}}(s)e_i(s)\mathrm{d}s$$

沿着误差系统 (4.1.4) 的轨迹, 计算 $V(t)$ 关于时间 t 的导数可得

$$\dot{V}(t) = \sum_{i=1}^{N} e_i^{\mathrm{T}}(t)\Bigg[f_{\mu_i}\left(t, x_i(t), x_i(t-\tau_{\mu_i}(t))\right) - f_{\mu_i}\left(t, s_{\mu_i}(t), s_{\mu_i}(t-\tau_{\mu_i}(t))\right)$$
$$+ c_1 \sum_{j=1}^{N} a_{ij}\Gamma_1 e_j(t) + c_2 \sum_{j=1}^{N} b_{ij}\Gamma_2 e_j(t-\tau_{\mu_i}(t)) + u_i(t) \Bigg] + \frac{1}{2}k_1 \sum_{i=1}^{N} e_i^{\mathrm{T}}(t)e_i(t)$$
$$- \frac{1-\dot{\tau}_{\mu_i}(t)}{2}k_1 \sum_{i=1}^{N} e_i^{\mathrm{T}}(t-\tau_{\mu_i}(t))e_i(t-\tau_{\mu_i}(t)) - g_1 \sum_{\mu_i=1}^{m} \sum_{i \in J_{\mu_i} \setminus \tilde{J}_{\mu_i}} e_i^{\mathrm{T}}(t)e_i(t)$$

$$(4.1.6)$$

将控制器 (4.1.5) 代入 (4.1.6), 并利用假设 4.1.1 可得

$$\dot{V}(t) \leqslant \eta_1 \sum_{i=1}^{N} e_i^{\mathrm{T}}(t)e_i(t) + \eta_2 \sum_{i=1}^{N} e_i^{\mathrm{T}}(t-\tau_{\mu_i}(t))e_i(t-\tau_{\mu_i}(t))$$

$$+ c_1 e^{\mathrm{T}}(t)\left(A \otimes \Gamma_1\right) e(t) + c_2 e^{\mathrm{T}}(t)\left(B \otimes \Gamma_2\right) e\left(t - \tau_{\mu_i}(t)\right)$$

$$+ \frac{1}{2} k_1 \sum_{i=1}^{N} e_i^{\mathrm{T}}(t) e_i(t) - \frac{1 - \dot{\tau}_{\mu_i}(t)}{2} k_1 \sum_{i=1}^{N} e_i^{\mathrm{T}}\left(t - \tau_{\mu_i}(t)\right) e_i\left(t - \tau_{\mu_i}(t)\right)$$

$$- \sum_{\mu_i=1}^{m} \sum_{i \in J_{\mu_i} \backslash \tilde{J}_{\mu_i}} g_1 e_i^{\mathrm{T}}(t) e_i(t) - \sum_{\mu_i=1}^{m} \sum_{i \in \tilde{J}_{\mu_i}} g_1 e_i^{\mathrm{T}}(t) e_i(t)$$

$$- k \sum_{i=1}^{N} e_i^{\mathrm{T}}(t) \left[\left(k_1 \int_{t-\tau_{\mu_i}(t)}^{t} e_i^{\mathrm{T}}(s) e_i(s) \mathrm{d}s \right)^{\frac{1+\gamma}{2}} \Psi\left(e_i(t), \|e(t)\|\right) \right.$$

$$\left. + \operatorname{sign}\left(e_i(t)\right) |e_i(t)|^{\gamma} \right]$$

$$- 2k \sum_{\mu_i=1}^{m} \sum_{i \in J_{\mu_i} \backslash \tilde{J}_{\mu_i}} e_i^{\mathrm{T}}(t) \left[\left(g_1 \int_{t}^{t_1} e_i^{\mathrm{T}}(s) e_i(s) \mathrm{d}s \right)^{\frac{1+\gamma}{2}} \Psi\left(e_i(t), \|e(t)\|\right) \right]$$

其中 $e(t) = \left(\|e_1(t)\|, \|e_2(t)\|, \cdots, \|e_N(t)\|\right)^{\mathrm{T}}$, 正常数 η_1 和 $\eta_2 > 0$, 由引理 2.2.1 可得

$$\dot{V}(t) \leqslant \eta_1 \sum_{i=1}^{N} e_i^{\mathrm{T}}(t) e_i(t) + \eta_2 \sum_{i=1}^{N} e_i^{\mathrm{T}}\left(t - \tau_{\mu_i}(t)\right) e_i\left(t - \tau_{\mu_i}(t)\right)$$

$$+ c_1 e^{\mathrm{T}}(t) Q e(t) + c_2 e^{\mathrm{T}}(t) P e\left(t - \tau_{\mu_i}(t)\right) + \frac{1}{2} k_1 \sum_{i=1}^{N} e_i^{\mathrm{T}}(t) e_i(t)$$

$$- \frac{1 - \dot{\tau}_{\mu_i}(t)}{2} k_1 \sum_{i=1}^{N} e_i^{\mathrm{T}}\left(t - \tau_{\mu_i}(t)\right) e_i\left(t - \tau_{\mu_i}(t)\right) - g_1 \sum_{i=1}^{N} e_i^{\mathrm{T}}(t) e_i(t)$$

$$- k \sum_{i=1}^{N} e_i^{\mathrm{T}}(t) \left[\left(k_1 \int_{t-\tau_{\mu_i}(t)}^{t} e_i^{\mathrm{T}}(s) e_i(s) \mathrm{d}s \right)^{\frac{1+\gamma}{2}} \Psi\left(e_i(t), \|e(t)\|\right) \right.$$

$$\left. + \operatorname{sign}\left(e_i(t)\right) |e_i(t)|^{\gamma} \right]$$

$$- 2k \sum_{\mu_i=1}^{m} \sum_{i \in J_{\mu_i} \backslash \tilde{J}_{\mu_i}} e_i^{\mathrm{T}}(t) \left[\left(g_1 \int_{t}^{t_1} e_i^{\mathrm{T}}(s) e_i(s) \mathrm{d}s \right)^{\frac{1+\gamma}{2}} \Psi\left(e_i(t), \|e(t)\|\right) \right]$$

$$\leqslant \eta_1 e^{\mathrm{T}}(t) e(t) + \eta_2 e^{\mathrm{T}}\left(t - \tau_{\mu_i}(t)\right) e\left(t - \tau_{\mu_i}(t)\right) + c_1 e^{\mathrm{T}}(t) Q e(t)$$

$$+ \frac{1}{2} c_2^2 e^{\mathrm{T}}(t)(PP^{\mathrm{T}})e(t) + \frac{1}{2} e^{\mathrm{T}}(t - \tau_{\mu_i}(t))e(t - \tau_{\mu_i}(t))$$

$$+ \frac{1}{2} k_1 e^{\mathrm{T}}(t)e(t) - \frac{1 - \dot{\tau}_{\mu_i}(t)}{2} k_1 e^{\mathrm{T}}(t - \tau_{\mu_i}(t))e(t - \tau_{\mu_i}(t)) - g_1 \sum_{i=1}^{N} e_i^{\mathrm{T}}(t)e_i(t)$$

$$- k \sum_{i=1}^{N} e_i^{\mathrm{T}}(t) \left[\left(k_1 \int_{t - \tau_{\mu_i}(t)}^{t} e_i^{\mathrm{T}}(s)e_i(s)\mathrm{d}s \right)^{\frac{1+\gamma}{2}} \Psi\left(e_i(t), \|e(t)\|\right) \right.$$

$$\left. + \mathrm{sign}\left(e_i(t)\right) |e_i(t)|^{\gamma} \right]$$

$$- 2k \sum_{\mu_i=1}^{m} \sum_{i \in J_{\mu_i} \backslash \tilde{J}_{\mu_i}} e_i^{\mathrm{T}}(t) \left[\left(g_1 \int_{t}^{t_1} e_i^{\mathrm{T}}(s)e_i(s)\mathrm{d}s \right)^{\frac{1+\gamma}{2}} \Psi\left(e_i(t), \|e(t)\|\right) \right]$$

$$\leqslant \left(\eta_2 + \frac{1}{2} - \frac{1 - \varepsilon}{2} k_1 \right) e^{\mathrm{T}}(t - \tau_{\mu_i}(t))e(t - \tau_{\mu_i}(t))$$

$$+ \left(\eta_1 + c_1 \lambda_{\max}(Q) + \frac{1}{2} c_2^2 \lambda_{\max}(PP^{\mathrm{T}}) + \frac{1}{2} k_1 - g_1 \right) e^{\mathrm{T}}(t)e(t)$$

$$- k \sum_{i=1}^{N} e_i^{\mathrm{T}}(t) \left[\left(k_1 \int_{t - \tau_{\mu_i}(t)}^{t} e_i^{\mathrm{T}}(s)e_i(s)\mathrm{d}s \right)^{\frac{1+\gamma}{2}} \Psi\left(e_i(t), \|e(t)\|\right) \right.$$

$$\left. + \mathrm{sign}\left(e_i(t)\right) |e_i(t)|^{\gamma} \right]$$

$$- 2k \sum_{\mu_i=1}^{m} \sum_{i \in J_{\mu_i} \backslash \tilde{J}_{\mu_i}} e_i^{\mathrm{T}}(t) \left[\left(g_1 \int_{t}^{t_1} e_i^{\mathrm{T}}(s)e_i(s)\mathrm{d}s \right)^{\frac{1+\gamma}{2}} \Psi\left(e_i(t), \|e(t)\|\right) \right]$$

根据定理 4.1.1 中的条件, 引理 2.1.4 及引理 4.1.1, 能够进一步得到

$$\dot{V}(t) \leqslant - k \sum_{i=1}^{N} e_i^{\mathrm{T}}(t) \left[\left(k_1 \int_{t - \tau_{\mu_i}(t)}^{t} e_i^{\mathrm{T}}(s)e_i(s)\mathrm{d}s \right)^{\frac{1+\gamma}{2}} \Psi\left(e_i(t), \|e(t)\|\right) \right.$$

$$\left. + \mathrm{sign}\left(e_i(t)\right) |e_i(t)|^{\gamma} \right]$$

$$- 2k \sum_{\mu_i=1}^{m} \sum_{i \in J_{\mu_i} \backslash \tilde{J}_{\mu_i}} e_i^{\mathrm{T}}(t) \left[\left(g_1 \int_{t}^{t_1} e_i^{\mathrm{T}}(s)e_i(s)\mathrm{d}s \right)^{\frac{1+\gamma}{2}} \Psi\left(e_i(t), \|e(t)\|\right) \right]$$

$$\leqslant - k \sum_{i=1}^{N} \left| e_i^{\mathrm{T}}(t) e_i(t) \right|^{\frac{1+\gamma}{2}} - k \sum_{i=1}^{N} \left(k_1 \int_{t-\tau_{\mu_i}(t)}^{t} e_i^{\mathrm{T}}(s) e_i(s) \mathrm{d}s \right)^{\frac{1+\gamma}{2}}$$

$$- 2k \sum_{\mu_i=1}^{m} \sum_{i \in J_{\mu_i} \setminus \tilde{J}_{\mu_i}} \left(g_1 \int_{t}^{t_1} e_i^{\mathrm{T}}(s) e_i(s) \mathrm{d}s \right)^{\frac{1+\gamma}{2}}$$

$$\leqslant - 2^{\frac{1+\gamma}{2}} k \left(\frac{1}{2} \sum_{i=1}^{N} e_i^2(t) + \frac{1}{2} \sum_{i=1}^{N} k_1 \int_{t-\tau_{\mu_i}(t)}^{t} e_i^{\mathrm{T}}(s) e_i(s) \mathrm{d}s \right.$$

$$\left. + k \sum_{\mu_i=1}^{m} \sum_{i \in J_{\mu_i} \setminus \tilde{J}_{\mu_i}} g_1 \int_{t}^{t_1} e_i^{\mathrm{T}}(s) e_i(s) \mathrm{d}s \right)^{\frac{1+\gamma}{2}}$$

$$= - 2^{\frac{1+\gamma}{2}} k V^{\frac{1+\gamma}{2}}(t)$$

由引理 2.1.5 可知对于任意初始值, 同步误差系统 (4.1.4) 能够在有限时间 T^* 内实现全局稳定. 因此, 控制下的社团网络 (4.1.2) 能够在有限时间 T^* 内实现聚类同步. 证毕.

备注 4.1.3　当初始时间 $t_0 = 0$ 时, 有 $T^* = \dfrac{1}{(1-\gamma)k} (2V(0))^{\frac{1-\gamma}{2}}$, 且由此能够看出社团网络 (4.1.1) 实现有限时间聚类同步的停息时间依赖于常数 $k\ (k > 0)$ 和 $\gamma(0 \leqslant \gamma < 1)$. 将时间 T^* 看作关于 k 的函数, 即表示为: $T(k) = \dfrac{1}{(1-\gamma)k} \cdot$ $(2V(0))^{\frac{1-\gamma}{2}}$, 对于固定的 γ, 可以得到 $\dfrac{\mathrm{d}T(k)}{\mathrm{d}k} = -\dfrac{1}{(1-\gamma)k^2} (2V(0))^{\frac{1-\gamma}{2}} < 0$, 即 $T(k)$ 关于 k 是一个严格单调递减的函数. 因此, 控制增益越大停息时间越短.

令 $m = 1$, 则社团网络 (4.1.2) 的有限时间聚类同步退化为同质复杂网络的有限时间完全同步问题, 控制下的同质复杂网络的模型可描述为

$$\dot{x}_i(t) = f\left(t, x_i(t), x_i(t - \tau_1(t))\right) + c_1 \sum_{j=1}^{N} a_{ij} \Gamma_1 x_j(t)$$

$$+ c_2 \sum_{j=1}^{N} b_{ij} \Gamma_2 x_j(t - \tau_2(t)) + u_i(t) \tag{4.1.7}$$

其中 $i = 1, 2, \cdots, N$, 有限时间半牵制控制器 $u_i(t)$ 设计为

$$u_i(t) = \begin{cases} -g_1 e_i(t) - \alpha_i(t), & 1 \leqslant i \leqslant l \\ -\omega_i(t), & l+1 \leqslant i \leqslant N \end{cases}$$

其中

$$\alpha_i(t) = k\,\text{sign}\,(e_i(t))\,|e_i(t)|^\gamma + k\sum_{r=1}^{2}\left(k_r\int_{t-\tau_r(t)}^{t}e_i^{\text{T}}(s)e_i(s)\text{d}s\right)^{\frac{1+\gamma}{2}}\Psi\left(e_i(t),||e(t)||\right)$$

$$\omega_i(t) = k\,\text{sign}\,(e_i(t))\,|e_i(t)|^\gamma + k\sum_{r=1}^{2}\left(k_r\int_{t-\tau_r(t)}^{t}e_i^{\text{T}}(s)e_i(s)\text{d}s\right)^{\frac{1+\gamma}{2}}\Psi\left(e_i(t),||e(t)||\right)$$

$$+ 2k\left(g_1\int_{t}^{t_1}e_i^{\text{T}}(s)e_i(s)\text{d}s\right)^{\frac{1+\gamma}{2}}\Psi\left(e_i(t),||e(t)||\right)$$

推论 4.1.1 假定假设 4.1.1 和假设 4.1.2 成立, 如果控制器参数 $k \in \mathbb{R}$, $k_1 > 0$, $g_1 > 0$, $0 < \gamma < 1$ 满足

(1) $\eta_1 + c_1\lambda_{\max}(Q) + \dfrac{1}{2}c_2^2\lambda_{\max}(PP^{\text{T}}) + \dfrac{1}{2}k_1 + \dfrac{1}{2}k_2 - g_1 < 0$;

(2) $\eta_2 - \dfrac{1-\varepsilon_1}{2}k_1 < 0$;

(3) $\dfrac{1}{2} - \dfrac{1-\varepsilon_2}{2}k_2 < 0$,

则控制下的复杂动态网络 (4.1.7) 可在有限时间 $T_1^* \leqslant t_0 + \dfrac{1}{(1-\gamma)k}\left(2V(t_0)\right)^{\frac{1-\gamma}{2}}$ 内实现完全同步, 其中

$$V(t_0) = \frac{1}{2}\sum_{i=1}^{N}e_i^{\text{T}}(t_0)e_i(t_0) + \frac{1}{2}k_1\sum_{i=1}^{N}\int_{t_0-\tau_1(t_0)}^{t_0}e_i^{\text{T}}(s)e_i(s)\text{d}s$$

$$+ \frac{1}{2}k_2\sum_{i=1}^{N}\int_{t_0-\tau_2(t_0)}^{t_0}e_i^{\text{T}}(s)e_i(s)\text{d}s + g_1\sum_{i=l+1}^{N}\int_{t_0}^{t_1}e_i^{\text{T}}(s)e_i(s)\text{d}s$$

当社团网络模型 (4.1.1) 中的时变时滞 $\tau_{\mu_i}(t)$ 退化为常时滞 $\tau > 0$ 时, 控制下的常时滞社团网络模型可描述为

$$\dot{x}_i(t) = f_{\mu_i}\left(t, x_i(t), x_i(t-\tau)\right) + c_1\sum_{j=1}^{N}a_{ij}\Gamma_1 x_j(t)$$

$$+ c_2\sum_{j=1}^{N}b_{ij}\Gamma_2 x_j(t-\tau) + u_i(t) \tag{4.1.8}$$

其中 $i = 1, 2, \cdots, N$, 有限时间控制器 $u_i(t)$ 设计为

$$u_i(t) = \begin{cases} -g_1 e_i(t) - \alpha_i(t), & i \in \tilde{J}_{\mu_i} \\ -\omega_i(t), & i \in J_{\mu_i}\backslash\tilde{J}_{\mu_i} \end{cases}$$

其中

$$\alpha_i(t) = k\,\mathrm{sign}\,(e_i(t))\,|e_i(t)|^\gamma + k\left(k_1\int_{t-\tau}^t e_i^{\mathrm{T}}(s)e_i(s)\mathrm{d}s\right)^{\frac{1+\gamma}{2}}\Psi\left(e_i(t),\|e(t)\|\right)$$

$$\omega_i(t) = k\,\mathrm{sign}\,(e_i(t))\,|e_i(t)|^\gamma + k\left(k_1\int_{t-\tau}^t e_i^{\mathrm{T}}(s)e_i(s)\mathrm{d}s\right)^{\frac{1+\gamma}{2}}\Psi\left(e_i(t),\|e(t)\|\right)$$

$$+ 2k\left(g_1\int_t^{t_1} e_i^{\mathrm{T}}(s)e_i(s)\mathrm{d}s\right)^{\frac{1+\gamma}{2}}\Psi\left(e_i(t),\|e(t)\|\right)$$

推论 4.1.2　假定假设 4.1.1 和假设 4.1.2 成立, 如果控制器参数 $k \in \mathbb{R}$, $k_1 > 0, g_1 > 0, 0 < \gamma < 1$ 满足

(1) $\eta_1 + c_1\lambda_{\max}(Q) + \dfrac{1}{2}c_2^2\lambda_{\max}(PP^{\mathrm{T}}) + \dfrac{1}{2}k_1 - g_1 < 0$;

(2) $\eta_2 + \dfrac{1}{2} - \dfrac{1}{2}k_1 < 0$,

则具有常时滞的社团网络 (4.1.8) 可在有限时间 $T_2^* \leqslant t_0 + \dfrac{1}{(1-\gamma)k}\left(2V(t_0)\right)^{\frac{1-\gamma}{2}}$ 内实现聚类同步, 其中

$$V(t_0) = \frac{1}{2}\sum_{i=1}^N e_i^{\mathrm{T}}(t_0)e_i(t_0) + \frac{1}{2}k_1\sum_{i=1}^N\int_{t_0-\tau}^{t_0} e_i^{\mathrm{T}}(s)e_i(s)\mathrm{d}s$$

$$+ g_1\sum_{\mu_i=1}^m\sum_{i\in J_{\mu_i}\setminus\tilde{J}_{\mu_i}}\int_{t_0}^{t_1} e_i^{\mathrm{T}}(s)e_i(s)\mathrm{d}s$$

4.1.3　数值模拟

首先, 考虑具有 3 个社团的社团网络模型, 其中同一社团内部的节点孤立时具有相同的动力学行为, 不同社团之间的节点孤立时则具有不同的动力学行为, 且选择 3 个社团的节点动力学行为分别为不同的时滞神经网络模型:

$$\dot{x}(t) = f_{\mu_i}\left(t, x(t), x(t-\tau_{\mu_i}(t))\right), \quad \mu_i = 1,2,3 \tag{4.1.9}$$

式中

$$x(t) = (x_1(t), x_2(t), x_3(t))^{\mathrm{T}}$$

$$f_1\left(t, x(t), x(t-\tau_1(t))\right) = D_1x(t) + g_{11}(x(t)) + g_{12}(x(t-\tau_1(t)))$$

$$f_2\left(t, x(t), x(t-\tau_2(t))\right) = D_2x(t) + g_{21}(x(t)) + g_{22}(x(t-\tau_2(t))) + H$$

$$f_3\left(t, x(t), x(t-\tau_1(t))\right) = D_3x(t) + g_{31}(x(t)) + g_{32}(x(t-\tau_3(t)))$$

其中

$$g_{11}(x) = (0, -x_1x_3, x_1x_2)^{\mathrm{T}}, \quad g_{12}(x) = (0, 6x_2, 0)^{\mathrm{T}}$$

$$g_{21}(x) = (0, 0, x_1 x_3)^{\mathrm{T}}, \quad g_{22}(x) = (x_1, 0, 0)^{\mathrm{T}}$$

$$g_{31}(x) = (3.247\,(|x_1 + 1| - |x_1 - 1|), 0, 0)^{\mathrm{T}}, \quad g_{32}(x) = (0, 0, -3.906\sin(0.5x_1))^{\mathrm{T}}$$

$$H = (0, 0, 0.2)^{\mathrm{T}}, \quad \tau_1(t) = \frac{0.2\mathrm{e}^t}{1 + \mathrm{e}^t}, \quad \tau_2(t) = \frac{2\mathrm{e}^t}{1 + \mathrm{e}^t}, \quad \tau_3(t) = \frac{1.2\mathrm{e}^t}{1 + \mathrm{e}^t}$$

$$D_1 = \begin{pmatrix} -10 & 10 & 0 \\ 28 & 4 & 0 \\ 0 & 0 & -\dfrac{8}{3} \end{pmatrix}, \quad D_2 = \begin{pmatrix} 0 & -1 & -1 \\ 1 & 0.2 & 0 \\ 0 & 0 & -1.2 \end{pmatrix}$$

$$D_3 = \begin{pmatrix} -2.169 & 10 & 0 \\ 1 & -1 & 1 \\ 0 & -19.53 & -0.1636 \end{pmatrix}$$

这里 e 为自然对数的底数. 在初值 $x_1(s) = 0.2$, $x_2(s) = 0.4$, $x_3(s) = 0.5$, $\forall s \in [-2, 0]$ 下, 神经网络模型 (4.1.9) 呈现出不同的混沌状态, 如图 4-3 所示.

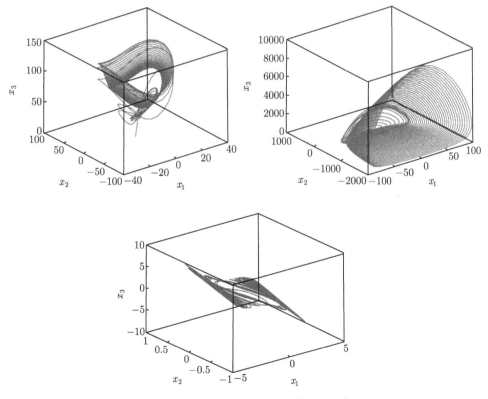

图 4-3 神经网络系统 (4.1.9) 的混沌行为

下面考虑一个具有 19 个节点、3 个社团的社团网络模型, 如图 4-2 所示, 其数学模型可描述为

$$\dot{x}_i(t) = f_{\mu_i}\left(t, x_i(t), x_i(t - \tau_{\mu_i}(t))\right) + c_1 \sum_{j=1}^{N} a_{ij} \Gamma_1 x_j(t)$$

$$+ c_2 \sum_{j=1}^{N} b_{ij} \Gamma_2 x_j(t - \tau_{\mu_i}(t)) + u_i(t), \quad i = 1, 2, \cdots, 19 \tag{4.1.10}$$

其中, $\Gamma_1 = \Gamma_2 = \mathrm{diag}(1, 1, 1)$, $c_1 = 10$, $c_2 = 1$, $\varepsilon = 0.1$, $A = (a_{ij})_{N \times N}$, $B = (b_{ij})_{N \times N}$, $N = 19$, $k = 2$, $k_1 = 1.4$, $g_1 = 41.4$. 计算可得: $\lambda_{\max}(A) = \lambda_{\max}(B) = -0.0456$, $\lambda_{\max}(Q) = -0.456$, $\lambda_{\max}(PP^{\mathrm{T}}) = 75.3617$, $\eta_1 = 3.4707$, $\eta_2 = 0.1$, $V(0) = 7.677$. 易验证定理 4.1.1 的条件成立, 即控制下的具有时变时滞的社团网络 (4.1.10) 可在有限时间 $T^* \leqslant 1.959$ 内实现聚类同步.

令符号 $E_1(t)$, $E_2(t)$ 和 $E_3(t)$ 分别表示社团网络 (4.1.10) 中 3 个社团的同步误差; 符号 $E_{12}(t)$, $E_{13}(t)$ 和 $E_{23}(t)$ 表示社团网络 (4.1.10) 中两个不同社团之间的误差, 即

$$\begin{cases} E_1(t) = \sqrt{\displaystyle\sum_{\mu_i=1} \|x_i(t) - s_1(t)\|^2}, \\ E_2(t) = \sqrt{\displaystyle\sum_{\mu_i=2} \|x_i(t) - s_2(t)\|^2}, \\ E_3(t) = \sqrt{\displaystyle\sum_{\mu_i=3} \|x_i(t) - s_3(t)\|^2}, \end{cases} \quad \begin{cases} E_{12}(t) = \min \|x_i(t) - x_j(t)\|, & \mu_i = 1, \mu_j = 2 \\ E_{13}(t) = \min \|x_i(t) - x_j(t)\|, & \mu_i = 1, \mu_j = 3 \\ E_{23}(t) = \min \|x_i(t) - x_j(t)\|, & \mu_i = 2, \mu_j = 3 \end{cases}$$

当时间 $t \to T^*$ 时, 同一社团内部节点同步误差 $E_1(t)$, $E_2(t)$ 和 $E_3(t)$ 收敛到零, 且不同社团间节点同步误差 $E_{12}(t)$, $E_{13}(t)$ 和 $E_{23}(t)$ 不能收敛到零, 即控制下的社团网络 (4.1.10) 在有限时间 T^* 内实现了聚类同步, 如图 4-4 和图 4-5 所示.

由备注 4.1.1 可知, 为了更好地实现社团网络的有限时间聚类同步, 本节主要控制社团中与外部有连接的节点, 在本例中即为节点集合 $\tilde{J}_1 = \{3, 4, 5, 6\}$, $\tilde{J}_2 = \{7, 8\}$ 和 $\tilde{J}_3 = \{13, 14, 15\}$. 为了更好地展示所选择节点的优势, 这里通过对比控制其他节点时的聚类同步效果 (以重点控制图 4-2 中的节点 1, 2, 9, 10, 11, 12, 16, 17, 18 和 19 为例). 同步效果对比如图 4-6 所示, 其中曲线 a 表示控制器 (4.1.5) 所实现的同步误差; 曲线 b 表示控制器:

$$u_i(t) = \begin{cases} -g_1 e_i(t) - \alpha_i(t), & i \in J_{\mu_i} \backslash \tilde{J}_{\mu_i} \\ -\omega_i(t), & i \in \tilde{J}_{\mu_i} \end{cases}$$

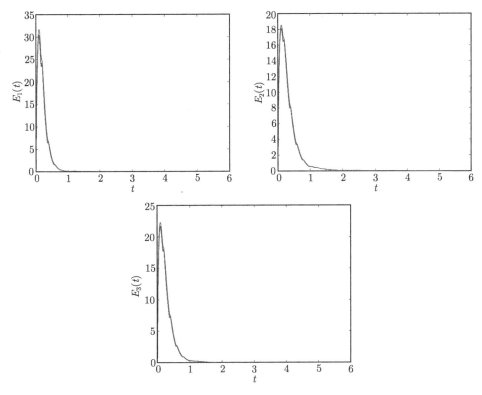

图 4-4　同一社团内部节点同步误差 $E_1(t)$, $E_2(t)$ 和 $E_3(t)$ 的变化曲线

的同步误差效果. 从图 4-6 可以看出, 在两种不同的混合控制器的作用下, 社团网络均在有限时间 $T^* \leqslant 1.959$ 内实现聚类同步, 但曲线 a 相较于曲线 b 具有更快的收敛速度, 这在一定程度上说明了控制器 (4.1.5) 的正确性、有效性和优势.

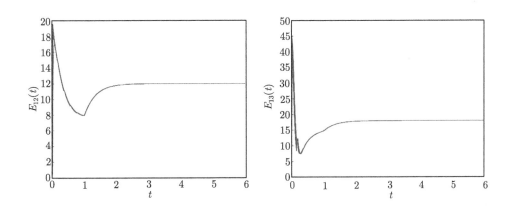

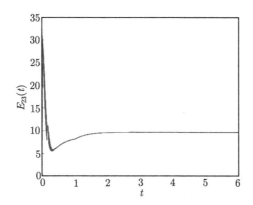

图 4-5   不同社团节点间误差 $E_{12}(t)$, $E_{13}(t)$ 和 $E_{23}(t)$ 的变化曲线

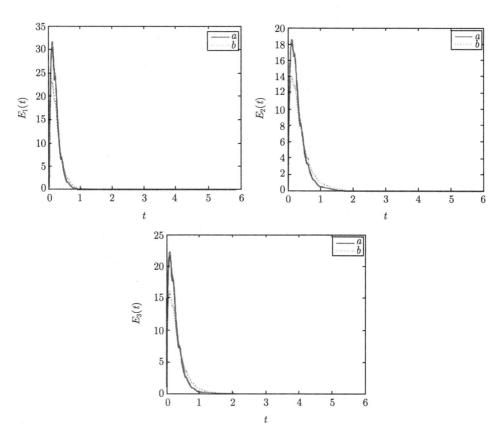

图 4-6   不同控制器下的同步误差 $E_1(t)$, $E_2(t)$ 和 $E_3(t)$ 的变化曲线

4.2 不连续社团网络的固定时间聚类同步

在复杂网络中, 不连续现象随处可见, 如接触动力学中的静摩擦, 神经网络中激活函数的跳跃不连续性, 忆阻器中连接权重的不连续性, 基因调控网络中细胞的调控过程和甲基化过程, 物理学中的冲击振子模型以及电路系统中 $\Sigma\Delta$ 调制器、Murali-Lakshmannan-Chua 电路和反馈继电器电路等 [116,235,236]. 在复杂网络的同步控制研究中通常假设其节点动力学是连续可微的, 而推广复杂网络的节点动力学范围, 在更广泛的意义下 (减弱连续性、有界性和单调性等的要求) 研究分数阶复杂网络的有限时间同步可以在很大程度上拓展复杂网络的应用空间 [117]. 如对于神经网络而言, 不连续的激活函数可以很好地改善复杂网络的性能, 增强神经网络的存储容量和实际优化能力, 实际应用范围更广. 因此, 研究人员针对右端不连续系统进行了大量的动力学行为研究, 并取得了许多重要的研究成果 [98,123,237-239]. 文献 [237] 通过设计连续与不连续控制器, 分别研究了具有连续节点动力学和不连续节点动力学的复杂网络的有限时间同步; 文献 [238] 通过对一类右端不连续的复杂网络设计不连续控制律, 运用不连续系统的有限时间稳定定理以及微分包含、非光滑分析等, 得到了网络的有限时间同步判据; 文献 [98] 讨论了一类具有不连续子系统和随机耦合时滞的复杂网络的有限时间聚类同步问题; 文献 [123] 和 [239] 均给出了不连续复杂网络实现有限时间和固定时间同步的统一判据, 通过调整个别参数就能实现网络在渐近同步、有限时间同步与固定时间同步之间的切换. 作为研究基于控制的不连续社团网络的固定时间聚类同步问题的基础, 本节首先利用反证法和数学归纳法讨论了一类不连续非线性动力系统的固定时间稳定性问题. 在此基础上, 利用微分包含理论并分别设计周期和非周期转换控制器实现不连续有向社团网络的固定时间聚类同步, 同时还对停息时间进行了精确估计.

4.2.1 模型描述

考虑一类由 N 个节点、r 个社团组成的具有连续耦合和不连续节点动力学的有向社团网络模型:

$$\dot{x}_i(t) = B_{\mu_i} x_i(t) + f_{\mu_i}(x_i(t)) + c \sum_{k=1}^{r} \sum_{j \in J_k} a_{ij} \Gamma x_j(t) \tag{4.2.1}$$

其中, $i = 1, 2, \cdots, N$, J_k 表示第 $k(k = 1, 2, \cdots, r)$ 个社团所有节点集合; 定义函数 $\mu : \{1, 2, \cdots, N\} \to \{1, 2, \cdots, r\}$, 如果节点 $j \in J_k(k = 1, 2, \cdots, r)$, 则有 $\mu_j = k$, 即节点 j 属于第 k 个社团; $x_i(t) = (x_{i1}(t), x_{i2}(t), \cdots, x_{in}(t))^{\mathrm{T}} \in \mathbb{R}^n$

为第 i 个节点的状态向量, $f_{\mu_i}: \mathbb{R}^n \to \mathbb{R}^n$ 为不连续的非线性向量函数, 表示在第 μ_i 个社团内节点的动力学性态, 本节假设孤立时的每个社团内的所有节点均具有相同的动力学性态, 而不同社团之间节点则具有不同的动力学性态; $\Gamma = \mathrm{diag}\,(\xi_1, \xi_2, \cdots, \xi_n) > 0$ 为内部耦合矩阵, 正常数 $c > 0$ 为耦合强度; $B_{\mu_i} = \left(b_{ij}^{\mu_i}\right)_{n \times n} \in \mathbb{R}^{n \times n}$; $A = (a_{ij})_{N \times N}$ 为外部耦合矩阵, 代表网络的拓扑结构, 且定义为: 若存在从节点 j 到节点 $i (i \neq j)$ 的有向连接, 则 $a_{ij} \neq 0$, 否则 $a_{ij} = 0$. 外部耦合矩阵 A 满足耗散性条件:

$$a_{ii} = -\sum_{j=1, j \neq i}^{N} a_{ij}, \quad i = 1, 2, \cdots, N$$

社团网络 (4.2.1) 的初始条件为 $x_i(0) = x_0 \in \mathbb{R}^n$, 节点可分为 r 个非空社团, 即

$$\{1, 2, \cdots, N\} = J_1 \cup J_2 \cup \cdots \cup J_r$$

其中 $J_1 = \{1, \cdots, c_1\}$, $J_2 = \{c_1 + 1, \cdots, c_2\}$, $\cdots$, $J_r = \{c_{r-1} + 1, \cdots, N\}$, 则外部耦合矩阵 A 可表示为

$$A = \begin{pmatrix} A_{11} & A_{12} & \cdots & A_{1r} \\ A_{21} & A_{22} & \cdots & A_{2r} \\ \vdots & \vdots & & \vdots \\ A_{r1} & A_{r2} & \cdots & A_{rr} \end{pmatrix}$$

假设 $s_{\mu_i}(t) \in \mathbb{R}^n$ 为社团网络中单个节点的状态向量, 且满足

$$\dot{s}_{\mu_i}(t) = B_{\mu_i} s_{\mu_i}(t) + f_{\mu_i}(s_{\mu_i}(t)), \quad i = 1, 2, \cdots, N$$

及

$$\lim_{t \to \infty} \left(s_{\mu_i}(t) - s_{\mu_j}(t)\right) \neq 0 \quad (\mu_i \neq \mu_j)$$

为了实现社团网络 (4.2.1) 的固定时间聚类同步, 需要对其施加适当的控制器 $u_i(t)(i = 1, 2, \cdots, N)$, 控制下的社团网络可描述为

$$\dot{x}_i(t) = B_{\mu_i} x_i(t) + f_{\mu_i}(x_i(t)) + c \sum_{k=1}^{r} \sum_{j \in J_k} a_{ij} \Gamma x_j(t) + u_i(t) \tag{4.2.2}$$

其中, $i = 1, 2, \cdots, N$.

定义 4.2.1 如果存在不依赖于初值的时间常数 $T^* \geqslant 0$ 使得

$$\lim_{t \to T^*} \|e_i(t)\| = 0, \quad \|e_i(t)\| = 0, \quad t \geqslant T^*, \quad i = 1, 2, \cdots, N$$

及

$$\lim_{t\to\infty} \|x_i(t) - s_{\mu_j}(t)\| \neq 0, \quad \mu_i \neq \mu_j, \quad t \geqslant 0$$

则称控制下的社团网络 (4.2.2) 是固定时间聚类同步的, 其中 $e_i(t) = x_i(t) - s_{\mu_i}(t)$, $\|\cdot\|$ 是欧几里得范数, 即 $\|e_i(t)\| = \left(\sum_{j=1}^{n} e_{ij}^2(t)\right)^{1/2}$, $e_i(t) = (e_{i1}(t), e_{i2}(t), \cdots, e_{in}(t))^{\mathrm{T}}$. 称 T^* 为社团网络 (4.2.2) 的同步停息时间.

假设 4.2.1 假设对任意 $k = 1, 2, \cdots, r$, 不连续非线性函数 f_k 仅在可数个时间点 t_l^k 不连续, 且在该时间点处的左极限值 $f_k^-(t_l^k)$ 和右极限值 $f_k^+(t_l^k)a$ 均存在. 此外, 在 $\mathbb{R}$ 的任意有界实区间内 f_k 均有有限个不连续的跳变时间点.

由于 $f_{\mu_i}: \mathbb{R}^n \to \mathbb{R}^n$ 为不连续函数, 因此不能保证系统解的存在性和唯一性, 因此用来研究传统微分方程的相关理论无法研究社团网络的稳定性、混沌同步等动力学性态. 1988 年, Filippov[240] 提出并发展了一套用于研究具有不连续系数函数的微分方程理论. 该理论指出, 系数不连续微分方程和它对应的微分包含有相同的解. 因此, 在研究系数不连续微分方程时, 要先把该类方程转化为与之对应的微分包含, 通过研究微分包含的性质, 得出系数不连续方程的性质.

下面, 给出一些集值映射和微分包含的相关理论.

定义 4.2.2 函数 $\phi \in \mathbb{R}$ 且定义在区间 $[\alpha, \beta]$ 上, 若对于任意正实数 ξ 都存在一个正实数 ε, 使得对于 $[\alpha, \beta]$ 上任意有限个不相交的开区间 $\{(\alpha_1, \beta_1), (\alpha_2, \beta_2), \cdots, (\alpha_n, \beta_n)\}$, 当 $\sum_{i=1}^{n}(\beta_i - \alpha_i) < \xi$ 时总有 $\sum_{i=1}^{n} |\phi(\beta_i) - \phi(\alpha_i)| < \varepsilon$, 则称函数 ϕ 为 $[\alpha, \beta]$ 上的绝对连续函数. 即若存在一个 Lebesgue 可积函数 $\Psi: [\alpha, \beta] \to \mathbb{R}$ 使得

$$\phi(t) = \phi(\alpha) + \int_{\alpha}^{t} \Psi(s)\mathrm{d}s, \quad t \in [\alpha, \beta]$$

则称 ϕ 在 $[\alpha, \beta]$ 上绝对连续.

定义 4.2.3 设 $V \subseteq \mathbb{R}^n$, 若对任意一点 $t \in V$, 对应非空集 $F(t) \subseteq \mathbb{R}^n$, 则称 $t \to F(t)$ 是定义在 V 上的集值映射. 若对任意一个包含 $F(t_0)$ 的开集 N, 存在 t_0 的一个小邻域 M, 使得 $F(M) \subset N$, 则称非空集值映射 F 在 $t_0 \in V$ 上是上半连续的. 如果对于任意的 $t \in V$, $F(t)$ 是凸的 (闭的、紧的), 则称 $t \to F(t)$ 是凸的 (闭的、紧的) 集值映射.

定义 4.2.4[240] 对于右端不连续系统

$$\dot{x}(t) = f(x(t)), \quad t > 0, \quad x \in \mathbb{R}^n, \quad x(0) = x_0 \tag{4.2.3}$$

其集值映射 $\mathbb{F}[f](\cdot): \mathbb{R}^n \to B(\mathbb{R}^n)$ 定义为

$$\mathbb{F}[f](x(t)) = \bigcap_{\delta > 0} \bigcap_{\mathrm{meas}(N)=0} \overline{\mathrm{co}}\left[f(t, B(x, \delta)/N)\right]$$

其中 $B(x,\delta) = \{y : \|y - x\| \leqslant \delta\}$ 是以 x 为中心, 以 δ 为半径的球; $\mathrm{meas}(N)$ 表示集合 N 的 Lebesgue 测度; $\overline{\mathrm{co}}[f(t, B(x,\delta)/N)]$ 是集合 $E(E \subset \mathbb{R}^n)$ 的凸闭包; 如果向量值函数 $x(t) = (x_1(t), x_2(t), \cdots, x_n(t))^{\mathrm{T}} \in \mathbb{R}^n$ 在区间 Q 的任意子区间 $[t_1, t_2]$ 上是绝对连续的, 且满足如下的微分包含

$$\dot{x}(t) \in \mathbb{F}[f](x(t)), \quad \text{a.e. } t \in Q$$

则称 $x(t) = (x_1(t), x_2(t), \cdots, x_n(t))^{\mathrm{T}}$ 为非线性不连续系统 (4.2.3) 定义在区间 Q 上的 Filippov 解.

定义 4.2.5　若 $x_i(t) = (x_{i1}(t), x_{i2}(t), \cdots, x_{in}(t))^{\mathrm{T}} \ (i = 1, 2, \cdots, N)$ 满足条件: ① $x_i(t)$ 在任意紧集 $[0, +\infty)$ 上连续; ② $x_i(t)$ 满足如下微分包含:

$$\dot{x}_i(t) \in B_{\mu_i} x_i(t) + \mathbb{F}[f_{\mu_i}](x_i(t)) + c \sum_{k=1}^{r} \sum_{j \in J_k} a_{ij} \Gamma x_j(t) + \mathbb{F}[u_i(t)], \quad t > 0$$

则称 $x_i(t)$ 为社团网络系统 (4.2.2) 的一组解.

根据集值映射和微分包含理论 [240,241] 及假设 4.2.1 可知

$$\mathbb{F}[f_k](x_i(t)) = \overline{\mathrm{co}}[f_k(x_i(t))]$$
$$= (\overline{\mathrm{co}}[f_{k1}(x_{i1}(t))], \overline{\mathrm{co}}[f_{k2}(x_{i2}(t))], \cdots, \overline{\mathrm{co}}[f_{kn}(x_{in}(t))])^{\mathrm{T}}$$

其中

$$\overline{\mathrm{co}}[f_{kl}(x_{il}(t))] = \left[\min\left\{f_{kl}^-(x_{il}), f_{kl}^+(x_{il})\right\}, \max\left\{f_{kl}^-(x_{il}), f_{kl}^+(x_{il})\right\}\right]$$

$l = 1, 2, \cdots, n, k = 1, 2, \cdots, r, i = 1, 2, \cdots, N$.

假设 4.2.2　对任意 $x = (x_1, x_2, \cdots, x_n)^{\mathrm{T}} \in \mathbb{R}^n$, $y = (y_1, y_2, \cdots, y_n)^{\mathrm{T}} \in \mathbb{R}^n$, 存在非负常数 L_k 和 N_k 满足

$$(x - y)^{\mathrm{T}}(\xi_k - \eta_k) \leqslant L_k \|x - y\| + N_k \sum_{j=1}^{n} |x_j - y_j|$$

其中 $\xi_k \in \overline{\mathrm{co}}[f_k(x)]$, $\eta_k \in \overline{\mathrm{co}}[f_k(y)]$, $k = 1, 2, \cdots, r$.

假设 4.2.3　外部耦合矩阵 A 的任意分块矩阵 A_{kl} 为零行和矩阵, 即

$$\sum_{j=c_{l-1}+1}^{c_l} a_{kj} = 0$$

其中 $k, l = 1, 2, \cdots, r$.

备注 4.2.1   由假设 4.2.3 可知: 同一社团的节点之间存在合作关系, 而不同社团的节点之间则存在合作或竞争关系 [231,242].

引理 4.2.1   假设当 $t \in [0, +\infty)$ 时, 连续正定函数 $V(t)$ 满足

$$\begin{cases} \dot{V}(t) \leqslant -\alpha V^p(t) - \beta V^q(t), & mT \leqslant t < mT + \theta T \\ \dot{V}(t) \leqslant 0, & mT + \theta T \leqslant t < (m+1)T \end{cases} \tag{4.2.4}$$

则有

$$\lim_{t \to T_f} V(t) = 0$$

且当 $t \geqslant T_f$ 时 $V(t) \equiv 0$, 式中, α, β, $T > 0$, $0 < p < 1$, $q > 1$, $0 < \theta \leqslant 1$ 均为正常数, $m = 0, 1, 2, \cdots$; T_f 称为停息时间, 且有

$$T_f = \frac{1}{\alpha \theta (1-p)} + \frac{1}{\beta \theta (q-1)}$$

证明   分两种情形进行证明.

情形 1 $V(0) \leqslant 1$.

由 (4.2.4) 可知

$$\begin{cases} \dot{V}(t) \leqslant -\alpha V^p(t), & mT \leqslant t < (m+\theta)T \\ \dot{V}(t) \leqslant 0, & (m+\theta)T \leqslant t < (m+1)T \end{cases} \tag{4.2.5}$$

令 $Q(t) = H(t) - hM_0$, 其中

$$H(t) = V^{1-p}(t) + \alpha(1-p)t, \quad M_0 = V^{1-p}(0), \quad h > 1, \quad t \geqslant 0$$

易知

$$Q(0) < 0 \tag{4.2.6}$$

接下来证明

$$Q(t) < 0, \quad t \in [0, \theta T) \tag{4.2.7}$$

否则, 由 (4.2.6) 及 $V(t)$ 在区间 $[0, +\infty)$ 上的连续性可知存在 $t_0 \in [0, \theta T)$ 使得

$$Q(t_0) = 0, \quad \dot{Q}(t)|_{t=t_0} > 0, \quad Q(t) < 0, \quad t \in [0, t_0) \tag{4.2.8}$$

由 (4.2.5) 可知

$$\dot{Q}(t)|_{t=t_0} = (1-p)V^{-p}(t_0)\dot{V}(t)|_{t=t_0} + \alpha(1-p) \leqslant 0$$

其与 (4.2.8) 相矛盾, 故有

$$H(t) \leqslant hM_0, \quad \forall t \in [0, \theta T) \tag{4.2.9}$$

即 (4.2.7) 成立.

下面证明当 $t \in [\theta T, T)$ 时, 有

$$\tilde{Q}(t) = H(t) - hM_0 - \alpha(1-p)(t - \theta T) < 0 \tag{4.2.10}$$

否则, 存在 $t_1 \in [\theta T, T)$ 使得

$$\tilde{Q}(t_1) = 0, \quad \dot{\tilde{Q}}(t)|_{t=t_1} > 0, \quad \tilde{Q}(t) < 0, \quad t \in [\theta T, t_1) \tag{4.2.11}$$

根据 (4.2.9), (4.2.10) 及 $H(t)$ 的连续性易知 $\tilde{Q}(\theta T) = H(\theta T) - hM_0 < 0$. 由 (4.2.5) 及 (4.2.10) 可知

$$\dot{\tilde{Q}}(t)|_{t=t_1} = (1-p)V^{-p}(t_1)\dot{V}(t)|_{t=t_1} + \alpha(1-p) - \alpha(1-p) \leqslant 0$$

与 (4.2.11) 相矛盾, 则有当 $t \in [\theta T, T)$ 时

$$H(t) < hM_0 + \alpha(1-p)(t - \theta T) < hM_0 + \alpha(1-p)(1-\theta)T$$

同理可知: 当 $t \in [T, (1+\theta)T)$ 时

$$H(t) < hM_0 + \alpha(1-p)(1-\theta)T$$

而当 $t \in [(1+\theta)T, 2T)$ 时

$$H(t) < hM_0 + \alpha(1-p)(t - 2\theta T)$$

根据数学归纳法, 对任意正整数 m, 可得如下关于 $H(t)$ 的 (4.2.7) 估计:
当 $t \in [mT, (m+\theta)T)$ 时

$$H(t) < hM_0 + \alpha(1-p)(1-\theta)mT \tag{4.2.12}$$

当 $t \in [(m+\theta)T, (m+1)T)$ 时

$$H(t) < hM_0 + \alpha(1-p)(t - (m+1)\theta T) \tag{4.2.13}$$

当 $t \in [mT, (m+\theta)T)$ 时, 易知 $m < t/T$, 由 (4.2.12) 可知

$$H(t) < hM_0 + \alpha(1-p)(1-\theta)t \tag{4.2.14}$$

同理, 当 $t \in [(m+\theta)T, (m+1)T)$ 时, 不等式 (4.2.13) 与 (4.2.14) 均成立. 因此, 对于任意 $t \in [0, +\infty)$, (4.2.14) 恒成立. 令 $h \to 1$, 由 $H(t)$ 的定义可知: 对任意 $t \geqslant 0$, 有

$$V^{1-p}(t) \leqslant M_0 - \alpha\theta(1-p)t \leqslant 1 - \alpha\theta(1-p)t \tag{4.2.15}$$

令 $\varphi(t) = 1 - \alpha\theta(1-p)t$, 易知 $\varphi(t)$ 为关于时间 t 的严格单调递减的连续函数. 令 (4.2.15) 左侧为零可得

$$T_1 = \frac{1}{\alpha\theta(1-p)} \tag{4.2.16}$$

及

$$\lim_{t \to T_1} V^{1-p}(t) = 0$$

相应地, 由 (4.2.15), (4.2.16) 及 $\varphi(t)$ 的单调性可知

$$\lim_{t \to T_1} V(t) = 0$$

且当 $t \geqslant T_1$ 时, $V(t) \equiv 0$.

情形 2 $V(0) > 1$.

由 (4.2.4) 可知

$$\begin{cases} \dot{V}(t) \leqslant -\beta V^q(t), & mT \leqslant t < (m+\theta)T \\ \dot{V}(t) \leqslant 0, & (m+\theta)T \leqslant t < (m+1)T \end{cases} \tag{4.2.17}$$

令 $R(t) = S(t) - \tilde{h}\tilde{M}_0$, 其中

$$S(t) = V^{1-q}(t) + \beta(1-q)t, \quad \tilde{M}_0 = V^{1-q}(0), \quad 0 < \tilde{h} < 1, \quad t \geqslant 0$$

易知

$$R(0) > 0 \tag{4.2.18}$$

接下来证明

$$R(t) > 0, \quad t \in [0, \theta T) \tag{4.2.19}$$

否则, 由 (4.2.18) 及 $V(t)$ 在区间 $[0, +\infty)$ 上的连续性可知存在 $\tilde{t}_0 \in [0, \theta T)$ 使得

$$R(\tilde{t}_0) = 0, \quad \dot{R}(t)|_{t=\tilde{t}_0} < 0, \quad R(t) > 0, \quad t \in [0, \tilde{t}_0) \tag{4.2.20}$$

由 (4.2.17) 可知

$$\dot{R}(t)|_{t=\tilde{t}_0} = (1-q)V^{-q}(\tilde{t}_0)\dot{V}(t)|_{t=\tilde{t}_0} + \beta(1-q) \geqslant 0$$

其与 (4.2.20) 相矛盾, 故有

$$S(t) > \tilde{h}\tilde{M}_0, \quad \forall t \in [0, \theta T) \tag{4.2.21}$$

下面证明当 $t \in [\theta T, T)$ 时, 有

$$\tilde{R}(t) = S(t) - \tilde{h}\tilde{M}_0 - \beta(1-q)(t-\theta T) > 0 \tag{4.2.22}$$

否则, 存在 $\tilde{t}_1 \in [\theta T, T)$ 使得

$$\tilde{R}(\tilde{t}_1) = 0, \quad \dot{\tilde{R}}(t)|_{t=\tilde{t}_1} < 0, \quad \tilde{R}(t) > 0, \quad t \in \left[\theta T, \tilde{t}_1\right) \tag{4.2.23}$$

根据 (4.2.21), (4.2.22) 及 $S(t)$ 的连续性易知 $\tilde{R}(\theta T) = S(\theta T) - \tilde{h}\tilde{M}_0 > 0$. 由 (4.2.17) 及 (4.2.19) 可知

$$\dot{\tilde{R}}(t)|_{t=\tilde{t}_1} = (1-q)V^{-q}(\tilde{t}_1)\dot{V}(t)|_{t=\tilde{t}_1} + \beta(1-q) - \beta(1-q) \geqslant 0$$

与 (4.2.23) 相矛盾, 因此不等式 (4.2.22) 成立, 即当 $t \in [\theta T, T)$ 时

$$S(t) > \tilde{h}\tilde{M}_0 + \beta(1-q)(t-\theta T) > \tilde{h}\tilde{M}_0 + \beta(1-q)(1-\theta)T$$

同理可知: 当 $t \in [T, (1+\theta)T)$ 时

$$S(t) > \tilde{h}\tilde{M}_0 + \beta(1-q)(1-\theta)T$$

而当 $t \in [(1+\theta)T, 2T)$ 时

$$S(t) > \tilde{h}\tilde{M}_0 + \beta(1-q)(t-2\theta T)$$

根据数学归纳法, 可对任意正整数 m 得到如下关于 $S(t)$ 的估计:
当 $t \in [mT, (m+\theta)T)$ 时

$$S(t) > \tilde{h}\tilde{M}_0 + \beta(1-q)(1-\theta)mT \tag{4.2.24}$$

当 $t \in [(m+\theta)T, (m+1)T)$ 时

$$S(t) > \tilde{h}\tilde{M}_0 + \beta(1-q)(t-(m+1)\theta T) \tag{4.2.25}$$

当 $t \in [mT, (m+\theta)T)$ 时, 易知 $m < t/T$, 由 (4.2.24) 可知

$$S(t) > \tilde{h}\tilde{M}_0 + \beta(1-q)(1-\theta)t \tag{4.2.26}$$

同理, 当 $t \in [(m+\theta)T, (m+1)T)$ 时, 不等式 (4.2.25) 与 (4.2.26) 均成立. 因此, 对于任意 $t \in [0, +\infty)$, (4.2.26) 恒成立. 令 $\tilde{h} \to 1$, 并由 $S(t)$ 的定义可知: 对任意 $t \geqslant 0$, 有

$$V^{1-q}(t) \geqslant \tilde{M}_0 - \beta\theta(1-q)t \geqslant \beta\theta(q-1)t \tag{4.2.27}$$

即

$$V^{q-1}(t) \leqslant \frac{1}{\beta\theta(q-1)t}, \quad t \in [0, +\infty) \tag{4.2.28}$$

令 $\tilde{\varphi}(t) = 1 - \beta\theta(q-1)t$, 易知 $\tilde{\varphi}(t)$ 为关于时间 t 的严格单调递减的连续函数. 令 (4.2.27) 左侧为 1 可得

$$T_2 = \frac{1}{\beta\theta(q-1)} \tag{4.2.29}$$

及

$$\lim_{t \to T_2} V^{q-1}(t) = 1$$

相应地, 由 (4.2.28), (4.2.29) 及 $\tilde{\varphi}(t)$ 的单调性可知

$$\lim_{t \to T_2} V(t) = 1$$

且当 $t \geqslant T_2$ 时, $V(t) \leqslant 1$.

利用情形 1 讨论的结果可知, 对任意初值 $V(0) \in \mathbb{R}$, 有 $\lim_{t \to T_f} V(t) = 0$ 且当 $t \geqslant T_f$ 时 $V(t) \equiv 0$, 其中 $T_f = T_1 + T_2$. 证毕.

类似于引理 4.2.1 的证明过程, 易得如下引理.

引理 4.2.2 假设当 $t \in [0, +\infty)$ 时, 连续正定函数 $V(t)$ 满足

$$\begin{cases} \dot{V}(t) \leqslant -\alpha V^p(t) - \beta V^q(t), & t_m \leqslant t < s_m \\ \dot{V}(t) \leqslant 0, & s_m \leqslant t < t_{m+1} \end{cases}$$

则有

$$\lim_{t \to T_f^*} V(t) = 0$$

且当 $t \geqslant T_f^*$ 时 $V(t) \equiv 0$, 式中, $\alpha, \beta > 0$, $0 < p < 1$, $q > 1$, $t_m, s_m > 0 (m = 1, 2, \cdots)$, $t_1 = 0$ 均为非负常数; T_f^* 称为停息时间, 且有

$$T_f^* = \frac{1}{\alpha(1-\vartheta)(1-p)} + \frac{1}{\beta(1-\vartheta)(q-1)}$$

其中

$$\vartheta = \limsup_{m \to +\infty} \left\{ \frac{t_{m+1} - s_m}{t_{m+1} - t_m} \right\}$$

4.2.2　同步分析

考虑如下周期转换控制器:

$$u_i(t) = \begin{cases} -d_i e_i(t) - \gamma \mathrm{sign}\,(e_i(t)) - \alpha e_i^p(t) - \beta e_i^q(t), & mT \leqslant t < (m + \theta)T \\ -d_i e_i(t) - \gamma \mathrm{sign}\,(e_i(t)), & (m + \theta)T \leqslant t < (m+1)T \end{cases}$$

(4.2.30)

其中 $i = 1, 2, \cdots, N$, $\alpha, \beta, \gamma, d_i > 0$ 为控制增益; $0 < p < 1$, $q > 1$; $T > 0$ 为控制周期, $0 < \theta \leqslant 1$ 为控制率, $m = 0, 1, 2, \cdots$.

定理 4.2.1　假定假设 4.2.1~ 假设 4.2.3 成立, 如果下列条件成立:

$$\begin{aligned} \tilde{B} + c\xi\tilde{A} + L - D &\leqslant 0, \quad l = 1, 2, \cdots, n \\ N_k - \gamma &\leqslant 0, \quad k = 1, 2, \cdots, r \end{aligned}$$

(4.2.31)

其中 $\tilde{B} = \mathrm{diag}\,(B_1, B_2, \cdots, B_r)$, $L = \mathrm{diag}\,\left(\tilde{L}_1, \tilde{L}_2, \cdots, \tilde{L}_r\right)$, $\tilde{L}_k = \mathrm{diag}(L_{c_{k-1}+1},$ $\cdots, L_{c_k})(k = 1, 2, \cdots, r)$, $D = \mathrm{diag}\,(d_1, d_2, \cdots, d_N)$, $\xi = \|\Gamma\|$, $\tilde{A} = (\tilde{a}_{ij})_{N \times N}$, 当 $i \neq j$ 时 $\tilde{a}_{ij} = a_{ij}$, $\tilde{a}_{ii} = \xi_{\min} a_{ii}/\xi (i = 1, 2, \cdots, N)$, $\xi_{\min}$ 为矩阵 Γ 的最小特征值, 则社团网络 (4.2.2) 在周期转换控制器 (4.2.30) 下可实现固定时间聚类同步, 且停息时间可估计为

$$\tilde{T}_f = \frac{1}{2^{(1+p)/2}\alpha\theta(1-p)} + \frac{1}{2^{(1+q)/2}(Nn)^{(q-1)/2}\beta\theta(q-1)}$$

(4.2.32)

证明　构建如下 Lyapunov 函数:

$$V(e(t)) = \frac{1}{2}\sum_{k=1}^{r}\sum_{i \in J_k} e_i^{\mathrm{T}}(t)e_i(t)$$

当 $mT \leqslant t < (m + \theta)T\,(m = 0, 1, 2, \cdots)$ 时, 根据集值映射和微分包含理论 [240,241] 可知

$$\dot{x}_i(t) \in B_{\mu_i}x_i(t) + \overline{\mathrm{co}}\,[f_{\mu_i}(x_i(t))] + c\sum_{k=1}^{r}\sum_{j \in J_k} a_{ij}\Gamma x_j(t)$$

$$- d_i e_i(t) - \gamma \mathrm{SIGN}\left(e_i(t)\right) - \alpha e_i^p(t) - \beta e_i^q(t)$$

及

$$\dot{s}_{\mu_i}(t) \in B_{\mu_i} s_{\mu_i}(t) + \overline{\mathrm{co}}\left[f_{\mu_i}(s_{\mu_i}(t))\right]$$

其中

$$\overline{\mathrm{co}}\left[f_{\mu_i}(x_i(t))\right] = \left(\overline{\mathrm{co}}\left[f_{\mu_i,1}(x_{i1}(t))\right], \overline{\mathrm{co}}\left[f_{\mu_i,2}(x_{i2}(t))\right], \cdots, \overline{\mathrm{co}}\left[f_{\mu_i,n}(x_{in}(t))\right]\right)^{\mathrm{T}}$$

$$\overline{\mathrm{co}}\left[f_{\mu_i}(s_{\mu_i}(t))\right] = \left(\overline{\mathrm{co}}\left[f_{\mu_i,1}(s_{\mu_i}(t))\right], \overline{\mathrm{co}}\left[f_{\mu_i,2}(s_{\mu_i}(t))\right], \cdots, \overline{\mathrm{co}}\left[f_{\mu_i,n}(s_{\mu_i}(t))\right]\right)^{\mathrm{T}}$$

$$\mathrm{SIGN}\left(e_i(t)\right) = \left(\mathrm{SIGN}\left(e_{i1}(t)\right), \mathrm{SIGN}\left(e_{i2}(t)\right), \cdots, \mathrm{SIGN}\left(e_{in}(t)\right)\right)^{\mathrm{T}}$$

$$\mathrm{SIGN}(x) = \begin{cases} -1, & x < 0 \\ [-1,1], & x = 0 \\ 1, & x > 0 \end{cases}$$

根据可测选择理论 [240,241] 可知, 存在可测函数 $\varphi_{\mu_i}(t) \in \overline{\mathrm{co}}\left[f_{\mu_i}(x_i(t))\right]$, $\tilde{\varphi}_{\mu_i}(t) \in \overline{\mathrm{co}}\left[f_{\mu_i}(s_{\mu_i}(t))\right]$ 及 $\omega_i(t) \in \mathrm{SIGN}\left(e_i(t)\right)$ 使得

$$\begin{aligned}
\dot{x}_i(t) &= B_{\mu_i} x_i(t) + \varphi_{\mu_i}(t) + c \sum_{k=1}^{r} \sum_{j \in J_k} a_{ij} \Gamma x_j(t) \\
&\quad - d_i e_i(t) - \gamma \omega_i(t) - \alpha e_i^p(t) - \beta e_i^q(t)
\end{aligned} \tag{4.2.33}$$

$$\dot{s}_{\mu_i}(t) = B_{\mu_i} s_{\mu_i}(t) + \tilde{\varphi}_{\mu_i}(t) \tag{4.2.34}$$

由假设 4.2.3 可知

$$\sum_{j \in J_k} a_{ij} \Gamma s_k(t) = 0$$

根据 (4.2.33) 和 (4.2.34), 易知

$$\begin{aligned}
\dot{e}_i(t) &= B_{\mu_i} e_i(t) + \varphi_{\mu_i}(t) - \tilde{\varphi}_{\mu_i}(t) + c \sum_{k=1}^{r} \sum_{j \in J_k} a_{ij} \Gamma e_j(t) \\
&\quad - d_i e_i(t) - \gamma \omega_i(t) - \alpha e_i^p(t) - \beta e_i^q(t)
\end{aligned} \tag{4.2.35}$$

沿着系统 (4.2.35) 的解, 计算函数 $V(t)$ 关于时间 t 的导数可得

$$\dot{V}(e(t)) = \sum_{i=1}^{N} e_i^{\mathrm{T}}(t) \left(B_{\mu_i} e_i(t) + \varphi_{\mu_i}(t) - \tilde{\varphi}_{\mu_i}(t) + c \sum_{j=1}^{N} a_{ij} \Gamma e_j(t) \right.$$

$$\left. - d_i e_i(t) - \gamma \omega_i(t) - \alpha e_i^p(t) - \beta e_i^q(t) \right) \tag{4.2.36}$$

易知

$$c \sum_{i=1}^{N} \sum_{j=1}^{N} a_{ij} e_i^{\mathrm{T}}(t) \Gamma e_j(t) \leqslant c \sum_{i,j=1,i\neq j}^{N} \xi a_{ij} \|e_i(t)\| \|e_j(t)\| + c \sum_{i=1}^{N} \xi_{\min} a_{ii} e_i^{\mathrm{T}}(t) e_i(t)$$

$$= c \xi \tilde{e}^{\mathrm{T}}(t) \tilde{A} \tilde{e}(t) \tag{4.2.37}$$

其中 $\tilde{e}(t) = (\|e_1(t)\|, \|e_2(t)\|, \cdots, \|e_N(t)\|)^{\mathrm{T}}$.

由假设 4.2.2 可知

$$\sum_{i=1}^{N} e_i^{\mathrm{T}}(t)\left(\varphi_{\mu_i}(t) - \tilde{\varphi}_{\mu_i}(t)\right) \leqslant \sum_{i=1}^{N} L_{\mu_i} \|e_i(t)\|^2 + \sum_{i=1}^{N} \sum_{j=1}^{N} N_{\mu_i} |e_{ij}(t)|$$

$$= \tilde{e}^{\mathrm{T}}(t) L \tilde{e}(t) + \sum_{k=1}^{r} \sum_{i=c_{k-1}+1}^{c_k} \sum_{l=1}^{n} N_k |e_{il}(t)|$$

即有

$$\sum_{i=1}^{N} e_i^{\mathrm{T}}(t)\left(B_{\mu_i} e_i(t) + \varphi_{\mu_i}(t) - \tilde{\varphi}_{\mu_i}(t) + c \sum_{j=1}^{N} a_{ij} \Gamma e_j(t) - d_i e_i(t) - \gamma \omega_i(t)\right)$$

$$\leqslant \tilde{e}^{\mathrm{T}}(t)(\tilde{B} + c\xi\tilde{A} + L - D)\tilde{e}(t) + \sum_{k=1}^{r} \sum_{i=c_{k-1}+1}^{c_k} \sum_{l=1}^{n} (N_k - \gamma)|e_{il}(t)|$$

$$\leqslant \tilde{e}^{\mathrm{T}}(t)(\tilde{B} + c\xi\tilde{A} + L - D)\tilde{e}(t) \tag{4.2.38}$$

由引理 3.1.1 可知

$$-\alpha \sum_{i=1}^{N} e_i^{\mathrm{T}}(t) e_i^p(t) = -\alpha \sum_{i=1}^{N} \sum_{l=1}^{n} e_{il}^{1+p}(t) \leqslant -\alpha \left(\sum_{i=1}^{N} e_i^{\mathrm{T}}(t) e_i(t)\right)^{(1+p)/2} \tag{4.2.39}$$

$$-\beta \sum_{i=1}^{N} e_i^{\mathrm{T}}(t) e_i^q(t) = -\beta \sum_{i=1}^{N} \sum_{l=1}^{n} e_{il}^{1+q}(t) \leqslant -\beta (Nn)^{(1-q)/2} \left(\sum_{i=1}^{N} e_i^{\mathrm{T}}(t) e_i(t)\right)^{(1+q)/2} \tag{4.2.40}$$

将 (4.2.37)~(4.2.40) 代入 (4.2.36) 可知对 $mT \leqslant t < (m+\theta)T$ $(m = 0, 1, 2, \cdots)$ 有

$$\dot{V}(e(t)) \leqslant \tilde{e}^{\mathrm{T}}(t)(\tilde{B} + c\xi\tilde{A} + L - D)\tilde{e}(t) - 2^{(1+p)/2}\alpha V^{(1+p)/2}(e(t))$$

$$- 2^{(1+q)/2}\beta(Nn)^{(1-q)/2}V^{(1+q)/2}(e(t))$$

$$\leqslant - 2^{(1+p)/2}\alpha V^{(1+p)/2}(e(t)) - 2^{(1+q)/2}\beta(Nn)^{(1-q)/2}V^{(1+q)/2}(e(t)) \tag{4.2.41}$$

同理, 对任意 $(m+\theta)T \leqslant t < (m+1)\,T(m=0,1,2,\cdots)$ 有

$$\dot{V}(e(t)) \leqslant \tilde{e}^{\mathrm{T}}(t)(\tilde{B}+c\xi\tilde{A}+L-D)\tilde{e}(t) \leqslant 0 \tag{4.2.42}$$

根据 (4.2.41), (4.2.42) 及引理 4.2.1 可知, 社团网络 (4.2.2) 在周期转换控制器 (4.2.30) 下可在固定时间 $\tilde{T}_f$ 内实现聚类同步. 证毕.

当 $\theta=1$ 时, 周期转换控制器 (4.2.30) 退化为普通的状态反馈控制器, 根据定理 4.2.1 可得如下推论.

推论 4.2.1　假定假设 4.2.1 $\sim$ 假设 4.2.3 成立, 如果下列条件成立:

$$\tilde{B}+c\xi\tilde{A}+L-D \leqslant 0, \quad l=1,2,\cdots,n$$

$$N_k-\gamma \leqslant 0, \quad k=1,2,\cdots,r$$

其中 $\tilde{B}=\mathrm{diag}\,(B_1,B_2,\cdots,B_r)$, $L=\mathrm{diag}(\tilde{L}_1,\tilde{L}_2,\cdots,\tilde{L}_r)$, $\tilde{L}_k=\mathrm{diag}(L_{c_{k-1}+1},$ $\cdots,L_{c_k})(k=1,2,\cdots,r)$, $D=\mathrm{diag}\,(d_1,d_2,\cdots,d_N)$, $\xi=\|\Gamma\|$, $\tilde{A}=(\tilde{a}_{ij})_{N\times N}$, 当 $i\neq j$ 时 $\tilde{a}_{ij}=a_{ij}$, $\tilde{a}_{ii}=\xi_{\min}a_{ii}/\xi(i=1,2,\cdots,N)$, $\xi_{\min}$ 为矩阵 Γ 的最小特征值, 则社团网络 (4.2.2) 在如下状态反馈控制器下可实现固定时间聚类同步:

$$u_i(t)=-d_i e_i(t)-\gamma\mathrm{sign}\,(e_i(t))-\alpha e_i^p(t)-\beta e_i^q(t) \tag{4.2.43}$$

且停息时间可估计为

$$\hat{T}_f=\frac{1}{2^{(1+p)/2}\alpha(1-p)}+\frac{1}{2^{(1+q)/2}(Nn)^{(q-1)/2}\beta(q-1)}$$

其中 $i=1,2,\cdots,N$, α, β, γ, $d_i>0$ 为控制增益; $0<p<1,q>1$.

当周期转换控制器 (4.2.30) 中的 $\beta=0$ 时, 根据引理 2.2.2 可得如下结论.

推论 4.2.2　假定假设 4.2.1 $\sim$ 假设 4.2.3 成立, 如果下列条件成立:

$$\tilde{B}+c\xi\tilde{A}+L-D \leqslant 0, \quad l=1,2,\cdots,n$$

$$N_k-\gamma \leqslant 0, \quad k=1,2,\cdots,r$$

其中 $\tilde{B}=\mathrm{diag}\,(B_1,B_2,\cdots,B_r)$, $L=\mathrm{diag}\left(\tilde{L}_1,\tilde{L}_2,\cdots,\tilde{L}_r\right)$, $\tilde{L}_k=\mathrm{diag}(L_{c_{k-1}+1},$ $\cdots,L_{c_k})(k=1,2,\cdots,r)$, $D=\mathrm{diag}\,(d_1,d_2,\cdots,d_N)$, $\xi=\|\Gamma\|$, $\tilde{A}=(\tilde{a}_{ij})_{N\times N}$, 当

$i \neq j$ 时 $\tilde{a}_{ij} = a_{ij}$, $\tilde{a}_{ii} = \xi_{\min} a_{ii}/\xi (i = 1, 2, \cdots, N)$, $\xi_{\min}$ 为矩阵 Γ 的最小特征值, 则社团网络 (4.2.2) 在如下周期转换控制器下可实现有限时间聚类同步:

$$u_i(t) = \begin{cases} -d_i e_i(t) - \gamma \mathrm{sign}\,(e_i(t)) - \alpha e_i^p(t), & mT \leqslant t < (m+\theta)T \\ -d_i e_i(t) - \gamma \mathrm{sign}\,(e_i(t)), & (m+\theta)T \leqslant t < (m+1)T \end{cases}$$

(4.2.44)

且停息时间可估计为

$$\tilde{T}_s = \frac{V^{1-p}(0)}{2^{(1+p)/2}\alpha\theta(1-p)}$$

其中 $i = 1, 2, \cdots, N$, α, γ, $d_i > 0$ 为控制增益; $0 < p < 1$; $T > 0$ 为控制周期, $0 < \theta \leqslant 1$ 为控制率, $m = 0, 1, 2, \cdots$.

备注 4.2.2　传统的状态反馈控制方法对于复杂网络内部特性的变化和外部扰动的影响都具有一定的抑制能力, 但是由于控制器参数是固定的, 所以当系统内部特性变化或者外部扰动的变化幅度很大时, 系统的性能常常会大幅度下降, 甚至是不稳定. 所以对那些对象特性或扰动特性变化范围很大, 同时又要求经常保持高性能指标的一类系统, 采取自适应控制是合适的. 同时, 在非连续性控制策略中, 周期间歇控制广泛应用于人们工作生活的方方面面, 例如, 汽车上雨刷器的控制、LED 屏幕上文字的滚动以及地铁到站的时间间隔等. 周期间歇控制可以看作一种特殊的非周期间歇控制, 比如, 位于城市中心十字路口中的红绿灯, 当非上下班时间, 机动车流量较小时, 红绿灯会按照固定的时间周期进行变换, 这是一种周期间歇控制. 当在上下班高峰期时, 机动车流量突然猛增, 会造成交通拥堵, 这时交警可以介入来控制红绿灯的时间以便于更好地解决道路拥堵问题, 此时的红绿灯变换就变成了非周期间歇控制. 此外, 在自然界中, 像风、海啸、地震等都是十分明显的非周期间歇现象. 因此, 相比于周期间歇控制, 非周期间歇控制更符合现实需要.

考虑如下自适应非周期转换控制器:

$$u_i(t) = \begin{cases} -d_i(t)e_i(t) - \gamma_i(t)\mathrm{sign}\,(e_i(t)) - \alpha e_i^p(t) - \beta e_i^q(t), & t_m \leqslant t < s_m \\ -d_i(t)e_i(t) - \gamma_i(t)\mathrm{sign}\,(e_i(t)), & s_m \leqslant t < t_{m+1} \end{cases}$$

(4.2.45)

其中 $i = 1, 2, \cdots, N$, α, $\beta > 0$, $0 < p < 1$, $q > 1$, t_m, $s_m > 0$ $(m = 1, 2, \cdots)$, $t_1 = 0$ 均为非负常数, $m = 0, 1, 2, \cdots$, $\gamma_i(t)$, $d_i(t)$ 为控制增益且分别满足更新律:

$$\dot{d}_i(t) = \lambda_i e_i^{\mathrm{T}}(t)e_i(t)$$

(4.2.46)

$$\dot{\gamma}_i(t) = \varepsilon_i \mathrm{sign}\,(e_i(t))$$

(4.2.47)

其中 λ_i 和 ε_i 为任意正常数.

定理 4.2.2 假定假设 4.2.1~假设 4.2.3 成立, 则社团网络 (4.2.2) 在自适应非周期转换控制器 (4.2.45)~(4.2.47) 下可实现固定时间聚类同步, 且停息时间可估计为

$$T_f^* = \frac{1}{2^{(1+p)/2}\alpha\vartheta(1-p)} + \frac{1}{2^{(1+q)/2}(Nn)^{(q-1)/2}\beta\vartheta(q-1)}$$

其中

$$\vartheta = \limsup_{m\to+\infty}\left\{\frac{t_{m+1}-s_m}{t_{m+1}-t_m}\right\}$$

证明 构建如下 Lyapunov 函数:

$$V(e(t)) = \frac{1}{2}\sum_{k=1}^{r}\sum_{i\in J_k}e_i^{\mathrm{T}}(t)e_i(t) + \frac{1}{2}\sum_{i=1}^{N}\frac{1}{\lambda_i}(d_i(t)-d^*)^2 + \frac{1}{2}\sum_{i=1}^{N}\frac{1}{\varepsilon_i}(\gamma_i(t)-\gamma^*)^2$$

其中 d^* 和 γ^* 为待定正常数.

类似于定理 4.2.1 的证明过程, 可知当 $t_m \leqslant t < s_m$ $(m = 1, 2, \cdots)$ 时

$$\dot{V}(e(t)) \leqslant \tilde{e}^{\mathrm{T}}(t)(\tilde{B} + c\xi\tilde{A} + L - D(t))\tilde{e}(t) + \sum_{k=1}^{r}\sum_{i=c_{k-1}+1}^{c_k}\sum_{l=1}^{n}N_k|e_{il}(t)|$$

$$-\sum_{i=1}^{N}\gamma_i(t)\mathrm{sign}\,(e_i(t)) - 2^{(1+p)/2}\alpha V^{(1+p)/2}(e(t))$$

$$-2^{(1+q)/2}\beta(Nn)^{(1-q)/2}V^{(1+q)/2}(e(t)) + \sum_{i=1}^{N}e_i^{\mathrm{T}}(t)(d_i(t)-d^*)e_i(t)$$

$$+\sum_{i=1}^{N}(\gamma_i(t)-\gamma^*)\mathrm{sign}\,(e_i(t))$$

$$\leqslant \tilde{e}^{\mathrm{T}}(t)(\tilde{B} + c\xi\tilde{A} + L - d^*I_N)\tilde{e}(t) + \sum_{k=1}^{r}\sum_{i=c_{k-1}+1}^{c_k}\sum_{l=1}^{n}(N_k-\gamma^*)|e_{il}(t)|$$

$$-2^{(1+p)/2}\alpha V^{(1+p)/2}(e(t)) - 2^{(1+q)/2}\beta(Nn)^{(1-q)/2}V^{(1+q)/2}(e(t))$$

其中 $D(t) = \mathrm{diag}\,(d_1(t), d_2(t), \cdots, d_N(t))$.

令 $\gamma^* = \min_{1\leqslant k\leqslant r}\{N_k\}$, $d^* = \lambda_{\max}\{\tilde{B} + c\xi\tilde{A} + L\}$, 则有当 $t_m \leqslant t < s_m$ $(m = 1, 2, \cdots)$ 时

$$\dot{V}(e(t)) \leqslant -2^{(1+p)/2}\alpha V^{(1+p)/2}(e(t)) - 2^{(1+q)/2}\beta(Nn)^{(1-q)/2}V^{(1+q)/2}(e(t)) \quad (4.2.48)$$

同理, 当 $s_m \leqslant t < t_{m+1}\ (m = 1, 2, \cdots)$ 时

$$\dot{V}(e(t)) \leqslant 0 \tag{4.2.49}$$

根据 (4.2.48), (4.2.49) 及引理 4.2.2 可知, 社团网络 (4.2.2) 在自适应非周期转换控制器 (4.2.45)~(4.2.47) 下可在固定时间 T_f^* 内实现聚类同步.

4.2.3　数值模拟

本小节考虑一个由 8 个节点、3 个社团组成的有向社团网络, 如图 4-7 所示, $J_1 = \{1, 2, 3\}$, $J_2 = \{4, 5, 6\}$, $J_3 = \{7, 8\}$.

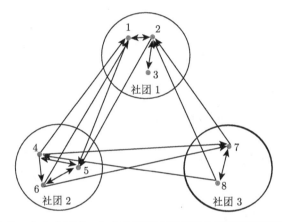

图 4-7　由 8 个节点、3 个社团组成的有向社团网络的拓扑结构

3 个社团的节点动力学行为分别由不连续的 Chen 系统 [243], Chua 电路 [231,238] 和细胞神经网络模型 [123] 描述, 即

$$\dot{s}_1(t) = B_1 s_1(t) + f_1(s_1(t)) \tag{4.2.50}$$

$$\dot{s}_2(t) = B_2 s_2(t) + f_2(s_2(t)) \tag{4.2.51}$$

$$\dot{s}_3(t) = B_3 s_3(t) + f_3(s_3(t)) \tag{4.2.52}$$

其中

$$s_i(t) = (s_{i1}(t), s_{i2}(t), s_{i3}(t))^{\mathrm{T}} \in \mathbb{R}^3 \quad (i = 1, 2, 3)$$

$$f_1(s_1(t)) = (0, \mathrm{sign}\,(s_{11}(t))\,(5.82 - s_{13}), \quad \mathrm{sign}\,(s_{12}(t))\,s_{11}(t))^{\mathrm{T}}$$

$$f_2(s_2(t)) = (3.86\mathrm{sign}\,(s_{21}(t)), 0, 0)^{\mathrm{T}}$$

$$f_3(s_3(t)) = G\,(g(s_{31}(t)), g(s_{32}(t)), g(s_{33}(t)))^{\mathrm{T}}$$

$$g(x) = \begin{cases} 0.5\left(|x+1| - |x-1|\right) - 0.002, & x \leqslant 0 \\ 0.5\left(|x+1| - |x-1|\right) + 0.001, & x > 0 \end{cases}$$

$$G = \begin{pmatrix} 1.25 & -3.2 & -3.2 \\ -3.2 & 1.1 & -4.4 \\ -3.2 & 4.4 & 1 \end{pmatrix}, \quad B_1 = \begin{pmatrix} -1.18 & 1.18 & 0 \\ 0 & 0.7 & 0 \\ 0 & 0 & -0.168 \end{pmatrix}$$

$$B_2 = \begin{pmatrix} -2.57 & 9 & 0 \\ 1 & -1 & 1 \\ 0 & -17 & 0 \end{pmatrix}, \quad B_3 = -I_3$$

计算可得 $L_1 = 0.5$, $N_1 = 36.0078$, $L_2 = 0$, $N_2 = 3.72$, $L_3 = 7$, $N_3 = 0.0364$.
图 4-8 分别描述了不连续系统 $(4.2.50) \sim (4.2.52)$ 在初始条件 $s_1(0) = (0.6, 0.25, 8)^{\mathrm{T}}$, $s_2(0) = (0.5, 0.3, 1)^{\mathrm{T}}$ 和 $s_3(0) = (0.1, 0.1, 0.1)^{\mathrm{T}}$ 下的混沌行为.

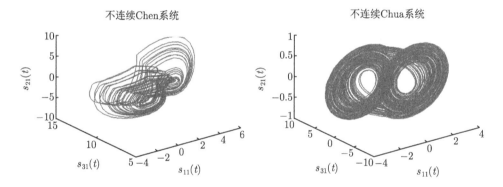

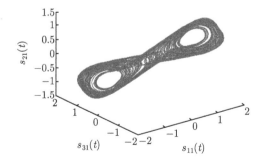

图 4-8　不连续 Chen 系统, Chua 系统以及细胞神经网络的混沌行为

为便于计算, 选取社团网络的耦合强度和内部耦合矩阵分别为 $c = 1$ 和 $\Gamma = \mathrm{diag}\,(1, 1, 1)$, 图 4-7 的拓扑结构可以用外部耦合矩阵的形式描述为

$$A = \begin{pmatrix} -1 & 1 & 0 & -1 & 0 & 1 & 0 & 0 \\ 1 & -2 & 1 & 0 & 0 & 0 & -1 & 1 \\ 0 & 1 & -1 & 0 & 0 & 0 & 0 & 0 \\ 0 & 0 & 0 & -1 & 1 & 0 & -1 & 1 \\ -1 & 1 & 0 & 1 & -2 & 1 & 0 & 0 \\ 0 & 0 & 0 & 1 & 1 & -2 & 0 & 0 \\ 0 & 0 & 0 & -1 & 0 & 1 & -1 & 1 \\ 0 & 0 & 0 & 0 & 0 & 0 & 1 & -1 \end{pmatrix}$$

选择控制器 (4.2.30) 的参数为 $\alpha = 5$, $\beta = 10$, $T = 0.2$, $\theta = 0.8$, $\gamma = 36.0078$, $d_i = 6.1(i = 1, 2, \cdots, 8)$, $p = 0.5a$, $q = 1.5$, 则条件 (4.2.31) 成立, 由定理 4.2.1 社团网络 (4.2.2) 在周期转换控制器 (4.2.30) 下可实现固定时间聚类同步, 且停息时间可估计为 $\tilde{T}_f = 0.3448$, 同步效果如图 4-9 和图 4-10 所示, 在不依赖于初始状态的固定时间值内, 同一社团内的节点动力学状态达到一致, 而来自不同社团的节

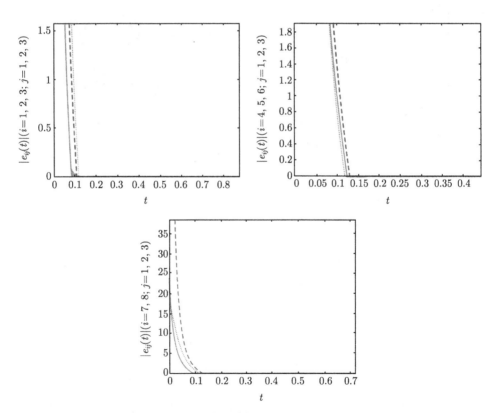

图 4-9　3 个社团的同步误差在控制器 (4.2.30) 下的状态轨线

点之间的动力学状态却并不相同.

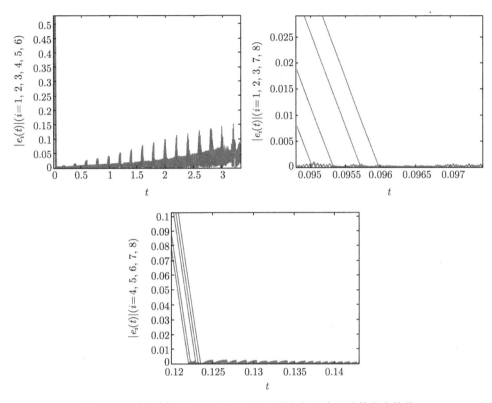

图 4-10   在控制器 (4.2.30) 下不同社团之间同步误差的状态轨线

由停息时间 $\tilde{T}_f$ 的估计表达式 (4.2.32) 可知, 周期转换控制率 $0 < \theta \leqslant 1$ 对停息时间的估计会产生很大的影响, 如图 4-11 所示, θ 越大, 同步误差系统收敛到零平衡点的速度越快, 即停息时间越短. 特殊地, 当 $\theta = 1$ 时, 周期转换控制器 (4.2.30) 退化为普通的状态反馈控制器. 如图 4-12 所示, 社团网络 (4.2.2) 在状态反馈控制器 (4.2.43) 下可实现固定时间聚类同步, 且停息时间可估计为 $\hat{T}_f = 0.2758$. 虽然 $\hat{T}_f < \tilde{T}_f$, 但状态反馈控制器 (4.2.43) 控制成本比周期转换控制器 (4.2.30) 更高. 不同的控制器会对时间同步效果产生很大的影响, 周期转换控制器往往易于实施、便于分析, 同时也意味着更低的控制能量传输, 但是对比于状态反馈控制器的控制器, 有固定时间同步的停息时间的估算往往比实际同步时间要大. 反之, 控制成本较高的控制器通常会得到更好的固定时间同步效果. 因此, 如何权衡控制成本与同步效果之间的矛盾, 根据实际需要设计最优的固定时间控制器并构建针对性更强的 Lyapunov 函数/泛函是研究社团网络的固定时间聚类同步的

关键问题.

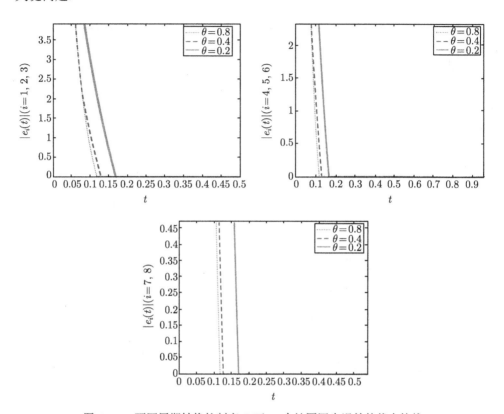

图 4-11　不同周期转换控制率 θ 下, 3 个社团同步误差的状态轨线

相比于有限时间同步, 固定时间同步的停息时间的估计值不依赖于初始条件, 如图 4-13 所示, 固定时间聚类同步控制器 (4.2.30) 比有限时间聚类同步控制器

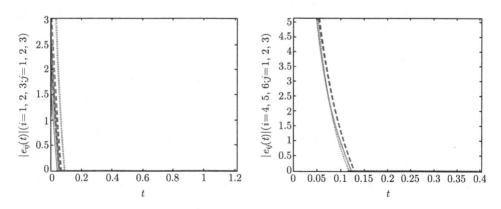

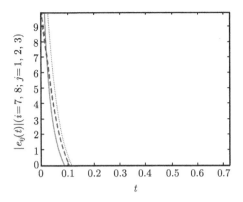

图 4-12   3 个社团的同步误差在控制器 (4.2.43) 下的状态轨线

(4.2.44) 在同步速度上更具优势, 即 $\tilde{T}_f = 0.3448 < \tilde{T}_s = 1.7052$.

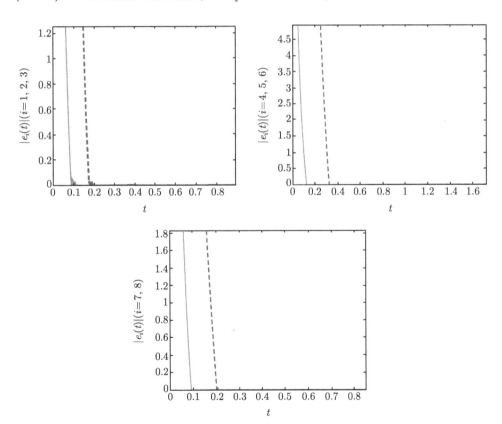

图 4-13   同步误差分别在控制器 (4.2.30) 和 (4.2.44) 下的状态轨线 (实线为固定时间控制, 虚线为有限时间控制)

接下来, 考虑自适应非周期转换控制器对实现社团网络固定时间聚类同步的有效性.

选择非周期转换控制的时间间隔为

$$[0,3] \cup [3.2,6.4] \cup [6.5,9.6] \cup [9.8,12.8] \cup [13,16] \cup [16.2,19.2] \cup [19.5,22.6]$$

$$\cup [22.8,25.8] \cup \cdots$$

计算可得 $\vartheta = 0.5$, 同步停息时间可估计为 $T_f^* = 0.5517$. 由定理 4.2.2 可知, 社团网络 (4.2.2) 在自适应非周期转换控制器 (4.2.45)~(4.2.47) 下可实现固定时间聚类同步, 同步效果如图 4-14 所示.

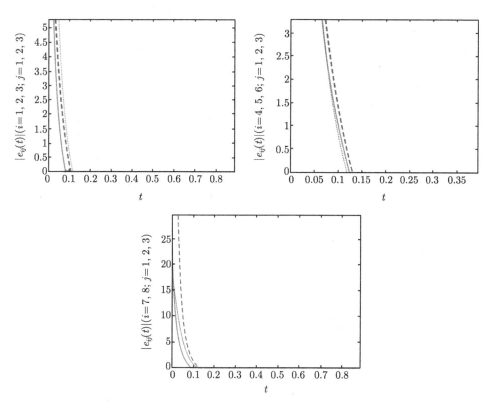

图 4-14　3 个社团的同步误差在控制器 (4.2.45)~(4.2.47) 下的状态轨线

4.3　本 章 小 结

作为一种重要的同步现象, 聚类同步是指网络的节点分为几个聚类, 每一个聚类内的节点状态最终达到一致, 而不同聚类内的节点状态不一致, 鉴于网络的聚类同步在生物学以及信息科学等领域的重要性, 该课题已经成为一个新的研究热点. 本章讨论了具有社团结构的复杂网络的聚类同步控制问题. 首先利用 Lyapunov 稳定性理论、有限时间稳定性理论、不等式技巧以及牵制控制策略, 通过区分与外部有连接和无连接的节点采取不同的控制策略, 得到了具有时变时滞的无向社团网络实现有限时间聚类同步的充分条件. 同时, 目前对于复杂网络单个节点的动力学方程, 绝大部分研究成果均假设用来描述节点动力学性质的微分方程是连续的, 甚至是 Lipschitz 连续的. 由于不连续微分方程不具备传统意义下的解, 故不能利用传统的方法研究问题. 本章还对具有右端不连续节点动力学行为的有向社团网络的同步问题进行研究, 通过设计不连续周期转换控制控制器和不连续自适应非周期转换控制控制器, 利用 Filippov 解的基本理论、微分包含理论、Lyapunov 稳定性理论以及不等式技巧, 给出保证网络实现固定时间聚类同步的充分条件, 并通过数值模拟和仿真验证所得结论的正确性, 为复杂网络的设计和应用奠定理论与技术基础.

第 5 章 忆阻神经网络的有限时间同步

1971 年, 美国加州大学伯克利分校的蔡少棠教授从电路理论完备性角度出发, 以 "Memristor-the missing circuit element" 为题发文预测除电阻、电容和电感之外, 还存在可以表征电荷和磁通量之间关系的第四种无源基本电路元件, 并将其命名为忆阻器 (Memristor)[244]. 2008 年, 惠普实验室将氧化物材料中的非易失性双极性电阻转变特性与忆阻理论联系起来, 推动了忆阻器从概念走向物理实现 [245]. 忆阻器是一种非线性元件, 与电阻具有共同的量纲, 且器件的电阻值随输入电流或电压的历史而变化. 因此, 这种器件可以通过电阻值的变化来记忆流经的电荷或磁通, 并且这种记忆具有非易失性, 当忆阻器从电路中断开后仍可以保持当前阻值. 近年来, 忆阻器在逻辑运算, 非易失性储存以及类脑神经形态计算等领域的应用备受关注. 这些应用为发展信息存储与处理融合的新型计算机体系构架、突破传统冯·诺依曼构架瓶颈提供了可行的技术路线.

同时, 忆阻器作为一种可模拟式连续调节、具有记忆功能的非线性电阻, 既可以实现非易失性的突触权重功能, 又具有可塑性, 是模拟神经元突触的完美器件. 将忆阻器与传统电学元件相连, 可以实现类似神经元的阈值动作电位发放功能. 因此, 利用忆阻器可实现对神经系统中神经元和突触这两种基本单元的仿生模拟. 同时忆阻器低功耗、纳米级尺寸、易于大规模互连集成的特性为突破神经形态电子芯片的功耗和集成度瓶颈提供了可行方案, 基于忆阻器的人工智能系统的出现指日可待 [246].

基于忆阻器的神经网络——忆阻神经网络通过忆阻器实现了模拟式的信息存储与处理的融合, 在类脑神经形态计算领域具有广泛的应用前景. 传统人工神经网络领域的研究人员一直致力于利用非线性电路、FPGA 和 VLSI 等手段来模拟神经元放电、突触可塑性等神经元突触的基本生物电特性及更高级的模式识别、智能控制等认知功能. 然而, 在这些方法中, 仅模拟一个神经元、一个突触就需要几十个晶体管、电容和加法器 [247]. 当要实现类似人脑的百亿级神经元构成的复杂网络时, 这些方法所面临的集成度和功耗问题都难以得到解决.

随着忆阻器在物理实体上的成功实现及其理论和应用的深入研究, 忆阻器以其独特的非易失性记忆功能和阻值可连续调节等特性, 成为在人工神经网络中模拟神经元和神经突触的极佳选择. 在模拟神经元方面, 美国学者 Pershin 等 [248] 利用忆阻器和电容器、电感器搭建的简单电路实现了对单细胞生物阿米巴原虫的自适应行为的模拟. 2010 年, 密歇根大学研究人员的实验表明忆阻器特殊的电学特性与老鼠神经元的学习特性具有相似性. 2012 年, 惠普实验室用 Mott 忆阻器设计并制造出神经元电路 Neuristor, 该电路不含任何晶体管, 但能够模拟神经元 all-or-nothing 阈值激发和多种周期性激发的功能 [249]. 在模拟神经突触方面, 忆阻器的特性与神经元突触十分契合, 可以由单个忆阻器构成电子突触. 文献 [250]~[252] 利用不同材料的忆阻器验证了忆阻突触可以实现人脑中感觉记忆、长期记忆和短期记忆等突触特性, 并展现了其电子突触高速、低功耗和电阻精确渐变调控等优点. 这些工作极大地推动了利用忆阻器实现对神经元和神经突触仿生的研究进程, 也为提高神经网络运行速度、精简网络基本单元结构、提高集成度、降低网络功耗等问题的研究指明了方向. 此外, 忆阻器也可以较为便捷地通过训练和学习获得网络的权值和结构, 进而实现神经网络的自组织、自适应功能. 因此, 2007 年, Snider 在一篇研究记忆纳米元件的自组织计算的文章中预测忆阻器将在人工神经网络研究中产生革命性的影响 [253].

近十年来, 关于忆阻神经网络应用的研究备受关注. 2012 年, 华中科技大学的鲍刚在其博士学位论文中以忆阻器替代 Hopfield 神经网络电路中的电阻, 抽象出一类忆阻神经网络模型, 利用模型在分段激活函数下的多稳定性实现了联想记忆功能 [254]; 2013 年, 法国原子能委员会研究机构的 Bicher 等采用 NOMFET 忆阻器构建了具有联合学习功能的巴甫洛夫狗神经电路 [255,256]; 2015 年, Hu 等设计了一种基于忆阻器的 Hopfield 神经网络电路, 并展示了其联合学习功能 [257]; 韩国浦项科学技术研究院的 Lee 团队将忆阻器突触阵列与 CMOS 图像/脑电波采集模块以及 CMOS 神经元电路相结合, 构建了图像/脑电波信号识别系统 [258,259]. 还有一些工作将忆阻神经网络应用到了信息加密、图像处理和故障诊断等领域, 取得了一些阶段性的成果 [259,260], 这些研究工作有效地推进了忆阻神经网络理论的创新、完善与发展.

同步是神经网络一种典型的集体行为. 由于忆阻器特有的涅滞回线特性, 忆阻神经网络往往呈现出独特的动力学行为, 并能生成新的混沌动力系统, 因此忆阻神经网络及其同步控制在智能机器人的协同控制、精神疾病 (如癫痫等) 的预防与治疗、联想记忆和对人脑的认知等方面以及安全通信、图像加密和伪随机数生成器等信息安全领域都有着广泛的应用. 同时, 在实际的工程应用中, 往往希望神经网络的同步能够尽可能快地实现, 甚至是在一段有限的时间内实现, 即有限时间同步. 相对于渐近同步或指数同步, 有限时间同步本质上首先要求同步误差动态系统是 Lyapunov 稳定的, 且能够以更快的速度在有限时间内收敛, 其次要求其运动轨迹能在有限的时间内趋近于零平衡点. 因此, 有限时间同步控制是时间最优的控制方法, 其过渡时间更短, 能够提高工作效率、节约成本, 且具备更好的鲁棒性和抗外界干扰能力. 研究忆阻神经网络的有限时间甚至固定时间和指定时间同步控制问题, 将有助于提高忆阻神经网络在现有应用中的功效和稳定性, 加深对忆阻神经网络特性的认识, 为开发新的应用领域提供重要的理论支撑. 本章将分别构建忆阻双向联想记忆神经网络和复值忆阻神经网络模型, 分别研究其有限时间、固定时间及指定时间同步控制问题, 并对实现有限时间和固定时间同步的停息时间进行精确估计, 在一定程度上降低计算过程的复杂性, 提高理论结果的通用性和普适性.

5.1   忆阻双向联想记忆神经网络的同步控制

5.1.1   模型描述

2010 年, Hu 和 Wang[261] 用忆阻器代替 Hopfield 神经网络的电阻来模拟电路中的神经突触, 建立了具有时滞效应的忆阻 Hopfield 神经网络模型. 该模型假设忆阻器的阻值在两个固定常值之间切换, 而切换条件则包括阈值切换与电压导数符号切换两种, 即

(1) 阈值切换

$$R(v(t)) = \begin{cases} R_{\text{on}}, & |v(t)| > \Gamma \\ \text{不变}, & |v(t)| = \Gamma \\ R_{\text{off}}, & |v(t)| < \Gamma \end{cases}$$

其中, $R(v(t))$ 为忆阻器的忆阻值, $v(t)$ 为轴突所属神经元的状态, $\Gamma > 0$ 为给定的阈值, $R_{\text{on}} \neq R_{\text{off}}$.

(2) 电压导数符号切换

$$R(v_m(t)) = \begin{cases} R_{\text{on}}, & \dot{v}_m(t) > 0 \\ \text{不变}, & \dot{v}_m(t) = 0 \\ R_{\text{off}}, & \dot{v}_m(t) < 0 \end{cases}$$

其中, $R(v_m(t))$ 为忆阻器的忆阻值, $v_m(t)$ 为施加在忆阻器两端的电压, $R_{\text{on}} \neq R_{\text{off}}$.

1988 年, Kosko 提出了双向联想记忆 (Bi-Directional Associative Memory, BAM) 神经网络模型 [262]:

$$\begin{cases} \dot{x}(t) = -a_i x_i(t) + \sum_{k=1}^{m} b_{ik} f_k(y_k(t)) + I_i, & i = 1, 2, \cdots, n \\ \dot{y}(t) = -d_j y_j(t) + \sum_{l=1}^{n} c_{jl} g_l(x_l(t)) + J_j, & j = 1, 2, \cdots, m \end{cases}$$

从结构上看, BAM 神经网络是一种半连接的 Hopfield 神经网络, 网络被分为两层, 每一层的神经元只接受另一层神经元的反馈, 并将输出反馈到另一层的神经元. BAM 神经网络模拟人脑, 把一些样本模式存储在神经网络的权值中, 通过大规模的并行计算, 使不完整的、受到噪声 "污染" 的畸变模式在网络中恢复到原来的模式本身. 例如, 听到一首歌曲的一部分便可以联想到整首曲子, 看到某人的名字会联想到他的相貌、身形等特点. 前者称为自联想, 而后者称为异联想, 异联想也称为双向联想记忆. 如图 5-1 所示, BAM 存储器可以存储两组向量 (N 维向量 $A = (a_0, a_1, \cdots, a_{N-1})$ 和 P 维向量 $B = (b_0, b_1, \cdots, b_{P-1})$), 给定 A 可经过联想得到对应的标准样本 B, 当有噪声或残缺时, 联想功能可使样本对复原 [57].

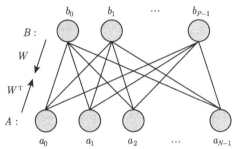

图 5-1　由向量 A 和 B 组成的 BAM 神经网络

BAM 神经网络是对单层的、自联想的 Hopfield 神经网络的拓展, 将特定的模式存储在网络的连接权重中, 利用网络并行运算进行迭代, 可以快速地对不完整或被噪声干扰的模式进行恢复, 其独特的双层连接结构和异联想功能使其在模式识别、图像处理和联想记忆等领域的应用得到广泛的关注.

使用忆阻器代替传统 BAM 神经网络电路中模拟神经突触的电阻, 可得到如下忆阻 BAM 神经网络电路图 [263] (图 5-2):

根据基尔霍夫电流定律, 可以用以下时滞微分方程描述图 5-2 中的忆阻 BAM 神经网络中的神经元状态:

$$\begin{cases} \dfrac{\mathrm{d}x_i(t)}{\mathrm{d}t} = -d_i(t)x_i(t) + \sum_{j=1}^{m} \mathrm{sign}_{ij} a_{ij}(t) f_j(y_j(t)) + \sum_{j=1}^{m} \mathrm{sign}_{ij} b_{ij}(t) f_j(y_j(t - \tau_j(t))) \\ \dfrac{\mathrm{d}y_j(t)}{\mathrm{d}t} = -r_j(t)y_j(t) + \sum_{i=1}^{n} \mathrm{sign}_{ji} p_{ji}(t) g_i(x_i(t)) + \sum_{i=1}^{n} \mathrm{sign}_{ji} q_{ji}(t) g_i(x_i(t - \rho_i(t))) \end{cases}$$

$$(5.1.1)$$

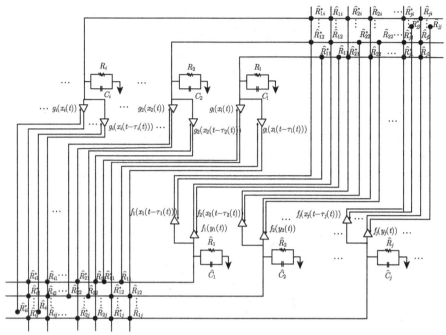

图 5-2　忆阻 BAM 神经网络电路图

其中 $i = 1, 2, \cdots, n$, $j = 1, 2, \cdots, m$; $x_i(t) \in \mathbb{R}$ 和 $y_i(t) \in \mathbb{R}$ 分别表示电容 C_i 和 $\hat{C}_j$ 两端的电压值, 即神经元状态; $f_j : \mathbb{R} \to \mathbb{R}$ 和 $g_i : \mathbb{R} \to \mathbb{R}$ 为激活函数, $\tau_j(t) \geqslant 0$ 和 $\rho_i(t) \geqslant 0$ 表示传输时滞; sign_{ji} 为符号函数, 其取值为

$$\text{sign}_{ji} = \begin{cases} 1, & j \neq i \\ -1, & j = i \end{cases}$$

$d_i(t) \geqslant 0$ 和 $r_j(t) \geqslant 0$ 分别为相应神经元的自抑制系数, $a_{ij}(t)$, $p_{ji}(t)$, $b_{ij}(t)$ 和 $q_{ji}(t)$ 为连接权重且满足

$$d_i(t) = \frac{1}{C_i} \left[\sum_{j=1}^{m} \left(\frac{1}{R_{ij}(t)} + \frac{1}{R_{ij}^*(t)} \right) + \frac{1}{R_i} \right], \quad a_{ij}(t) = \frac{1}{R_{ij}(t)C_i}$$

$$b_{ij}(t) = \frac{1}{R_{ij}^*(t)C_i}$$

$$r_j(t) = \frac{1}{\hat{C}_j} \left[\sum_{i=1}^{n} \left(\frac{1}{\hat{R}_{ij}(t)} + \frac{1}{\hat{R}_{ji}^*(t)} \right) + \frac{1}{\hat{R}_j} \right], \quad p_{ji}(t) = \frac{1}{\hat{R}_{ij}(t)\hat{C}_j}$$

$$q_{ji}(t) = \frac{1}{\hat{R}_{ji}^*(t)\hat{C}_j}$$

其中 $R_{ij}(t)$, $R_{ij}^*(t)$, $\hat{R}_{ji}(t)$ 和 $\hat{R}_{ji}^*(t)$ 为相应忆阻器的忆阻值.

综合阈值切换和电压导数符号切换模式两类模型的特点, 本节假设网络中忆阻器的忆阻值在高低两个阻态间切换, 并且网络中的电流强度级别足以使忆阻器在极短时间内完成高低阻态间的切换. 在此假设下, 忆阻器的阻态由施加在其两端的电压符号决定. 此时, 网络中的神经元自抑制系数和连接权重满足

$$a_{ij}(t) = \begin{cases} a_{ij}^+, & x_i(t) < \mathrm{sign}_{ij} f_j(y_j(t)) \\ \text{不变}, & x_i(t) = \mathrm{sign}_{ij} f_j(y_j(t)) \\ a_{ij}^-, & x_i(t) > \mathrm{sign}_{ij} f_j(y_j(t)) \end{cases}$$

$$b_{ij}(t) = \begin{cases} b_{ij}^+, & x_i(t) < \mathrm{sign}_{ij} f_j(y_j(t - \tau_j(t))) \\ \text{不变}, & x_i(t) = \mathrm{sign}_{ij} f_j(y_j(t - \tau_j(t))) \\ b_{ij}^-, & x_i(t) > \mathrm{sign}_{ij} f_j(y_j(t - \tau_j(t))) \end{cases}$$

$$p_{ji}(t) = \begin{cases} p_{ji}^+, & y_j(t) < \mathrm{sign}_{ji} g_i(x_i(t)) \\ \text{不变}, & y_j(t) = \mathrm{sign}_{ji} g_i(x_i(t)) \\ p_{ji}^-, & y_j(t) > \mathrm{sign}_{ji} g_i(x_i(t)) \end{cases}$$

$$q_{ji}(t) = \begin{cases} q_{ji}^+, & y_j(t) < \mathrm{sign}_{ji} g_i(x_i(t - \rho_i(t))) \\ \text{不变}, & y_j(t) = \mathrm{sign}_{ji} g_i(x_i(t - \rho_i(t))) \\ q_{ji}^-, & y_j(t) > \mathrm{sign}_{ji} g_i(x_i(t - \rho_i(t))) \end{cases}$$

$$d_i(t) = \sum_{j=1}^{m} (a_{ij}(t) + b_{ij}(t)) + d_i^*, \quad r_j(t) = \sum_{i=1}^{n} (p_{ji}(t) + q_{ji}(t)) + r_j^*$$

其中, $i = 1, 2, \cdots, n$, $j = 1, 2, \cdots, m$; $d_i^* = 1/R_i C_i$, $r_j^* = 1/\hat{R}_j \hat{C}_j$; a_{ij}^+, b_{ij}^+, p_{ji}^+ 和 q_{ji}^+ 为相应忆阻器在低阻态时神经网络的连接权重; a_{ij}^-, b_{ij}^-, p_{ji}^- 和 q_{ji}^- 为相应忆阻器在高阻态时神经网络的连接权重. 易知 $a_{ij}^+ > a_{ij}^- > 0$, $b_{ij}^+ > b_{ij}^- > 0$, $p_{ji}^+ > p_{ji}^- > 0$, $q_{ji}^+ > q_{ji}^- > 0$.

将忆阻 BAM 神经网络 (5.1.1) 作为驱动系统, 用 $\hat{x}_i(t)$ 和 $\hat{y}_j(t)$ 表示相应的响应神经网络系统的神经元状态, 则可用以下微分方程描述响应系统:

$$
\begin{cases}
\dfrac{\mathrm{d}\hat{x}_i(t)}{\mathrm{d}t} = -\hat{d}_i(t)\hat{x}_i(t) + \displaystyle\sum_{j=1}^{m}\mathrm{sign}_{ij}\hat{a}_{ij}(t)f_j(\hat{y}_j(t)) \\
\qquad\qquad + \displaystyle\sum_{j=1}^{m}\mathrm{sign}_{ij}\hat{b}_{ij}(t)f_j(\hat{y}_j(t-\tau_j(t))) + u_i(t) \\
\dfrac{\mathrm{d}\hat{y}_j(t)}{\mathrm{d}t} = -\hat{r}_j(t)\hat{y}_j(t) + \displaystyle\sum_{i=1}^{n}\mathrm{sign}_{ji}\hat{p}_{ji}(t)g_i(\hat{x}_i(t)) \\
\qquad\qquad + \displaystyle\sum_{i=1}^{n}\mathrm{sign}_{ji}\hat{q}_{ji}(t)g_i(\hat{x}_i(t-\rho_i(t))) + v_j(t)
\end{cases}
\tag{5.1.2}
$$

其中, $i = 1, 2, \cdots, n$, $j = 1, 2, \cdots, m$; $\hat{d}_i(t)$, $\hat{a}_{ij}(t)$, $\hat{b}_{ij}(t)$, $\hat{r}_j(t)$, $\hat{p}_{ji}(t)$, $\hat{q}_{ji}(t)$ 的值由响应神经网络系统中相应神经元的状态决定, 其取值方式和范围分别与 $d_i(t)$, $a_{ij}(t)$, $b_{ij}(t)$, $r_j(t)$, $p_{ji}(t)$, $q_{ji}(t)$ 相同; $u_i(t)$ 与 $v_j(t)$ 为施加在相应神经元上的控制输入.

定义驱动和响应神经网络的误差为 $e_{xi}(t) = x_i(t) - \hat{x}_i(t)$, $e_{yj}(t) = y_j(t) - \hat{y}_j(t)(i = 1, 2, \cdots, n; j = 1, 2, \cdots, m)$, 由 (5.1.1) 和 (5.1.2) 可得如下误差系统:

$$
\begin{cases}
\dfrac{\mathrm{d}e_{xi}(t)}{\mathrm{d}t} = -\Big(d_i(t)x_i(t) - \hat{d}_i(t)\hat{x}_i(t)\Big) + \displaystyle\sum_{j=1}^{m}\mathrm{sign}_{ij}\left(a_{ij}(t)f_j(y_j(t)) - \hat{a}_{ij}(t)f_j(\hat{y}_j(t))\right) \\
\qquad + \displaystyle\sum_{j=1}^{m}\mathrm{sign}_{ij}\Big(b_{ij}(t)f_j(y_j(t-\tau_j(t))) - \hat{b}_{ij}(t)f_j(\hat{y}_j(t-\tau_j(t)))\Big) - u_i(t) \\
\dfrac{\mathrm{d}e_{yj}(t)}{\mathrm{d}t} = -(r_j(t)y_j(t) - \hat{r}_j(t)\hat{y}_j(t)) + \displaystyle\sum_{i=1}^{n}\mathrm{sign}_{ji}\left(p_{ji}(t)g_i(x_i(t)) - \hat{p}_{ji}(t)g_i(\hat{x}_i(t))\right) \\
\qquad + \displaystyle\sum_{i=1}^{n}\mathrm{sign}_{ji}\left(q_{ji}(t)g_i(x_i(t-\rho_i(t))) - \hat{q}_{ji}(t)g_i(\hat{x}_i(t-\rho_i(t)))\right) - v_j(t)
\end{cases}
\tag{5.1.3}
$$

在系统 (5.1.1) 和 (5.1.2) 中, 系数 $a_{ij}(t)$, $b_{ij}(t)$, $p_{ji}(t)$ 及 $q_{ji}(t)$ 均为不连续函数, 不能保证系统解的存在性和唯一性, 因此必须在 Filippov 解的框架下研究忆阻 BAM 神经网络 (5.1.1) 和 (5.1.2) 的同步问题.

定义 5.1.1[240] 对于右端不连续系统

$$
\dot{x}(t) = f(x(t)), \quad t > 0, \quad x \in \mathbb{R}^n, \quad x(0) = x_0
\tag{5.1.4}
$$

其集值映射定义为

$$
F(x(t)) = \bigcap_{\delta > 0}\bigcap_{\mu(N)=0}\overline{\mathrm{co}}\left[f(t, B(x,\delta)/N)\right]
$$

其中 $B(x, \delta) = \{y : \|y - x\| \leqslant \delta\}$ 是以 x 为中心, δ 为半径的球; $\mu(N)$ 表示集合 N 的 Lebesgue 测度; $\overline{\mathrm{co}}\left[f\left(t, B(x, \delta)/N\right)\right]$ 是集合 $E(E \subset \mathbb{R}^n)$ 的凸闭包; 如果向量值函数 $x(t) = (x_1(t), x_2(t), \cdots, x_n(t))^{\mathrm{T}} \in \mathbb{R}^n$ 表示在区间 Q 的任意子区间 $[t_1, t_2]$ 上是绝对连续的, 且满足如下的微分包含

$$\dot{x}(t) \in F(x(t)), \quad \text{a.e. } t \in Q$$

则称 $x(t) = (x_1(t), x_2(t), \cdots, x_n(t))^{\mathrm{T}} \in \mathbb{R}^n$ 为非线性不连续系统 (5.1.4) 在区间 Q 上的 Filippov 解.

定义 5.1.2 若 $x(t) = (x_1(t), x_2(t), \cdots, x_n(t))^{\mathrm{T}}$ 和 $y(t) = (y_1(t), y_2(t), \cdots, y_m(t))^{\mathrm{T}}$ 满足条件: ① $x(t)$ 与 $y(t)$ 在任意紧集 $[0, +\infty)$ 上连续; ② $x(t)$ 与 $y(t)$ 满足如下微分包含:

$$\dot{x}(t) \in F(x(t)), \quad \dot{y}(t) \in G(x(t)), \quad t > 0$$

则称 $x(t)$ 与 $y(t)$ 为忆阻 BAM 神经网络系统 (5.1.1) 的一组解, 且其初始值为

$$x(s) = \phi(s) = (\phi_1(t), \phi_2(t), \cdots, \phi_n(t))^{\mathrm{T}} \in C\left([-\tau, 0], \mathbb{R}^n\right)$$

$$y(s) = \psi(s) = (\psi_1(t), \psi_2(t), \cdots, \psi_m(t))^{\mathrm{T}} \in C\left([-\tau, 0], \mathbb{R}^m\right)$$

其中 $C\left([-\tau, 0], \mathbb{R}^n\right)$ 和 $C\left([-\tau, 0], \mathbb{R}^m\right)$ 分别表示定义在区间 $[-\tau, 0]$ 上的所有 n 维和 m 维连续、可微函数的集合.

假设 5.1.1 激活函数 $f_j : \mathbb{R} \to \mathbb{R}$ $(j = 1, 2, \cdots, m)$, $g_i : \mathbb{R} \to \mathbb{R}$ $(i = 1, 2, \cdots, n)$ 是有界的, 即存在正常数 $h_{fj} > 0$ 和 $h_{gi} > 0$, 使得对于 $\forall x \in \mathbb{R}$, $|f_j(x)| \leqslant h_{fj}$, $|g_i(x)| \leqslant h_{gi}$.

引理 5.1.1 若假设 5.1.1 成立, 则系统 (5.1.1) 至少存在一个有初始值的局部解, 因此, $x(t)$ 与 $y(t)$ 的解在 Filippov 意义下可以延拓到区间 $[0, +\infty)$.

由于 $\dot{x}(t)$ 与 $\dot{y}(t)$ 是连续有界的, 且集值映射函数 $F(x(t))$ 与 $G(x(t))$ 是上半连续的非空、凸的、有界闭集, 由定义 5.1.2 及引理 5.1.1 可知, 右端不连续系统 (5.1.1) 的解 $x(t)$ 与 $y(t)$ 存在并且可以得到其 Filippov 意义下的解.

根据集值映射和微分包含理论[240,241], 驱动系统 (5.1.1) 可以转换为如下微分包含形式:

$$
\begin{cases}
\dfrac{\mathrm{d}x_i(t)}{\mathrm{d}t} \in -d_i^* x_i(t) + \displaystyle\sum_{j=1}^{m} \mathrm{co}\left[a_{ij}^-, a_{ij}^+\right] \left(\mathrm{sign}_{ij} f_j(y_j(t)) - x_i(t)\right) \\
\qquad + \displaystyle\sum_{j=1}^{m} \mathrm{co}\left[b_{ij}^-, b_{ij}^+\right] \left(\mathrm{sign}_{ij} f_j(y_j(t-\tau_j(t))) - x_i(t)\right) \\
\dfrac{\mathrm{d}y_j(t)}{\mathrm{d}t} \in -r_j^* y_j(t) + \displaystyle\sum_{i=1}^{n} \mathrm{co}\left[p_{ji}^-, p_{ji}^+\right] \left(\mathrm{sign}_{ji} g_i(x_i(t)) - y_j(t)\right) \\
\qquad + \displaystyle\sum_{i=1}^{n} \mathrm{co}\left[q_{ji}^-, q_{ji}^+\right] \left(\mathrm{sign}_{ji} g_i(x_i(t-\rho_i(t))) - y_j(t)\right)
\end{cases}
$$

其中, $i = 1, 2, \cdots, n$, $j = 1, 2, \cdots, m$, $\mathrm{co}\left[a_{ij}^-, a_{ij}^+\right]$ 表示由常数 a_{ij}^- 和 a_{ij}^+ 构成的凸集的闭包, 如果 $a_{ij} \in \mathrm{co}\left[a_{ij}^-, a_{ij}^+\right]$, 则有 $a_{ij} = \delta a_{ij}^- + (1-\delta)a_{ij}^+$, $\delta \in [0,1]$, 同时也意味着 $a_{ij}^- \leqslant a_{ij} \leqslant a_{ij}^+$. 在 (5.1.1) 中 $a_{ij}(t)$ 为不连续的, 而在上式中 $\mathrm{co}\left[a_{ij}^-, a_{ij}^+\right]$ 变为连续的. 因此, 在集值映射与微分包含的框架下通过变换, 传统的稳定性分析与控制器设计方法都可以用于处理忆阻 BAM 神经网络的同步问题.

同理, 响应系统 (5.1.2) 的 Filippov 解包含于如下微分包含:

$$
\begin{cases}
\dfrac{\mathrm{d}\hat{x}_i(t)}{\mathrm{d}t} \in -d_i^* \hat{x}_i(t) + \displaystyle\sum_{j=1}^{m} \mathrm{co}\left[a_{ij}^-, a_{ij}^+\right] \left(\mathrm{sign}_{ij} f_j(\hat{y}_j(t)) - \hat{x}_i(t)\right) \\
\qquad + \displaystyle\sum_{j=1}^{m} \mathrm{co}\left[b_{ij}^-, b_{ij}^+\right] \left(\mathrm{sign}_{ij} f_j(\hat{y}_j(t-\tau_j(t))) - \hat{x}_i(t)\right) + u_i(t) \\
\dfrac{\mathrm{d}\hat{y}_j(t)}{\mathrm{d}t} \in -r_j^* \hat{y}_j(t) + \displaystyle\sum_{i=1}^{n} \mathrm{co}\left[p_{ji}^-, p_{ji}^+\right] \left(\mathrm{sign}_{ji} g_i(\hat{x}_i(t)) - \hat{y}_j(t)\right) \\
\qquad + \displaystyle\sum_{i=1}^{n} \mathrm{co}\left[q_{ji}^-, q_{ji}^+\right] \left(\mathrm{sign}_{ji} g_i(\hat{x}_i(t-\rho_i(t))) - \hat{y}_j(t)\right) + v_j(t)
\end{cases}
$$

因此, 误差系统 (5.1.3) 的 Filippov 解满足

$$
\begin{cases}
\dfrac{\mathrm{d}e_{xi}(t)}{\mathrm{d}t} \in -d_i^* e_{xi}(t) + \displaystyle\sum_{j=1}^{m} \Big[\mathrm{co}\left[a_{ij}^-, a_{ij}^+\right] \left(\mathrm{sign}_{ij} f_j(y_j(t)) - x_i(t)\right) \\
\qquad - \mathrm{co}\left[a_{ij}^-, a_{ij}^+\right] \left(\mathrm{sign}_{ij} f_j(\hat{y}_j(t)) - \hat{x}_i(t)\right) \\
\qquad + \mathrm{co}\left[b_{ij}^-, b_{ij}^+\right] \left(\mathrm{sign}_{ij} f_j(y_j(t-\tau_j(t))) - x_i(t)\right) \\
\qquad - \mathrm{co}\left[b_{ij}^-, b_{ij}^+\right] \left(\mathrm{sign}_{ij} f_j(\hat{y}_j(t-\tau_j(t))) - \hat{x}_i(t)\right) \Big] - u_i(t) \\
\dfrac{\mathrm{d}e_{yj}(t)}{\mathrm{d}t} \in -r_j^* e_{yj}(t) + \displaystyle\sum_{i=1}^{n} \Big[\mathrm{co}\left[p_{ji}^-, p_{ji}^+\right] \left(\mathrm{sign}_{ji} g_i(x_i(t)) - y_j(t)\right) \\
\qquad - \mathrm{co}\left[p_{ji}^-, p_{ji}^+\right] \left(\mathrm{sign}_{ji} g_i(\hat{x}_i(t)) - \hat{y}_j(t)\right) \\
\qquad + \mathrm{co}\left[q_{ji}^-, q_{ji}^+\right] \left(\mathrm{sign}_{ji} g_i(x_i(t-\rho_i(t))) - y_j(t)\right) \\
\qquad - \mathrm{co}\left[q_{ji}^-, q_{ji}^+\right] \left(\mathrm{sign}_{ji} g_i(\hat{x}_i(t-\rho_i(t))) - \hat{y}_j(t)\right) \Big] - v_j(t)
\end{cases}
$$

目前, 忆阻神经网络的同步及其控制已被广泛研究, 同步类型包括完全同步、滞后同步、反同步和广义同步等. 从时间特性上来看, 这些同步均属于渐近同步或指数同步, 即只有当时间区域无穷时, 才能实现网络的同步. 然而, 在实际的应用中, 通常要求神经网络尽可能快地在有限时间内达到同步, 即所谓的有限时间同步问题. 例如, 在混沌通信保密的应用中, 基于安全考虑, 时常要求在有限时间内实现主从忆阻神经网络的同步, 以此来保证解码信息在较短时间内被发送而不被泄露, 另外有限时间控制器带有分数幂项, 使得有限时间控制具有更好的鲁棒性和抗扰动性. 因此, 近年来, 在非线性动力系统及神经网络同步控制领域, 更多的工作开始关注驱动和响应系统的有限时间同步控制[264-266]、固定时间同步控制[267-269] 以及指定时间同步控制[119] 问题的研究.

5.1.2 有限时间同步

如果误差系统 (5.1.3) 是有限时间稳定的, 则忆阻 BAM 神经网络 (5.1.1) 与 (5.1.2) 是有限时间同步的, 因此首先给出误差系统有限时间稳定的定义.

定义 5.1.3 对于误差系统 (5.1.3), 若对于任意 $e(0) = (e_{x1}(0), e_{x2}(0), \cdots, e_{xn}(0), e_{y1}(0), e_{y2}(0), \cdots, e_{ym}(0))^{\mathrm{T}} \in \mathbb{R}^{n+m}$, 存在依赖于初始状态的时间值 $T_0(e(0))$ 使得

$$\lim_{t \to T_0} e(t, e(0)) = 0$$

且当 $t > T_0$ 时, $e(t, e(0)) \equiv 0$, 则称误差系统 (5.1.3) 的平衡点 $(0, 0, \cdots, 0)^{\mathrm{T}} \in \mathbb{R}^{n+m}$ 是全局有限时间稳定的, $T_0(e(0))$ 称为停息时间.

为便于研究驱动和响应忆阻 BAM 神经网络的有限时间同步问题, 首先给出以下定义和引理.

定义 5.1.4 若函数 $V(x) : \mathbb{R}^n \to \mathbb{R}$ 在 $\mathbb{R}^n$ 上是正则、径向无界的, 且 $V(0) = 0$, 当 $x \neq 0$ 时, $V(x) > 0$, 则称该函数是 C-正则的[270].

引理 5.1.2[270] 若存在 C-正则函数 $V(x(t)) : \mathbb{R}^n \to [0, +\infty)$ 以及连续函数 $r : \mathbb{R} \to \mathbb{R}$, 其中 $x(t) : [0, +\infty) \to \mathbb{R}^n$ 在 $[0, +\infty)$ 的任意紧区间上是绝对连续的, 使得对任意 $s \in (0, +\infty)$, 有 $r(s) > 0$, 且

$$\dot{V}(t) \leqslant -r(V(t)), \qquad \int_0^{V(0)} \frac{1}{r(s)} \mathrm{d}s = T < +\infty$$

那么, 当 $t > T$ 时, $V(t) = 0$. 若 $r(s) = K s^{\mu}$, $0 < \mu < 1$, $K > 0$, 则 T 的估计值为

$$T = \frac{V^{1-\mu}(0)}{K(1-\mu)}$$

引理 5.1.3[178]　若 $a_1, a_2, \cdots, a_n$ 为正实数, $0 < p < q$, 则

$$\left(\sum_{i=1}^{n} a_i^q\right)^{\frac{1}{q}} \leqslant \left(\sum_{i=1}^{n} a_i^p\right)^{\frac{1}{p}}$$

若 $0 < \gamma < 1$, 则有

$$\left(\sum_{i=1}^{n} a_i^2\right)^{\frac{\gamma+1}{2}} \leqslant \sum_{i=1}^{n} a_i^{\gamma+1}$$

1. 一般反馈控制下的同步条件

本小节将通过设计合适的控制器实现忆阻 BAM 神经网络 (5.1.1) 与 (5.1.2) 的有限时间同步.

首先, 设计如下误差反馈控制器:

$$\begin{cases} u_i(t) = s_i e_{xi}(t) + k_i \mathrm{sign}\,(e_{xi}(t)) + \eta \mathrm{sign}\,(e_{xi}(t))\,|e_{xi}(t)|^\alpha, & i = 1, 2, \cdots, n \\ v_j(t) = l_j e_{yj}(t) + w_j \mathrm{sign}\,(e_{yj}(t)) + \eta \mathrm{sign}\,(e_{yj}(t))\,|e_{yj}(t)|^\alpha, & j = 1, 2, \cdots, m \end{cases}$$

(5.1.5)

其中 $0 \leqslant \alpha < 1$, $\eta > 0$, s_i, k_i, l_j 和 $w_j (i = 1, 2, \cdots, n; j = 1, 2, \cdots, m)$ 为控制参数.

定理 5.1.1　假定假设 5.1.1 成立, 如果参数 α, η, s_i, k_i $(i = 1, 2, \cdots, n)$, l_j 和 w_j $(j = 1, 2, \cdots, m)$ 满足不等式

$$\begin{aligned} s_i &\geqslant -d_i^* - \sum_{j=1}^{m} (a_{ij}^- + b_{ij}^-) \\ l_j &\geqslant -r_j^* - \sum_{i=1}^{n} (p_{ji}^- + q_{ji}^-) \\ k_i &\geqslant 2 \sum_{j=1}^{m} (a_{ij}^+ + b_{ij}^+) h_{fj} \\ w_j &\geqslant 2 \sum_{i=1}^{n} (p_{ji}^+ + q_{ji}^+) h_{gi} \end{aligned}$$

(5.1.6)

则在控制器 (5.1.5) 下, 忆阻 BAM 神经网络 (5.1.1) 与 (5.1.2) 可以在有限时间 T_0 内实现同步, 其中

$$T_0 = \frac{\left(\displaystyle\sum_{i=1}^{n} e_{xi}^2(0) + \sum_{j=1}^{m} e_{yj}^2(0)\right)^{\frac{1-\alpha}{2}}}{\eta\,(1-\alpha)}$$

证明 构造 Lyapunov 函数:

$$V(t) = V_1(t) + V_2(t)$$

其中

$$V_1(t) = \sum_{i=1}^{n} e_{xi}^2(t), \quad V_2(t) = \sum_{j=1}^{m} e_{yj}^2(t)$$

沿着误差系统 (5.1.3) 的轨迹, 计算 $V_1(t)$ 的导数可得

$$
\begin{aligned}
\dot{V}_1(t) = 2\sum_{i=1}^{n} e_{xi}(t) \bigg\{ & -d_i^* e_{xi}(t) + \sum_{j=1}^{m} \big[a_{ij}(t)\big(\text{sign}_{ij} f_j(y_j(t)) - x_i(t)\big) \\
& - \hat{a}_{ij}(t)\big(\text{sign}_{ij} f_j(\hat{y}_j(t)) - \hat{x}_i(t)\big) \\
& + b_{ij}(t)\big(\text{sign}_{ij} f_j(y_j(t - \tau_j(t))) - x_i(t)\big) \\
& - \hat{b}_{ij}(t)\big(\text{sign}_{ij} f_j \hat{y}_j(t - \tau_j(t)) - \hat{x}_i(t)\big)\big] - u_i(t) \bigg\}
\end{aligned}
\tag{5.1.7}
$$

下面, 根据 $x(t)$ 与 $\hat{x}(t)$ 的取值, 分 6 种情形进行讨论:

情形 1 $x_i(t) > \text{sign}_{ij} f_j(y_j(t))$, $\hat{x}_i(t) > \text{sign}_{ij} f_j(\hat{y}_j(t))$, 则

$$2e_{xi}(t)\big(a_{ij}(t)\big(\text{sign}_{ij} f_j(y_j(t)) - x_i(t)\big) - \hat{a}_{ij}(t)\big(\text{sign}_{ij} f_j(\hat{y}_j(t)) - \hat{x}_i(t)\big)\big)$$

$$= 2e_{xi}(t)\big(a_{ij}^- \text{sign}_{ij}\big(f_j(y_j(t)) - f_j(\hat{y}_j(t))\big) - a_{ij}^- e_{xi}(t)\big)$$

$$\leqslant 4a_{ij}^- h_{fj}|e_{xi}(t)| - 2a_{ij}^- |e_{xi}(t)|^2$$

情形 2 $x_i(t) \leqslant \text{sign}_{ij} f_j(y_j(t))$, $\hat{x}_i(t) \leqslant \text{sign}_{ij} f_j(\hat{y}_j(t))$, 则

$$2e_{xi}(t)\big(a_{ij}(t)\big(\text{sign}_{ij} f_j(y_j(t)) - x_i(t)\big) - \hat{a}_{ij}(t)\big(\text{sign}_{ij} f_j(\hat{y}_j(t)) - \hat{x}_i(t)\big)\big)$$

$$= 2e_{xi}(t)\big(a_{ij}^+ \text{sign}_{ij}\big(f_j(y_j(t)) - f_j(\hat{y}_j(t))\big) - a_{ij}^+ e_{xi}(t)\big)$$

$$\leqslant 4a_{ij}^+ h_{fj}|e_{xi}(t)| - 2a_{ij}^+ |e_{xi}(t)|^2$$

情形 3 $x_i(t) > \text{sign}_{ij} f_j(y_j(t))$, $-h_{fj} < \hat{x}_i(t) \leqslant \text{sign}_{ij} f_j(\hat{y}_j(t))$, 则根据假设 5.1.1 有

$$2e_{xi}(t)\big(a_{ij}(t)\big(\text{sign}_{ij} f_j(y_j(t)) - x_i(t)\big) - \hat{a}_{ij}(t)\big(\text{sign}_{ij} f_j(\hat{y}_j(t)) - \hat{x}_i(t)\big)\big)$$

$$= 2e_{xi}(t)\big(a_{ij}^- \text{sign}_{ij} f_j(y_j(t)) - a_{ij}^+ \text{sign}_{ij} f_j(\hat{y}_j(t)) - a_{ij}^- e_{xi}(t) + (a_{ij}^+ - a_{ij}^-)\hat{x}_i(t)\big)$$

$$\leqslant 4a_{ij}^+ h_{fj}|e_{xi}(t)| - 2a_{ij}^- |e_{xi}(t)|^2$$

情形 4　$x_i(t) > \text{sign}_{ij} f_j(y_j(t)) \geqslant -h_{fj}$, $\hat{x}_i(t) \leqslant -h_{fj}$, 则

$$2e_{xi}(t)\left(a_{ij}(t)\left(\text{sign}_{ij} f_j(y_j(t)) - x_i(t)\right) - \hat{a}_{ij}(t)\left(\text{sign}_{ij} f_j(\hat{y}_j(t)) - \hat{x}_i(t)\right)\right)$$

$$= 2e_{xi}(t)\left(a_{ij}^- \text{sign}_{ij} f_j(y_j(t)) - a_{ij}^+ \text{sign}_{ij} f_j(\hat{y}_j(t)) - a_{ij}^- e_{xi}(t) + (a_{ij}^+ + a_{ij}^-)\hat{x}_i(t)\right)$$

$$\leqslant 2(a_{ij}^+ + a_{ij}^-)h_{fj}|e_{xi}(t)| - 2a_{ij}^-|e_{xi}(t)|^2$$

情形 5　$-h_{fj} < x_i(t) \leqslant \text{sign}_{ij} f_j(y_j(t))$, $\hat{x}_i(t) > \text{sign}_{ij} f_j(\hat{y}_j(t))$, 则

$$2e_{xi}(t)\left(a_{ij}(t)\left(\text{sign}_{ij} f_j(y_j(t)) - x_i(t)\right) - \hat{a}_{ij}(t)\left(\text{sign}_{ij} f_j(\hat{y}_j(t)) - \hat{x}_i(t)\right)\right)$$

$$= 2e_{xi}(t)\left(a_{ij}^+ \text{sign}_{ij} f_j(y_j(t)) - a_{ij}^- \text{sign}_{ij} f_j(\hat{y}_j(t)) - a_{ij}^- e_{xi}(t) + (a_{ij}^- - a_{ij}^+)x_i(t)\right)$$

$$\leqslant 4a_{ij}^+ h_{fj}|e_{xi}(t)| - 2a_{ij}^-|e_{xi}(t)|^2$$

情形 6　$x_i(t) \leqslant -h_{fj}$, $\hat{x}_i(t) > \text{sign}_{ij} f_j(\hat{y}_j(t)) \geqslant -h_{fj}$, 则

$$2e_{xi}(t)\left(a_{ij}(t)\left(\text{sign}_{ij} f_j(y_j(t)) - x_i(t)\right) - \hat{a}_{ij}(t)\left(\text{sign}_{ij} f_j(\hat{y}_j(t)) - \hat{x}_i(t)\right)\right)$$

$$= 2e_{xi}(t)\left(a_{ij}^+ \text{sign}_{ij} f_j(y_j(t)) - a_{ij}^- \text{sign}_{ij} f_j(\hat{y}_j(t)) - a_{ij}^- e_{xi}(t) + (a_{ij}^+ + a_{ij}^-)x_i(t)\right)$$

$$\leqslant 2(a_{ij}^+ + a_{ij}^-)h_{fj}|e_{xi}(t)| - 2a_{ij}^-|e_{xi}(t)|^2$$

综合以上分析可得

$$2e_{xi}(t)\left(a_{ij}(t)\left(\text{sign}_{ij} f_j(y_j(t)) - x_i(t)\right) - \hat{a}_{ij}(t)\left(\text{sign}_{ij} f_j(\hat{y}_j(t)) - \hat{x}_i(t)\right)\right)$$

$$\leqslant 4a_{ij}^+ h_{fj}|e_{xi}(t)| - 2a_{ij}^-|e_{xi}(t)|^2 \tag{5.1.8}$$

通过与 (5.1.8) 相似的讨论, 不难得到

$$2e_{xi}(t)\Big(b_{ij}(t)\left(\text{sign}_{ij} f_j(y_j(t - \tau_j(t))) - x_i(t)\right)$$

$$- \hat{b}_{ij}(t)\left(\text{sign}_{ij} f_j(\hat{y}_j(t - \tau_j(t))) - \hat{x}_i(t)\right)\Big)$$

$$\leqslant 4b_{ij}^+ h_{fj}|e_{xi}(t)| - 2b_{ij}^-|e_{xi}(t)|^2 \tag{5.1.9}$$

将 (5.1.8) 和 (5.1.9) 代入 (5.1.7) 可得

$$\dot{V}_1(t) \leqslant -2\sum_{i=1}^{n}\left[d_i^* + \sum_{j=1}^{m}(a_{ij}^- + b_{ij}^-)\right]|e_{xi}(t)|^2 + 4\sum_{i=1}^{n}\sum_{j=1}^{m}\left[(a_{ij}^+ + b_{ij}^+)h_{fj}|e_{xi}(t)|\right]$$

$$- \sum_{i=1}^{n} 2e_{xi}(t)u_i(t) \tag{5.1.10}$$

同理可得

$$\dot{V}_2(t) \leqslant -2\sum_{j=1}^{m} \left[r_j^* + \sum_{i=1}^{n} (p_{ji}^- + q_{ji}^-) \right] |e_{yj}(t)|^2 + 4\sum_{j=1}^{m}\sum_{i=1}^{n} \left[(p_{ji}^+ + q_{ji}^+)h_{gi}|e_{yj}(t)| \right]$$
$$- \sum_{j=1}^{m} 2e_{yj}(t)v_j(t) \tag{5.1.11}$$

将 (5.1.10) 与 (5.1.11) 相加, 并将控制器 (5.1.5) 代入其中, 可以得到

$$\dot{V}(t) = \dot{V}_1(t) + \dot{V}_2(t)$$
$$\leqslant \sum_{i=1}^{n} \left[-2d_i^* - 2\sum_{j=1}^{m} (a_{ij}^- + b_{ij}^-) - 2s_i \right] |e_{xi}(t)|^2$$
$$+ \sum_{i=1}^{n} \left\{ 2\sum_{j=1}^{m} \left[(2a_{ij}^+ + 2b_{ij}^+)h_{fj} \right] - 2k_i \right\} |e_{xi}(t)|$$
$$+ \sum_{j=1}^{m} \left[-2r_j^* - 2\sum_{i=1}^{n} (p_{ji}^- + q_{ji}^-) - 2l_j \right] |e_{yj}(t)|^2$$
$$+ \sum_{j=1}^{m} \left\{ 2\sum_{i=1}^{n} \left[(2p_{ji}^+ + 2q_{ji}^+)h_{gi} \right] - 2w_j \right\} |e_{yj}(t)|$$
$$- \sum_{i=1}^{n} 2\eta|e_{xi}(t)|^{\alpha+1} - \sum_{j=1}^{m} 2\eta|e_{yj}(t)|^{\alpha+1}$$

根据 (5.1.6) 和引理 5.1.3 得

$$\dot{V}(t) \leqslant -2\eta V^{\frac{\alpha+1}{2}}(t)$$

由引理 5.1.2 可知误差系统 (5.1.3) 是全局有限时间稳定的, 且停息时间可估计为

$$T_0 = \int_0^{V(0)} \frac{1}{2\eta\sigma^{\frac{1+\alpha}{2}}} \mathrm{d}\sigma = \frac{V(0)^{\frac{1-\alpha}{2}}}{\eta(1-\alpha)}$$

因此, 在控制器 (5.1.5) 下, 忆阻 BAM 神经网络 (5.1.1) 与 (5.1.2) 可以在有限时间 T_0 内实现同步. 证毕.

2. 切换反馈控制下的同步条件

本小节在定理 5.1.1 的基础上, 设计一种切换反馈控制器, 以缩短忆阻 BAM 神经网络 (5.1.1) 与 (5.1.2) 实现有限时间同步的停息时间.

定义函数

$$T(\alpha) = \frac{V(0)^{\frac{1-\alpha}{2}}}{\eta(1-\alpha)}, \quad 0 \leqslant \alpha < 1$$

计算其导数可得

$$\frac{\mathrm{d}T(\alpha)}{\mathrm{d}\alpha} = \frac{(\alpha-1)\ln V(0) + 2}{2\eta(1-\alpha)^2 V(0)^{\frac{\alpha-1}{2}}}$$

显然, 增大控制增益 η 或者减小初始误差可以缩短停息时间. 当控制增益 η 和初始误差确定时, 分两种情形进行讨论.

情形 1　若 $V(0) > \mathrm{e}^2$ (这里 e 为自然对数的底数), 则 $\dfrac{\mathrm{d}T(\alpha)}{\mathrm{d}\alpha} = 0$ 当且仅当 $\alpha = 1 - \dfrac{2}{\ln V(0)}$, 此外, 当 $0 \leqslant \alpha < 1 - \dfrac{2}{\ln V(0)}$ 时, $\dfrac{\mathrm{d}T(\alpha)}{\mathrm{d}\alpha} < 0$; 当 $1 - \dfrac{2}{\ln V(0)} < \alpha < 1$ 时, $\dfrac{\mathrm{d}T(\alpha)}{\mathrm{d}\alpha} > 0$. 因此, $T(\alpha)$ 在 $\alpha = 1 - \dfrac{2}{\ln V(0)}$ 处取最小值.

情形 2　若 $V(0) \leqslant \mathrm{e}^2$, 则对 $\forall \alpha \in [0,\ 1)$, $\dfrac{\mathrm{d}T(\alpha)}{\mathrm{d}\alpha} \geqslant 0$. 此时, $T(\alpha)$ 在 $\alpha = 0$ 处取最小值.

基于以上讨论, 设计如下切换反馈控制器:

$$\begin{cases} u_i(t) = s_i e_{xi}(t) + k_i \mathrm{sign}(e_{xi}(t)) + \eta \, \mathrm{sign}(e_{xi}(t))|e_{xi}(t)|^{\alpha(t)}, & i = 1, 2, \cdots, n \\ v_j(t) = l_j e_{yj}(t) + w_j \mathrm{sign}(e_{ji}(t)) + \eta \, \mathrm{sign}(e_{ji}(t))|e_{ji}(t)|^{\alpha(t)}, & j = 1, 2, \cdots, m \end{cases}$$
$$(5.1.12)$$

其中 $\eta > 0$, s_i, k_i, l_j 和 w_j $(i = 1, 2, \cdots, n; j = 1, 2, \cdots, m)$ 为控制参数, $\alpha(t)$ 满足

$$\alpha(t) = \begin{cases} 1 - \dfrac{2}{\ln V(0)}, & V(t) > \mathrm{e}^2 \\ 0, & V(t) \leqslant \mathrm{e}^2 \end{cases}$$

基于定理 5.1.1, 可以得到如下定理.

定理 5.1.2　假定假设 5.1.1 成立, 如果参数 $\eta > 0$, s_i, k_i $(i = 1, 2, \cdots, n)$, l_j 和 w_j $(j = 1, 2, \cdots, m)$ 满足不等式

$$s_i \geqslant -d_i^* - \sum_{j=1}^{m} (a_{ij}^- + b_{ij}^-)$$

$$k_i \geqslant 2 \sum_{j=1}^{m} (a_{ij}^+ + b_{ij}^+) h_{fj}$$

$$l_j \geqslant -r_j^* - \sum_{i=1}^{n} (p_{ji}^- + q_{ji}^-)$$

$$w_j \geqslant 2 \sum_{i=1}^{n} (p_{ji}^+ + q_{ji}^+) h_{gi}$$

$$(5.1.13)$$

则在控制器 (5.1.12) 下, 忆阻 BAM 神经网络 (5.1.1) 与 (5.1.2) 可以在有限时间 T_1 内实现同步, 其中

$$
T_1 = \begin{cases}
\dfrac{1}{\eta}\left(\displaystyle\sum_{i=1}^{n} e_{xi}^2(0) + \sum_{j=1}^{m} e_{yj}^2(0)\right)^{\frac{1}{2}}, & \left(\displaystyle\sum_{i=1}^{n} e_{xi}^2(0) + \sum_{j=1}^{m} e_{yj}^2(0)\right) \leqslant \mathrm{e}^2 \\[3.5ex]
\dfrac{1}{2\eta}\left(\mathrm{e} - \mathrm{e}^{\overline{\ln\left(\sum\limits_{i=1}^{n} e_{xi}^2(0) + \sum\limits_{j=1}^{m} e_{yj}^2(0)\right)}}\right)\ln\left(\displaystyle\sum_{i=1}^{n} e_{xi}^2(0) + \sum_{j=1}^{m} e_{yj}^2(0)\right) + \dfrac{\mathrm{e}}{\eta}, & \\[3.5ex]
& \left(\displaystyle\sum_{i=1}^{n} e_{xi}^2(0) + \sum_{j=1}^{m} e_{yj}^2(0)\right) > \mathrm{e}^2
\end{cases}
$$

证明 构造如定理 5.1.1 中的 Lyapunov 函数:

$$
V(t) = \sum_{i=1}^{n} e_{xi}^2(t) + \sum_{j=1}^{m} e_{yj}^2(t)
$$

参照定理 5.1.1 的证明过程, 可得

$$
\dot{V}(t) \leqslant -2\eta V^{\frac{\alpha(t)+1}{2}}(t)
$$

由引理 5.1.2 可知, 误差系统 (5.1.3) 是全局有限时间稳定的. 计算停息时间可得

$$
T_1 = \int_0^{V(0)} \frac{1}{2\eta\sigma^{\frac{1+\alpha(t)}{2}}} \mathrm{d}\sigma
$$

当 $V(0) \leqslant \mathrm{e}^2$ 时,

$$
T_1 = \int_0^{V(0)} \frac{1}{2\eta\sigma^{1/2}} \mathrm{d}\sigma = \frac{V(0)^{1/2}}{\eta}
$$

当 $V(0) > \mathrm{e}^2$ 时,

$$
T_1 = \int_{\mathrm{e}^2}^{V(0)} \frac{1}{2\eta\sigma^{1-\frac{1}{\ln V(0)}}} \mathrm{d}\sigma + \int_0^{\mathrm{e}^2} \frac{1}{2\eta\sigma^{1/2}} \mathrm{d}\sigma = \frac{1}{2\eta}\left(\mathrm{e} - \mathrm{e}^{\frac{2}{\ln V(0)}}\right)\ln V(0) + \frac{\mathrm{e}}{\eta}
$$

因此, 在控制器 (5.1.12) 下, 忆阻 BAM 神经网络 (5.1.1) 与 (5.1.2) 可以在有限时间 T_1 内实现同步. 证毕.

5.1.3 固定时间同步

在有限时间同步分析中, 一个关键的问题就是如何对同步停息时间进行有效估计. 一般来说, 同步停息时间及其估计往往依赖于所考虑神经网络的初始值, 在

一定条件下不同的初始值出发的解会在不同的有限时间内实现同步, 从而导致不同的同步停息时间及其估计值. 当实际问题需要判断多个不同初值出发的解是否有限时间收敛时, 则要通过多次计算停息时间才能完成, 这显然是不方便的. 另外, 一些实际的神经网络由于受到外部干扰等因素的影响很难得知甚至无法得到系统的初值, 这导致无法证明该类神经网络停息时间的有界性, 从而无法判断其有限时间同步性 [178,271]. 为了克服停息时间估计与初值相关性带来的不便与局限, 本小节将讨论忆阻 BAM 神经网络 (5.1.1) 与 (5.1.2) 的固定时间同步控制问题, 其同步停息时间及其估计仅依赖于系统参数和控制参数, 而与网络的初始值无关. 显然, 与有限时间同步相比较, 固定时间同步中的停息时间上界估计与初值无关, 使得固定时间同步在神经网络的实际应用中更加便利, 适用范围更广.

定义 5.1.5　对于误差系统 (5.1.3), 若对于任意 $e(0) = (e_{x1}(0), e_{x2}(0), \cdots, e_{xn}(0), e_{y1}(0), e_{y2}(0), \cdots, e_{ym}(0))^{\mathrm{T}} \in \mathbb{R}^{n+m}$, 存在不依赖于误差系统初值的 T_f 使得

$$\lim_{t \to T_f} e(t, e(0)) = 0$$

且当 $t > T_f$ 时, $e(t, e(0)) \equiv 0$, 则称误差系统 (5.1.3) 的平衡点 $(0, 0, \cdots, 0)^{\mathrm{T}} \in \mathbb{R}^{n+m}$ 是全局固定时间稳定的, T_f 为停息时间.

在研究忆阻 BAM 神经网络 (5.1.1) 与 (5.1.2) 的固定时间同步控制前, 首先证明如下结论.

引理 5.1.4　若存在 C-正则函数 $V(x(t)) : \mathbb{R}^n \to [0, +\infty)$, 其中 $x(t) : [0, +\infty) \to \mathbb{R}^n$ 在 $[0, +\infty)$ 的任意紧区间上是绝对连续的, 常数 $\lambda \in \mathbb{R}$, $\eta, \theta > 0$, $0 \leqslant \alpha < 1, \beta > 1$ 满足不等式

$$\dot{V}(x(t)) \leqslant \lambda V(x(t)) - \eta V^\alpha(x(t)) - \theta V^\beta(x(t)), \quad \lambda < \min\{\eta, \theta\} \tag{5.1.14}$$

则 $\lim_{t \to T_f} x(t) = 0$, 且当 $t > T_f$ 时, $x(t) \equiv 0$, 其中

$$T_f = \begin{cases} \dfrac{1}{\lambda(1-\alpha)} \ln \dfrac{\eta}{\eta - \lambda} + \dfrac{1}{\lambda(\beta-1)} \ln \dfrac{\theta}{\theta - \lambda}, & \lambda \neq 0 \\ \dfrac{1}{\eta(1-\alpha)} + \dfrac{1}{\theta(\beta-1)}, & \lambda = 0 \end{cases}$$

证明　若 $V(x(t)) \geqslant 1$, 由于 $\lambda < \theta$, 可以得到

$$\lambda V(x(t)) - \eta V^\alpha(x(t)) - \theta V^\beta(x(t)) \leqslant \lambda V(x(t)) - \theta V^\beta(x(t)) < 0$$

若 $0 < V(x(t)) < 1$, 由于 $\lambda < \eta$, 因此

$$\lambda V(x(t)) - \eta V^\alpha(x(t)) - \theta V^\beta(x(t)) \leqslant \lambda V(x(t)) - \eta V^\alpha(x(t)) < 0$$

故 $V(x(t))$ 在 $(0,+\infty)$ 上是严格单调递减的. 根据 Lyapunov 稳定性理论可知, $x(t) = 0$ 是全局渐近稳定的. 因此对于任意初始条件 (不失一般性, 假设 $V(x(0)) > 1$), 若 $V(x(0))$ 可以在固定时间 T^* 内收敛到 1, 然后在固定时间 T^{**} 内从 1 收敛到 0, 则 $x(t)$ 可以在固定时间 $T^* + T^{**}$ 内达到稳定状态 $x(t) = 0$. 基于这一思想, 构造如下微分方程以作对比:

$$
\begin{cases}
\dot{W}(t) = \begin{cases}
0, & W(t) = 0 \\
\lambda W(t) - \eta W^\alpha(t), & 0 < W(t) < 1 \\
\lambda W(t) - \theta W^\beta(t), & W(t) \geqslant 1
\end{cases} \\
W(0) = V(x(0))
\end{cases}
\tag{5.1.15}
$$

比较 (5.1.14) 和 (5.1.15) 可得 $0 \leqslant V(t) \leqslant W(t)$. 因此, 若存在 $T > 0$ 使得 $\lim_{t \to T} W(t) = 0$ 且当 $t > T$ 时, $W(t) \equiv 0$, 则 $\lim_{t \to T} V(t) = 0$, 且当 $t > T$ 时, $V(t) \equiv 0$ 同时成立. 这样 $x(t)$ 的固定时间稳定问题可以转化为系统 (5.1.15) 的固定时间稳定问题.

当 $W(t) \geqslant 1$ 时, 定义 $H(t) = W^{1-\beta}(t)$, 则

$$
\begin{cases}
\dot{H}(t) = \lambda(1-\beta)H(t) - \theta(1-\beta) \\
H(0) = V^{1-\beta}(x(0))
\end{cases}
\tag{5.1.16}
$$

显然, $W(t) \to 1^+$ 等价于 $H(t) \to 1^-$.

当 $0 \leqslant W(t) < 1$ 时, $H(t) = W^{1-\alpha}(t)$, 则

$$
\begin{cases}
\dot{H}(t) = \lambda(1-\alpha)H(t) - \eta(1-\alpha) \\
H(0) = 1
\end{cases}
\tag{5.1.17}
$$

不难得到, $W(t) \to 0^+$ 等价于 $H(t) \to 0^+$.

下面, 我们通过分析 $H(t)$ 在相应初值条件下的收敛性, 来分析系统 (5.1.15) 的固定时间稳定问题. 分 3 种情形进行讨论.

情形 1 当 $0 < \lambda < \min\{\eta, \theta\}$, 若 $V(x(0)) > 1$, 则 $H(0) < 1$, 由 (5.1.16) 可知

$$
H(t) = \left(H(0) - \frac{\theta}{\lambda}\right)\exp\{\lambda(1-\beta)t\} + \frac{\theta}{\lambda}
\tag{5.1.18}
$$

由于 $H(0) < 1$, $\lim_{t \to +\infty} H(t) = \frac{\theta}{\lambda} > 1$ 且 $\dot{H}(t) > 0$, 因而存在唯一的 $\tilde{T} > 0$, 使得 $H(\tilde{T}) = 1$, 且当 $0 < t < \tilde{T}$ 时, $0 < H(t) < 1$. 由 (5.1.18) 计算可得

$$
\tilde{T} = \frac{1}{\lambda(\beta-1)}\ln\frac{\theta - \lambda H(0)}{\theta - \lambda} < \frac{1}{\lambda(\beta-1)}\ln\frac{\theta}{\theta - \lambda}
\tag{5.1.19}
$$

接下来分析 $H(t)$ 从 1 收敛到 0 的过程, 求解 (5.1.17), 我们有

$$H(t) = \left(1 - \frac{\eta}{\lambda}\right) \exp\{\lambda(1-\alpha)t\} + \frac{\eta}{\lambda} \qquad (5.1.20)$$

由于 $H(0) = 1$, $\lim_{t \to +\infty} H(t) = -\infty$ 且 $\dot{H}(t) < 0$, 因而存在唯一的 $\hat{T} > 0$, 使得 $H(\hat{T}) = 0$. 由 (5.1.20) 计算可得

$$\hat{T} = \frac{1}{\lambda(1-\alpha)} \ln \frac{\eta}{\eta - \lambda} \qquad (5.1.21)$$

显然, 当 $V(x(0)) < 1$ 时, $H(t)$ 只经历从 1 收敛到 0 的过程. 因此, 综合 (5.1.19) 和 (5.1.21) 可知, $V(x(t))$ 可以在固定时间 $\tilde{T} + \hat{T}$ 内收敛到 0, $x(t)$ 可以在固定时间 $\tilde{T} + \hat{T}$ 内达到稳定状态 $x(t) = 0$.

情形 2　当 $\lambda < 0$ 时, 通过与情形 1 中相似的讨论, 可以得到固定稳定停息时间

$$\tilde{T} + \hat{T} = \frac{1}{\lambda(1-\alpha)} \ln \frac{\eta}{\eta - \lambda} + \frac{1}{\lambda(\beta - 1)} \ln \frac{\theta}{\theta - \lambda}$$

情形 3　当 $\lambda = 0$ 时, 系统 (5.1.16) 和 (5.1.17) 分别可以退化为

$$\begin{cases} \dot{H}(t) = -\theta(1 - \beta) \\ H(0) = V^{1-\beta}(x(0)) \end{cases} \qquad (5.1.22)$$

以及

$$\begin{cases} \dot{H}(t) = -\eta(1 - \alpha) \\ H(0) = 1 \end{cases} \qquad (5.1.23)$$

由 (5.1.22) 可以解得 $H(t) = H(0) - \theta(1-\beta)t$. 由于 $H(0) < 1$, $\lim_{t \to +\infty} H(t) = +\infty > 1$ 且 $\dot{H}(t) = -\theta(1 - \beta) > 0$, 因而存在唯一的 $\tilde{T}^* > 0$ 使得 $H(\tilde{T}^*) = 1$, 且

$$\tilde{T}^* = \frac{1 - H(0)}{\theta(\beta - 1)} < \frac{1}{\theta(\beta - 1)}$$

由 (5.1.23) 可以解得 $H(t) = 1 - \eta(1 - \alpha)t$, 由于 $H(0) = 1$, $\lim_{t \to +\infty} H(t) = -\infty$ 且 $\dot{H}(t) = -\eta(1 - \alpha) < 0$, 因而存在唯一的 $\hat{T}^* > 0$ 使得 $H(\hat{T}^*) = 0$, 且有

$$\hat{T}^* = \frac{1}{\eta(1 - \alpha)}$$

因此, $V(x(t))$ 可以在固定时间 $\tilde{T}^* + \hat{T}^*$ 内收敛到 0, $x(t)$ 可以在固定时间 $\tilde{T}^* + \hat{T}^*$ 内达到稳定状态 $x(t) = 0$. 证毕.

备注 5.1.1　引理 5.1.4 引入了一系列新的非线性动力系统的固定时间稳定判据并给出了精度更高的停息时间估计值. 现有文献 [102], [117], [118], [268] 和

[272]~[276] 中使用的方法是引理 5.1.4 中 $\lambda = 0$ 的特殊情况, 而引理 5.1.4 中 λ 的取值可以为正值、负值或者 0, 因此, 引理 5.1.4 更具一般性.

备注 5.1.2 文献 [119] 分析了 $\lambda \neq 0$ 时满足条件 (5.1.14) 的非线性动力系统的固定时间稳定问题, 其中停息时间的估计为

$$
T_{[119]} =
\begin{cases}
\dfrac{\pi}{\beta - \alpha} \left(\dfrac{\eta}{\theta} \right)^{\varepsilon} \csc(\varepsilon\pi), & \lambda \leqslant 0 \\[3mm]
\dfrac{\pi \csc(\varepsilon\pi)}{\theta(\beta - \alpha)} \left(\dfrac{\theta}{\eta - \lambda} \right)^{\varepsilon} I \left(\dfrac{\theta}{\eta + \theta - \lambda}, \varepsilon, 1 - \varepsilon \right) & \\[3mm]
+ \dfrac{\pi \csc(\varepsilon\pi)}{\eta(\beta - \alpha)} \left(\dfrac{\eta}{\theta - \lambda} \right)^{\varepsilon} I \left(\dfrac{\eta}{\eta + \theta - \lambda}, 1 - \varepsilon, \varepsilon \right), & 0 < \lambda \leqslant \min\{\eta, \theta\}
\end{cases}
$$

式中 $\varepsilon = (1 - \alpha)/(\beta - \alpha)$, $T_{[119]}$ 依赖于较复杂的不完全 Beta 函数比:

$$
I(x, p, q) = \frac{1}{B(p,q)} \int_0^x t^{p-1} (1-t)^{q-1} \mathrm{d}t
$$

其中 $0 \leqslant x \leqslant 1$, $p > 0$, $q > 0$, $B(p,q)$ 为 Beta 函数:

$$
B(p,q) = \int_0^1 t^{p-1} (1-t)^{q-1} \mathrm{d}t
$$

相比较而言, 引理 5.1.4 对于停息时间估计值的表达式比文献 [119] 更加简单易计算, 可操作性强.

备注 5.1.3 文献 [120] 研究了满足条件 (5.1.14) 的非线性动力系统的固定时间稳定问题, 并给出了停息时间的估计值:

$$
T_{[120]} = \frac{1}{(1 - \alpha)(\eta - \lambda)} + \frac{1}{(\beta - 1)(\theta - \lambda)}
$$

对任意 $x > 0$ 易知 $\ln(1 + x) \leqslant x$. 因此, 有 $\ln(\eta/(\eta - \lambda))/\lambda(1 - \alpha) \leqslant 1/((1 - \alpha)(\eta - \lambda))$ 及 $\ln(\theta/(\theta - \lambda))/\lambda(\beta - 1) \leqslant 1/((\beta - 1)(\theta - \lambda))$, 即 $T_f \leqslant T_{[120]}$. 由此可见, 引理 5.1.4 对于停息时间的估计要比文献 [120] 更精确.

接下来将在引理 5.1.4 的基础上, 研究忆阻 BAM 神经网络 (5.1.1) 与 (5.1.2) 的固定时间同步控制问题.

为了实现忆阻 BAM 神经网络 (5.1.1) 与 (5.1.2) 的固定时间同步, 设计具有如下形式的控制器:

$$
\begin{cases}
u_i(t) = \mathrm{sign}(e_{xi}(t)) \left(s_i |e_{xi}(t)| + \eta |e_{xi}(t)|^{\alpha} + \theta |e_{xi}(t)|^{\beta} + k_i \right), & i = 1, 2, \cdots, n \\[2mm]
v_j(t) = \mathrm{sign}(e_{yj}(t)) \left(l_j |e_{yj}(t)| + \eta |e_{yj}(t)|^{\alpha} + \theta |e_{yj}(t)|^{\beta} + w_j \right), & j = 1, 2, \cdots, m
\end{cases}
$$

$$
(5.1.24)
$$

其中 $\beta > 1,\ \eta > 0,\ \theta > 0,\ s_i,\ k_i,\ l_j$ 和 $w_j\ (i=1,2,\cdots,n;j=1,2,\cdots,m)$ 为控制参数.

定理 5.1.3　若假设 5.1.1 成立, 且控制器 (5.1.24) 中参数 $\alpha,\ \beta,\ \eta$ 及 θ 满足条件

$$
\begin{aligned}
&\lambda < \min\{\gamma,\omega\} \\
&k_i \geqslant 2\sum_{j=1}^{m}(a_{ij}^+ + b_{ij}^+)h_{fj} \\
&w_j \geqslant 2\sum_{i=1}^{n}(p_{ji}^+ + q_{ji}^+)h_{gi}
\end{aligned}
\tag{5.1.25}
$$

其中

$$
\lambda = 2\max\left\{\max_{1\leqslant i\leqslant n}\left\{-d_i^* - \sum_{j=1}^{m}(a_{ij}^- + b_{ij}^-) - s_i\right\},\ \max_{1\leqslant j\leqslant m}\left\{-r_j^* - \sum_{i=1}^{n}(p_{ji}^- + q_{ji}^-) - l_j\right\}\right\}
$$

$$
\gamma = 2^{\frac{\alpha+1}{2}}\eta,\quad \omega = 2\theta\min\left\{n^{\frac{1-\beta}{2}}, m^{\frac{1-\beta}{2}}\right\}
$$

则在控制器 (5.1.24) 下, 忆阻 BAM 神经网络 (5.1.1) 与 (5.1.2) 可以在固定时间 T_f 内实现同步, 其中

$$
T_f = \begin{cases}
\dfrac{2}{\lambda(1-\alpha)}\ln\dfrac{\gamma}{\gamma-\lambda} + \dfrac{2}{\lambda(\beta-1)}\ln\dfrac{\omega}{\omega-\lambda}, & \lambda \neq 0 \\
\dfrac{2}{\gamma(1-\alpha)} + \dfrac{2}{\omega(\beta-1)}, & \lambda = 0
\end{cases}
$$

证明　构造 Lyapunov 函数

$$
V(t) = \frac{1}{2}\sum_{i=1}^{n}e_{xi}^2(t) + \frac{1}{2}\sum_{j=1}^{m}e_{yj}^2(t)
$$

由定理 5.1.1 中的推导可知

$$
\begin{aligned}
\dot{V}(t) \leqslant &\sum_{i=1}^{n}\left[-d_i^* - \sum_{j=1}^{m}(a_{ij}^- + b_{ij}^-)\right]|e_{xi}(t)|^2 + 2\sum_{i=1}^{n}\sum_{j=1}^{m}\left[(a_{ij}^+ + b_{ij}^+)h_{fj}|e_{xi}(t)|\right] \\
&+ \sum_{j=1}^{m}\left[-r_j^* - \sum_{i=1}^{n}(p_{ji}^- + q_{ji}^-)\right]|e_{yj}(t)|^2 + 2\sum_{j=1}^{m}\sum_{i=1}^{n}\left[(p_{ij}^+ + q_{ij}^+)h_{gi}|e_{yj}(t)|\right] \\
&- \sum_{j=1}^{m}e_{yj}(t)v_j(t) - \sum_{i=1}^{n}e_{xi}(t)u_i(t)
\end{aligned}
\tag{5.1.26}
$$

将控制器 (5.1.24) 代入 (5.1.26), 可得

$$
\begin{aligned}
\dot{V}(t) \leqslant & \sum_{i=1}^{n} \left[-d_i^* - \sum_{j=1}^{m} (a_{ij}^- + b_{ij}^-) - s_i \right] |e_{xi}(t)|^2 \\
& + 2 \sum_{i=1}^{n} \left\{ \sum_{j=1}^{m} \left[(a_{ij}^+ + b_{ij}^+) h_{fj} \right] - k_i \right\} |e_{xi}(t)| \\
& + \sum_{j=1}^{m} \left[-r_j^* - \sum_{i=1}^{n} (p_{ji}^- + q_{ji}^-) - l_j \right] |e_{yj}(t)|^2 \\
& + 2 \sum_{j=1}^{m} \left\{ \sum_{i=1}^{n} \left[(p_{ji}^+ + q_{ji}^+) h_{gi} \right] - w_j \right\} |e_{yj}(t)| \\
& - \sum_{i=1}^{n} \eta |e_{xi}(t)|^{\alpha+1} - \sum_{j=1}^{m} \eta |e_{yj}(t)|^{\alpha+1} - \sum_{i=1}^{n} \theta |e_{xi}(t)|^{\beta+1} - \sum_{j=1}^{m} \theta |e_{yj}(t)|^{\beta+1}
\end{aligned}
$$

$$(5.1.27)$$

将条件 (5.1.25) 代入 (5.1.27) 可得

$$
\begin{aligned}
\dot{V}(t) \leqslant & \lambda \left(\frac{1}{2} \sum_{i=1}^{n} |e_{xi}(t)|^2 + \frac{1}{2} \sum_{j=1}^{m} |e_{yj}(t)|^2 \right) - \sum_{i=1}^{n} \eta |e_{xi}(t)|^{\alpha+1} - \sum_{j=1}^{m} \eta |e_{yj}(t)|^{\alpha+1} \\
& - \sum_{i=1}^{n} \theta |e_{xi}(t)|^{\beta+1} - \sum_{j=1}^{m} \theta |e_{yj}(t)|^{\beta+1}
\end{aligned}
$$

根据引理 3.1.1 可得

$$
\begin{aligned}
& - \sum_{i=1}^{n} \eta |e_{xi}(t)|^{\alpha+1} - \sum_{j=1}^{m} \eta |e_{yj}(t)|^{\alpha+1} - \sum_{i=1}^{n} \theta |e_{xi}(t)|^{\beta+1} - \sum_{j=1}^{m} \theta |e_{yj}(t)|^{\beta+1} \\
= & - \eta \sum_{i=1}^{n} \left(e_{xi}^2(t) \right)^{\frac{\alpha+1}{2}} - \eta \sum_{j=1}^{m} \left(e_{yj}^2(t) \right)^{\frac{\alpha+1}{2}} - \theta \sum_{i=1}^{n} \left(e_{xi}^2(t) \right)^{\frac{\beta+1}{2}} - \theta \sum_{j=1}^{m} \left(e_{yj}^2(t) \right)^{\frac{\beta+1}{2}} \\
\leqslant & - 2^{\frac{\alpha+1}{2}} \eta \left(\frac{1}{2} \sum_{i=1}^{n} e_{xi}^2(t) \right)^{\frac{\alpha+1}{2}} - 2^{\frac{\alpha+1}{2}} \eta \left(\frac{1}{2} \sum_{j=1}^{m} e_{yj}^2(t) \right)^{\frac{\alpha+1}{2}} \\
& - 2^{\frac{\beta+1}{2}} n^{\frac{1-\beta}{2}} \theta \left(\frac{1}{2} \sum_{i=1}^{n} e_{xi}^2(t) \right)^{\frac{\beta+1}{2}} \\
& - 2^{\frac{\beta+1}{2}} m^{\frac{1-\beta}{2}} \theta \left(\frac{1}{2} \sum_{j=1}^{m} e_{yj}^2(t) \right)^{\frac{\beta+1}{2}}
\end{aligned}
$$

$$\leqslant -2^{\frac{\alpha+1}{2}}\eta\left(\frac{1}{2}\sum_{i=1}^{n}e_{xi}^{2}(t)+\frac{1}{2}\sum_{j=1}^{m}e_{yj}^{2}(t)\right)^{\frac{\alpha+1}{2}}$$

$$-2\theta\min\left\{n^{\frac{1-\beta}{2}},m^{\frac{1-\beta}{2}}\right\}\left(\frac{1}{2}\sum_{i=1}^{n}e_{xi}^{2}(t)+\frac{1}{2}\sum_{j=1}^{m}e_{yj}^{2}(t)\right)^{\frac{\beta+1}{2}}$$

因此可得

$$\dot{V}(t)\leqslant \lambda V(t)-\gamma V^{\frac{\alpha+1}{2}}(t)-\omega V^{\frac{\beta+1}{2}}(t)$$

由 (5.1.25) 和引理 5.1.4 可知, 误差系统 (5.1.3) 可以在固定时间 T_f 内达到稳定状态, 并且对停息时间 T_f 的估计为

$$T_f=\begin{cases}\dfrac{2}{\lambda(1-\alpha)}\ln\dfrac{\gamma}{\gamma-\lambda}+\dfrac{2}{\lambda(\beta-1)}\ln\dfrac{\omega}{\omega-\lambda}, & \lambda\neq 0\\[3mm]\dfrac{2}{\gamma(1-\alpha)}+\dfrac{2}{\omega(\beta-1)}, & \lambda=0\end{cases}\qquad(5.1.28)$$

证毕.

备注 5.1.4 由 (5.1.28) 可知, 同步停息时间依赖于参数 η, θ, k_i $(i=1,2,\cdots,n)$ 和 ω_j $(j=1,2,\cdots,m)$, 且控制增益越大 (控制成本越高), 同步停息时间 T_f 越小. 因此, 在实际的控制过程中要根据现实需要设定控制增益, 平衡控制成本与同步性能之间的矛盾.

5.1.4 指定时间同步

固定时间同步的停息时间及其估计仅依赖于系统参数和控制参数, 而与网络的初始值无关. 事实上, 在实际的应用中, 神经网络根据现实需要往往要求在事先指定的时间内实现同步而与神经网络系统的初始值、参数和控制器参数等均无关 [119,277]. 因此, 相比于有限时间同步或固定时间同步, 指定时间同步拥有更重要的研究价值和更广阔的应用前景. 在 5.1.3 小节固定时间同步控制工作的基础上, 本小节将设计指定时间控制器, 通过调节控制增益, 使得忆阻 BAM 神经网络可以在任意事先指定的时间内实现同步.

基于引理 5.1.4, 可以得到如下结论.

推论 5.1.1 给定时间 $T_p>0$, 若存在 C-正则函数 $V(x(t)):\mathbb{R}^n\to[0,+\infty)$, 其中 $x(t):[0,+\infty)\to\mathbb{R}^n$ 在 $[0,+\infty)$ 的任意紧区间上是绝对连续的, 常数 $\lambda\in\mathbb{R}$, $\eta,\theta>0$, $0\leqslant\alpha<1$ 和 $\beta>1$ 使得

$$\dot{V}(x(t))\leqslant\frac{T_f}{T_p}\left(\lambda V(x(t))-\eta V^{\alpha}(x(t))-\theta V^{\beta}(x(t))\right),\quad\lambda<\min\{\eta,\theta\}$$

则 $\lim_{t\to T_p}x(t)=0$, 且当 $t>T_p$ 时, $x(t)\equiv 0$, 其中

$$
T_f = \begin{cases} \dfrac{1}{\lambda(1-\alpha)} \ln \dfrac{\eta}{\eta-\lambda} + \dfrac{1}{\lambda(\beta-1)} \ln \dfrac{\theta}{\theta-\lambda}, & \lambda \neq 0 \\[4mm] \dfrac{1}{\eta(1-\alpha)} + \dfrac{1}{\theta(\beta-1)}, & \lambda = 0 \end{cases}
$$

为了实现神经网络的指定时间同步, 设计如下形式的控制器:

$$
\begin{aligned}
u_i(t) &= \left(\varsigma_i + \frac{T_f}{T_p}(s_i - \varsigma_i) \right) \operatorname{sign}(e_{xi}(t)) |e_{xi}(t)| \\
&\quad + \frac{T_f}{T_p} \operatorname{sign}(e_{xi}(t)) \left(\eta |e_{xi}(t)|^\alpha + \theta |e_{xi}(t)|^\beta \right) + k_i \operatorname{sign}(e_{xi}(t)) \\
v_j(t) &= \left(\xi_j + \frac{T_f}{T_p}(l_j - \xi_j) \right) \operatorname{sign}(e_{yj}(t)) |e_{yj}(t)| \\
&\quad + \frac{T_f}{T_p} \operatorname{sign}(e_{yj}(t)) \left(\eta |e_{yj}(t)|^\alpha + \theta |e_{yj}(t)|^\beta \right) + w_j \operatorname{sign}(e_{yj}(t))
\end{aligned}
\tag{5.1.29}
$$

其中 $0 \leqslant \alpha < 1,\ \beta > 1,\ \eta > 0,\ \theta > 0,\ s_i,\ \varsigma_i = -d_i^* - \sum_{j=1}^m (a_{ij}^- + b_{ij}^-)(i = 1,2,\cdots,n),\ l_j$ 及 $\xi_j = -r_j^* - \sum_{i=1}^n (p_{ji}^- + q_{ji}^-)(j = 1,2,\cdots,m)$ 为控制参数, T_f 的定义见定理 5.1.3.

利用推论 5.1.1, 可以得到如下结论.

定理 5.1.4 在假设 5.1.1 下, 对于任意事先指定的时间值 $T_p > 0$, 若控制器 (5.1.29) 中的参数 $\alpha,\ \beta,\ \eta,\ \theta,\ s_i,\ \varsigma_i\ (i = 1,2,\cdots,n),\ l_j$ 及 $\xi_j\ (j = 1,2,\cdots,m)$ 满足

$$
\begin{aligned}
k_i &\geqslant 2 \sum_{j=1}^m (a_{ij}^+ + b_{ij}^+) h_{fj} \\
w_j &\geqslant 2 \sum_{i=1}^n (p_{ji}^+ + q_{ji}^+) h_{gi} \\
\lambda &< \min\{\gamma, \omega\}
\end{aligned}
\tag{5.1.30}
$$

其中

$$
\lambda = 2 \max \left\{ \max_{1 \leqslant i \leqslant n} \{\varsigma_i - s_i\}, \max_{1 \leqslant j \leqslant m} \{\xi_j - l_j\} \right\}, \quad \gamma = 2^{\frac{\alpha+1}{2}} \eta
$$

$$
\omega = 2\theta \min \left\{ n^{\frac{1-\beta}{2}}, m^{\frac{1-\beta}{2}} \right\}
$$

则在控制器 (5.1.29) 下, 忆阻 BAM 神经网络 (5.1.1) 与 (5.1.2) 可以在指定时间 T_p 内实现同步.

证明　定义 Lyapunov 函数:

$$V(t) = \frac{1}{2}\sum_{i=1}^{n} e_{xi}^2(t) + \frac{1}{2}\sum_{j=1}^{m} e_{yj}^2(t)$$

由定理 5.1.3 中的推导可知

$$
\begin{aligned}
\dot{V}(t) \leqslant & \sum_{i=1}^{n}\left[-d_i^* - \sum_{j=1}^{m}(a_{ij}^- + b_{ij}^-)\right]|e_{xi}(t)|^2 + 2\sum_{i=1}^{n}\sum_{j=1}^{m}\left[(a_{ij}^+ + b_{ij}^+)h_{fj}|e_{xi}(t)|\right] \\
& + \sum_{j=1}^{m}\left[-r_j^* - \sum_{i=1}^{n}(p_{ji}^- + q_{ji}^-)\right]|e_{yj}(t)|^2 + 2\sum_{j=1}^{m}\sum_{i=1}^{n}\left[(p_{ij}^+ + q_{ij}^+)h_{gi}|e_{yj}(t)|\right] \\
& - \sum_{j=1}^{m} e_{yj}(t)v_j(t) - \sum_{i=1}^{n} e_{xi}(t)u_i(t) \quad\quad\quad\quad\quad\quad\quad\quad\quad (5.1.31)
\end{aligned}
$$

将控制器 (5.1.29) 代入 (5.1.31) 可得

$$
\begin{aligned}
\dot{V}(t) \leqslant & \sum_{i=1}^{n}\left[\frac{T_f}{T_p}(\varsigma_i - s_i)\right]|e_{xi}(t)|^2 + 2\sum_{i=1}^{n}\left\{\sum_{j=1}^{m}\left[(a_{ij}^+ + b_{ij}^+)h_{fj}\right] - k_i\right\}|e_{xi}(t)| \\
& + \sum_{j=1}^{m}\left[\frac{T_f}{T_p}(\xi_j - l_j)\right]|e_{yj}(t)|^2 + 2\sum_{j=1}^{m}\left\{\sum_{i=1}^{n}\left[(p_{ji}^+ + q_{ji}^+)h_{gi}\right] - w_j\right\}|e_{yj}(t)| \\
& - \sum_{i=1}^{n}\frac{T_f}{T_p}\eta|e_{xi}(t)|^{\alpha+1} - \sum_{j=1}^{m}\frac{T_f}{T_p}\eta|e_{yj}(t)|^{\alpha+1} \\
& - \sum_{i=1}^{n}\frac{T_f}{T_p}\theta|e_{xi}(t)|^{\beta+1} - \sum_{j=1}^{m}\frac{T_f}{T_p}\theta|e_{yj}(t)|^{\beta+1}
\end{aligned}
$$

应用与定理 5.1.3 类似的分析, 并由 (5.1.30) 可知

$$\dot{V}(t) \leqslant \frac{T_f}{T_p}\left(\lambda V(t) - \gamma V^{\frac{\alpha+1}{2}}(t) - \omega V^{\frac{\beta+1}{2}}(t)\right)$$

从而由推论 5.1.1 可得, 在控制器 (5.1.29) 下, 忆阻 BAM 神经网络 (5.1.1) 与 (5.1.2) 可以在指定时间 T_p 内实现同步. 证毕.

5.1.5 数值模拟

例 5.1.1 基于图 5-2 所示电路, 考虑如下由 4 个神经元构成的忆阻 BAM 神经网络模型:

$$
\begin{cases}
\dot{x}_1(t) = -d_1(t)x_1(t) + \sum_{j=1}^{2} \text{sign}_{1j}a_{1j}(t)f_j(y_j(t)) + \sum_{j=1}^{2} \text{sign}_{1j}b_{1j}(t)f_j(y_j(t-\tau_j(t))) \\
\dot{x}_2(t) = -d_2(t)x_2(t) + \sum_{j=1}^{2} \text{sign}_{2j}a_{2j}(t)f_j(y_j(t)) + \sum_{j=1}^{2} \text{sign}_{2j}b_{2j}(t)f_j(y_j(t-\tau_j(t))) \\
\dot{y}_1(t) = -r_1(t)y_1(t) + \sum_{i=1}^{2} \text{sign}_{1i}p_{1i}(t)g_i(x_i(t)) + \sum_{i=1}^{2} \text{sign}_{1i}q_{1i}(t)g_i(x_i(t-\rho_i(t))) \\
\dot{y}_2(t) = -r_2(t)y_2(t) + \sum_{i=1}^{2} \text{sign}_{2i}p_{2i}(t)g_i(x_i(t)) + \sum_{i=1}^{2} \text{sign}_{2i}q_{2i}(t)g_i(x_i(t-\rho_i(t)))
\end{cases}
\tag{5.1.32}
$$

其中

$$
d_1 = \sum_{j=1}^{2}(a_{1j}+b_{1j}) + 0.82, \quad d_2 = \sum_{j=1}^{2}(a_{2j}+b_{2j}) + 0.11
$$

$$
a_{11} = \begin{cases} 0.78, & x_1(t) < -f_1(y_1(t)) \\ \text{不变}, & x_1(t) = -f_1(y_1(t)) \\ 0.53, & x_1(t) > -f_1(y_1(t)) \end{cases}
$$

$$
b_{11} = \begin{cases} 0.33, & x_1(t) < -f_1(y_1(t-\tau_1(t))) \\ \text{不变}, & x_1(t) = -f_1(y_1(t-\tau_1(t))) \\ 0.29, & x_1(t) > -f_1(y_1(t-\tau_1(t))) \end{cases}
$$

$$
a_{12} = \begin{cases} 0.39, & x_1(t) < f_2(y_2(t)) \\ \text{不变}, & x_1(t) = f_2(y_2(t)) \\ 0.17, & x_1(t) > f_2(y_2(t)) \end{cases}
$$

$$
b_{12} = \begin{cases} 0.65, & x_1(t) < f_2(y_2(t-\tau_2(t))) \\ \text{不变}, & x_1(t) = f_2(y_2(t-\tau_2(t))) \\ 0.46, & x_1(t) > f_2(y_2(t-\tau_2(t))) \end{cases}
$$

$$
a_{21} = \begin{cases} 0.13, & x_2(t) < f_1(y_1(t)) \\ \text{不变}, & x_2(t) = f_1(y_1(t)) \\ 0.03, & x_2(t) > f_1(y_1(t)) \end{cases}
$$

$$b_{21} = \begin{cases} 0.84, & x_2(t) < f_1(y_1(t - \tau_1(t))) \\ 不变, & x_2(t) = f_1(y_1(t - \tau_1(t))) \\ 0.02, & x_2(t) > f_1(y_1(t - \tau_1(t))) \end{cases}$$

$$a_{22} = \begin{cases} 0.94, & x_2(t) < -f_2(y_2(t)) \\ 不变, & x_2(t) = -f_2(y_2(t)) \\ 0.31, & x_2(t) > -f_2(y_2(t)) \end{cases}$$

$$b_{22} = \begin{cases} 0.86, & x_2(t) < -f_2(y_2(t - \tau_2(t))) \\ 不变, & x_2(t) = -f_2(y_2(t - \tau_2(t))) \\ 0.56, & x_2(t) > -f_2(y_2(t - \tau_2(t))) \end{cases}$$

$$r_1 = \sum_{i=1}^{2} (p_{1i} + q_{1i}) + 1.13, \quad r_2 = \sum_{i=1}^{2} (p_{2i} + q_{2i}) + 0.90$$

$$p_{11} = \begin{cases} 0.44, & y_1(t) < -g_1(x_1(t)) \\ 不变, & y_1(t) = -g_1(x_1(t)) \\ 0.34, & y_1(t) > -g_1(x_1(t)) \end{cases}$$

$$q_{11} = \begin{cases} 0.98, & y_1(t) < -g_1(x_1(t - \rho_1(t))) \\ 不变, & y_1(t) = -g_1(x_1(t - \rho_1(t))) \\ 0.54, & y_1(t) > -g_1(x_1(t - \rho_1(t))) \end{cases}$$

$$p_{12} = \begin{cases} 0.17, & y_1(t) < g_2(x_2(t)) \\ 不变, & y_1(t) = g_2(x_2(t)) \\ 0.05, & y_1(t) > g_2(x_2(t)) \end{cases}$$

$$q_{12} = \begin{cases} 0.99, & y_1(t) < g_2(x_2(t - \rho_2(t))) \\ 不变, & y_1(t) = g_2(x_2(t - \rho_2(t))) \\ 0.70, & y_1(t) > g_2(x_2(t - \rho_2(t))) \end{cases}$$

$$p_{21} = \begin{cases} 0.66, & y_2(t) < g_1(x_1(t)) \\ 不变, & y_2(t) = g_1(x_1(t)) \\ 0.33, & y_2(t) > g_1(x_1(t)) \end{cases}$$

$$q_{21} = \begin{cases} 0.41, & y_2(t) < g_1(x_1(t - \rho_1(t))) \\ 不变, & y_2(t) = g_1(x_1(t - \rho_1(t))) \\ 0.28, & y_2(t) > g_1(x_1(t - \rho_1(t))) \end{cases}$$

$$p_{22} = \begin{cases} 0.89, & y_2(t) < -g_2(x_2(t)) \\ 不变, & y_2(t) = -g_2(x_2(t)) \\ 0.12, & y_2(t) > -g_2(x_2(t)) \end{cases}$$

$$q_{22} = \begin{cases} 0.76, & y_2(t) < -g_2(x_2(t - \rho_2(t))) \\ 不变, & y_2(t) = -g_2(x_2(t - \rho_2(t))) \\ 0.46, & y_2(t) > -g_2(x_2(t - \rho_2(t))) \end{cases}$$

选取时滞和激活函数分别为

$$\tau_i(t) = \rho_j(t) = 0.8, \quad f_j(x) = g_i(x) = 2\cos(4x) \quad (i, j = 1, 2)$$

选取如下 20 组初值条件:

$$\begin{aligned} \Psi_i: \ & x_1(t) = -3 + 0.3i, \quad x_2(t) = -3 + 0.3i \\ & y_1(t) = -3 + 0.3i, \quad y_2(t) = -3 + 0.3i, \quad t \in [-0.8, 0], \quad i = 1, 2, \cdots, 20 \end{aligned}$$

分别以 Ψ_1 和 Ψ_{20} 作为忆阻 BAM 神经网络 (5.1.32) 及其响应系统的初值条件, 并对其进行仿真, 神经元的状态轨迹如图 5-3 所示.

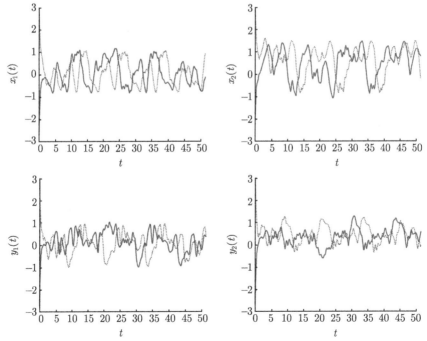

图 5-3 当初始值分别为 Ψ_1(实线) 和 Ψ_{20}(虚线) 时, 忆阻 BAM 神经网络 (5.1.32) 及其响应系统的状态轨迹

可以看到, 在初值条件 Ψ_1 和 Ψ_{20} 下, 忆阻 BAM 网络 (5.1.32) 及其响应系统的轨迹是不同步的.

首先, 验证定理 5.1.1 给出的控制策略的可行性, 将 Ψ_1 和 Ψ_{20} 分别设为驱动和响应忆阻 BAM 神经网络系统的初始条件. 计算 (5.1.6) 中的条件, 设置控制器 (5.1.5) 的参数如下:

$$\alpha = 0.2, \quad \eta = 20, \quad s_1 = -2.31, \quad s_2 = -1.03, \quad l_1 = -2.76$$

$$l_2 = -2.09, \quad k_1 = 8.6, \quad k_2 = 11.08, \quad w_1 = 10.32, \quad w_2 = 10.88$$

根据定理 5.1.1 可知, 忆阻 BAM 神经网络 (5.1.1) 与 (5.1.2) 在控制器 (5.1.5) 下可在有限时间 $T_0 = 0.4379$ 内实现同步, 同步效果及同步停息时间的估计值如图 5-4 所示. 这一结果验证了定理 5.1.1 所给控制策略的可行性.

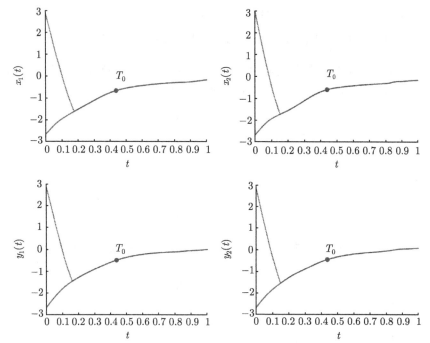

图 5-4　驱动 (初始条件为 Ψ_1) 和响应 (初始条件为 Ψ_{20}) 忆阻 BAM 神经网络系统在控制器 (5.1.5) 下的神经元状态轨迹 (红色为驱动系统, 蓝色为响应系统)(文后附彩图)

接下来, 验证定理 5.1.2 中控制策略的可行性. 依然将 Ψ_1 和 Ψ_{20} 分别设为驱动和响应忆阻 BAM 神经网络系统的初始条件, 则控制器 (5.1.12) 中 $\alpha(t)$ 满足

$$\alpha(t) = \begin{cases} 0.5891, & \|e(t)\| > \mathrm{e} \\ 0, & \|e(t)\| \leqslant \mathrm{e} \end{cases}$$

应用定理 5.1.2, 设置控制器 (5.1.12) 中的其他参数为

$$\eta = 20, \quad s_1 = -2.31, \quad s_2 = -1.03, \quad l_1 = -2.76, \quad l_2 = -2.09$$

$$k_1 = 8.6, \quad k_2 = 11.08, \quad w_1 = 10.32, \quad w_2 = 10.88$$

这些参数与前面控制器 (5.1.5) 中使用的参数是一致的, 且满足定理 5.1.2 中的条件 (5.1.13). 根据定理 5.1.2, 在控制器 (5.1.12) 下, 忆阻 BAM 神经网络将在有限时间 $T_1 = 0.2832$ 内实现同步, 同步结果及同步停息时间的估计值如图 5-5 所示.

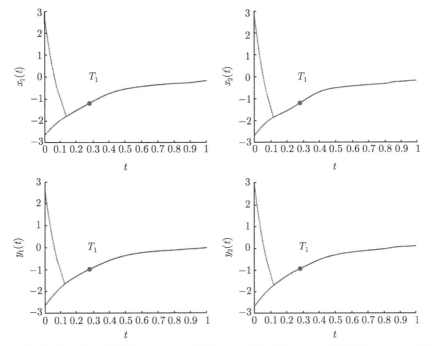

图 5-5　驱动网络 (初始条件为 Ψ_1) 和响应网络 (初始条件为 Ψ_{20}) 在控制器 (5.1.12) 下的神
经元状态轨迹 (红色为驱动系统, 蓝色为响应系统)(文后附彩图)

由图 5-5 可以看出, 模拟结果与定理 5.1.2 的结论是一致的, 这可以说明定理 5.1.2 所给出的控制方案的可行性. 此外, 将控制器 (5.1.5) 中的参数 α 分别设置为 0, 0.2, 0.4, 0.6 和 0.8, 并根据定理 5.1.1 对停息时间 T_0 进行估计, 结果如表 5-1 所示.

表 5-1　当 Ψ_1 和 Ψ_{20} 分别为驱动和响应系统的初始条件, 控制器 (5.1.5) 中参数 α 取不同
值时稳定停息时间的估计

α	0	0.2	0.4	0.6	0.8
T_0	0.5700	0.4379	0.3589	0.3309	0.4067

　　比较 T_1 与在不同 α 取值下的 T_0 可以看到, 当其他参数相同时, 在切换控制器 (5.1.12) 下, 停息时间的估计 T_1 更小, 即切换控制器 (5.1.12) 可以保证忆阻 BAM 神经网络可以在更短的时间内实现同步, 相比于控制器 (5.1.5) 具有一定的优势. 然而, 在数值模拟中可发现: 在切换控制器 (5.1.12) 下, 忆阻 BAM 神经网络实现同步的停息时间并不一定比使用控制器 (5.1.5) 短, 特别是当初始误差比较大, 且控制器 (5.1.5) 中 α 取值较大 (接近 1) 时. 所以说, 相较于控制器 (5.1.5), 控制器 (5.1.12) 的优势有限, 主要是可以减小停息时间的估计值.

　　下面, 基于忆阻 BAM 神经网络模型 (5.1.32), 验证定理 5.1.3 中控制策略的可行性. 计算 (5.1.25) 中的条件, 设置控制器 (5.1.24) 中参数如下:
$$\alpha = 0.2, \quad \beta = 2, \quad \eta = 20, \quad \theta = 10, \quad s_1 = -9.31, \quad s_2 = -8.03, \quad l_1 = -9.76$$
$$l_2 = -9.09, \quad k_1 = 8.6, \quad k_2 = 11.08, \quad w_1 = 10.32, \quad w_2 = 10.88$$
则有 $\lambda = 14, \gamma = 30.3143, \omega = 14.1421$ 且满足 $\lambda < \min\{\gamma, \omega\}$. 根据定理 5.1.3 可知, 对于任意的初始条件, 在控制器 (5.1.24) 下, 忆阻 BAM 神经网络 (5.1.32) 及其响应系统将在固定时间 $T_f = 0.1445$ 内实现同步. 设 Ψ_1 为驱动系统的初始条件, 再分别设 Ψ_i $(i = 2, 3, \cdots, 20)$ 为响应系统的初始条件, 同步结果及同步停息时间的估计值如图 5-6 所示.

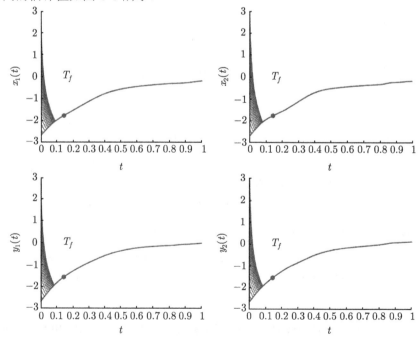

图 5-6　驱动 (初始条件为 Ψ_1) 和响应 (初始条件为分别为 Ψ_i $(i = 2, 3, \cdots, 20)$ 时) 忆阻 BAM 神经网络在控制器 (5.1.24) 下的神经元状态轨迹 (红色为驱动系统, 蓝色为响应系统)(文后附彩图)

从模拟结果可以看到, 在不同的初值条件下, 忆阻 BAM 神经网络都在固定时间 $T_f = 0.1445$ 内实现了同步, 并且由响应系统估计变化的趋势不难看出, 当初始误差继续增大, 忆阻 BAM 神经网络依然可以在固定时间 T_f 内实现同步.

备注 5.1.5 利用文献 [119] 的引理 5 对上例的同步停息时间实施估计可得 $\tilde{T}_f = 0.6554$, 明显比通过引理 5.1.4 给出的稳定停息时间估计值 $T_f = 0.1445$ 要大, 这在一定程度上说明引理 5.1.4 中给出的稳定停息时间估计更加精确.

最后, 验证定理 5.1.4 中控制策略的可行性和正确性. 基于前面对忆阻 BAM 神经网络固定时间同步控制的模拟结果, 为了体现指定时间同步控制的意义, 设指定时间同步的停息时间为 $T_p = 0.05$, 则根据定理 5.1.4 中的条件 (5.1.30), 设置控制器 (5.1.29) 中的参数为

$$\alpha = 0.2, \quad \beta = 2, \quad \eta = 20, \quad \theta = 10, \quad \varsigma_1 = -2.31, \quad \varsigma_2 = -1.03$$

$$s_1 = -9.31, \quad s_2 = -8.03, \quad \xi_1 = -2.76, \quad \xi_2 = -2.09, \quad l_1 = -9.76$$

$$l_2 = -9.09, \quad k_1 = 8.6, \quad k_2 = 11.08, \quad w_1 = 10.32, \quad w_2 = 10.88$$

相应地, $\lambda = 14$, $\gamma = 30.3143$, $\omega = 14.1421$ 且满足 $\lambda < \min\{\gamma, \omega\}$, 计算可得 $T_f = 0.1445$. 分别设 Ψ_1 和 Ψ_i $(i = 2, 3, \cdots, 20)$ 为驱动和响应忆阻 BAM 神经网络系统的初始条件, 将控制器 (5.1.29) 施加于响应系统, 同步模拟结果如图 5-7 所示.

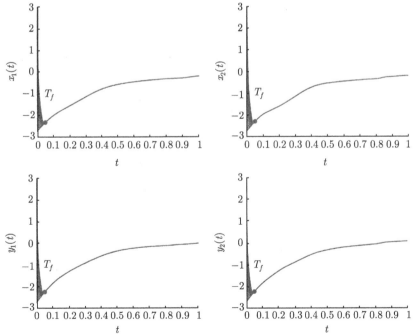

图 5-7 驱动 (初始条件为 Ψ_1) 和响应 (初始条件为分别为 Ψ_i $(i = 2, 3, \cdots, 20)$ 时) 忆阻 BAM 神经网络在控制器 (5.1.29) 下的神经元状态轨迹 (红色为驱动系统, 蓝色为响应系统)(文后附彩图)

从模拟结果可以看到, 与使用其他控制器相比, 在控制器 (5.1.29) 下响应网络在更短的时间内与驱动网络实现同步, 所用时间均小于 $T_p = 0.05$. 这也验证了定理 5.1.4 所给控制策略的可行性.

5.2　复值忆阻神经网络的同步控制

复值神经网络是用复值参数与变量来处理复值信息的系统, 因此在涉及复值信号时, 如现实生活中遇到的复信号等, 复值神经网络可发挥出强大的功能 [278]. 近几十年来, 学者们对复值神经网络开展了大量的研究工作, 并且将其应用到了不同领域, 包括超声成像、神经生理分析、生物信息学及图像处理、联想记忆、通信、自适应均衡器和滤波器、时序处理、时序联想记忆、音乐旋律的记忆与提出、交通信号最优控制、光电、遥感、计算机视觉、量子器件以及人工神经信息处理等. 事实表明, 这些应用在很大程度上依赖于复值神经网络的动力学行为.

作为实值神经网络的推广, 复值神经网络状态变量、连接权值和激活函数等都是复值, 所以两者之间有很多不同之处. 一般来说, 复值神经网络可以携带相位与复值信息, 比实值神经网络具有更加复杂和优异的属性, 从而使得复值神经网络可以处理许多实值神经网络不能解决的问题. 例如, T. Nitta[279] 在其文献中提到的 XOR (异或) 问题和对称性检测问题, 不能用单一的实值神经元解决, 但是可以用一个带有正交决策边界的复值神经元解决, 这体现了复值神经元强大的运算能力. 另外, 还可将复值神经网络推广到高阶复数, 如四元数神经网络和 Clifford 神经网络, 并在智能机器人、自动化控制和颜色信息处理等方面展现出了巨大的潜力 [280]. 鉴于此, 研究复值神经网络的动力学行为并将其应用到实际问题具有重要的理论价值和现实意义.

目前, 研究复值神经网络动力学行为的通常做法是将实部与虚部分解再处理, 即将复值神经网络分解为与之等价的两个实值神经网络来处理. 虽然可行, 但却降低了复值神经网络的运算能力与效率, 且所得结论的计算量比将复值神经网络作为一个整体进行研究要大一倍. 同时, 在很多情况下, 复值神经网络也无法简单分解为与之等价的两个实值神经网络. 如当复值忆阻神经网络的自抑制系数和反馈连接权重的转换条件是由复值神经元状态决定时, 就很难通过分解法得到与其相等价的独立的两个实值神经网络模型. 因此, 本节将通过引入复值变量的符号函数和范数定义, 尝试设计多种不同的控制器, 分别实现复值忆阻神经网络的固定时间和指定时间同步, 并对固定同步停息时间进行精确估计.

5.2.1　模型描述

考虑一类复值忆阻神经网络模型:

$$\dot{x}_i(t) = -d_i(x_i(t))x_i(t) + \sum_{j=1}^{n} a_{ij}(x_i(t))f_j(x_j(t)) + I_i \tag{5.2.1}$$

其中 $i = 1, 2, \cdots, n$, $x_i(t) \in \mathbb{C}$ 为第 i 个神经元的状态变量, $f_j : \mathbb{C} \to \mathbb{C}$ ($j = 1, 2, \cdots, n$) 为神经网络的激活函数, $I_i(t) \in \mathbb{C}$ 为第 i 个神经元的外部输入, $d_i(x_i(t))$ 为神经元的自抑制系数, $a_{ij}(x_i(t))$ 为网络的反馈连接权重. 受忆阻器阻值变化的影响, 网络中的神经元的自抑制系数和反馈连接权重处于动态变化之中, 并被假设由相应神经元状态所决定, 满足以下条件:

$$\begin{cases} d_i(x_i(t)) = \begin{cases} d_i^*, & |x_i(t)|_p \leqslant r_i \\ d_i^{**}, & |x_i(t)|_p > r_i \end{cases} \\ a_{ij}(x_i(t)) = \begin{cases} a_{ij}^*, & |x_i(t)|_p \leqslant r_i \\ a_{ij}^{**}, & |x_i(t)|_p > r_i \end{cases} \end{cases} \tag{5.2.2}$$

其中, p 为 1 或 2, $r_i > 0$ 为忆阻器的状态切换阈值, d_i^*, d_i^{**}, a_{ij}^* 和 a_{ij}^{**} 为复数, 由相应忆阻器的最大和最小阻值决定. 本节中, 若 $z = x + yi \in \mathbb{C}$, 则记 $\bar{z} = x - yi$, $|z|_1 = |x| + |y|$, $|z|_2 = \sqrt{\bar{z}z}$, $[z] = \text{sign}(x) + \text{sign}(y)i$, 其中 $i = \sqrt{-1}$.

备注 5.2.1 不同于文献 [89] 及 [281]~[283], 式 (5.2.2) 中的复值参数 $d_i(x_i(t))$ 与 $a_{ij}(x_i(t))$ 的切换条件由复值神经元状态决定, 这就使得复值忆阻神经网络模型 (5.2.1) 很难直接通过分离实部与虚部的方法将其分解为两个相互独立的实值忆阻神经网络系统. 文献 [284] 和 [285] 中尝试利用分解法将复值反馈连接权重 $a_{ij}(x_i(t))$ 分解为

$$\begin{cases} a_{ij}^R(x_i(t)) = \begin{cases} a_{ij}^{*R}, & |x_i^R(t)|_2 \leqslant r_i \\ a_{ij}^{**R}, & |x_i^R(t)|_2 > r_i \end{cases} \\ a_{ij}^I(x_i(t)) = \begin{cases} a_{ij}^{*I}, & |x_i^I(t)|_2 \leqslant r_i \\ a_{ij}^{**I}, & |x_i^I(t)|_2 > r_i \end{cases} \end{cases} \tag{5.2.3}$$

其中实值 $a_{ij}^R(x_i(t))$, a_{ij}^{*R}, a_{ij}^{**R} 和 $x_i^R(t)$ 分别为复值 $a_{ij}(x_i(t))$, a_{ij}^*, a_{ij}^{**} 和 $x_i(t)$ 的实部; 实值 $a_{ij}^I(x_i(t))$, a_{ij}^{*I}, a_{ij}^{**I} 和 $x_i^I(t)$ 分别为复值 $a_{ij}(x_i(t))$, a_{ij}^*, a_{ij}^{**} 和 $x_i(t)$ 的虚部. 但事实上, (5.2.3) 与原始定义 (5.2.2) 中的 $a_{ij}(x_i(t))$ 并不一致. 因此, 分解法并不适用于处理具有复值参数定义 (5.2.2) 的忆阻神经网络模型 (5.2.1).

响应系统为

$$\dot{y}_i(t) = -d_i(y_i(t))y_i(t) + \sum_{j=1}^{n} a_{ij}(y_i(t))f_j(y_j(t)) + I_i + u_i(t) \tag{5.2.4}$$

其中 $i = 1, 2, \cdots, n$, $y_i(t) \in \mathbb{C}$, $u_i(t)$ 为待设计的控制输入.

根据集值映射和微分包含理论 [240,241], 复值忆阻神经网络 (5.2.1) 与 (5.2.4) 可以分别转换为如下微分包含形式:

$$\dot{x}_i(t) \in -\overline{\mathrm{co}}\left(d_i(x_i(t))\right) x_i(t) + \sum_{j=1}^{n} \overline{\mathrm{co}}\left(a_{ij}(x_i(t))\right) f_j(x_j(t)) + I_i$$

$$\dot{y}_i(t) \in -\overline{\mathrm{co}}\left(d_i(y_i(t))\right) y_i(t) + \sum_{j=1}^{n} \overline{\mathrm{co}}\left(a_{ij}(y_i(t))\right) f_j(y_j(t)) + I_i + u_i(t)$$

其中

$$\overline{\mathrm{co}}\left(d_i(x_i(t))\right) = \begin{cases} d_i^*, & |x_i(t)|_p < r_i \\ d_i^{**}, & |x_i(t)|_p > r_i \\ \overline{\mathrm{co}}\left\{d_i^*, d_i^{**}\right\}, & |x_i(t)|_p = r_i \end{cases}$$

$$\overline{\mathrm{co}}\left(a_{ij}(x_i(t))\right) = \begin{cases} a_{ij}^*, & |x_i(t)|_p < r_i \\ a_{ij}^{**}, & |x_i(t)|_p > r_i \\ \overline{\mathrm{co}}\left\{a_{ij}^*, a_{ij}^{**}\right\}, & |x_i(t)|_p = r_i \end{cases}$$

$$\overline{\mathrm{co}}\left(d_i(y_i(t))\right) = \begin{cases} d_i^*, & |y_i(t)|_p < r_i \\ d_i^{**}, & |y_i(t)|_p > r_i \\ \overline{\mathrm{co}}\left\{d_i^*, d_i^{**}\right\}, & |y_i(t)|_p = r_i \end{cases}$$

$$\overline{\mathrm{co}}\left(a_{ij}(y_i(t))\right) = \begin{cases} a_{ij}^*, & |y_i(t)|_p < r_i \\ a_{ij}^{**}, & |y_i(t)|_p > r_i \\ \overline{\mathrm{co}}\left\{a_{ij}^*, a_{ij}^{**}\right\}, & |y_i(t)|_p = r_i \end{cases}$$

式中, $i, j = 1, 2, \cdots, n$, p 为 1 或 2, $\overline{\mathrm{co}}$ 定义为 $\overline{\mathrm{co}}\{z\} = \overline{\mathrm{co}}\{\mathrm{Re}(z)\} + \overline{\mathrm{co}}\{\mathrm{Im}(z)\}\mathrm{i}$, $z \in \mathbb{C}$, 对于复数 a^*, a^{**} 定义 $\overline{\mathrm{co}}\{a^*, a^{**}\} = \overline{\mathrm{co}}\{\mathrm{Re}(a^*), \mathrm{Re}(a^{**})\} + \overline{\mathrm{co}}\{\mathrm{Im}(a^*),$ $\mathrm{Im}(a^{**})\}\mathrm{i}$, 对于实数 b^*, b^{**} 定义 $\overline{\mathrm{co}}\{b^*, b^{**}\}$ 为凸闭包, 即 $\overline{\mathrm{co}}\{b^*, b^{**}\} = [b_{\min},$ $b_{\max}]$, 其中 $b_{\max} = \max\{b^*, b^{**}\}$, $b_{\min} = \min\{b^*, b^{**}\}$. 因此, 存在复值 $\tilde{d}_i \in$ $\overline{\mathrm{co}}\left(d_i(x_i(t))\right)$, $\tilde{a}_{ij} \in \overline{\mathrm{co}}\left(a_{ij}(x_i(t))\right)$, $\hat{d}_i \in \overline{\mathrm{co}}\left(d_i(y_i(t))\right)$ 及 $\hat{a}_{ij} \in \overline{\mathrm{co}}\left(a_{ij}(y_i(t))\right)$ 满足

$$\dot{x}_i(t) = -\tilde{d}_i x_i(t) + \sum_{j=1}^{n} \tilde{a}_{ij} f_j(x_j(t)) + I_i$$

$$\dot{y}_i(t) = -\hat{d}_i y_i(t) + \sum_{j=1}^{n} \hat{a}_{ij} f_j(y_j(t)) + I_i + u_i(t)$$

定义 $e_i(t) = y_i(t) - x_i(t)(i = 1, 2, \cdots, n)$ 为同步误差, 则有

$$\dot{e}_i(t) = \tilde{d}_i x_i(t) - \hat{d}_i y_i(t) + \sum_{j=1}^{n} \hat{a}_{ij} f_j(y_j(t)) - \sum_{j=1}^{n} \tilde{a}_{ij} f_j(x_j(t)) + u_i(t) \quad (5.2.5)$$

假设 5.2.1 假设存在正实数 $\zeta_j > 0$ 和 $\eta_j > 0$ $(j = 1, 2, \cdots, n)$, 使得对任意 $x(t), y(t) \in \mathbb{C}$ $(t > 0)$, 复值激活函数 $f_j : \mathbb{C} \to \mathbb{C}$ $(j = 1, 2, \cdots, n)$ 满足 $f_j(0) = 0$ 且有

$$|f_j(x(t)) - f_j(y(t))|_1 \leqslant \zeta_j |x(t) - y(t)|_1$$

或

$$|f_j(x(t)) - f_j(y(t))|_2 \leqslant \eta_j |x(t) - y(t)|_2$$

定义 5.2.1[119] 对于任意 $e(0) = (e_1(0), e_2(0), \cdots, e_n(0))^{\mathrm{T}} \in \mathbb{C}^n$, 若存在不依赖于误差系统初值的固定时间 $\tilde{T}_f$ 使得

$$\lim_{t \to \tilde{T}_f} |e_i(t)|_p = 0$$

且当 $t > \tilde{T}_f$ 时, $|e_i(t)|_p \equiv 0$, 其中 $i = 1, 2, \cdots, n$, p 为 1 或 2, 则称复值忆阻神经网络 (5.2.1) 与 (5.2.4) 是固定时间同步的, $\tilde{T}_f$ 称为停息时间.

定义 5.2.2[118] 对于完全不依赖于误差系统初值、复值忆阻神经网络的参数以及控制参数的任意事先指定的时间值 $\tilde{T}_p > 0$ 使得

$$\lim_{t \to \tilde{T}_p} |e_i(t)|_p = 0$$

且当 $t > \tilde{T}_p$ 时, $|e_i(t)|_p \equiv 0$, 其中 $i = 1, 2, \cdots, n$, p 为 1 或 2, 则称复值忆阻神经网络 (5.2.1) 与 (5.2.4) 是指定时间同步的.

引理 5.2.1[286] 对任意函数 $h(t) : \mathbb{R} \to \mathbb{C}$, 下列等式或不等式成立:

(1) $\overline{[h(t)]}h(t) + [h(t)]\overline{h(t)} = 2|h(t)|_1 \geqslant 2|h(t)|_2$;

(2) $\overline{[h(t)]}[h(t)] = |[h(t)]|_1$;

(3) $D^+|h(t)|_1 = \dfrac{1}{2}\left(\overline{[h(t)]}D^+h(t) + [h(t)]D^+\overline{h(t)}\right)$.

引理 5.2.2[286] 对任意函数 $h(t) : \mathbb{R} \to \mathbb{C}$ 及任意可测选择 $\mu(t) \in \overline{\mathrm{co}}([h(t)])$, 其中

$$\overline{\mathrm{co}}([h(t)]) = \overline{\mathrm{co}}(\mathrm{sign}(\mathrm{Re}(h(t)))) + \overline{\mathrm{co}}(\mathrm{sign}(\mathrm{Im}(h(t))))\mathrm{i}$$

下列等式或不等式成立:

(1) $\overline{[h(t)]}\mu(t) + \overline{\mu(t)}[h(t)] = 2|[h(t)]|_1$;

(2) $\overline{h(t)}\mu(t) + \overline{\mu(t)}h(t) = 2|h(t)|_1 \geqslant 2|h(t)|_2$.

5.2.2　固定时间同步

本小节将通过设计两类控制器实现复值忆阻神经网络的固定时间同步.

首先, 设计如下不连续控制器:

$$u_i(t) = -[e_i(t)]\left(\lambda_i|e_i(t)|_1 + \alpha_i|e_i(t)|_1^\delta + \beta_i|e_i(t)|_1^\theta + \gamma_i\right) \tag{5.2.6}$$

其中, $\lambda_i \in \mathbb{R}$, $\alpha_i, \beta_i, \gamma_i > 0$ $(i = 1, 2, \cdots, n)$, $\delta > 1$, $0 < \theta < 1$.

定理 5.2.1　基于假设 5.2.1 及不连续控制器 (5.2.6), 如果

$$\gamma_i > r_i\left(|d_i^*|_1 + |d_i^{**}|_1\right) + \sum_{j=1}^n \zeta_j r_j\left(|a_{ij}^*|_1 + |a_{ij}^{**}|_1\right) \tag{5.2.7}$$

$$\min\{\bar{\alpha}, \bar{\beta}\} > \widetilde{\lambda}$$

其中 $\bar{\lambda} = \max_{1\leqslant i\leqslant n}\left\{|d_i'|_1 + \sum_{j=1}^n \zeta_i|a_{ji}'|_1 - \lambda_i\right\}$, $|d_i'|_1 = \max\{|d_i|_1\}$, $d_i \in \overline{\text{co}}\{d_i^*, d_i^{**}\}$, $|a_{ji}'|_1 = \max\{|a_{ji}|_1\}$, $a_{ji} \in \overline{\text{co}}\{a_{ji}^*, a_{ji}^{**}\}$, $\bar{\alpha} = n^{1-\delta}\min_{1\leqslant i\leqslant n}\{\alpha_i\}$, $\bar{\beta} = \min_{1\leqslant i\leqslant n}\{\beta_i\}$, 则复值忆阻神经网络 (5.2.1) 与 (5.2.4) 是固定时间同步的, 且停息时间可估计为

$$\tilde{T}_f = \begin{cases} \dfrac{1}{\bar{\lambda}(1-\theta)}\ln\dfrac{\bar{\beta}}{\bar{\beta}-\bar{\lambda}} + \dfrac{1}{\bar{\lambda}(\delta-1)}\ln\dfrac{\bar{\alpha}}{\bar{\alpha}-\bar{\lambda}}, & \bar{\lambda} \neq 0 \\[3mm] \dfrac{1}{\bar{\alpha}(1-\theta)} + \dfrac{1}{\bar{\beta}(\delta-1)}, & \bar{\lambda} = 0 \end{cases}$$

证明　由于控制器 (5.2.6) 不连续, 因此有

$$u_i(t) \in -\overline{\text{co}}\left([e_i(t)]\right)\left(\lambda_i|e_i(t)|_1 + \alpha_i|e_i(t)|_1^\delta + \beta_i|e_i(t)|_1^\theta + \gamma_i\right)$$

根据可测选择理论可知, 存在函数 $\omega_i(t) \in \overline{\text{co}}\left([e_i(t)]\right)$ 使得

$$u_i(t) = -\omega_i(t)\left(\lambda_i|e_i(t)|_1 + \alpha_i|e_i(t)|_1^\delta + \beta_i|e_i(t)|_1^\theta + \gamma_i\right)$$

构建如下 Lyapunov 函数:

$$V_1(e(t)) = \sum_{i=1}^n |e_i(t)|_1$$

其中 $e(t) = \left(\overline{e_1(t)}e_1(t), \overline{e_2(t)}e_2(t), \cdots, \overline{e_n(t)}e_n(t)\right)^{\text{T}}$.

由误差系统 (5.2.5) 及引理 5.2.1 可知

$$D^+V_1(e(t)) = \frac{1}{2}\sum_{i=1}^n\left(\overline{[e_i(t)]}\left(\tilde{d}_ix_i(t) - \hat{d}_iy_i(t)\right) + [e_i(t)]\overline{\left(\tilde{d}_ix_i(t) - \hat{d}_iy_i(t)\right)}\right)$$

$$+ \frac{1}{2} \sum_{i=1}^{n} \sum_{j=1}^{n} \left(\overline{[e_i(t)]} \left(\hat{a}_{ij} f_j(y_j(t)) - \tilde{a}_{ij} f_j(x_j(t)) \right) \right)$$

$$+ \frac{1}{2} \sum_{i=1}^{n} \sum_{j=1}^{n} \left([e_i(t)] \overline{\left(\hat{a}_{ij} f_j(y_j(t)) - \tilde{a}_{ij} f_j(x_j(t)) \right)} \right)$$

$$- \frac{1}{2} \sum_{i=1}^{n} \lambda_i \left(\overline{[e_i(t)]} \omega_i(t) + [e_i(t)] \overline{\omega_i(t)} \right) |e_i(t)|_1$$

$$- \frac{1}{2} \sum_{i=1}^{n} \alpha_i \left(\overline{[e_i(t)]} \omega_i(t) + [e_i(t)] \overline{\omega_i(t)} \right) |e_i(t)|_1^\delta$$

$$- \frac{1}{2} \sum_{i=1}^{n} \beta_i \left(\overline{[e_i(t)]} \omega_i(t) + [e_i(t)] \overline{\omega_i(t)} \right) |e_i(t)|_1^\theta$$

$$- \frac{1}{2} \sum_{i=1}^{n} \gamma_i \left(\overline{[e_i(t)]} \omega_i(t) + [e_i(t)] \overline{\omega_i(t)} \right) \tag{5.2.8}$$

对任意 $i = 1, 2, \cdots, n$, 如果 $e_i(t) = 0$, 则

$$\frac{1}{2} \sum_{i=1}^{n} \left(\overline{[e_i(t)]} \left(\tilde{d}_i x_i(t) - \hat{d}_i y_i(t) \right) + [e_i(t)] \overline{\left(\tilde{d}_i x_i(t) - \hat{d}_i y_i(t) \right)} \right) = 0$$

如果 $e_i(t) \neq 0$, 由 $[e_i(t)]$ 的定义可知

$$\overline{[e_i(t)]} \left(\tilde{d}_i x_i(t) - \hat{d}_i y_i(t) \right) + [e_i(t)] \overline{\left(\tilde{d}_i x_i(t) - \hat{d}_i y_i(t) \right)}$$

$$= 2 \left(\operatorname{sign}\left(\operatorname{Re}(e_i(t)) \right) \operatorname{Re}\left(\tilde{d}_i x_i(t) - \hat{d}_i y_i(t) \right) \right.$$

$$\left. + \operatorname{sign}\left(\operatorname{Im}(e_i(t)) \right) \operatorname{Im}\left(\tilde{d}_i x_i(t) - \hat{d}_i y_i(t) \right) \right)$$

$$\leqslant 2 |\tilde{d}_i x_i(t) - \hat{d}_i y_i(t)|_1$$

下面, 根据 $|x_i(t)|_1$ 和 $|y_i(t)|_1$ $(i = 1, 2, \cdots, n)$ 的取值, 分 4 种情况进行讨论:

(1) 当 $|x_i(t)|_1 \leqslant r_i$, $|y_i(t)|_1 \leqslant r_i$ 时, $\tilde{d}_i = \hat{d}_i = d_i^*$, 则有

$$|\tilde{d}_i x_i(t) - \hat{d}_i y_i(t)|_1 = |d_i^*|_1 |e_i(t)|_1$$

(2) 当 $|x_i(t)|_1 > r_i$, $|y_i(t)|_1 > r_i$ 时, $\tilde{d}_i = \hat{d}_i = d_i^{**}$, 则有

$$|\tilde{d}_i x_i(t) - \hat{d}_i y_i(t)|_1 = |d_i^{**}|_1 |e_i(t)|_1$$

(3) 当 $|x_i(t)|_1 \leqslant r_i$, $|y_i(t)|_1 > r_i$ 时, 有

$$|\tilde{d}_i x_i(t) - \hat{d}_i y_i(t)|_1 = \left| (\tilde{d}_i - \hat{d}_i) x_i(t) - \hat{d}_i e_i(t) \right|_1$$

$$\leqslant |\hat{d}_i|_1 |e_i(t)|_1 + (|d_i^*|_1 + |d_i^{**}|_1)\, r_i$$

$$\leqslant |d_i'|_1 |e_i(t)|_1 + (|d_i^*|_1 + |d_i^{**}|_1)\, r_i$$

(4) 当 $|x_i(t)|_1 > r_i$, $|y_i(t)|_1 \leqslant r_i$ 时, 有

$$|\tilde{d}_i x_i(t) - \hat{d}_i y_i(t)|_1 = \left| (\tilde{d}_i - \hat{d}_i) y_i(t) - \tilde{d}_i e_i(t) \right|_1$$

$$\leqslant |\tilde{d}_i|_1 |e_i(t)|_1 + (|d_i^*|_1 + |d_i^{**}|_1)\, r_i$$

$$\leqslant |d_i'|_1 |e_i(t)|_1 + (|d_i^*|_1 + |d_i^{**}|_1)\, r_i$$

综上所述可知, 对任意 $e_i(t) \in \mathbb{C}(t > 0)$ 有

$$\frac{1}{2} \sum_{i=1}^{n} \left(\overline{[e_i(t)]} \left(\tilde{d}_i x_i(t) - \hat{d}_i y_i(t) \right) + [e_i(t)] \overline{\left(\tilde{d}_i x_i(t) - \hat{d}_i y_i(t) \right)} \right)$$

$$\leqslant \sum_{i=1}^{n} \left(|d_i'|_1 |e_i(t)|_1 + (|d_i^*|_1 + |d_i^{**}|_1)\, r_i \Lambda(e_i(t)) \right) \tag{5.2.9}$$

其中

$$\Lambda(e_i(t)) = \begin{cases} 0, & e_i(t) = 0 \\ 1, & e_i(t) \neq 0 \end{cases}$$

同理, 由引理 5.2.1 可知

$$\frac{1}{2} \sum_{i=1}^{n} \sum_{j=1}^{n} \left(\overline{[e_i(t)]} \left(\hat{a}_{ij} f_j(y_j(t)) - \tilde{a}_{ij} f_j(x_j(t)) \right) \right.$$

$$\left. + [e_i(t)] \overline{\left(\hat{a}_{ij} f_j(y_j(t)) - \tilde{a}_{ij} f_j(x_j(t)) \right)} \right)$$

$$\leqslant \sum_{i=1}^{n} \sum_{j=1}^{n} \left(\zeta_i |a_{ji}'|_1 |e_i(t)|_1 + \zeta_j r_j \left(|a_{ij}^*|_1 + |a_{ij}^{**}|_1 \right) \Lambda(e_i(t)) \right) \tag{5.2.10}$$

根据引理 3.1.1 和引理 5.2.2 可知

$$-\frac{1}{2} \sum_{i=1}^{n} \alpha_i \left(\overline{[e_i(t)]} \omega_i(t) + [e_i(t)] \overline{\omega_i(t)} \right) |e_i(t)|_1^\delta = -\sum_{i=1}^{n} \alpha_i \, |[e_i(t)]|_1 \, |e_i(t)|_1^\delta$$

$$\leqslant -\tilde{\alpha} \left(\sum_{i=1}^{n} |e_i(t)|_1 \right)^\delta \tag{5.2.11}$$

$$-\frac{1}{2} \sum_{i=1}^{n} \beta_i \left(\overline{[e_i(t)]} \omega_i(t) + [e_i(t)] \overline{\omega_i(t)} \right) |e_i(t)|_1^\theta \leqslant -\tilde{\beta} \left(\sum_{i=1}^{n} |e_i(t)|_1 \right)^\theta \tag{5.2.12}$$

$$-\frac{1}{2}\sum_{i=1}^{n}\lambda_i\left(\overline{[e_i(t)]}\omega_i(t)+[e_i(t)]\overline{\omega_i(t)}\right)|e_i(t)|_1 \leqslant -\sum_{i=1}^{n}\lambda_i|e_i(t)|_1 \tag{5.2.13}$$

$$-\frac{1}{2}\sum_{i=1}^{n}\gamma_i\left(\overline{[e_i(t)]}\omega_i(t)+[e_i(t)]\overline{\omega_i(t)}\right) \leqslant -\sum_{i=1}^{n}\gamma_i\,|[e_i(t)]|_1 \leqslant -\sum_{i=1}^{n}\gamma_i\Lambda(e_i(t)) \tag{5.2.14}$$

将不等式 (5.2.9)~(5.2.14) 代入 (5.2.8) 可得

$$\begin{aligned}
D^+V_1(e(t)) \leqslant &\sum_{i=1}^{n}\left(|d_i'|_1+\sum_{j=1}^{n}\zeta_i|a_{ji}'|_1-\lambda_i\right)|e_i(t)|_1-\tilde{\alpha}\left(\sum_{i=1}^{n}|e_i(t)|_1\right)^{\delta}\\
&-\tilde{\beta}\left(\sum_{i=1}^{n}|e_i(t)|_1\right)^{\theta}\\
&+\sum_{i=1}^{n}\left(r_i\left(|d_i^*|_1+|d_i^{**}|_1\right)+\sum_{j=1}^{n}\zeta_j r_j\left(|a_{ij}^*|_1+|a_{ij}^{**}|_1\right)-\gamma_i\right)\Lambda(e_i(t))\\
\leqslant &\ \tilde{\lambda}V_1(e(t))-\tilde{\alpha}V_1^{\delta}(e(t))-\tilde{\beta}V_1^{\theta}(e(t))
\end{aligned}$$

由引理 5.1.4 及条件 (5.2.7) 可知: 复值忆阻神经网络 (5.2.1) 与 (5.2.4) 在不连续控制器 (5.2.6) 下可在固定时间 $\tilde{T}_f$ 内实现同步.

备注 5.2.2 控制器 (5.2.6) 中的每一项均具有特殊的作用与意义: $-\gamma_i[e_i(t)]$ 用于补偿自抑制系数和反馈连接权重; $-\lambda_i[e_i(t)]|e_i(t)|_1$ 用于实现 Lyapunov 意义下的渐近同步; 当 $V_1(e(t))>1$ 时, $-\alpha_i[e_i(t)]|e_i(t)|_1^{\delta}$ 使得 $V_1(e(t))\to 1$; 当 $V_1(e(t))\leqslant 1$ 时, $-\beta_i[e_i(t)]|e_i(t)|_1^{\theta}$ 使得 $V_1(e(t))$ 从 1 趋近于 0. 值得注意的是, 当 $\lambda_i=0$ (无线性状态反馈控制输入) 时, 控制成本能够有效降低. 但是, 当 $\lambda_i>0$ 时, 复值忆阻神经网络的固定时间同步更易实现, 它将在很大程度上缓解 α_i 和 β_i 的限制要求.

基于复数的 2-范数, 设计如下不连续控制器:

$$u_i(t)=-[e_i(t)]\left(\lambda_i|e_i(t)|_2+\alpha_i|e_i(t)|_2^{\delta}+\beta_i|e_i(t)|_2^{\theta}+\gamma_i\right) \tag{5.2.15}$$

其中, $\lambda_i\in\mathbb{R}$, $\alpha_i,\beta_i,\gamma_i>0\ (i=1,2,\cdots,n)$, $\delta>1$, $0<\theta<1$.

定理 5.2.2 基于假设 5.2.1 及不连续控制器 (5.2.15), 如果

$$\gamma_i>r_i\left(|d_i^*|_2+|d_i^{**}|_2\right)+\sum_{j=1}^{n}\eta_j r_j\left(|a_{ij}^*|_2+|a_{ij}^{**}|_2\right) \tag{5.2.16}$$

$$\min\left\{\hat{\alpha},\hat{\beta}\right\}>\hat{\lambda}$$

其中,

$$\hat{\lambda}=2\max_{1\leqslant i\leqslant n}\left\{|d_i'|_2+0.5\sum_{j=1}^{n}\left(\eta_j|a_{ij}'|_2+\eta_i|a_{ji}'|_2\right)-\lambda_i\right\}$$

$|d_i'|_2 = \max\{|d_i|_2\},\ d_i \in \overline{\mathrm{co}}\{d_i^*, d_i^{**}\},\ |a_{ij}'|_2 = \max\{|a_{ij}|_2\},\ a_{ij} \in \overline{\mathrm{co}}\{a_{ij}^*, a_{ij}^{**}\},$
$|a_{ji}'|_2 = \max\{|a_{ji}|_2\},\ a_{ji} \in \overline{\mathrm{co}}\{a_{ji}^*, a_{ji}^{**}\},\ \hat{\alpha} = 2^{(1+\delta)/2} n^{1-\delta} \min_{1 \leqslant i \leqslant n}\{\alpha_i\},\ \hat{\beta} =$
$2^{(1+\theta)/2} \cdot \min_{1 \leqslant i \leqslant n}\{\beta_i\}$, 则复值忆阻神经网络 (5.2.1) 与 (5.2.4) 是固定时间同步
的, 且停息时间可估计为

$$
\hat{T}_f = \begin{cases} \dfrac{1}{\hat{\lambda}(1-\theta)} \ln \dfrac{\hat{\beta}}{\hat{\beta} - \hat{\lambda}} + \dfrac{1}{\hat{\lambda}(\delta - 1)} \ln \dfrac{\hat{\alpha}}{\hat{\alpha} - \hat{\lambda}}, & \hat{\beta} \neq 0 \\[4mm] \dfrac{1}{\hat{\alpha}(1-\theta)} + \dfrac{1}{\hat{\beta}(\delta - 1)}, & \hat{\beta} = 0 \end{cases}
$$

证明　根据可测选择理论可知, 存在函数 $\varpi_i(t) \in \overline{\mathrm{co}}\,([e_i(t)])$ 使得

$$
u_i(t) = -\varpi_i(t)\left(\lambda_i |e_i(t)|_2 + \alpha_i |e_i(t)|_2^{\delta} + \beta_i |e_i(t)|_2^{\theta} + \gamma_i\right)
$$

构建如下 Lyapunov 函数:

$$
V_2(e(t)) = \frac{1}{2} \sum_{i=1}^{n} |e_i(t)|_2^2
$$

其中 $e(t) = \left(\overline{e_1(t)}e_1(t), \overline{e_2(t)}e_2(t), \cdots, \overline{e_n(t)}e_n(t)\right)^{\mathrm{T}}$.

由误差系统 (5.2.5) 可知

$$
\begin{aligned}
D^+ V_2(e(t)) =& \frac{1}{2} \sum_{i=1}^{n} \left(\overline{e_i(t)}\left(\tilde{d}_i x_i(t) - \hat{d}_i y_i(t)\right) + e_i(t)\overline{\left(\tilde{d}_i x_i(t) - \hat{d}_i y_i(t)\right)} \right) \\
& + \frac{1}{2} \sum_{i=1}^{n} \sum_{j=1}^{n} \left(\overline{e_i(t)}\left(\hat{a}_{ij} f_j(y_j(t)) - \tilde{a}_{ij} f_j(x_j(t))\right) \right) \\
& + \frac{1}{2} \sum_{i=1}^{n} \sum_{j=1}^{n} \left(e_i(t)\overline{\left(\hat{a}_{ij} f_j(y_j(t)) - \tilde{a}_{ij} f_j(x_j(t))\right)} \right) \\
& - \frac{1}{2} \sum_{i=1}^{n} \lambda_i \left(\overline{e_i(t)}\varpi_i(t) + e_i(t)\overline{\varpi_i(t)} \right) |e_i(t)|_2 \\
& - \frac{1}{2} \sum_{i=1}^{n} \alpha_i \left(\overline{e_i(t)}\varpi_i(t) + e_i(t)\overline{\varpi_i(t)} \right) |e_i(t)|_2^{\delta} \\
& - \frac{1}{2} \sum_{i=1}^{n} \beta_i \left(\overline{e_i(t)}\varpi_i(t) + e_i(t)\overline{\varpi_i(t)} \right) |e_i(t)|_2^{\theta} \\
& - \frac{1}{2} \sum_{i=1}^{n} \gamma_i \left(\overline{e_i(t)}\varpi_i(t) + e_i(t)\overline{\varpi_i(t)} \right) \qquad (5.2.17)
\end{aligned}
$$

易知

$$\overline{e_i(t)}\left(\tilde{d}_i x_i(t) - \hat{d}_i y_i(t)\right) + e_i(t)\overline{\left(\tilde{d}_i x_i(t) - \hat{d}_i y_i(t)\right)}$$

$$= 2\left(\mathrm{Re}(e_i(t))\mathrm{Re}\left(\tilde{d}_i x_i(t) - \hat{d}_i y_i(t)\right) + \mathrm{Im}(e_i(t))\mathrm{Im}\left(\tilde{d}_i x_i(t) - \hat{d}_i y_i(t)\right)\right)$$

$$\leqslant 2\left|\left(\tilde{d}_i x_i(t) - \hat{d}_i y_i(t)\right)e_i(t)\right|_2$$

$$= 2|\tilde{d}_i x_i(t) - \hat{d}_i y_i(t)|_2 |e_i(t)|_2$$

(1) 当 $|x_i(t)|_2 \leqslant r_i$, $|y_i(t)|_2 \leqslant r_i$ 时, $\tilde{d}_i = \hat{d}_i = d_i^*$, 则有

$$|\tilde{d}_i x_i(t) - \hat{d}_i y_i(t)|_2 |e_i(t)|_2 = |d_i^*|_2 |e_i(t)|_2^2$$

(2) 当 $|x_i(t)|_2 > r_i$, $|y_i(t)|_1 > r_i$ 时, $\tilde{d}_i = \hat{d}_i = d_i^{**}$, 则有

$$|\tilde{d}_i x_i(t) - \hat{d}_i y_i(t)|_2 |e_i(t)|_2 = |d_i^{**}|_2 |e_i(t)|_2^2$$

(3) 当 $|x_i(t)|_2 \leqslant r_i$, $|y_i(t)|_2 > r_i$ 时, 有

$$|\tilde{d}_i x_i(t) - \hat{d}_i y_i(t)|_2 |e_i(t)|_2 = \left|(\tilde{d}_i - \hat{d}_i)x_i(t) - \hat{d}_i e_i(t)\right|_2 |e_i(t)|_2$$

$$\leqslant |d_i'|_2 |e_i(t)|_2^2 + r_i\left(|d_i^*|_2 + |d_i^{**}|_2\right)|e_i(t)|_2$$

(4) 当 $|x_i(t)|_2 > r_i$, $|y_i(t)|_2 \leqslant r_i$ 时, 有

$$|\tilde{d}_i x_i(t) - \hat{d}_i y_i(t)|_2 |e_i(t)|_2 = \left|(\tilde{d}_i - \hat{d}_i)y_i(t) - \tilde{d}_i e_i(t)\right|_2 |e_i(t)|_2$$

$$\leqslant |d_i'|_2 |e_i(t)|_2^2 + r_i\left(|d_i^*|_2 + |d_i^{**}|_2\right)|e_i(t)|_2$$

综上所述可知, 对任意 $e_i(t) \in \mathbb{C}$ $(t > 0)$ 有

$$\frac{1}{2}\left(\overline{e_i(t)}\left(\tilde{d}_i x_i(t) - \hat{d}_i y_i(t)\right) + e_i(t)\overline{\left(\tilde{d}_i x_i(t) - \hat{d}_i y_i(t)\right)}\right)$$

$$\leqslant |d_i'|_2 |e_i(t)|_2^2 + r_i\left(|d_i^*|_2 + |d_i^{**}|_2\right)|e_i(t)|_2 \tag{5.2.18}$$

同理可知

$$\frac{1}{2}\sum_{i=1}^{n}\sum_{j=1}^{n}\left(\overline{e_i(t)}\left(\hat{a}_{ij}f_j(y_j(t)) - \tilde{a}_{ij}f_j(x_j(t))\right)\right.$$

$$\left. + e_i(t)\overline{\left(\hat{a}_{ij}f_j(y_j(t)) - \tilde{a}_{ij}f_j(x_j(t))\right)}\right)$$

$$\leqslant \sum_{i=1}^{n}\sum_{j=1}^{n}\left|\overline{e_i(t)}\left(\hat{a}_{ij}f_j(y_j(t)) - \tilde{a}_{ij}f_j(x_j(t))\right)\right|_2$$

$$\leqslant \frac{1}{2} \sum_{i=1}^{n} \sum_{j=1}^{n} \left\{ \left(\eta_j |a'_{ij}|_2 + \eta_i |a'_{ji}|_2 \right) |e_i(t)|_2^2 + \eta_j r_j \left(|a^*_{ij}|_2 + |a^{**}_{ij}|_2 \right) |e_i(t)|_2 \right\} \quad (5.2.19)$$

根据引理 3.1.1 和引理 5.2.2 可知

$$-\frac{1}{2} \sum_{i=1}^{n} \alpha_i \left(\overline{e_i(t)} \varpi_i(t) + e_i(t) \overline{\varpi_i(t)} \right) |e_i(t)|_2^{\delta} \leqslant -\hat{\alpha} \left(\frac{1}{2} \sum_{i=1}^{n} |e_i(t)|_2^2 \right)^{(1+\delta)/2} \tag{5.2.20}$$

$$-\frac{1}{2} \sum_{i=1}^{n} \beta_i \left(\overline{e_i(t)} \varpi_i(t) + e_i(t) \overline{\varpi_i(t)} \right) |e_i(t)|_2^{\theta} \leqslant -\hat{\beta} \left(\frac{1}{2} \sum_{i=1}^{n} |e_i(t)|_2^2 \right)^{(1+\theta)/2} \tag{5.2.21}$$

$$-\frac{1}{2} \sum_{i=1}^{n} \lambda_i \left(\overline{e_i(t)} \varpi_i(t) + e_i(t) \overline{\varpi_i(t)} \right) |e_i(t)|_2 \leqslant -\sum_{i=1}^{n} \lambda_i |e_i(t)|_2^2 \tag{5.2.22}$$

$$-\frac{1}{2} \sum_{i=1}^{n} \gamma_i \left(\overline{e_i(t)} \varpi_i(t) + e_i(t) \overline{\varpi_i(t)} \right) \leqslant -\sum_{i=1}^{n} \gamma_i |e_i(t)|_2 \tag{5.2.23}$$

将 (5.2.18)~(5.2.23) 代入 (5.2.17) 可得

$$D^+ V_2(e(t)) \leqslant \sum_{i=1}^{n} \left(|d'_i|_2 + \frac{1}{2} \sum_{j=1}^{n} \left(\eta_j |a'_{ij}|_2 + \eta_i |a'_{ji}|_2 \right) - \lambda_i \right) |e_i(t)|_2^2$$

$$+ \sum_{i=1}^{n} \left(r_i \left(|d^*_i|_2 + |d^{**}_i|_2 \right) + \sum_{j=1}^{n} \eta_j r_j \left(|a^*_{ij}|_2 + |a^{**}_{ij}|_2 \right) - \gamma_i \right) |e_i(t)|_2$$

$$- \hat{\alpha} \left(\frac{1}{2} \sum_{i=1}^{n} |e_i(t)|_2^2 \right)^{(1+\delta)/2} - \hat{\beta} \left(\frac{1}{2} \sum_{i=1}^{n} |e_i(t)|_2^2 \right)^{(1+\theta)/2}$$

$$\leqslant \hat{\lambda} V_2(e(t)) - \hat{\alpha} V_2^{(1+\delta)/2}(e(t)) - \hat{\beta} V_2^{(1+\theta)/2}(e(t))$$

由引理 5.1.4 及条件 (5.2.16) 可知: 复值忆阻神经网络 (5.2.1) 与 (5.2.4) 在不连续控制器 (5.2.15) 下可在固定时间 $\hat{T}_f$ 内实现同步.

备注 5.2.3　对于相同的控制参数 λ_i, α_i, β_i 和 γ_i $(i = 1, 2, \cdots, n)$, 易知 $\tilde{\lambda} \geqslant \hat{\lambda}$, $\tilde{\alpha} \leqslant \hat{\alpha}$, $\tilde{\beta} \leqslant \hat{\beta}$, 这在一定程度上可知定理 5.2.2 比定理 5.2.1 在停息时间的估计上更加精确.

5.2.3　指定时间同步

本小节将讨论复值忆阻神经网络 (5.2.1) 与 (5.2.4) 的指定时间同步控制问题. 首先, 设计如下控制器:

$$u_i(t) = - \left(\varepsilon_i + \frac{\tilde{T}_f}{\tilde{T}_p} (\lambda_i - \varepsilon_i) \right) [e_i(t)] |e_i(t)|_1$$

$$- \frac{\tilde{T}_f}{\tilde{T}_p} \left[e_i(t) \right] \left(\alpha_i \left| e_i(t) \right|_1^\delta + \beta_i \left| e_i(t) \right|_1^\theta \right) - \gamma_i \left[e_i(t) \right] \tag{5.2.24}$$

其中, $\lambda_i \in \mathbb{R}$, α_i, β_i, $\gamma_i > 0$, $\varepsilon_i = \left| d_i' \right|_1 + \sum_{j=1}^n \zeta_i \left| a_{ji}'(t) \right|_1$, $\left| d_i' \right|_1 = \max \left\{ \left| d_i \right|_1 \right\}$, $d_i \in \overline{\mathrm{co}} \left\{ d_i^*, d_i^{**} \right\}$, $\left| a_{ji}' \right|_1 = \max \left\{ \left| a_{ji} \right|_1 \right\}$, $a_{ji} \in \overline{\mathrm{co}} \left\{ a_{ji}^*, a_{ji}^{**} \right\}$, $i, j = 1, 2, \cdots, n$, $\delta > 1$, $0 < \theta < 1$, $\tilde{T}_p$ 为任意事先指定的时间值, $\tilde{T}_f$ 的定义见定理 5.2.1.

定理 5.2.3 基于假设 5.2.1 及不连续控制器 (5.2.24), 如果

$$\gamma_i > r_i \left(\left| d_i^* \right|_1 + \left| d_i^{**} \right|_1 \right) + \sum_{j=1}^n \zeta_j r_j \left(\left| a_{ij}^* \right|_1 + \left| a_{ij}^{**} \right|_1 \right)$$

$$\min \left(\tilde{\alpha}, \tilde{\beta} \right) > \tilde{\lambda} \tag{5.2.25}$$

其中 $i = 1, 2, \cdots, n$, $\tilde{\lambda} = \max_{1 \leqslant i \leqslant n} \{ \varepsilon_i - \lambda_i \}$, $\tilde{\alpha} = n^{1-\delta} \min_{1 \leqslant i \leqslant n} \{ \alpha_i \}$, $\tilde{\beta} = \min_{1 \leqslant i \leqslant n} \{ \beta_i \}$, 则复值忆阻神经网络 (5.2.1) 与 (5.2.4) 可在指定时间 $\tilde{T}_p$ 内实现同步.

证明 构建如下 Lyapunov 函数:

$$V_3(e(t)) = \sum_{i=1}^n \left| e_i(t) \right|_1$$

类似于定理 5.2.1 的证明过程, 可知

$$D^+ V_3(e(t)) \leqslant \sum_{i=1}^n \left(\left| d_i' \right|_1 + \sum_{j=1}^n \zeta_i \left| a_{ji}' \right|_1 - \varepsilon_i - \frac{\tilde{T}_f}{\tilde{T}_p} (\lambda_i - \varepsilon_i) \right) \left| e_i(t) \right|_1$$

$$- \frac{\tilde{\alpha} \tilde{T}_f}{\tilde{T}_p} \left(\sum_{i=1}^n \left| e_i(t) \right|_1 \right)^\delta - \frac{\tilde{\beta} \tilde{T}_f}{\tilde{T}_p} \left(\sum_{i=1}^n \left| e_i(t) \right|_1 \right)^\theta$$

$$+ \sum_{i=1}^n \left(r_i \left(\left| d_i^* \right|_1 + \left| d_i^{**} \right|_1 \right) + \sum_{j=1}^n \zeta_j r_j \left(\left| a_{ij}^* \right|_1 + \left| a_{ij}^{**} \right|_1 \right) - \gamma_i \right) \Lambda(e_i(t))$$

$$\leqslant \frac{\tilde{T}_f}{\tilde{T}_p} \left(\tilde{\lambda} V_3(e(t)) - \tilde{\alpha} V_3^\delta(e(t)) - \tilde{\beta} V_3^\theta(e(t)) \right)$$

由推论 5.1.1 及条件 (5.2.25) 可知: 复值忆阻神经网络 (5.2.1) 与 (5.2.4) 在不连续控制器 (5.2.24) 可在指定时间 $\tilde{T}_p$ 内实现同步.

设计如下控制器:

$$u_i(t) = - \left(\rho_i + \frac{\hat{T}_f}{\hat{T}_p} (\lambda_i - \rho_i) \right) \left[e_i(t) \right] \left| e_i(t) \right|_2$$

$$- \frac{\hat{T}_f}{\hat{T}_p} [e_i(t)] \left(\alpha_i |e_i(t)|_2^\delta + \beta_i |e_i(t)|_2^\theta \right) - \gamma_i [e_i(t)] \tag{5.2.26}$$

其中, $\lambda_i \in \mathbb{R}$, α_i, β_i, $\gamma_i > 0$, $\rho_i = |d_i'|_2 + 0.5 \sum_{j=1}^n \left(\eta_j |a_{ij}'|_2 + \eta_i |a_{ji}'|_2 \right)$, $|d_i'|_2 =$ $\max \{|d_i|_2\}$, $d_i \in \overline{\text{co}} \{d_i^*, d_i^{**}\}$, $|a_{ij}'|_2 = \max \{|a_{ij}|_2\}$, $a_{ij} \in \overline{\text{co}} \{a_{ij}^*, a_{ij}^{**}\}$, $|a_{ji}'|_2 = \max \{|a_{ji}|_2\}$, $a_{ji} \in \overline{\text{co}} \{a_{ji}^*, a_{ji}^{**}\}$, $i, j = 1, 2, \cdots, n$, $\delta > 1$, $0 < \theta < 1$, $\hat{T}_p$ 为任意事先指定的时间值, $\hat{T}_f$ 的定义见定理 5.2.2.

定理 5.2.4　基于假设 5.2.1 及不连续控制器 (5.2.26), 如果

$$\gamma_i > r_i \left(|d_i^*|_2 + |d_i^{**}|_2 \right) + \sum_{j=1}^n \eta_j r_j \left(|a_{ij}^*|_2 + |a_{ij}^{**}|_2 \right)$$
$$\min \left\{ \hat{\alpha}, \hat{\beta} \right\} > \hat{\lambda} \tag{5.2.27}$$

其中, $\hat{\lambda} = 2 \max_{1 \leqslant i \leqslant n} \{\rho_i - \lambda_i\}$, $\hat{\alpha} = 2^{(1+\delta)/2} n^{1-\delta} \min_{1 \leqslant i \leqslant n} \{\alpha_i\}$, $\hat{\beta} = 2^{(1+\theta)/2} \cdot \min_{1 \leqslant i \leqslant n} \{\beta_i\}$, 则复值忆阻神经网络 (5.2.1) 与 (5.2.4) 可在指定时间 $\hat{T}_p$ 内实现同步.

证明　构建如下 Lyapunov 函数:

$$V_4(e(t)) = \frac{1}{2} \sum_{i=1}^n |e_i(t)|_2^2$$

类似于定理 5.2.2 的证明过程, 可知

$$D^+ V_4(e(t)) \leqslant \sum_{i=1}^n \left(|d_i'|_2 + \frac{1}{2} \sum_{j=1}^n \left(\eta_j |a_{ij}'|_2 + \eta_i |a_{ji}'|_2 \right) - \rho_i - \frac{\hat{T}_f}{\hat{T}_p} (\lambda_i - \rho_i) \right) |e_i(t)|_2^2$$
$$+ \sum_{i=1}^n \left(r_i \left(|d_i^*|_2 + |d_i^{**}|_2 \right) + \sum_{j=1}^n \eta_j r_j \left(|a_{ij}^*|_2 + |a_{ij}^{**}|_2 \right) - \gamma_i \right) |e_i(t)|_2$$
$$- \frac{\hat{\alpha} \hat{T}_f}{\hat{T}_p} \left(\frac{1}{2} \sum_{i=1}^n |e_i(t)|_2^2 \right)^{(1+\delta)/2} - \frac{\hat{\beta} \hat{T}_f}{\hat{T}_p} \left(\frac{1}{2} \sum_{i=1}^n |e_i(t)|_2^2 \right)^{(1+\theta)/2}$$
$$\leqslant \frac{\hat{T}_f}{\hat{T}_p} \left(\hat{\lambda} V_4(e(t)) - \hat{\alpha} V_4^{(1+\delta)/2}(e(t)) - \hat{\beta} V_4^{(1+\theta)/2}(e(t)) \right)$$

由推论 5.1.1 及条件 (5.2.27) 可知: 复值忆阻神经网络 (5.2.1) 与 (5.2.4) 在不连续控制器 (5.2.26) 下可在指定时间 $\hat{T}_p$ 内实现同步.

5.2.4 数值模拟

例 5.2.1 考虑如下由 3 个神经元构成的复值忆阻神经网络模型：

$$\dot{x}_m(t) = -d_m(x_m(t))x_m(t) + \sum_{j=1}^{3} a_{mj}(x_m(t))f_j(x_j(t)) + I_m, \quad m = 1, 2, 3 \quad (5.2.28)$$

其中

$$d_1(x_1(t)) = \begin{cases} 2.2 + 3.2\mathrm{i}, & |x_1(t)|_p \leqslant 2 \\ 2.4 + 0.3\mathrm{i}, & |x_1(t)|_p > 2 \end{cases}$$

$$d_2(x_2(t)) = \begin{cases} 0.9 + 3.1\mathrm{i}, & |x_2(t)|_p \leqslant 2 \\ 1.0 + 3.9\mathrm{i}, & |x_2(t)|_p > 2 \end{cases}$$

$$d_3(x_3(t)) = \begin{cases} 1.7 + 1.9\mathrm{i}, & |x_3(t)|_p \leqslant 2 \\ 3.5 + 1.2\mathrm{i}, & |x_3(t)|_p > 2 \end{cases}$$

$$a_{11}(x_1(t)) = \begin{cases} -2.9 - 3.1\mathrm{i}, & |x_1(t)|_p \leqslant 2 \\ 1.7 - 6.8\mathrm{i}, & |x_1(t)|_p > 2 \end{cases}$$

$$a_{12}(x_1(t)) = \begin{cases} 0.7 + 2.2\mathrm{i}, & |x_1(t)|_p \leqslant 2 \\ 1.0 - 2.1\mathrm{i}, & |x_1(t)|_p > 2 \end{cases}$$

$$a_{13}(x_1(t)) = \begin{cases} -2.6 - 2.5\mathrm{i}, & |x_1(t)|_p \leqslant 2 \\ 0.1 + 0.4\mathrm{i}, & |x_1(t)|_p > 2 \end{cases}$$

$$a_{21}(x_2(t)) = \begin{cases} -3.8 - 0.9\mathrm{i}, & |x_2(t)|_p \leqslant 2 \\ -1.8 - 0.7\mathrm{i}, & |x_2(t)|_p > 2 \end{cases}$$

$$a_{22}(x_2(t)) = \begin{cases} 3.1 + 3.9\mathrm{i}, & |x_2(t)|_p \leqslant 2 \\ -0.5 + 3.8\mathrm{i}, & |x_2(t)|_p > 2 \end{cases}$$

$$a_{23}(x_2(t)) = \begin{cases} -3.4 + 0.7\mathrm{i}, & |x_2(t)|_p \leqslant 2 \\ -1.1 - 1.7\mathrm{i}, & |x_2(t)|_p > 2 \end{cases}$$

$$a_{31}(x_3(t)) = \begin{cases} -2.7 - 3.7\mathrm{i}, & |x_3(t)|_p \leqslant 2 \\ 1.1 + 1.8\mathrm{i}, & |x_3(t)|_p > 2 \end{cases}$$

$$a_{32}(x_3(t)) = \begin{cases} 3.2 + 1.6\mathrm{i}, & |x_3(t)|_p \leqslant 2 \\ -1.9 + 1.8\mathrm{i}, & |x_3(t)|_p > 2 \end{cases}$$

$$a_{33}(x_3(t)) = \begin{cases} 3.9 + 3.9\mathrm{i}, & |x_3(t)|_p \leqslant 2 \\ 2.6 - 1.0\mathrm{i}, & |x_3(t)|_p > 2 \end{cases}$$

p 为 1 或 2, $I_m = 0$ $(m = 1, 2, 3)$, 激活函数为 $f_j(x) = \tanh(\mathrm{Re}(x)) + \tanh(\mathrm{Im}(x))\mathrm{i}$ $(j = 1, 2, 3)$. 复值忆阻神经网络 (5.2.28) 的初始条件 ψ_k $(k = 1, 2, \cdots, 20)$ 为

$$\begin{cases} x_1(0) = -5 + 0.5k + (-8 + 0.4k)\mathrm{i} \\ x_2(0) = -8 + 0.7k + (-4 + 0.5k)\mathrm{i} \\ x_3(0) = -6 + 0.5k + (-6 + 0.4k)\mathrm{i} \end{cases} \tag{5.2.29}$$

首先, 令 $p = 1$, 以 (5.2.29) 作为复值忆阻神经网络 (5.2.28) 的初值条件, 对其进行仿真, 其实部与虚部的状态轨迹如图 5-8 所示, 神经元 $x_1(t)$, $x_2(t)$ 和 $x_3(t)$ 的状态轨线如图 5-9 所示.

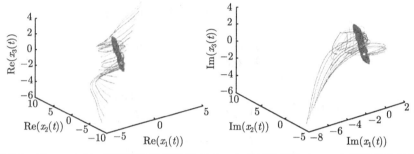

图 5-8   当 $p = 1$ 时, 复值忆阻神经网络 (5.2.28) 在初始条件 (5.2.29) 下的状态轨迹

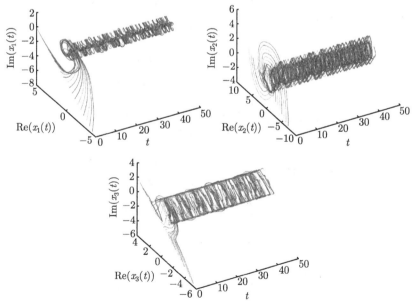

图 5-9   当 $p = 1$ 时, 复值忆阻神经网络 (5.2.28) 的神经元 $x_1(t)$, $x_2(t)$ 和 $x_3(t)$ 在初始条件 (5.2.29) 下的状态轨线

选择 ψ_{10} 为驱动系统 (5.2.28) 的初始条件, ψ_k $(k = 1, 2, \cdots, 20, k \neq 10)$ 作为其对应响应系统的初始条件. 令 $\delta = 2$, $\theta = 0.3$, $\alpha_i = \beta_i = 30$, $\lambda_i = 10$ $(i = 1, 2, 3)$, $\gamma_1 = 68.4$, $\gamma_2 = 62.6$, $\gamma_3 = 75$. 计算可得 $\bar{\lambda} = 13.7$, $\bar{\alpha} = 15$, $\bar{\beta} = 30$. 由定理 5.2.1 可知, 复值忆阻神经网络 (5.2.1) 与 (5.2.4) 可在固定时间 $\tilde{T}_f = 0.2421$ 内实现同步, 误差系统 (5.2.5) 在控制器 (5.2.6) 下的状态轨线如图 5-10 所示.

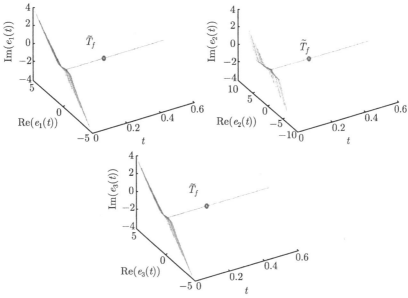

图 5-10 当 $p = 1$ 时, 误差系统 (5.2.5) 在控制器 (5.2.6) 下的状态轨线

接下来, 在 $p = 2$ 的情况下考虑复值忆阻神经网络 (5.2.1) 与 (5.2.4) 的固定时间和指定时间同步控制问题. 选择与 $p = 1$ 时相同的 δ, θ, α_i, β_i 和 λ_i $(i = 1, 2, 3)$, 令 $\gamma_1 = 26.21$, $\gamma_2 = 25.64$, $\gamma_3 = 27.44$. 计算可得 $\hat{\lambda} = 16.2036$, $\hat{\alpha} = 28.2843$, $\hat{\beta} = 47.075$. 由定理 5.2.2 可知, 复值忆阻神经网络 (5.2.1) 与 (5.2.4) 可在固定时间 $\hat{T}_f = 0.1749$ 内实现同步, 误差系统 (5.2.5) 在控制器 (5.2.15) 下的状态轨线如图 5-11 所示. 易知, 在相同的控制参数 δ, θ, α_i, β_i 和 λ_i $(i = 1, 2, 3)$ 下, $\hat{T}_f \leqslant \tilde{T}_f$, 这在某种程度上说明定理 5.2.2 对停息时间的估计比定理 5.2.1 更精确.

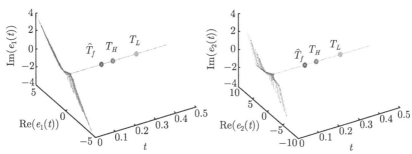

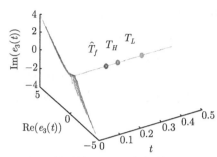

图 5-11　当 $p = 2$ 时, 误差系统 (5.2.5) 在控制器 (5.2.15) 下的状态轨线

根据文献 [268] 的引理 5 可计算本例的停息时间 $T_H = 0.2358 > \hat{T}_f = 0.1794$, 根据文献 [120] 的引理 4 可计算本例的停息时间 $T_L = 0.3512 > \hat{T}_f = 0.1794$. 如图 5-11 所示, 定理 5.2.2 对停息时间的估计比文献 [268] 和 [120] 更精确. 同时, 表 5-2 说明, 当 $p = 2$ 时, 对不同的 λ_i $(i = 1, 2, 3)$, 引理 5.1.4 比文献 [102], [117]~[120], [123] 和 [276] 中的固定时间稳定性结论对于停息时间的估计具有一定的优势.

表 5-2　停息时间对比情况

文献	$\lambda_i = 5$ $(i = 1, 2, 3)$	$\lambda_i = 10$ $(i = 1, 2, 3)$	$\lambda_i = 15$ $(i = 1, 2, 3)$
[102], [117], [118], [123] 及 [276]	×	×	×
[119]	0.5764	0.2358	0.1546
[120]	1.2794	0.3521	0.2041
定理 5.2.2	0.2879	0.1794	0.1449

最后, 通过数值模拟验证复值忆阻神经网络的指定时间同步控制理论的正确性和有效性. 为简单起见, 仅考虑 $p = 2$ 的情况. 设定指定时间 $\hat{T}_p = 0.05$, 控制器 (5.2.26) 的参数选为 $\delta = 2$, $\theta = 0.8$, $\alpha_i = \beta_i = 20$, $\lambda_i = 15$ $(i = 1, 2, 3)$, $\gamma_1 = 26.21$, $\gamma_2 = 25.64$, $\gamma_3 = 27.44$, $\hat{T}_f/\hat{T}_p = 0.1794/0.05$. 计算可得 $\rho_1 = 18.1018$, $\rho_2 = 14.499$, $\rho_3 = 16.8369$. 由定理 5.2.4 可知, 复值忆阻神经网络 (5.2.1) 与 (5.2.4) 可在指定时间 $\hat{T}_p$ 内实现同步, 误差系统 (5.2.5) 在控制器 (5.2.26) 下的状态轨线如图 5-12 所示.

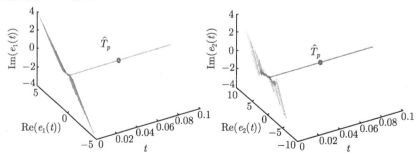

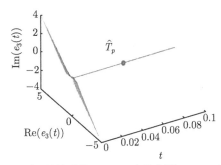

图 5-12 当 $p = 2$ 时, 误差系统 (5.2.5) 在控制器 (5.2.26) 下的状态轨线

5.3 本章小结

随着忆阻器制造技术的发展, 忆阻器件的性能将得到进一步优化, 集成规模将得到提高, 同时, 器件的可靠性也将逐步提升. 相信忆阻器以其独特的非易失记忆特性, 将逐渐被应用到各个领域. 而作为极具潜力的应用领域, 基于忆阻的神经形态计算与逻辑运算尚处于发展初期, 缺乏成熟的系统理论. 忆阻神经网络的同步控制问题在近十几年来得到了人们的广泛关注, 一方面是由于此类研究对于忆阻神经网络在保密通信、图像加密等领域的应用具有实际意义. 另一方面, 同步过程中驱动和响应网络间存在的系数不匹配问题使得这类研究十分富有挑战性 [287].

本章首先利用忆阻器模拟 BAM 神经网络中的神经突触, 通过优化了忆阻器状态的切换条件构建了一类新的忆阻 BAM 神经网络模型, 其双向联想记忆的功能主要体现在连接权重存储关系信息, 具有并行计算能力, 可依赖双层结构实现异联想功能, 在模式识别、图像处理领域有显著优势. 忆阻器的状态切换特性使得在相同网络规模下, 连接权重中可存储更多信息, 使用优化后的切换条件更便于根据应用对网络进行设计. 分别对网络的有限时间同步、固定时间同步、指定时间同步问题进行了研究, 并给出了相应控制策略.

复值系统具有比实值系统更丰富的动力学性态和更广泛的应用前景, 如在保密通信和信息安全领域, 复值系统传输的信息量更大、参数空间更广、加密信号更难破译. 传统的处理复值神经网络的分解方法通常将复值系统转换为两个相对独立的实值系统进行处理, 导致其计算量成倍增加且所得结论零散琐碎、不易验证, 而且在很多情况下复值系统 (如具有右端不连续函数的全复值神经网络) 无法有效地转换为两个相对独立的实值系统, 因此需要探索新的适用性更强的研究方法来处理复值神经网络的同步控制问题. 因此, 本章构建了一类全复值忆阻神经网络模型, 其状态变量、激活函数、自抑制系数、反馈连接权重和外部输入均为复值. 分别对这两类忆阻神经网络的有限时间同步、固定时间同步和指定时间同步问题进行了研究, 并给出了相应同步控制策略. 在研究固定时间同步问题时, 提出了一种新的固定时间稳定判据, 该判据不仅降低了控制条件的保守性, 还能更准确地估算同步停息时间, 且可广泛应用于研究各类非线性动力系统的固定时间稳定或固定时间同步控制问题.

第 6 章　具有忆阻-电阻桥结构突触的神经网络的同步控制

在实际神经网络和超大规模集成电路中, 噪声是难以避免的, 而噪声达到一定强度也会造成系统失稳. 文献 [288] 研究了一类具有噪声干扰的随机忆阻神经网络模型, 应用集值映射和随机微分包含理论, 以不等式形式给出了模型平衡点全局均方指数稳定的充分条件. 文献 [289] 和 [290] 在分析忆阻神经网络的稳定性时同样也考虑了噪声的影响. 这些文献所考虑的噪声均是高斯白噪声, 而高斯白噪声是连续的, 并不能很好地描述瞬时扰动的变化. Lévy 噪声能很好地解决这一问题, 且根据 Lévy-Itô 分解, Lévy 噪声可以表示为高斯白噪声和泊松噪声的叠加 [291-293]. 因此, Lévy 噪声比高斯白噪声更具一般性.

本章设计一类具有忆阻-电阻桥结构的突触, 并将其应用到忆阻神经网络电路中, 使得在保持网络结构不变的情况下, 忆阻神经网络中的连接权重可以为正值、负值或 0, 能够在一定范围内连续调节, 并分析网络在 Lévy 噪声干扰下的状态同步和完全同步问题.

在基于神经网络电路构建的神经网络模型中, 网络的连接权重由模拟神经突触的电阻变化的. 当用忆阻器代替这些电阻后, 网络中的连接权重不再是定值, 而是随忆阻器的忆阻值改变. 在一些研究切换型忆阻神经网络模型的文献中, 部分连接权重被假设在一个正值和一个负值间切换. 然而连接权重的正负性是由网络的连接方式决定的, 模拟神经突触的忆阻器的忆阻值发生变化不会改变连接权重的正负性. 若网络的结构不变, 连接权重的变化就不能跨越正负性, 这使得网络具有一定的局限性. 为解决这一问题, Kim 等提出了一种忆阻桥结构突触 [294,295], 并将其应用到神经网电路中, 所构建的神经网络的连接权重便能够在正值、负值以及 0 之间变化.

受 Kim 等工作的启发, 设计如下忆阻-电阻桥结构突触 (图 6-1).

在该突触中, 起决定权重作用的桥结构部分由忆阻器 $R_1(t)$, 电阻 R_2, R_3 和 R_4 构成. 右半部分为增益为 A_v 的差分放大器和电阻 r. 根据分压公式, 差分放大器的输出电压 V_{out} 为

$$V_{\text{out}} = (V_A - V_B)A_v = \left(\frac{R_2}{R_1(t) + R_2} - \frac{R_4}{R_3 + R_4} \right) A_v V_{\text{in}}$$

与 Kim 等设计的忆阻桥结构突触相比, 该突触更便于按照需求调节连接权重, 连接权重的变化规律更为清晰, 更容易预测和描述, 且成本更低.

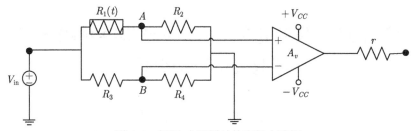

图 6-1 忆阻-电阻桥结构突触电路图

6.1 模型的建立与假设

将图 6-1 中的突触应用到神经网络电路, 可以得到如图 6-2 所示的具有忆阻-电阻桥结构突触的神经网络.

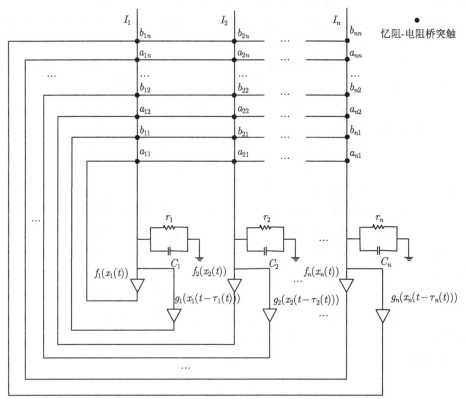

图 6-2 具有忆阻-电阻桥结构的神经网络电路图

根据基尔霍夫电流定律, 图 6-2 中的神经网络可以用以下微分方程描述:

$$
\begin{aligned}
\frac{\mathrm{d}x_i(t)}{\mathrm{d}t} = & -\frac{x_i(t)}{r_i C_i} + \sum_{j=1}^{n} \frac{\left(\dfrac{R_2^{aij}}{R_1^{aij}(t)+R_2^{aij}} - \dfrac{R_4^{aij}}{R_3^{aij}+R_4^{aij}}\right) A_v^{aij} f_j(x_j(t)) - x_i(t)}{r^{aij} C_i} \\
& + \sum_{j=1}^{n} \frac{\left(\dfrac{R_2^{bij}}{R_1^{bij}(t)+R_2^{bij}} - \dfrac{R_4^{bij}}{R_3^{bij}+R_4^{bij}}\right) A_v^{bij} g_j(x_j(t-\tau_j(t))) - x_i(t)}{r^{bij} C_i} \\
& + \frac{I_i(t)}{C_i}
\end{aligned}
\tag{6.1.1}
$$

$i = 1, 2, \cdots, n$, 其中 $x_i(t)$ 表示第 i 个神经元的状态变量, $\tau_i(t)$ 表示传输时滞, $R_1^{aij}(t)$, R_2^{aij}, R_3^{aij}, R_4^{aij}, A_v^{aij}, r^{aij}, $R_1^{bij}(t)$, R_2^{bij}, R_3^{bij}, R_4^{bij}, A_v^{bij} 及 r^{bij} 的上标表示其所属的突触编号.

为了简洁, 记

$$
a_{ij}(t) = \frac{\left(\dfrac{R_2^{aij}}{R_1^{aij}(t)+R_2^{aij}} - \dfrac{R_4^{aij}}{R_3^{aij}+R_4^{aij}}\right) A_v^{aij}}{r^{aij} C_i}
$$

$$
b_{ij}(t) = \frac{\left(\dfrac{R_2^{bij}}{R_1^{bij}(t)+R_2^{bij}} - \dfrac{R_4^{bij}}{R_3^{bij}+R_4^{bij}}\right) A_v^{bij}}{r^{bij} C_i}
$$

$$
d_i = \frac{1}{r_i C_i} + \sum_{j=1}^{n}\left(\frac{1}{r^{aij} C_i} + \frac{1}{r^{bij} C_i}\right), \quad U_i(t) = \frac{I_i(t)}{C_i}
$$

这样模型 (6.1.1) 可以表示为

$$
\frac{\mathrm{d}x_i(t)}{\mathrm{d}t} = -d_i x_i(t) + \sum_{j=1}^{n} a_{ij}(t) f_j(x_j(t)) + \sum_{j=1}^{n} b_{ij}(t) g_j(x_j(t-\tau_j(t))) + U_i(t) \tag{6.1.2}
$$

考虑惠普实验室制作的 $\mathrm{Pt/TiO_{2-x}/Pt}$ 结构忆阻器, Strukov 等 [245] 给出了一类忆阻器的模型:

$$
v(t) = \left(r^{\mathrm{on}} \frac{w(t)}{l} + r^{\mathrm{off}}\left(1 - \frac{w(t)}{l}\right)\right) i(t), \quad \frac{\mathrm{d}w(t)}{\mathrm{d}t} = \mu \frac{r^{\mathrm{on}}}{l} i(t) \tag{6.1.3}
$$

其中 $v(t)$ 表示施加在忆阻器两端的电压, $i(t)$ 表示通过忆阻器的电流, l 表示夹在两个金属电极间半导体薄膜的厚度, $w(t)$ 表示电阻较低的掺杂区域的长度, r^{on} 和 r^{off} 分别表示忆阻器的最小和最大忆阻值, μ 为忆阻器中离子迁移的平均速率.

由 (6.1.3) 可以推导出忆阻器的忆阻值 $r_{\mathrm{mem}}(t)$ 的表达式:

$$r_{\mathrm{mem}}(t) = r^{\mathrm{on}}\left(w_0 + \mu\frac{r^{\mathrm{on}}}{l^2}\int_{t_0}^t i(s)\mathrm{d}s\right) + r^{\mathrm{off}}\left(1 - w_0 - \mu\frac{r^{\mathrm{on}}}{l^2}\int_{t_0}^t i(s)\mathrm{d}s\right)$$

$$= r^{\mathrm{off}} + (r^{\mathrm{on}} - r^{\mathrm{off}})\left(w_0 + \mu\frac{r^{\mathrm{on}}}{l^2}\int_{t_0}^t i(s)\mathrm{d}s\right) \tag{6.1.4}$$

以及其导数的表达式:

$$\frac{\mathrm{d}r_{\mathrm{mem}}(t)}{\mathrm{d}t} = (r^{\mathrm{on}} - r^{\mathrm{off}})\mu\frac{r^{\mathrm{on}}}{l^2}\frac{v(t)}{r_{\mathrm{mem}}(t)} \tag{6.1.5}$$

其中 w_0 表示掺杂区域的初始长度. 忆阻器的忆导值定义为

$$m_{\mathrm{mem}}(t) = \frac{1}{r_{\mathrm{mem}}(t)}$$

忆导值的导数满足

$$\frac{\mathrm{d}m_{\mathrm{mem}}(t)}{\mathrm{d}t} = (r^{\mathrm{off}} - r^{\mathrm{on}})\mu\frac{r^{\mathrm{on}}}{l^2}v(t)\left(m_{\mathrm{mem}}(t)\right)^3$$

本章仍在电路中使用忆阻器 (6.1.3) 和 (6.1.4). 由于忆阻器的忆阻值是有界的, 因此, 式 (6.1.5) 中给出的忆阻值导数公式仅当忆阻值在上下界的范围内时成立. 当忆阻值达到上界 (下界) 且电流仍是其忆阻值增大 (减小) 的方向时, 其导数也将变为 0. 因此, 忆阻值在其边界处的导数可能是不连续的, 故本章需要在 Filippov 解的框架下分析忆阻器的忆阻值. 鉴于式 (6.1.5) 中忆阻值的导数方程, 可以得到模型 (6.1.2) 中连接权重 $a_{ij}(t)$ 和 $b_{ij}(t)$ 的右上 Dini 导数满足:

若 $a_{ij}(t) = \underline{a}_{ij}$, $c_a^{ij}f_j(x_j(t)) < 0$ 或 $a_{ij}(t) = \bar{a}_{ij}$, $c_a^{ij}f_j(x_j(t)) > 0$, 则

$$D^+a_{ij}(t) = 0$$

否则

$$D^+a_{ij}(t) = \frac{c_a^{ij}f_j(x_j(t))}{\left(R_1^{aij}(t) + R_2^{aij}\right)^3}$$

若 $b_{ij}(t) = \underline{b}_{ij}$, $c_b^{ij}g_j(x_j(t - \tau_j(t))) < 0$ 或 $b_{ij}(t) = \bar{b}_{ij}$, $c_b^{ij}g_j(x_j(t - \tau_j(t))) > 0$, 则

$$D^+b_{ij}(t) = 0$$

否则

$$D^+b_{ij}(t) = \frac{c_b^{ij}g_j(x_j(t - \tau_j(t)))}{\left(R_1^{bij}(t) + R_2^{bij}\right)^3}$$

其中

$$c_a^{ij} = -\frac{\left(R_{1\text{on}}^{aij} - R_{1\text{off}}^{aij}\right) \mu A_v^{aij} R_{1\text{on}}^{aij} R_2^{aij}}{r^{aij} C_i \left(l^{aij}\right)^2}$$

$$c_b^{ij} = -\frac{\left(R_{1\text{on}}^{bij} - R_{1\text{off}}^{bij}\right) \mu A_v^{bij} R_{1\text{on}}^{bij} R_2^{bij}}{r^{bij} C_i \left(l^{bij}\right)^2}$$

$$\underline{a}_{ij} = \frac{R_2^{aij} A_v^{aij}}{r^{aij} C_i \left(R_{1\text{off}}^{aij} + R_2^{aij}\right)} - \frac{R_4^{aij} A_v^{aij}}{r^{aij} C_i \left(R_3^{aij} + R_4^{aij}\right)}$$

$$\bar{a}_{ij} = \frac{R_2^{aij} A_v^{aij}}{r^{aij} C_i \left(R_{1\text{on}}^{aij} + R_2^{aij}\right)} - \frac{R_4^{aij} A_v^{aij}}{r^{aij} C_i \left(R_3^{aij} + R_4^{aij}\right)}$$

$$\underline{b}_{ij} = \frac{R_2^{bij} A_v^{bij}}{r^{bij} C_i \left(R_{1\text{off}}^{bij} + R_2^{bij}\right)} - \frac{R_4^{bij} A_v^{bij}}{r^{bij} C_i \left(R_3^{bij} + R_4^{bij}\right)}$$

$$\bar{b}_{ij} = \frac{R_2^{bij} A_v^{bij}}{r^{bij} C_i \left(R_{1\text{on}}^{bij} + R_2^{bij}\right)} - \frac{R_4^{bij} A_v^{bij}}{r^{bij} C_i \left(R_3^{bij} + R_4^{bij}\right)}$$

式中, $R_{1\text{on}}^{aij}$ 和 $R_{1\text{on}}^{bij}$ 表示相应忆阻器的最小忆阻值, $R_{1\text{off}}^{aij}$ 和 $R_{1\text{off}}^{bij}$ 表示相应忆阻器的最大忆阻值. l^{aij} 和 l^{bij} 表示相应忆阻器中半导体薄膜的厚度. c_a^{ij} 和 c_b^{ij} 的正负可以通过改变忆阻器的接入方向来改变.

以 (6.1.2) 为驱动网络, 则响应网络可以描述为

$$\frac{\mathrm{d}y_i(t)}{\mathrm{d}t} = -d_i y_i(t) + \sum_{j=1}^n \tilde{a}_{ij}(t) f_j(y_j(t)) + \sum_{j=1}^n \tilde{b}_{ij}(t) g_j(y_j(t - \tau_j(t))) + U_i(t) + u_i(t)$$

$$(6.1.6)$$

其中, $u_i(t)$ 为施加在神经元上的控制.

定义神经元的状态误差为 $e(t) = (e_1(t), e_2(t), \cdots, e_n(t))^{\mathrm{T}}$, $e_i(t) = y_i(t) - x_i(t)$, 则误差系统可以用如下方程描述:

$$\mathrm{d}e_i(t) = \Big[- d_i e_i(t) + \sum_{j=1}^n \Big(\tilde{a}_{ij}(t) f_j(y_j(t)) - a_{ij}(t) f_j(x_j(t)) $$
$$+ \tilde{b}_{ij}(t) g_j(y_j(t - \tau_j(t))) - b_{ij}(t) g_j(x_j(t - \tau_j(t))) \Big) + u_i(t) \Big] \mathrm{d}t + \mathrm{d}L_t$$

$$(6.1.7)$$

其中 L_t 表示 Lévy 噪声, 根据 Lévy-Itô 分解, 将其表示为

$$\mathrm{d}L_t = \sum_{j=1}^n \sigma_{ij} \left(t, e_j(t), e_j(t - \tau_j(t))\right) \mathrm{d}\omega_j(t)$$

$$+ \sum_{j=1}^{n} \int_{\mathbb{Z}_j} h_{ij} \left(e_j(t), e_j(t - \tau_j(t)), z \right) \tilde{N}(\mathrm{d}t, \mathrm{d}z)$$

其中 $\omega_i(t)$ 为定义在完备概率空间 $(\Omega, \mathcal{F}, \{\mathcal{F}_t\}_{t \geqslant 0}, P)$ 上具有自然流 $\{\mathcal{F}_t\}_{t \geqslant 0}$ 的布朗运动. $N(\mathrm{d}t, \mathrm{d}z)$ 是泊松随机测度, 其补偿测度为 $\tilde{N}(\mathrm{d}t, \mathrm{d}z) = N(\mathrm{d}t, \mathrm{d}z) - \theta(\mathrm{d}z)\mathrm{d}t$, θ 为定义在 $\mathbb{R} - \{0\}$ 的可测子集 $\mathbb{Z}_j = \{|z| \leqslant \zeta\}$ 上的特征测度, 满足 $\theta(\mathbb{Z}_j) < \infty$, $\theta(\cdot) = \mathbb{E}(N(1, \cdot))$. $N(t, \cdot)$ 为 Lévy 噪声中跳跃点的计数测度. $\sigma_{ij}(t, e_j(t), e_j(t - \tau_j(t)))$ 和 $h_{ij}(e_j(t), e_j(t - \tau_j(t)), z)$ 为噪声强度函数.

下面分别给出网络状态同步和完全同步的定义.

定义 6.1.1　若存在正常数 ε, 使得

$$\limsup_{t \to +\infty} \frac{1}{t} \log \left(\mathbb{E}\|e(t)\|^2 \right) \leqslant -\varepsilon$$

则称驱动和响应网络的神经元状态是均方指数同步的.

定义 6.1.2　定义驱动和响应网络间的连接权重误差为 $e_a^{ij}(t) = \tilde{a}_{ij}(t) - a_{ij}(t)$, $e_b^{ij}(t) = \tilde{b}_{ij}(t) - b_{ij}(t)$, 若

$$\lim_{t \to +\infty} e_a^{ij}(t) = 0, \quad \lim_{t \to +\infty} e_b^{ij}(t) = 0, \quad i, j = 1, 2, \cdots, n$$

且驱动和响应网络的神经元状态是同步的, 则称驱动和响应网络是完全同步的.

为了实现驱动和响应网络完全同步, 需要额外对突触施加控制, 分别记 $u_a^{ij}(t)$ 和 $u_b^{ij}(t)$ 为施加在突触 $\tilde{a}_{ij}(t)$ 和 $\tilde{b}_{ij}(t)$ 上的控制. 当施加控制后, 连接权重误差的右上 Dini 导数满足

$$D^+ e_a^{ij}(t) = \begin{cases} \dfrac{c_a^{ij} \left(f_j(y_j(t)) + u_a^{ij}(t) \right)}{\left(\tilde{R}_1^{aij}(t) + R_2^{aij} \right)^3}, & \begin{aligned} & D^+ \tilde{a}_{ij}(t) \neq 0 \\ & D^+ a_{ij}(t) = 0 \end{aligned} \\[4ex] \dfrac{c_a^{ij} \left(f_j(y_j(t)) + u_a^{ij}(t) \right)}{\left(\tilde{R}_1^{aij}(t) + R_2^{aij} \right)^3} - \dfrac{c_a^{ij} f_j(x_j(t))}{\left(R_1^{aij}(t) + R_2^{aij} \right)^3}, & \begin{aligned} & D^+ \tilde{a}_{ij}(t) \neq 0 \\ & D^+ a_{ij}(t) \neq 0 \end{aligned} \\[4ex] -\dfrac{c_a^{ij} f_j(x_j(t))}{\left(R_1^{aij}(t) + R_2^{aij} \right)^3}, & \begin{aligned} & D^+ \tilde{a}_{ij}(t) = 0 \\ & D^+ a_{ij}(t) \neq 0 \end{aligned} \\[4ex] 0, & \begin{aligned} & D^+ \tilde{a}_{ij}(t) = 0 \\ & D^+ a_{ij}(t) = 0 \end{aligned} \end{cases}$$

$$(6.1.8)$$

$$D^+ e_b^{ij}(t) = \begin{cases} \dfrac{c_b^{ij}\left(g_j(y_j(t-\tau_j(t))) + u_b^{ij}(t)\right)}{\left(\tilde{R}_1^{bij}(t) + R_2^{bij}\right)^3}, & D^+\tilde{b}_{ij}(t) \neq 0, D^+ b_{ij}(t) = 0 \\[4mm] \dfrac{c_b^{ij}\left(g_j(y_j(t-\tau_j(t))) + u_b^{ij}(t)\right)}{\left(\tilde{R}_1^{bij}(t) + R_2^{bij}\right)^3} - \dfrac{c_b^{ij} g_j(x_j(t-\tau_j(t)))}{\left(R_1^{bij}(t) + R_2^{bij}\right)^3}, \\[2mm] & D^+\tilde{b}_{ij}(t) \neq 0, D^+ b_{ij}(t) \neq 0 \\[4mm] -\dfrac{c_b^{ij} g_j(x_j(t-\tau_j(t)))}{\left(R_1^{bij}(t) + R_2^{bij}\right)^3}, & D^+\tilde{b}_{ij}(t) = 0, D^+ b_{ij}(t) \neq 0 \\[4mm] 0, & D^+\tilde{b}_{ij}(t) = 0, D^+ b_{ij}(t) = 0 \end{cases}$$

当 $u_a^{ij}(t)$ 与 $u_b^{ij}(t)$ 施加于突触后, 它们同时会对响应网络的神经元状态产生影响. 此时状态误差系统的导数为

$$\begin{aligned} de_i(t) = & \left[-d_i e_i(t) + \sum_{j=1}^n \left(\tilde{a}_{ij}(t)\left(f_j(y_j(t)) + u_a^{ij}(t)\right) - a_{ij}(t) f_j(x_j(t)) \right. \right. \\ & \left. + \tilde{b}_{ij}(t)\left(g_j(y_j(t-\tau_j(t))) + u_b^{ij}(t)\right) - b_{ij}(t) g_j(x_j(t-\tau_j(t))) \right) \\ & \left. + u_i(t) \right] dt + \sum_{j=1}^n \sigma_{ij}\left(t, e_j(t), e_j(t-\tau_j(t))\right) d\omega_j(t) \\ & + \sum_{j=1}^n \int_{\mathbb{Z}_j} h_{ij}\left(e_j(t), e_j(t-\tau_j(t)), z\right) \tilde{N}(dt, dz) \end{aligned} \tag{6.1.9}$$

对网络中各项函数、噪声和时滞做如下假设.

假设 6.1.1 激活函数 $f_i(\cdot)$ 和 $g_i(\cdot)(i=1,2,\cdots,n)$ 有界, 即存在正常数 F_i 和 G_i, 使得对于 $\forall x \in \mathbb{R}$, $|f_i(x)| \leqslant F_i$, $|g_i(x)| \leqslant G_i$.

假设 6.1.2 传输时滞 $\tau_j(t)$ 可导, 且存在正常数 τ 和 ρ, 满足

$$0 \leqslant \tau_j(t) \leqslant \tau, \quad \dot{\tau}_j(t) \leqslant \rho < 1, \quad j=1,2,\cdots,n$$

假设 6.1.3 Lévy 噪声中的跳跃有界, 且网络中产生的最大跳跃为 ζ, 即 $z = \text{sign}(z(\omega))\zeta \, (|z(\omega)| \geqslant \zeta)$.

假设 6.1.4 噪声强度函数 $\sigma_{ij}(t,x,y)$ 满足 $\sigma_{ij}(t,0,0) \equiv 0$, 且存在正常数 p_{ij}^a 和 p_{ij}^b 使得对于 $\forall(t,x,y) \in \mathbb{R}_+ \times \mathbb{R} \times \mathbb{R}$, 有

$$\sigma_{ij}^2(t,x,y) \leqslant p_{ij}^a x^2 + p_{ij}^b y^2$$

假设 6.1.5　噪声强度函数 $h_{ij}(x,y,z)$ 满足 $h_{ij}(0,0,z) \equiv 0$, 且存在正常数 q_{ij}^a 和 q_{ij}^b 使得对于 $\forall (x,y,z) \in \mathbb{R} \times \mathbb{R} \times \mathbb{Z}$, 有

$$\int_{\mathbb{Z}_j} h_{ij}^2(x,y,z)\,\theta(\mathrm{d}z) \leqslant q_{ij}^a x^2 + q_{ij}^b y^2$$

为了表达简洁, 分别记 $\sigma_{ij}(t,x(t),x(t-\tau(t)))$ 和 $h_{ij}(x(t),x(t-\tau(t)),z)$ 为 σ_{ij} 和 h_{ij}.

6.2　状态同步控制

首先, 研究驱动和响应网络的神经元状态同步. 设计施加于神经元的控制如下:

$$u_i(t) = -\alpha_i e_i(t) - \beta_i \mathrm{sign}(e_i(t)) \tag{6.2.1}$$

其中 α_i 和 β_i 为控制增益.

定理 6.2.1　若假设 6.1.1~ 假设 6.1.5 成立, 且存在正常数 ε 和 γ_i ($i = 1, 2, \cdots, n$), 使得控制增益 α_i 和 β_i 满足

$$\gamma_i \geqslant \frac{1}{1-\rho} \sum_{j=1}^n (p_{ji}^b + q_{ji}^b)$$

$$\beta_i \geqslant 2 \sum_{j=1}^n \left(\left(|\underline{a}_{ij}| \vee |\bar{a}_{ij}| \right) F_j + \left(|\underline{b}_{ij}| \vee |\bar{b}_{ij}| \right) G_j \right)$$

$$\alpha_i \geqslant \frac{1}{2} \left(\sum_{j=1}^n (p_{ji}^a + q_{ji}^a) + \varepsilon + (1 + \varepsilon\tau e^{\varepsilon\tau}) \bigvee_{1 \leqslant i \leqslant n} \gamma_i - 2d_i \right)$$

则在控制器 (6.2.1) 下, 响应网络 (6.1.6) 可以实现与驱动网络 (6.1.2) 的状态同步.

证明　构造如下 Lyapunov-Krasovskii 泛函:

$$V(e(t),t) = \sum_{i=1}^n \left[e_i^2(t) + \int_{t-\tau_i(t)}^t \gamma_i e_i^2(s)\,\mathrm{d}s \right]$$

对 $V(e(t),t)$ 使用 Itô 微分公式, 由 (6.1.7) 可得

$$\mathcal{L}V(e(t),t) = 2 \sum_{i=1}^n e_i(t) \left[-d_i e_i(t) + u_i(t) + \sum_{j=1}^n \left(\tilde{a}_{ij}(t) f_j(y_j(t)) - a_{ij}(t) f_j(x_j(t)) \right. \right.$$

$$\left. \left. + \tilde{b}_{ij}(t) g_j(y_j(t-\tau_j(t))) - b_{ij}(t) g_j(x_j(t-\tau_j(t))) \right) \right]$$

$$+ \sum_{i=1}^{n} \left[\gamma_i e_i^2(t) - (1 - \dot{\tau}_i(t)) \gamma_i e_i^2(t - \tau_i(t)) \right] + \sum_{i=1}^{n} \sum_{j=1}^{n} \sigma_{ij}^2$$

$$+ \sum_{i=1}^{n} \sum_{j=1}^{n} \int_{\mathbb{Z}_j} (e_i(t) + h_{ij})^2 - e_i^2(t) - 2e_i(t)h_{ij}\theta\,(\mathrm{d}z) \tag{6.2.2}$$

式中

$$\mathcal{L}V(x,t) = V_t(x,t) + V_x(x,t)y(t) + \frac{1}{2}\mathrm{tr}\left[\sigma^{\mathrm{T}}V_{xx}(x,t)\sigma\right]$$

$$+ \int_{\mathbb{Z}} V(x+h,t) - V(x,t) - hV_x(x,t)\mu(\mathrm{d}z)$$

其中 $V_t(x,t) = \dfrac{\partial V(x,t)}{\partial t}$, $V_x(x,t) = \left(\dfrac{\partial V(x,t)}{\partial x_1}, \cdots, \dfrac{\partial V(x,t)}{\partial x_n}\right)$, $V_{xx}(x,t) = \left(\dfrac{\partial^2 V(x,t)}{\partial x_i \partial x_j}\right)_{n\times n}$.

根据假设 6.1.1, 我们有

$$\begin{aligned} \tilde{a}_{ij}(t)f_j(y_j(t)) - a_{ij}(t)f_j(x_j(t)) &\leqslant 2\left(|\underline{a}_{ij}| \vee |\bar{a}_{ij}|\right)F_j \\ \tilde{b}_{ij}(t)g_j(y_j(t-\tau_j(t))) - b_{ij}(t)g_j(x_j(t-\tau_j(t))) &\leqslant 2\left(|\underline{b}_{ij}| \vee |\bar{b}_{ij}|\right)G_j \end{aligned} \tag{6.2.3}$$

由假设 6.1.4 和假设 6.1.5 可知

$$\begin{aligned} \sum_{i=1}^{n}\sum_{j=1}^{n} \sigma_{ij}^2 &\leqslant \sum_{i=1}^{n}\sum_{j=1}^{n} p_{ij}^a e_j^2(t) + p_{ij}^b e_j^2(t-\tau_j(t)) \\ \sum_{i=1}^{n}\sum_{j=1}^{n} \int_{\mathbb{Z}_j} h_{ij}^2\theta\mathrm{d}z &\leqslant \sum_{i=1}^{n}\sum_{j=1}^{n} q_{ij}^a e_j^2(t) + q_{ij}^b e_j^2(t-\tau_j(t)) \end{aligned} \tag{6.2.4}$$

将控制器 (6.2.1) 代入 (6.2.2), 由 (6.2.3), (6.2.4) 以及假设 6.1.2 可得

$$\mathcal{L}V(e(t),t) \leqslant \sum_{i=1}^{n}\left[-2d_i - 2\alpha_i + \sum_{j=1}^{n}(p_{ji}^a + q_{ji}^a) + \gamma_i\right]e_i^2(t)$$

$$+ \sum_{i=1}^{n}\left[\sum_{j=1}^{n}\left(4\left(|\underline{a}_{ij}| \vee |\bar{a}_{ij}|\right)F_j + 4\left(|\underline{b}_{ij}| \vee |\bar{b}_{ij}|\right)G_j\right) - 2\beta_i\right]|e_i(t)|$$

$$+ \sum_{i=1}^{n}\left(\sum_{j=1}^{n}(p_{ji}^b + q_{ji}^b) - (1-\rho)\gamma_i\right)e_i^2(t-\tau_i(t))$$

由定理 6.2.1 的条件可知

$$\mathcal{L}V(e(t),t) \leqslant -\left(\varepsilon + \varepsilon\tau\mathrm{e}^{\varepsilon\tau}\bigvee_{1\leqslant i\leqslant n}\gamma_i\right)e^2(t) \tag{6.2.5}$$

利用 Itô 公式,

$$e^{\varepsilon T} V\left(e(t),t\right) = V\left(e(0),0\right) + \int_0^T e^{\varepsilon t}\left(\mathcal{L}V\left(e(t),t\right) + \varepsilon V\left(e(t),t\right)\right)\mathrm{d}t$$

$$+ \sum_{i=1}^n \sum_{j=1}^n \int_0^T 2e^{\varepsilon t}e_i(t)\sigma_{ij}\mathrm{d}\omega_j(t) + \sum_{i=1}^n \sum_{j=1}^n \int_0^T \int_{\mathbb{Z}_j} e^{\varepsilon t}h_{ij}^2 \tilde{N}(\mathrm{d}t,\mathrm{d}z)$$

$$(6.2.6)$$

注意到 $\int_0^T 2e^{\varepsilon t}e_i(t)\sigma_{ij}\mathrm{d}\omega_j(t)$ 和 $\int_0^T \int_{\mathbb{Z}_j} e^{\varepsilon t}h_{ij}^2 \tilde{N}(\mathrm{d}t,\mathrm{d}z)$ 是鞅, 将 (6.2.5) 代入 (6.2.6), 并对 (6.2.6) 的两端求期望, 可以得到

$$\mathbb{E}e^{\varepsilon T} V\left(e(t),t\right) = \mathbb{E}V\left(e(0),0\right) + \mathbb{E}\int_0^T e^{\varepsilon t}\left(\mathcal{L}V\left(e(t),t\right) + \varepsilon V\left(e(t),t\right)\right)\mathrm{d}t$$

$$\leqslant \mathbb{E}V\left(e(0),0\right) - \varepsilon\tau e^{\varepsilon\tau}\bigvee_{1\leqslant i\leqslant n}\gamma_i\mathbb{E}\int_0^T e^{\varepsilon t}e^2(t)\mathrm{d}t$$

$$+ \mathbb{E}\int_0^T \varepsilon e^{\varepsilon t}\sum_{i=1}^n \int_{t-\tau_i(t)}^t \gamma_i e_i^2(s)\mathrm{d}s\mathrm{d}t \qquad (6.2.7)$$

通过计算, 我们有

$$\int_0^T \varepsilon e^{\varepsilon s}\sum_{i=1}^n \int_{t-\tau_i(t)}^t \gamma_i e_i^2(s)\mathrm{d}s\mathrm{d}t \leqslant \varepsilon\sum_{i=1}^n \gamma_i \int_0^T e^{\varepsilon s}\int_{t-\tau}^t e_i^2(s)\mathrm{d}s\mathrm{d}t$$

$$= \varepsilon\sum_{i=1}^n \gamma_i \int_{-\tau}^T \int_{s\vee 0}^{(s+\tau)\wedge T} e^{\varepsilon t}\mathrm{d}t e_i^2(s)\mathrm{d}s$$

$$\leqslant \varepsilon\sum_{i=1}^n \gamma_i \int_{-\tau}^T \tau e^{\varepsilon(s+\tau)}e_i^2(s)\mathrm{d}s$$

$$\leqslant \varepsilon\sum_{i=1}^n \gamma_i \int_{-\tau}^0 \tau e^{\varepsilon(s+\tau)}e_i^2(s)\mathrm{d}s$$

$$+ \varepsilon\tau e^{\varepsilon\tau}\sum_{i=1}^n \gamma_i \int_0^T e^{\varepsilon\tau}e_i^2(s)\mathrm{d}s \qquad (6.2.8)$$

结合 (6.2.7) 和 (6.2.8) 可知

$$\mathbb{E}e^{\varepsilon T} V\left(e(T),T\right) \leqslant \mathbb{E}V\left(e(0),0\right) + \varepsilon\mathbb{E}\sum_{i=1}^n \gamma_i \int_{-\tau}^0 \tau e^{\varepsilon(s+\tau)}e_i^2(s)\mathrm{d}s$$

特别

$$\mathbb{E}e^{\varepsilon T}\|e(T)\|^2 \leqslant \mathbb{E}V\left(e(0),0\right) + \varepsilon\mathbb{E}\sum_{i=1}^n \gamma_i \int_{-\tau}^0 \tau e^{\varepsilon(s+\tau)}e_i^2(s)\mathrm{d}s$$

因此

$$\limsup_{t \to +\infty} \frac{1}{t} \log \left(\mathbb{E} \|e(t)\|^2 \right) \leqslant -\varepsilon$$

从而驱动和响应网络的神经元状态是均方指数同步的. 证毕.

由于控制器 (6.2.1) 中存在不连续项 $\mathrm{sign}(e_i(t))$, 这会造成状态误差系统的导数在 $e_i(t) = 0$ 处不连续. 对此, 仍可在 Filippov 解的意义下对误差系统进行分析. 由于状态误差系统 (6.1.7) 的右端是局部有界的, 因此, 状态误差系统 (6.1.7) 存在一个 Filippov 解. 在这个框架下, 对激活函数的假设 6.1.1 可以放宽为 $f_i(\cdot)$ 和 $g_i(\cdot)$ 是有界的, 且在除一个由孤立点构成的可数集外是连续的. 只要它们在不连续点存在左右极限, 并且在 $\mathbb{R}$ 的任意紧区间上存在有限个不连续点.

6.3　完全同步控制

为实现驱动和响应网络的完全同步, 需要对每一个突触施加控制, 使得驱动和响应网络的连接权重同步. 设计如下施加在突触的控制器:

$$u_a^{ij}(t) = -\eta_{ij}\mathrm{sign}(e_a^{ij}(t)), \quad u_b^{ij}(t) = -\lambda_{ij}\mathrm{sign}(e_b^{ij}(t)) \tag{6.3.1}$$

其中 η_{ij} 和 λ_{ij} 为待定的控制增益.

定理 6.3.1　若假设 6.1.1~ 假设 6.1.5 成立, 且存在正常数 ε 和 γ_i $(i = 1, 2, \cdots, n)$, 使得控制增益 α_i, β_i, η_{ij} 和 λ_{ij} 满足

$$\gamma_i \geqslant \frac{1}{1-\rho} \sum_{j=1}^{n} \left(p_{ji}^b + q_{ji}^b \right)$$

$$\beta_i \geqslant \sum_{j=1}^{n} \left[\left(|\underline{a}_{ij}| \vee |\bar{a}_{ij}| \right) (2F_j + \eta_{ij}) + \left(|\underline{b}_{ij}| \vee |\bar{b}_{ij}| \right) (2G_j + \lambda_{ij}) \right]$$

$$\alpha_i \geqslant \frac{1}{2} \left(\sum_{j=1}^{n} \left(p_{ji}^a + q_{ji}^a \right) + \varepsilon + (1 + \varepsilon\tau e^{\varepsilon\tau}) \bigvee_{1 \leqslant i \leqslant n} \gamma_i - 2d_i \right)$$

$$\eta_{ij} > F_j \left(1 + \frac{\left(R_{1\mathrm{off}}^{aij} + R_2^{aij} \right)^3}{\left(R_{1\mathrm{on}}^{aij} + R_2^{aij} \right)^3} \right)$$

$$\lambda_{ij} > G_j \left(1 + \frac{\left(R_{1\mathrm{off}}^{bij} + R_2^{bij} \right)^3}{\left(R_{1\mathrm{on}}^{bij} + R_2^{bij} \right)^3} \right)$$

则在控制器 (6.2.1) 和 (6.3.1) 下, 响应网络 (6.1.6) 可以实现与驱动网络 (6.1.2) 的完全同步.

证明　构造如下 Lyapunov-Krasovskii 泛函:

$$V_1\left(e(t),t\right)=\sum_{i=1}^{n}\left[e_i^2(t)+\int_{t-\tau_i(t)}^{t}\gamma_i e_i^2(s)\mathrm{d}s\right]$$

沿着状态误差系统 (6.1.9) 的轨迹计算 $\mathcal{L}V_1(e(t),t)$ 可得

$$\begin{aligned}\mathcal{L}V_1\left(e(t),t\right)=&2\sum_{i=1}^{n}e_i(t)\Bigg[-d_ie_i(t)+u_i(t)+\sum_{j=1}^{n}\left(\tilde{a}_{ij}(t)\left(f_j(y_j(t))+u_a^{ij}(t)\right)\right.\\&-a_{ij}(t)f_j(x_j(t))+\tilde{b}_{ij}(t)\left(g_j(y_j(t-\tau_j(t)))+u_b^{ij}(t)\right)\\&-b_{ij}(t)g_j(x_j(t-\tau_j(t)))\Bigg]+\sum_{i=1}^{n}\sum_{j=1}^{n}\int_{\mathbb{Z}_j}h_{ij}^2\theta\mathrm{d}z\\&+\sum_{i=1}^{n}\left[\gamma_ie_i^2(t)-(1-\dot{\tau}_i(t))\gamma_ie_i^2(t-\tau_i(t))\right]+\sum_{i=1}^{n}\sum_{j=1}^{n}\sigma_{ij}^2\quad(6.3.2)\end{aligned}$$

由假设 6.1.1 和 (6.3.1) 可知

$$\tilde{a}_{ij}(t)\left(f_j(y_j(t))+u_a^{ij}(t)\right)-a_{ij}(t)f_j(x_j(t))\leqslant\left(|\underline{a}_{ij}|\vee|\bar{a}_{ij}|\right)(2F_j+\eta_{ij})$$
$$\tilde{b}_{ij}(t)\left(g_j(y_j(t-\tau_j(t)))+u_b^{ij}\right)-b_{ij}(t)g_j(x_j(t-\tau_j(t)))\leqslant\left(|\underline{b}_{ij}|\vee|\bar{b}_{ij}|\right)(2G_j+\lambda_{ij})$$
$$(6.3.3)$$

将 (6.2.1) 代入 (6.3.2), 综合假设 6.1.4、假设 6.1.5 以及 (6.3.3) 可得

$$\begin{aligned}\mathcal{L}V_1\left(e(t),t\right)\leqslant&\sum_{i=1}^{n}\left[-2d_i-2\alpha_i+\sum_{j=1}^{n}(p_{ji}^a+q_{ji}^a)+\gamma_i\right]e_i^2(t)\\&+\sum_{i=1}^{n}2\Bigg[\sum_{j=1}^{n}\left(\left(|\underline{a}_{ij}|\vee|\bar{a}_{ij}|\right)(2F_j+\eta_{ij})\right.\\&+\left(|\underline{b}_{ij}|\vee|\bar{b}_{ij}|\right)(2G_j+\lambda_{ij})\right)-\beta_i\Bigg]|e_i(t)|\\&+\sum_{i=1}^{n}\left(\sum_{j=1}^{n}(p_{ji}^b+q_{ji}^b)-(1-\rho)\gamma_i\right)e_i^2(t-\tau_i(t))\quad(6.3.4)\end{aligned}$$

由定理 6.3.1 的条件, 可得

$$\mathcal{L}V_1\left(e(t),t\right)\leqslant-\left(\varepsilon+\varepsilon\tau\mathrm{e}^{\varepsilon\tau}\bigvee_{1\leqslant i\leqslant n}\gamma_i\right)e^2(t)$$

通过与定理 6.2.1 中相似的讨论可知

$$\limsup_{t\to+\infty}\frac{1}{t}\log\left(\mathbb{E}||e(t)||^2\right)\leqslant-\varepsilon$$

因此, 驱动和响应网络的神经元状态是均方指数同步的.

利用如下 Lyapunov 函数:

$$V_2(t) = \sum_{i=1}^{n} \sum_{j=1}^{n} \left[\left(e_a^{ij}(t) \right)^2 + \left(e_a^{ij}(t) \right)^2 \right]$$

沿着连接权重误差系统的轨迹, 计算 $V_2(t)$ 的右上 Dini 导数可得

$$D^+ V_2(t) = 2 \sum_{i=1}^{n} \sum_{j=1}^{n} \left(e_a^{ij}(t) D^+ e_a^{ij}(t) + e_b^{ij}(t) D^+ e_b^{ij}(t) \right)$$

$e_a^{ij}(t)$ 和 $e_b^{ij}(t)$ 的右上 Dini 导数已在 (6.1.8) 中给出. 显然

$$D^+ e_a^{ij}(t) = -\frac{c_a^{ij} f_j(x_j(t))}{\left(R_1^{aij}(t) + R_2^{aij} \right)^3}$$

仅当 $e_a^{ij}(t) = 0$ 时成立. 同理

$$D^+ e_b^{ij}(t) = -\frac{c_b^{ij} g_j(x_j(t - \tau_j(t)))}{\left(R_1^{bij}(t) + R_2^{bij} \right)^3}$$

仅当 $e_b^{ij}(t) = 0$ 时成立.

将 (6.1.8) 和 (6.3.1) 代入 (6.3.4) 可得

$$D^+ V_2(t) \leqslant 2 \sum_{i=1}^{n} \sum_{j=1}^{n} |c_a^{ij}| |e_a^{ij}(t)| \left(\frac{|f_j(y_j(t))| - \eta_{ij}}{\left(\tilde{R}_1^{aij}(t) + R_2^{aij} \right)^3} + \frac{|f_j(x_j(t))|}{\left(R_1^{aij}(t) + R_2^{aij} \right)^3} \right)$$

$$+ 2 \sum_{i=1}^{n} \sum_{j=1}^{n} |c_b^{ij}| |e_b^{ij}(t)| \left(\frac{|g_j(y_j(t - \tau_j(t)))| - \lambda_{ij}}{\left(\tilde{R}_1^{bij}(t) + R_2^{bij} \right)^3} + \frac{|g_j(x_j(t - \tau_j(t)))|}{\left(R_1^{bij}(t) + R_2^{bij} \right)^3} \right)$$

由定理 6.3.1 的条件可知, 当 $e_a^{ij}(t) \neq 0$ 或 $e_a^{ij}(t) \neq 0$ 时,

$$D^+ V_2(t) < 0$$

因此, 当 $V_2(t) > 0$ 时, 它是单调递减的. 结合 $V_2(t)$ 的定义可得

$$\lim_{t \to \infty} e_a^{ij}(t) = 0, \quad \lim_{t \to \infty} e_b^{ij}(t) = 0, \quad i, j = 1, 2, \cdots, n$$

从而, 驱动和响应网络可以达到完全同步. 证毕.

由定理 6.3.1 不难看出, 即使驱动网络是传统的神经网络, 其自连接权重为常数, 只要其每项连接权重在响应网络中相对应突触的可调节范围内, 也可以通过控制器 (6.2.1) 和 (6.3.1) 的控制使响应网络 (6.1.6) 与其完全同步.

6.4　数值模拟

例 6.4.1　考虑由两个神经元构成的具有忆阻-电阻桥结构的神经网络电路，其结构如图 6-3, 选取电路中元件满足

$$R_{1\text{on}}^{aij} = 100\Omega, \quad R_{1\text{off}}^{aij} = 1600\Omega, \quad R_2^{aij} = 400\Omega, \quad R_3^{aij} = 100\Omega$$

$$R_4^{aij} = 100\Omega, \quad A_v^{aij} = 200$$

$$r^{aij} = 20\Omega, \quad R_{1\text{on}}^{bij} = 100\Omega, \quad R_{1\text{off}}^{bij} = 1600\Omega, \quad R_2^{bij} = 400\Omega$$

$$R_3^{bij} = 100\Omega, \quad R_4^{bij} = 100\Omega$$

$$A_v^{bij} = 200, \quad r^{bij} = 20\Omega, \quad r_i = 4\Omega, \quad C_i = 1\text{F},$$

$$\frac{\mu}{(l^{aij})^2} = 1\text{s}^{-1}\text{V}^{-1}, \quad \frac{\mu}{(l^{bij})^2} = 1\text{s}^{-1}\text{V}^{-1}$$

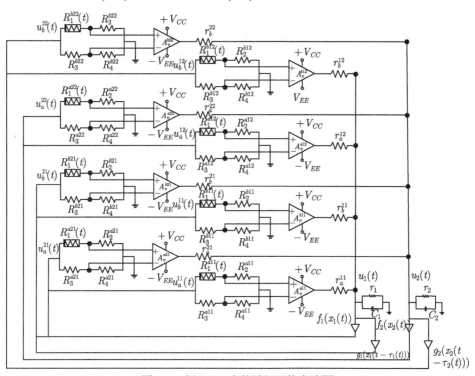

图 6-3　例 6.4.1 中的神经网络电路图

其中 $i, j = 1, 2$. 因此, 网络中的各个突触是相同的, 各连接权重的取值范围为 $a_{ij}(t) \in [-3, 3]$, $b_{ij}(t) \in [-3, 3]$, 网络的自抑制系数为 $d_i = 0.45$. 设定

$$f_j(x) = \tanh(x), \quad g_j(x) = \tanh(x), \quad \tau_j(t) = 1.5, \quad I_i(t) = 0$$

$$\sigma_{ij}(t,x,y) = \begin{cases} 0.1x + 0.05y, & i = j, \\ 0.05x + 0.02y, & i \neq j, \end{cases} \qquad h_{ij}(x,y,z) = \begin{cases} 0.1xz + 0.05yz, & i = j \\ 0.05xz + 0.02yz, & i \neq j \end{cases}$$

泊松噪声密度为 2, 每个跳跃的大小相互独立, 满足 $[-2,2]$ 内的均匀分布.

选取两组网络的初始条件:

ϕ_1: $x_1(t) = -1$, $x_2(t) = 1$, $t \in [-\tau, 0]$, $R_1^{a11}(0) = 500$, $R_1^{a12}(0) = 500$
$\quad R_1^{a21}(0) = 1000$, $R_1^{a22}(0) = 1000$, $R_1^{b11}(0) = 1500$, $R_1^{b12}(0) = 1500$
$\quad R_1^{b21}(0) = 1000$, $R_1^{b22}(0) = 1000$

ϕ_2: $x_1(t) = 1$, $x_2(t) = -1$, $t \in [-\tau, 0]$, $R_1^{a11}(0) = 750$, $R_1^{a12}(0) = 750$
$\quad R_1^{a21}(0) = 500$, $R_1^{a22}(0) = 500$, $R_1^{b11}(0) = 1300$, $R_1^{b12}(0) = 600$
$\quad R_1^{b21}(0) = 800$, $R_1^{b22}(0) = 400$

分别选取 ϕ_1 和 ϕ_2 作为初始条件, 对驱动网络 (6.1.2) 进行仿真, 网络的神经元状态轨迹和连接权重轨迹如图 6-4 和图 6-5 所示.

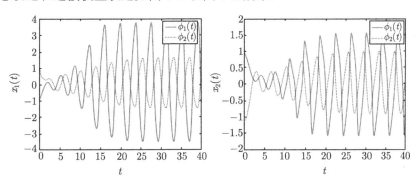

图 6-4 例 6.4.1 中驱动网络在初始条件 ϕ_1 和 ϕ_2 下的神经元状态轨迹

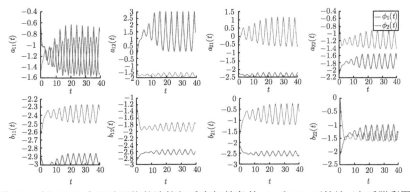

图 6-5 例 6.4.1 中驱动网络的连接权重在初始条件 ϕ_1 和 ϕ_2 下轨迹 (文后附彩图)

　　下面验证定理 6.2.1 中控制策略的可行性. 设置 ϕ_1 和 ϕ_2 分别为驱动网络和响应网络的初始条件. 根据定理 6.2.1 的条件, 设置控制器 (6.2.1) 中参数为 $\alpha_i = -0.18, \beta_i = 24, i = 1, 2$, 并进行仿真. 驱动和响应网络的神经元状态轨迹如图 6-6 所示. 图 6-7 中给出了驱动和响应网络的连接权重轨迹, 图 6-8 为状态误差系统轨迹.

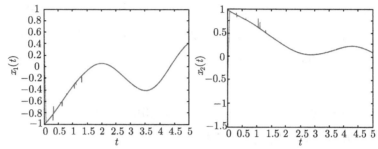

图 6-6　例 6.4.1 中驱动网络和响应网络在控制器 (6.2.1) 下的神经元状态轨迹 (红色为驱动系统, 蓝色为响应系统)(文后附彩图)

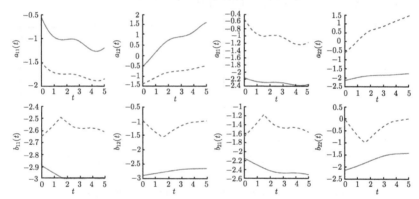

图 6-7　例 6.4.1 中驱动网络和响应网络在控制器 (6.2.1) 下连接权重的轨迹 (实线为驱动系统, 虚线为响应系统)

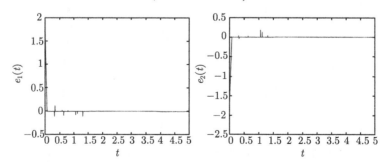

图 6-8　例 6.4.1 中驱动网络和响应网络在控制器 (6.2.1) 下状态误差的轨迹

　　从仿真结果中可以看出, 在定理 6.2.1 的条件下, 控制器 (6.2.1) 可以使驱动网络和响应网络达到状态同步. 而驱动和响应网络达到状态同步时, 它们的连接权重仍是不同步的.

接下来验证定理 6.3.1 中控制策略的可行性. 仍然设置 ϕ_1 和 ϕ_2 为驱动网络和响应网络的初始条件. 根据定理 6.3.1 的条件, 设置控制器 (6.2.1) 和 (6.3.1) 中的参数 $\alpha_i = -0.18$, $\beta_i = 816$, $\eta_{ij} = 66$, $\lambda_{ij} = 66$, $i, j = 1, 2$, 并进行仿真. 图 6-9 为驱动和响应网络的神经元状态轨迹, 图 6-10 为连接权重的轨迹. 图 6-11 为状态误差系统的轨迹, 图 6-12 为连接权重误差的轨迹.

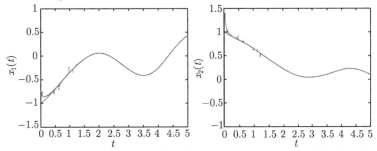

图 6-9 例 6.4.1 中驱动网络和响应网络在控制器 (6.2.1) 和 (6.3.1) 下的神经元状态轨迹 (红色为驱动系统, 蓝色为响应系统)(文后附彩图)

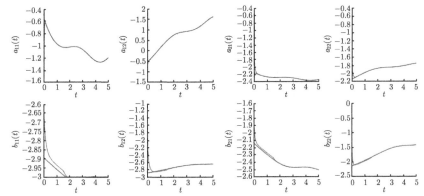

图 6-10 例 6.4.1 中驱动网络和响应网络在控制器 (6.2.1) 和 (6.3.1) 下连接权重的轨迹 (红色为驱动系统, 蓝色为响应系统)(文后附彩图)

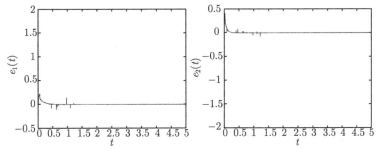

图 6-11 例 6.4.1 中驱动网络和响应网络在控制器 (6.2.1) 和 (6.3.1) 下状态误差的轨迹

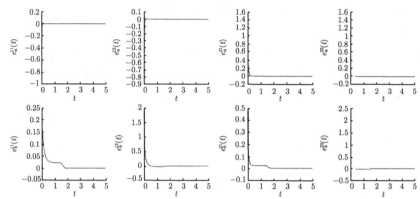

图 6-12　例 6.4.1 中驱动网络和响应网络在控制器 (6.2.1) 和 (6.3.1) 下连接权重误差的轨迹

从图 6-10∼ 图 6-12 可以看出, 当控制增益满足定理 6.3.1 的条件时, 使用控制器 (6.2.1) 和 (6.3.1) 可以实现驱动和响应网络的完全同步, 这说明了定理 6.3.1 所给出的控制策略的可行性.

6.5　应 用 举 例

将两个结构如图 6-13 所示, 具有忆阻-电阻桥结构突触的神经网络作为伪随机数生成器 (PRNG1 和 PRNG2). 在发送端利用网络的混沌特性以 PRNG1 产生伪随机数, 并与待传送数据融合生成加密数据. 在接收端利用网络的同步性使用 PRNG2 生成与 PRNG1 相同的伪随机数, 以此从加密数据中读取出真实数据. 以文本信息为例, 实现这种保密通信的流程如图 6-14 所示 [297].

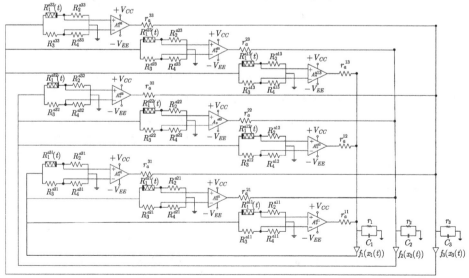

图 6-13　伪随机数生成器 (PRNG1 和 PRNG2) 的结构图

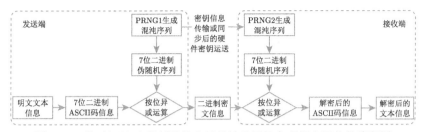

图 6-14　基于忆阻-电阻桥结构突触的神经网络实现保密通信的流程图

下面首先对这种方法的可靠性进行分析. 这种数据加密算法的可靠性主要建立于神经网络混沌轨迹的随机性和初值敏感性之上. 因此, 对图 6-13 中伪随机数生成器轨迹的混沌行为和其生成序列的随机性进行检验.

在图 6-13 的电路中, 各电器元件的数值如下:

$$r_i = 2.5\Omega, \quad C_i = 1\mathrm{F}, \quad f_i(x) = \tanh x, \quad i = 1, 2, 3$$

在各忆阻-电阻桥结构突触 a_{ij} 中, 选取相同的忆阻器, 它们满足

$$R_{1\mathrm{on}}^{aij} = 100\Omega, \quad R_{1\mathrm{off}}^{aij} = 1600\Omega, \quad \mu \left/ \left(l^{aij} \right)^2 \right. = 1\mathrm{s}^{-1}\mathrm{V}^{-1}, \quad i, j = 1, 2, 3$$

其他电器元件选取如下:

$$R_2^{a11} = 70\mathrm{k}\Omega, \quad R_3^{a11} = 90\mathrm{k}\Omega, \quad R_4^{a11} = 87\mathrm{k}\Omega, \quad A_v^{a11} = 10, \quad r_a^{11} = 5\Omega$$

$$R_2^{a12} = 1\Omega, \quad R_3^{a12} = 30\Omega, \quad R_4^{a12} = 91\Omega, \quad A_v^{a12} = 40, \quad r_a^{12} = 5\Omega$$

$$R_2^{a13} = 300\mathrm{k}\Omega, \quad R_3^{a13} = 41\mathrm{k}\Omega, \quad R_4^{a13} = 10\mathrm{k}\Omega, \quad A_v^{a13} = 25, \quad r_a^{13} = 5\Omega$$

$$R_2^{a21} = 70\mathrm{k}\Omega, \quad R_3^{a21} = 80\mathrm{k}\Omega, \quad R_4^{a21} = 76\mathrm{k}\Omega, \quad A_v^{a21} = 20, \quad r_a^{21} = 5\Omega$$

$$R_2^{a22} = 70\mathrm{k}\Omega, \quad R_3^{a22} = 79\mathrm{k}\Omega, \quad R_4^{a22} = 11\mathrm{k}\Omega, \quad A_v^{a22} = 20, \quad r_a^{22} = 5\Omega$$

$$R_2^{a23} = 2\Omega, \quad R_3^{a23} = 49\Omega, \quad R_4^{a23} = 50\Omega, \quad A_v^{a23} = 10, \quad r_a^{23} = 5\Omega$$

$$R_2^{a31} = 5\Omega, \quad R_3^{a31} = 75\Omega, \quad R_4^{a31} = 90\Omega, \quad A_v^{a31} = 10, \quad r_a^{31} = 5\Omega$$

$$R_2^{a32} = 50\mathrm{k}\Omega, \quad R_3^{a32} = 40\mathrm{k}\Omega, \quad R_4^{a32} = 40\mathrm{k}\Omega, \quad A_v^{a32} = 40, \quad r_a^{32} = 5\Omega$$

$$R_2^{a33} = 70\mathrm{k}\Omega, \quad R_3^{a33} = 62\mathrm{k}\Omega, \quad R_4^{a33} = 90\mathrm{k}\Omega, \quad A_v^{a33} = 20, \quad r_a^{33} = 5\Omega$$

将忆阻器的初始状态设置为

$$R_1^{a11}(0) = 100\Omega, \quad R_1^{a12}(0) = 100\Omega, \quad R_1^{a13}(0) = 1600\Omega$$

$$R_1^{a21}(0) = 100\Omega, \quad R_1^{a22}(0) = 100\Omega, \quad R_1^{a23}(0) = 1600\Omega$$

$$R_1^{a31}(0) = 100\Omega, \quad R_1^{a32}(0) = 100\Omega, \quad R_1^{a33}(0) = 1600\Omega$$

采用 6.1 节中的模型, 对伪随机数生成器进行建模, 随机选取神经元状态初值伪随机数生成器进行仿真, 得到伪随机数生成器状态轨迹和轨迹的相图如图 6-15 和图 6-16 所示.

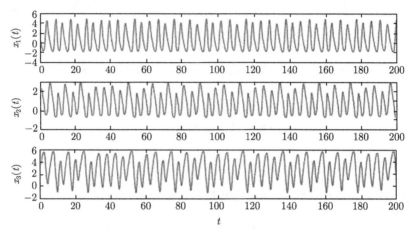

图 6-15   伪随机数生成器 (PRNG1, PRNG2) 的混沌轨迹示例

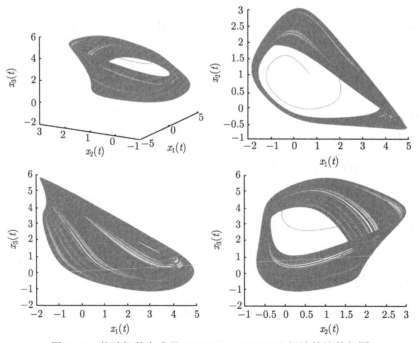

图 6-16   伪随机数生成器 (PRNG1, PRNG2) 混沌轨迹的相图

为了验证伪随机数生成器轨迹的混沌性, 计算其 Lyapunov 指数, 结果如图 6-17 所示.

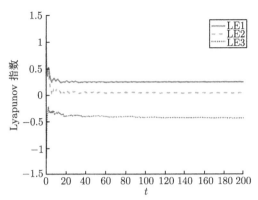

图 6-17 伪随机数生成器 (PRNG1, PRNG2) 轨迹的 Lyapunov 指数 (Lyapunov Exponent, LE)

根据计算结果, 伪随机数生成器轨迹的最大 Lyapunov 指数大于 0, 因此其轨迹是混沌的. 以伪随机数生成器每 0.01s 的 3 个状态值的乘积扩大 10000 倍后与 128 取余数后转化为 ASCII 码值, 再转化为 7 位二进制的伪随机序列. 借助 NIST 随机性测试软件, 对生成的伪随机序列进行测试, 结果如表 6-1 所示.

表 6-1 使用 NIST 软件对伪随机序列测试的结果

序号	测试项目	P 值
1	频率 (单位元) 测试 (Frequency (Monobit) Test)	0.739918
2	分组频率测试 (Frequency Test within a Block)	0.779188
3	累计求和测试 (Cumulative Sums)	0.699313
4	游程测试 (Runs Test)	0.213309
5	1 的最长游程分组测试 (Test for the Longest Run of Ones in a Block)	0.494392
6	二进制矩阵秩测试 (Binary Matrix Rank Test)	0.035174
7	离散傅里叶变换 (光谱) 测试 (Discrete Fourier Transform (Spectral) Test)	0.991468
8	非重叠的模板匹配测试 (Non-overlapping Template Matching Test)	0.045675~0.534146
9	重叠的模板匹配测试 (Overlapping Template Matching Test)	0.383827
10	Maurer 通用统计测试 (Maurer's "Universal Statistical" Test)	0.319084

序号	测试项目	P 值
11	线性复杂性测试 (Linear Complexity Test)	0.935716
12	近似信源熵测试 (Approximate Entropy Test)	0.108791
13	随机短途测试 (Random Excursions Test)	0.23276~0.964295
14	随机短途表测试 (Random Excursions Variant Test)	0.048716~0.888137

P 值大于 0.01 表示通过测试, 因此生成的伪随机序列通过了这些测试.

使用伪随机序列对文本信息进行加密, 例如对 "Example" 进行加密, 基于 ASCII 码表, 将文本信息转化为 7 位二进制信息得到

$$
\begin{array}{ccccccc}
1 & 0 & 0 & 0 & 1 & 0 & 1 \\
1 & 1 & 1 & 1 & 0 & 0 & 0 \\
1 & 1 & 0 & 0 & 0 & 0 & 1 \\
1 & 1 & 0 & 1 & 1 & 0 & 1 \\
1 & 1 & 1 & 0 & 0 & 0 & 0 \\
1 & 1 & 0 & 1 & 1 & 0 & 0 \\
1 & 1 & 0 & 0 & 1 & 0 & 1
\end{array}
$$

与伪随机序列按位异或运算后得到加密后的信息

$$
\begin{array}{ccccccc}
1 & 1 & 1 & 1 & 0 & 0 & 1 \\
1 & 0 & 0 & 0 & 0 & 0 & 1 \\
1 & 0 & 1 & 0 & 1 & 1 & 1 \\
1 & 0 & 1 & 1 & 1 & 1 & 0 \\
1 & 0 & 0 & 0 & 0 & 0 & 0 \\
1 & 0 & 0 & 0 & 0 & 0 & 1 \\
1 & 0 & 0 & 1 & 1 & 1 & 1
\end{array}
$$

将该加密转化为十进制后, 对照 ASCII 码表得到的信息为 "yAW^@AO". 显然, 经过处理, 文本信息被有效加密. 由于生成的伪随机序列是无限不循环的, 这种加密方式可以做到一次一密, 并且不能根据英文文字性质、字母使用频率等因素破解. 例如, 对 *China Daily* 于 2020 年 8 月 7 日发布的题为 "Lancang-Mekong dams key in mitigating aridity" 的新闻进行字符统计 [296], 全文 3826 个字符, 各字符 (以 ASCII 码表示) 频数分布如图 6-18 所示. 对加密后的信息转化为十进制 ASCII 码进行字符统计, 频数分布如图 6-19 所示. 可以看到, 加密后的文本字符

分布较为均匀, 且包含 ASCII 码表中的众多符号, 因此仅从密文入手难以进行破解, 必须对加密算法的密钥进行破解.

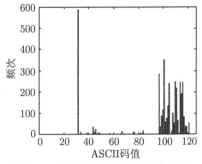

图 6-18 明文信息中字符频数统计

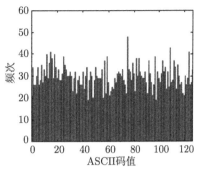

图 6-19 加密信息中字符频数统计

密钥空间是加密算法的重要指标, 若与本例中一样, 以具有忆阻-电阻桥结构突触的神经网络模型为伪随机数生成器, 则密钥空间包括模型中 12 个方程中的所有参数以及 12 个初始值, 每个值都可以取较高的精度, 可以保证密钥空间足够大以抵抗暴力破解. 但这种方法与现有的以神经网络模型生成混沌序列的加密算法相比没有明显的优势, 密钥在传送时都存在泄露风险. 本节中设计的优势在于可以根据图 6-13, 制作相应的电路装置作为硬件密钥, 使用 6.3 节中的控制方法使两个相同结构的电路实现完全同步后, 将其中一个作为硬件密钥进行运送. 在该密钥中, 加密使用的神经元状态读数是其外显数据, 而各个忆阻器的状态则是其保险措施. 由于忆阻器具有记忆流经电荷的特性, 一旦对其进行断开、探测, 势必导致流经忆阻器的电流发生变化, 进而导致两个装置间忆阻器的状态失去同步、神经元状态失去同步. 而仅凭读取到的神经元状态数据, 不能对忆阻器的状态进行恢复. 因此, 这种硬件密钥一旦被侦测过就会失效, 具有较高的安全保障.

6.6 本章小结

本章设计了一种忆阻-电阻桥结构突触, 并将其应用到神经网络电路之中, 使得网络中的连接权重可以为负值、正值或 0, 并可在一定范围内调节. 在这种突触中, 单一忆阻器的忆阻值决定着相应连接权重的具体数值, 在调节时连接权重变化较为容易预测和控制, 这在很大程度上降低了以 VLSI 搭建神经网络电路时对连接权重的限制.

在具有忆阻-电阻桥结构突触的神经网络中, 连接权重的调节具有较高的自由度. 各连接权重的调节相互独立, 且连接权重的调节不会影响相应神经元的自抑制系数. 这也使得在研究网络的同步问题时, 自抑制项中不会出现系数不匹配问题, 仅使用线性反馈控制就实现了驱动和响应网络的状态同步和完全同步.

在对这种神经网络进行建模时, 忆阻器忆阻值的变化过程被详细描述, 使得模型中保留了忆阻器的记忆特性. 网络中连接权重的变化可反映从初始时刻到当前时刻通过相应忆阻器的电荷量, 且网络保留了 Hopfield 神经网络并行计算的能力, 只要找到恰当的对应关系, 或可被用于时变条件的优化问题. 最后利用忆阻器的记忆特性设计了一种具有保险措施的伪随机数生成器, 并将其成功应用于文本加密, 为忆阻器的记忆特性在保密通信领域的应用提供了新的思路.

参 考 文 献

[1] Erdös P, Rényi A. On the evolution of random graphs[J]. Publ. Math. Inst. Hung. Acad. Sci., 1960, 5: 17-60.

[2] Watts D J, Strogatz S H. Collective dynamics of "small-world" networks[J]. Nature, 1998, 393(6684): 440-442.

[3] Barabási A L, Albert R. Emergence of scaling in random networks[J]. Science, 1999, 286(5439): 509-512.

[4] 郭世泽, 陆哲明. 复杂网络基础理论[M]. 北京: 科学出版社, 2012.

[5] Newman M E J, Watts D J. Scaling and percolation in the small-world network model[J]. Physical Review E, 1999, 60: 7332-7342.

[6] Li X, Chen G. A local-world evolving network model[J]. Physica A: Statistical Mechanics and Its Applications, 2003, 328(1/2): 274-286.

[7] Klemm K, Eguíluz V M. Highly clustered scale-free networks[J]. Physical Review E, 2002, 65: 036123.

[8] 汪小帆, 李翔, 陈关荣. 复杂网络理论及其应用[M]. 北京: 清华大学出版社, 2006.

[9] 孙玺菁, 司守奎. 复杂网络算法与应用[M]. 北京: 国防工业出版社, 2015.

[10] 方锦清. 迅速发展的复杂网络研究与面临的挑战[J]. 自然杂志, 2005, 27(5): 269-273.

[11] Milo R, Itzkovitz S, Kashtan N, Levitt R, Shen-Orr S, Ayzenshtat I, Sheffer M, Alon U. Superfamilies of evolved and designed networks[J]. Science, 2004, 303(5663): 1538-1542.

[12] 郑波尽. 复杂网络的结构与演化[M]. 北京: 科学出版社, 2018.

[13] Wang X, Chen G. Pinning control of scale-free dynamical networks[J]. Physica A: Statistical Mechanics and Its Applications, 2002, 310(3/4): 521-531.

[14] Pecora L, Carroll T. Master stability functions for synchronized coupled systems[J]. Physical Review Letters, 1998, 80(10): 2109-2112.

[15] 李清波. 几类复杂动态网络同步分析与控制研究[D]. 北京科技大学博士学位论文, 2018.

[16] He G, Yang J. Adaptive synchronization in nonlinearly coupled dynamical networks[J]. Chaos, Solitons & Fractals, 2008, 38(5): 1254-1259.

[17] Liu X, Chen T. Synchronization analysis for nonlinearly-coupled complex networks with an asymmetrical coupling matrix[J]. Physica A: Statistical Mechanics and Its Applications, 2008, 387(16/17): 4429-4439.

[18] Liu X, Chen T. Synchronization of nonlinear coupled networks via aperiodically intermittent pinning control[J]. IEEE Transactions on Neural Networks and Learning Systems, 2015, 26(1): 113-126.

[19] 汪羊玲. 几类复杂网络系统的趋同行为研究[D]. 东南大学博士学位论文, 2015.

[20] Lü J, Chen G. A time-varying complex dynamical network model and its controlled synchronization criteria[J]. IEEE Transactions on Automatic Control, 2005, 50(6): 841-846.

[21] Chen Y, Yu W, Tan S, Zhu H. Synchronizing nonlinear complex networks via switching disconnected topology[J]. Automatica, 2016, 70(6): 189-194.

[22] 方建安, 张文兵, 崔文霞, 朱武, 苗清影. 具有马尔科夫跳变的复杂动态网络动力学[M]. 北京: 科学出版社, 2015.

[23] Lu J, Cao J. Adaptive synchronization of uncertain dynamical networks with delayed coupling[J]. Nonlinear Dynamics, 2008, 53(1/2): 107-115.

[24] 武相军. 复杂混沌动力学网络系统的同步及其应用研究[D]. 上海交通大学博士学位论文, 2011.

[25] 李洪利. 分数阶耦合网络的稳定性和同步控制[D]. 新疆大学博士学位论文, 2016.

[26] 宋晓娜, 付主木, 李泽. 分数阶及模糊系统的稳定性分析与控制[M]. 北京: 科学出版社, 2014.

[27] Kilbas A A, Srivastava H M, Trujillo J J. Theory and Applications of Fractional Differential Equations[M]. Amsterdam: Elsevier Science Limited, 2006.

[28] 徐全. 分数阶复杂动力学网络同步的自适应控制若干问题研究[D]. 西南交通大学博士学位论文, 2016.

[29] Wang Y, Li T. Synchronization of fractional order complex dynamical networks[J]. Physica A: Statistical Mechanics and Its Applications, 2015, 428: 1-12.

[30] Zhang W, Yang X, Li C. Fixed-time stochastic synchronization of complex networks via continuous control[J]. IEEE Transactions on Cybernetics, 2019, 49(8): 3099-3104.

[31] Lin D, Liu J, Zhang F. Adaptive outer synchronization of delaye-coupled nonidentical complex networks in the presence of intrinsic time delay and circumstance noise[J]. Nonlinear Dynamics, 2015, 80(1/2): 117-128.

[32] Fowler A C, Gibbon J D, McGuinness M J. The complex Lorenz equations[J]. Physica D: Nonlinear Phenomena, 1982, 4(2): 139-163.

[33] Hu C, He H, Jiang H. Synchronization of complex-valued dynamic networks with intermittently adaptive coupling: A direct error method[J]. Automatica, 2020, 112: 108675.

[34] Xu Y, Li Y, Li W. Adaptive finite-time synchronization control for fractional-order complex-valued dynamical networks with multiple weights[J]. Communications in Nonlinear Science and Numerical Simulation, 2020, 85: 105239.

[35] Xiong K, Yu J, Hu C, Jiang H. Synchronization in finite/fixed time of fully complex-valued dynamical networks via nonseparation approach[J]. Journal of the Franklin Institute, 2020, 357: 473-493.

[36] Song Q, Cao J, Liu F. Synchronization of complex dynamical networks with nonidentical nodes[J]. Physics Letters A, 2010, 374(4): 544-551.

[37] Boccaletti B, Bianconi G, Criado R, Genio del CI, Gómez-Gardenes J, Romance M, Sendina-Nadal I, Wang Z, Zanin M. The structure and dynamics of multilayer networks[J]. Physics Reports, 2014, 544(1): 1-122.

[38] Buldyrev S V, Parshani R, Paul G, Stanley H E, Havlin S. Catastrophic cascade of failures in interdependent networks[J]. Nature, 2010, 464: 1025-1028.

[39] 陆君安. 从单层网络到多层网: 结构、动力学和功能[J]. 现代物理知识, 2015, 27(4): 3-8.

[40] 张欣. 多层复杂网络理论研究进展: 概念、理论和数据[J]. 复杂系统与复杂性科学, 2015, 12(2): 103-107.

[41] 陆君安, 刘慧, 陈娟. 复杂动态网络的同步[M]. 北京: 高等教育出版社, 2016.

[42] 卢自宝. 复杂网络的牵制同步研究[D]. 大连海事大学硕士学位论文, 2010.

[43] 陈天平, 卢文联. 复杂网络协调性理论[M]. 北京: 高等教育出版社, 2013.

[44] Machowski J, Bialek J W, Bumby J R. Power System Dynamics: Stability and Control[M]. 2nd ed. Hoboken: Wiley, 2008.

[45] Rohden M, Sorge A, Timme M, Witthaut D. Self-organized synchronization in decentralized power grids[J]. Physical Review Letters, 2006, 109(6): 064101.

[46] Strogatz S H, Stewart I. Coupled oscillators and biological synchronization[J]. Scientific American, 1993, 269(6): 102-109.

[47] Uhlhaas P J, Singer W. Neural synchrony in brain disorders: Relevance for cognitive dysfunctions and pathophysiology[J]. Neuron, 2006, 52(1): 155-168.

[48] Sousa R A, Lula-Rocha V N A, Toutain T, Rosário R S, Cambui E C B, Miranda J G V. Preferential interaction networks: A dynamic model for brain synchronization networks[J]. Physica A: Statistical Mechanics and Its Applications, 2020, 554: 124259.

[49] Yi J, Wang Y, Xiao J, Huang Y. Exponential synchronization of complex dynamical networks with markovian jump parameters and stochastic delays and its application to multi-agent systems[J]. Communications in Nonlinear Science and Numerical Simulation, 2013, 18(5): 1175-1192.

[50] 王斌. 基于复杂网络的作战同步建模研究[D]. 国防科学技术大学硕士学位论文, 2007.

[51] An X, Zhang L, Li Y, Zhang J. Synchronization analysis of complex networks with multi-weights and its application in public traffic network[J]. Physica A: Statistical Mechanics and Its Applications, 2014, 412: 149-156.

[52] Chen J, Jiao L, Wu J, Wang X. Projective synchronization with different scale factors in a driven-response complex network and its application in image encryption[J]. Nonlinear Analysis: Real World Applications, 2010, 11(4): 3045-3058.

[53] Sheng S, Zhang X, Lu G. Finite-time outer-synchronization for complex networks with Markov jump topology via hybrid control and its application to image encryption[J]. Journal of the Franklin Institute, 2018, 355(14): 6493-6519.

[54] Lü L, Wei Q. Parameter estimation and synchronization in the uncertain financial network[J]. Physica A: Statistical Mechanics and Its Applications, 2019, 535: 122418.

[55] 李科赞. 复杂动力网络上的同步稳定性与传播行为分析[D]. 上海大学博士学位论文, 2009.

[56] 陈关荣. 复杂动态网络环境下控制理论遇到的问题与挑战[J]. 自动化学报, 2013, 39(4): 312-321.

[57] 甘勤涛, 徐瑞. 时滞神经网络的稳定性与同步控制[M]. 北京: 科学出版社, 2016.

[58] Wang X, Chen G. Synchronization in scale-free dynamical networks: Robustness and

fragility[J]. IEEE Transactions on Circuits and Systems I: Fundamental Theory and Applications, 2002, 49(1): 54-62.

[59] Wang X, Chen G. Synchronization in small-world dynamical networks[J]. International Journal of Bifurcation and Chaos, 2002, 12(1): 187-192.

[60] Sorrentino F. Effects of the network structural properties on its controllability[J]. Chaos, 2007, 17(3): 033101.

[61] Song Q, Cao J. On pinning synchronization of directed and undirected complex dynamical networks[J]. IEEE Transactions on Circuits and Systems I: Fundamental Theory and Applications, 2010, 57(3): 672-680.

[62] Song Q, Cao J, Liu F. Pinning synchronization of linearly coupled delayed neural networks[J]. Mathematics and Computers in Simulation, 2012, 86: 39-51.

[63] Yang X, Cao J, Yang Z. Synchronization of coupled reaction-diffusion neural networks with time-varying delays via pinning-impulsive controller[J]. SIAM Journal on Control and Optimization, 2013, 51(5): 3486-3510.

[64] Adaldo A, Alderisio F, Liuzza D, Shi G, Dimarogonas D V, Di Bernardo M, Johansson K H. Event-triggered pinning control of complex networks with switching topologies[C]. 53rd IEEE Conference on Decision and Control, 2014: 2783-2788.

[65] Rakkiyappan R, Kaviarasan B, Rihan F A, Lakshmanan S. Synchronization of singular Markovian jumping complex networks with additive time-varying delays via pinning control[J]. Journal of the Franklin Institute, 2015, 352(8): 3178-3195.

[66] Wang J, Wu H, Huang T, Ren S, Wu J. Pinning control for synchronization of coupled reaction-diffusion neural networks with directed topologies[J]. IEEE Transactions on Systems, Man, and Cybernetics: Systems, 2016, 46(8): 1109-1120.

[67] Wang J, Wu H, Huang T, Ren S. Pinning control strategies for synchronization of linearly coupled neural networks with reaction-diffusion terms[J]. IEEE Transactions on Neural Networks and Learning Systems, 2016, 27(4): 749-761.

[68] Zochowski M. Intermittent dynamical control[J]. Physica D: Nonlinear Phenomena, 2000, 145(3/4): 181-190.

[69] Xia W, Cao J. Pinning synchronization of delayed dynamical networks via periodically intermittent control[J]. Chaos, 2009, 19(1): 013120.

[70] Sun H, Li N, Zhao D, Zhang Q. Synchronization of complex networks with coupling delays via adaptive pinning intermittent control[J]. International Journal of Automation and Computing, 2013, 10(4): 312-318.

[71] Li H, Hu C, Jiang H, Teng Z, Jiang Y. Synchronization of fractional-order complex dynamical networks via periodically intermittent pinning control[J]. Chaos, Solitons & Fractals, 2017, 103: 357-363.

[72] Wu X, Nie Z. Synchronization of two nonidentical complex dynamical networks via periodically intermittent pinning[J]. IEEE Access, 2018, 6: 291-300.

[73] Zhou P, Cai S. Pinning synchronization of complex directed dynamical networks under decentralized adaptive strategy for aperiodically intermittent control[J]. Nonlinear

Dynamics, 2017, 90(1): 287-299.

[74] Lei X, Cai S, Jiang S, Liu Z. Adaptive outer synchronization between two complex delayed dynamical networks via aperiodically intermittent pinning control[J]. Neuro-computing, 2017, 222: 26-35.

[75] Liang Y, Qi X, Wei Q. Synchronization of delayed complex networks via intermittent control with non-period[J]. Physica A: Statistical Mechanics and Its Applications, 2018, 492: 1327-1339.

[76] Liu M, Yu Z, Jiang H, Hu C. Synchronization of complex networks with coupled and self-feedback delays via aperiodically intermittent strategy[J]. Asian Journal of Control, 2018, 20(1): 1-14.

[77] Guo B, Xiao Y, Zhang C, Zhao Y. Graph theory-based adaptive intermittent synchro-nization for stochastic delayed complex networks with semi-Markov jump[J]. Applied Mathematics and Computation, 2020, 366: 124739.

[78] 胡松林. 基于事件触发机制的网络化系统的分析与综合[D]. 华中科技大学博士学位论文, 2011.

[79] 尹秀霞. 复杂网络化系统的事件触发控制研究[D]. 华中科技大学博士学位论文, 2014.

[80] Lv X, Cao J, Li X, Abdel-Aty M, Al-Juboori U A. Synchronization analysis for complex dynamical networks with coupling delay via event-triggered delayed impulsive control[J]. IEEE Transactions on Cybernetics, 2021, 51(11): 5269-5278.

[81] Li H, Liao X, Chen G, Hill D J, Dong Z, Huang T. Event-triggered asynchronous inter-mittent communication strategy for synchronization in complex dynamical networks[J]. Neural Networks, 2015, 66: 1-10.

[82] Dai H, Chen W, Jia J, Liu J, Zhang Z. Exponential synchronization of complex dynam-ical networks with time-varying inner coupling via event-triggered communication[J]. Neurocomputing, 2017, 245: 124-132.

[83] Sivaranjani K, Rakkiyappan R, Cao J, Alsaedi A. Synchronization of nonlinear sin-gularly perturbed complex networks with uncertain inner coupling via event triggered control[J]. Applied Mathematics and Computation, 2017, 311: 283-299.

[84] Shi C, Yang G, Li X. Event-triggered output feedback synchronization control of com-plex dynamical networks[J]. Neurocomputing, 2018, 275: 29-39.

[85] Liu D, Yang G. Event-triggered synchronization control for complex networks with actuator saturation[J]. Neurocomputing, 2018, 275: 2209-2219.

[86] Tian X, Cao J. Intermittent control with double event-driven for leader-following syn-chronization in complex networks[J]. Applied Mathematical Modelling, 2018, 64: 372-385.

[87] Dong T, Wang A, Zhu H, Liao X. Event-triggered synchronization for reaction-diffusion complex networks via random sampling[J]. Physica A: Statistical Mechanics and Its Applications, 2018, 495: 454-462.

[88] Dai H, Jia J, Yan L, Wang F, Chen W. Event-triggered exponential synchronization of complex dynamical networks with cooperatively directed spanning tree topology[J].

Neurocomputing, 2019, 330: 355-368.

[89] Li X, Zhang W, Fang J, Li H. Event-triggered exponential synchronization for complex-valued memristive neural networks with time-varying delays[J]. IEEE Transactions on Neural Networks and Learning Systems, 2020, 31(10): 4104-4116.

[90] Li J, Jiang H, Wang J, Hu C, Zhang G. H_∞ exponential synchronization of complex networks: Aperiodic sampled-data-based event-triggered control[J]. IEEE Transactions on Cybernetics, 2021, DOI: 10.1109/TCYB.2021.3052098.

[91] Qiu S, Huang Y, Ren S. Finite-time synchronization of multi-weighted complex dynamical networks with and without coupling delay[J]. Neurocomputing, 2018, 275: 1250-1260.

[92] Jiang S, Lu X, Xie C, Cai S. Adaptive finite-time control for overlapping cluster synchronization in coupled complex networks[J]. Neurocomputing, 2017, 266: 188-195.

[93] 苏厚胜, 汪小帆. 复杂网络化系统的牵制控制 (英文版)[M]. 上海: 上海交通大学出版社, 2014.

[94] Liu X, Yu X, Xi H. Finite-time synchronization of neutral complex networks with Markovian switching based on pinning controller[J]. Neurocomputing, 2015, 153: 148-158.

[95] Mei J, Jiang M, Wu Z, Wang X. Periodically intermittent controlling for finite-time synchronization of complex dynamical networks[J]. Nonlinear Dynamics, 2015, 79(1): 295-305.

[96] Wang A, Liao X, Dong T. Finite-time event-triggered synchronization for reaction-diffusion complex networks[J]. Physica A: Statistical Mechanics and Its Applications, 2018, 509: 111-120.

[97] Yang X, Cao J. Finite-time stochastic synchronization of complex networks[J]. Applied Mathematical Modelling, 2010, 34(11): 3631-3641.

[98] Yang X, Ho Daniel W C, Lu J, Song Q. Finite-time cluster synchronization of T-S fuzzy complex networks with discontinuous subsystems and random coupling delays[J]. IEEE Transactions on Fuzzy Systems, 2015, 23(6): 2302-2316.

[99] Liu X, Su H, Chen Michael Z Q. A switching approach to designing finite-time synchronization controllers of coupled neural networks[J]. IEEE Transactions on Neural Networks and Learning Systems, 2016, 27(2): 471-482.

[100] Chen S, Song G, Zheng B, Li T. Finite-time synchronization of coupled reaction-diffusion neural systems via intermittent control[J]. Automatica, 2019, 109: 108564.

[101] Liu X, Ho Daniel W C, Song Q, Xu W. Finite/fixed-time pinning synchronization of complex networks with stochastic disturbances[J]. IEEE Transactions on Cybernetics, 2019, 49(6): 2398-2403.

[102] Xiao J, Zeng Z, Wen S, Wu A, Wang L. A unified framework design for finite-time and fixed-time synchronization of discontinuous neural networks[J]. IEEE Transactions on Cybernetics, 2021, 51(6): 3004-3016.

[103] Li H, Cao J, Jiang H, Alsaedi A. Graph theory-based finite-time synchronization of fractional-order complex dynamical networks[J]. Journal of the Franklin Institute, 2018,

355(13): 5771-5789.

[104] Li H, Cao J, Jiang H, Alsaedi A. Finite-time synchronization of fractional-order complex networks via hybrid feedback control[J]. Neurocomputing, 2018, 320: 69-75.

[105] Li H, Cao J, Jiang H, Alsaedi A. Finite-time synchronization and parameter identification of uncertain fractional-order complex networks[J]. Physica A: Statistical Mechanics and Its Applications, 2019, 533: 122027.

[106] Lu J, Guo Y, Ji Y, Fan S. Finite-time synchronization for different dimensional fractional-order complex dynamical networks[J]. Chaos, Solitons & Fractals, 2020, 130: 109433.

[107] Li Y, Kao Y, Wang C, Xia H. Finite-time synchronization of delayed fractional-order heterogeneous complex networks[J]. Neurocomputing, 2020, 384: 368-375.

[108] Jia Y, Wu H, Cao J. Non-fragile robust finite-time synchronization for fractional-order discontinuous complex networks with multi-weights and uncertain couplings under asynchronous switching[J]. Applied Mathematics and Computation, 2020, 370: 124929.

[109] Hou T, Yu J, Hu C, Jiang H. Finite-time synchronization of fractional-order complex-variable dynamic networks[J]. IEEE Transactions on Systems, Man, and Cybernetics: Systems, 2021, 51(7): 4297-4307.

[110] Wu X, Bao H. Finite time complete synchronization for fractional-order multiplex networks[J]. Applied Mathematics and Computation, 2020, 377: 125188.

[111] Liu P, Zeng Z, Wang J. Asymptotic and finite-time cluster synchronization of coupled fractional-order neural networks with time delay[J]. IEEE Transactions on Neural Networks and Learning Systems, 2020, 31(11): 4956-4967.

[112] Xu Y, Li W. Finite-time synchronization of fractional-order complex-valued coupled systems[J]. Physica A: Statistical Mechanics and Its Applications, 2020, 59: 123903.

[113] Bhat S P, Bernstein D S. Coutinuous finite-time stabilization of the translational and rotational double integrators[J]. IEEE Transactions on Automatic Control, 1998, 43(5): 678-682.

[114] 丁世宏, 李世华. 有限时间控制问题综述[J]. 控制与决策, 2011, 26(2): 161-169.

[115] Shen Y, Huang Y, Gu S. Global finite-time observers for Lipschitz nonlinear systems[J]. IEEE Transactions on Automatic Control, 2011, 56(2): 418-424.

[116] Forti M, Grazzini M, Nistri P, Pancioni L. Generalized Lyapunov approach for convergence of neural networks with discontinuous or non-Lipschitz activations[J]. Physica D: Nonlinear Phenomena, 2006, 214(1): 88-99.

[117] Polyakov A. Nonlinear feedback design for fixed-time stabilization of linear control systems[J]. IEEE Transactions on Automatic Control, 2012, 57(8): 2106-2110.

[118] Hu C, Yu J, Chen Z, Jiang H, Huang T. Fixed-time stability of dynamical systems and fixed-time synchronization of coupled discontinuous neural networks[J]. Neural Networks, 2017, 89: 74-83.

[119] Hu C, He H, Jiang H. Fixed/preassigned-time synchronization of complex networks via improving fixed-time stability[J]. IEEE Transactions on Cybernetics, 2021, 51(6): 2882-2892.

[120] Li N, Wu X, Feng J, Xu Y. Fixed-time synchronization in probability of drive-response networks with discontinuous nodes and noise disturbances[J]. Nonlinear Dynamics, 2019, 97(1): 297-311.

[121] Li N, Wu X, Feng J, Xu Y, Lü J. Fixed-time synchronization of coupled neural networks with discontinuous activation and mismatched parameters[J]. IEEE Transactions on Neural Networks and Learning Systems, 2021, 32(6): 2470-2482.

[122] Li N, Wu X, Feng J, Lü J. Fixed-time synchronization of complex dynamical networks: A novel and economical mechanism[J]. IEEE Transactions on Cybernetics, 2020, DOI: 10.1109/TCYB.2020.3026996.

[123] Ji G, Hu C, Yu J, Jiang H. Finite-time and fixed-time synchronization of discontinuous complex networks: A unified control framework design[J]. Journal of the Franklin Institute, 2018, 355(11): 4665-4685.

[124] Jiang N, Liu X, Cao J. A unified framework for finite-time and fixed-time stabilization of neural networks with general activations and external disturbances[J]. Circuits, Systems, and Signal Processing, 2019, 38(3): 1005-1022.

[125] Xu Y, Wu X, Miao B, Xie C. A unified finite-/fixed-time synchronization approach to multi-layer networks[J]. IEEE Transactions on Circuits and Systems II: Express Briefs, 2021, 68(1): 311-315.

[126] 戴杨. 耦合时滞复杂网络的同步性研究[D]. 上海交通大学博士学位论文, 2009.

[127] 徐君群. 异质节点耦合时滞复杂网络的同步控制[D]. 天津大学博士学位论文, 2011.

[128] Li C, Liao X, Wong K. Chaotic lag synchronization of coupled time-delayed systems and its applications in secure communication[J]. Physica D: Nonlinear Phenomena, 2004, 194(3/4): 187-202.

[129] Shu Y, Tan B, Li C. Control of chaotic n-dimensional continuous-time system with delay[J]. Physics Letters A, 2004, 323(3/4): 251-259.

[130] Toshi O, Henk N, Taksshi Y. Synchronization in networks of chaotic systems with time-delay coupling[J]. Chaos, 2008, 18(3): 037108.

[131] He W, Cao J. Global synchronization in arrays of coupled networks with one single time-varying delay coupling[J]. Physics Letters A, 2009, 373(31): 2682-2694.

[132] Lü W, Chen T, Chen G. Synchronization analysis of linearly coupled systems described by differential equations with a coupling delay[J]. Physica D: Nonlinear Phenomena, 2006, 221(2): 118-134.

[133] He W, Cao J. Exponential synchronization of hybrid coupled networks with delayed coupling[J]. IEEE Transactions on Neural Networks, 2010, 21(4): 571-583.

[134] 李东. 几类非线性系统的有限时间控制研究[D]. 东南大学博士学位论文, 2015.

[135] Chen G, Zhou J, Liu Z. Global synchronization of coupled delayed neural networks and applications to chaotic CNN models[J]. International Journal of Bifurcation & Chaos, 2004, 14(7): 2229-2240.

[136] Cao J, Li P, Wang W. Global synchronization in arrays of delayed neural networks with constant and delayed coupling[J]. Physics Letters A, 2006, 353(4): 318-325.

[137] Yu W, Cao J, Lü J. Global synchronization of linearly hybrid coupled networks with time-varying delay[J]. SIAM Journal on Applied Dynamical Systems, 2008, 7(1): 108-133.

[138] Cao J, Chen G, Li P. Global synchronization in an array of delayed neural networks with hybrid coupling[J]. IEEE Transactions on Systems, Man and Cybernetics, Part B-Cybernetics, 2008, 38(2): 488-498.

[139] Wu C. Synchronization in arrays of coupled nonlinear systems with delay and nonreciprocal time-varying coupling[J]. IEEE Transactions on Circuits and Systems II: Express Briefs, 2005, 52(5): 282-286.

[140] Cai S, Liu Z, Xu F, Shen J. Periodically intermittent controlling complex dynamical networks with time-varying delays to a desired orbit[J]. Physics Letters A, 2009, 373(42): 3846-3854.

[141] Li C, Chen G. Synchronization in general complex dynamical networks with coupling delays[J]. Physica A: Statistical Mechanics and Its Applications, 2004, 343: 263-278.

[142] Zhou J, Chen G. Synchronization in general complex delayed dynamical networks[J]. IEEE Transactions on Circuits and Systems I: Regular Papers, 2006, 53(3): 733-744.

[143] 刘梅. 网络系统的稳定和同步行为研究[D]. 新疆大学博士学位论文, 2017.

[144] Zhang W, Tang Y, Fang J. Exponential cluster synchronization of impulsive delayed genetic oscillators with external disturbances[J]. Chaos, 2011, 21(4): 043137.

[145] Wong W K, Zhang W, Tang Y, Wu X. Stochastic synchronization of complex networks with mixed impulses[J]. IEEE Transactions on Circuits and Systems I: Regular Papers, 2013, 60(10): 2657-2667.

[146] Cai S, Zhou P, Liu Z. Pinning synchronization of hybrid-coupled directed delayed dynamical network via intermittent control[J]. Chaos, 2014, 24(3): 033102.

[147] Cai S, He Q, Hao J, Liu Z. Exponential synchronization of complex networks with nonidentical time-delayed dynamical nodes[J]. Physics Letters A, 2010, 374(25): 2539-2550.

[148] Cai S, Zhou J, Xiang L, Liu Z. Robust impulsive synchronization of complex delayed dynamical networks[J]. Physics Letters A, 2008, 372(30): 4990-4995.

[149] Liu M, Jiang H, Hu C. Finite-time synchronization of delayed dynamical networks via aperiodically intermittent control[J]. Journal of the Franklin Institute, 2017, 354(13): 5374-5397.

[150] Aghababa M P, Khanmohammadi S, Alizadeh G. Finite-time synchronization of two different chaotic systems with unknown parameters via sliding mode technique[J]. Applied Mathematical Modelling, 2011, 35(6): 3080-3091.

[151] Mei J, Jiang M, Xu W, Wang B. Finite-time synchronization control of complex dynamical networks with time delay[J]. Communications in Nonlinear Science and Numerical Simulation, 2013, 18(9): 2462-2478.

[152] Bhat S, Bernstein D. Finite-time stability of continuous autonomous systems[J]. SIAM Journal on Control and Optimization, 2000, 38(3): 751-766.

[153] Jin X, He Y, Wang D. Adaptive finite-time synchronization of a class of pinned and adjustable complex networks[J]. Nonlinear Dynamics, 2016, 85(3): 1393-1403.

[154] Li Z, Lee J. New eigenvalue based approach to synchronization in asymmetrically coupled networks[J]. Chaos, 2007, 17(4): 043117.

[155] Zhou J, Lu J, Lü J. Pinning adaptive synchronization of a general complex dynamical network[J]. Automatica, 2008, 44(4): 996-1003.

[156] Sánchez A D, López J M, Rodríguez M A. Nonequilibrium phase transitions in directed small-world networks[J]. Physical Review Letters, 2002, 88(2): 048701.

[157] Wang Y, Hao J, Zuo Z. A new method for exponential synchronization of chaotic delayed systems via intermittent control[J]. Physics Letters A, 2010, 374(19/20): 2024-2029.

[158] Zhu H, Cui B. Stabilization and synchronization of chaotic systems via intermittent control[J]. Communications in Nonlinear Science and Numerical Simulation, 2010, 15(11): 3577-3586.

[159] Gan Q. Exponential synchronization of stochastic Cohen-Grossberg neural networks with mixed time-varying delays and reaction-diffusion via periodically intermittent control[J]. Neural Networks, 2012, 31: 12-21.

[160] Gan Q, Li Y. Exponential synchronization of stochastic reaction-diffusion fuzzy Cohen-Grossberg neural networks with time-varying delays via periodically intermittent control[J]. Journal of Dynamic Systems, Measurement, and Control, 2013, 135: 061009.

[161] Gan Q, Zhang H, Dong J. Exponential synchronization for reaction-diffusion neural networks with mixed time-varying delays via periodically intermittent control[J]. Nonlinear Analysis: Modelling and Control, 2014, 19(1): 1-25.

[162] Li C, Liao X, Huang T. Exponential stabilization of chaotic systems with delay by periodically intermittent control[J]. Chaos, 2007, 17(1): 013103.

[163] Huang J, Li C, Han Q. Stabilization of delayed chaotic neural networks by periodically intermittent control[J]. Circuits, Systems, and Signal Processing, 2009, 28(4): 567-579.

[164] Huang T, Li C, Liu X. Synchronization of chaotic systems with delay using intermittent linear state feedback[J]. Chaos, 2008, 18(3): 033122.

[165] Huang T, Li C, Yu W, Chen G. Synchronization of delayed chaotic systems with parameter mismatches by using intermittent linear state feedback[J]. Nonlinearity, 2009, 22(3): 569-584.

[166] Yang X, Cao J. Stochastic synchronization of coupled neural networks with intermittent control[J]. Physics Letters A, 2009, 373(36): 3259-3272.

[167] 蔡水明. 混沌系统和复杂动力网络的间歇控制与生物网络的构建与分析[D]. 上海大学博士学位论文, 2012.

[168] Wang S, Yao H, Zheng S, Xie Y. A novel criterion for cluster synchronization of complex dynamical networks with coupling time-varying delays[J]. Communications in Nonlinear Science and Numerical Simulation, 2012, 17(7): 2997-3004.

[169] Chen L, Wu L, Zhu S. Synchronization in complex networks by time-varying couplings[J]. The European Physical Journal D: Atomic, Molecular, Optical and Plasma

Physics, 2008, 48(3): 405-409.

[170] Huang L, Wang Z, Wang Y, Zuo Y. Synchronization analysis of delayed complex networks via adaptive time-varying coupling strengths[J]. Physics Letters A, 2009, 373(43): 3952-3958.

[171] Liu X, Chen T. Synchronization of linearly coupled networks with delays via aperiodically intermittent pinning control[J]. IEEE Transactions on Neural Networks and Learning Systems, 2015, 26(10): 2396-2407.

[172] Liu M, Jiang H, Hu C. Synchronization of hybrid-coupled delayed dynamical networks via aperiodically intermittent pinning control[J]. Journal of the Franklin Institute, 2016, 353(12): 2722-2742.

[173] Khanzadeh A, Pourgholi M. Fixed-time sliding mode controller design for synchronization of complex dynamical networks[J]. Nonlinear Dynamics, 2017, 88(4): 2637-2649.

[174] 张万里. 几类复杂动力系统的有限时间和固定时间同步[D]. 西南大学博士学位论文, 2019.

[175] Zhao H, Li L, Peng H, Xiao J, Yang Y, Zheng M. Fixed-time synchronization of multi-links complex network[J]. Condensed Matter Physics; Statistical Physics; Atomic, Molecular and Optical Physics, 2017, 31(2): 1750008.

[176] Zhang W, Li C, Huang T, Huang J. Fixed-time synchronization of complex networks with nonidentical nodes and stochastic noise perturbations[J]. Physica A: Statistical Mechanics and Its Applications, 2018, 492: 1531-1542.

[177] Zhang W, Yang, X, Li C. Fixed-time synchronization of complex networks with impulsive effects via nonchattering control[J]. IEEE Transactions on Automatic Control, 2017, 62(11): 5511-5521.

[178] Ren H, Peng Z, Gu Y. Fixed-time synchronization of stochastic memristor-based neural networks with adaptive control[J]. Neural Networks, 2020, 130: 165-175.

[179] He J, Chen H, Ge M, Ding T, Wang L, Liang C. Adaptive finite-time quantized synchronization of complex dynamical networks with quantized time-varying delayed couplings[J]. Neurocomputing, 2021, 431: 90-99.

[180] Liu J, Wu H, Cao J. Event-triggered synchronization in fixed time for semi-Markov switching dynamical complex networks with multiple weights and discontinuous nonlinearity[J]. Communications in Nonlinear Science and Numerical Simulation, 2020, 90: 105400.

[181] Sun J, Liu J, Wang Y. Fixed-time event-triggered synchronization of a multilayer Kuramoto-oscillator network[J]. Neurocomputing, 2020, 379: 214-226.

[182] Zhang W, Li H, Li C, Li Z, Yang X. Fixed-time synchronization criteria for complex networks via quantized pinning control[J]. ISA Transactions, 2019, 91: 151-156.

[183] Ren H, Shi P, Deng F. Fixed-time synchronization of delayed complex dynamical systems with stochastic perturbation via impulsive pinning control[J]. Journal of the Franklin Institute, 2020, 357(17): 12308-12325.

[184] Tang H, Yue C, Duan S. Finite-time synchronization and passivity of multiple delayed coupled neural networks via impulsive control[J]. IEEE Access, 2020, 8: 33532-33544.

[185] Li X, Cao J, Daniel W. C. Ho. Impulsive control of nonlinear systems with time-varying delay and applications[J]. IEEE Transactions on Cybernetics, 2020, 50(6): 2661-2673.

[186] Chen C, Li L, Peng H, Kurths J, Yang Y. Fixed-time synchronization of hybrid coupled networks with time-varying delays[J]. Chaos, Solitons & Fractals, 2018, 108: 49-56.

[187] Khalil H, Grizzle J. Nonlinear Systems[M]. Upper Saddle River, NJ, USA: Prentice-Hall, 2002.

[188] Mei J, Jiang M, Wang X, Han J, Wang S. Finite-time synchronization of drive-response systems via periodically intermittent adaptive control[J]. Journal of the Franklin Institute, 2014, 351(5): 2691-2710.

[189] Li L, Tu, Z, Mei J, Jian J. Finite-time synchronization of complex delayed networks via intermittent control with multiple switched periods[J]. Nonlinear Dynamics, 2016, 85(1): 375-388.

[190] Jiang T, Chen F, Zhang X. Finite-time lag synchronization of time-varying delayed complex networks via periodically intermittent control and sliding mode control[J]. Neurocomputing, 2016, 199: 178-184.

[191] Xu C, Yang X, Lu J, Feng J, Alsaadi F E, Hayat T. Finite-time synchronization of networks via quantized intermittent control[J]. IEEE Transactions on Cybernetics, 2018, 48(10): 3021-3027.

[192] 张莉, 安新磊, 彭建奎. 一种新的多重权值复杂网络模型的同步分析[J]. 河南师范大学学报 (自然科学版), 2014, 42(3): 34-38.

[193] 张莉, 安新磊. 一种新的多重权值复杂网络模型的建立与同步控制[J]. 东北师大学报 (自然科学版), 2015, 47(1): 53-58.

[194] 张莉, 安新磊. 基于一种新的多重权重复杂网络模型的自适应同步研究[J]. 计算机科学, 2016, 43(11): 286-289.

[195] 刘一笑, 郝慧芳, 王雅, 等. 基于复杂网络理论的多属性权值能源贸易网络同步模型的构建[J]. 中国集体经济, 2017, 17: 46-47.

[196] 安新磊. 基于复杂网络同步的城市公共交通网络的平衡性研究[D]. 兰州交通大学博士学位论文, 2014.

[197] 吴润秀, 孙辉. 双权复杂网络数据分布优化策略[J]. 南昌水专学报, 2003, 22(2): 9-13.

[198] 兰旺森, 赵国浩. 基于双重加权网络的股票强相关性分析[J]. 数学的实践与认识, 2011, 41(13): 45-51.

[199] 王焕雄, 李喜军. 双权网络路径的最优化分析[J]. 吉林化工学院学报, 2001, 18(2): 64-66.

[200] 张莉, 沈文国, 安新磊. 一种新的多重权重复杂公交网络模型的研究[J]. 武汉理工大学学报 (交通科学与工程版), 2016, 40(1): 105-109.

[201] An X, Zhang L, Zhang J. Research on urban public traffic network with multi-weights based on single bus transfer junction[J]. Physica A: Statistical Mechanics and Its Applications, 2015, 436: 748-755.

[202] Zheng M, Li L, Peng H, Xiao J, Ren J. Finite-time synchronization of complex dynamical networks with multi-links via intermittent controls[J]. The European Physical Journal B: Condensed Matter and Complex Systems, 2016, 89(2): 43.

[203] Zhao H, Li L, Peng H, Xiao J, Yang Y, Zheng M, Li S. Finite-time synchronization for multi-link complex networks via discontinuous control[J]. Optik, 2017, 138: 440-454.

[204] Zhao H, Li L, Xiao J, et al. Parameters tracking identification based on finite-time synchronization for multi-links complex network via periodically switch control[J]. Chaos, Solitons & Fractals, 2017, 104: 268-281.

[205] Guo Y, Chen B, Wu Y. Finite-time synchronization of stochastic multi-links dynamical networks with Markovian switching topologies[J]. Journal of the Franklin Institute, 2020, 351(1): 359-384.

[206] Qin Z, Wang J, Huang Y, Ren S. Synchronization and H_∞ synchronization of multi-weighted complex delayed dynamical networks with fixed and switching topologies[J]. Journal of the Franklin Institute, 2017, 354(15): 7119-7138.

[207] Zhang X, Wang J, Huang Y, Ren S. Analysis and pinning control for passivity of multi-weighted complex dynamical networks with fixed and switching topologies[J]. Neurocomputing, 2018, 275: 958-968.

[208] Wang J, Wei P, Wu H, Huang T, Xu M. Pinning synchronization of complex dynamical networks with multiweights[J]. IEEE Transactions on Systems, Man, and Cybernetics: Systems, 2019, 49(7): 1357-1370.

[209] Zhang C, Shi L. Exponential synchronization of stochastic complex networks with multi-weights: A graph-theoretic approach[J]. Journal of the Franklin Institute, 2019, 356(7): 4106-4123.

[210] Wang J, Zhang X, Wu H, Huang T, Wang Q. Finite-time passivity and synchronization of coupled reaction-diffusion neural networks with multiple weights[J]. IEEE Transactions on Cybernetics, 2019, 49(9): 3385-3397.

[211] Li H, Hu C, Jiang Y, Wang Z, Teng Z. Pinning adaptive and impulsive synchronization of fractional-order complex dynamical networks[J]. Chaos, Solitons & Fractals, 2016, 92: 142-149.

[212] Girvan M, Newman M E J. Community structure in social and biological networks[J]. Proceedings of the National Academy of Sciences of the United States of America, 2002, 99(12): 7821-7826.

[213] 陈关荣, 汪小帆, 李翔. 复杂网络引论: 模型、结构与动力学[M]. 北京: 高等教育出版社, 2015.

[214] Gleiser P M, Danon L. Community structure in jazz[J]. Advance in Complex Systems, 2003, 6(4): 565-573.

[215] 王力, 李岱, 何忠贺. 基于多智能体分群同步的城市路网交通控制[J]. 控制理论与应用, 2014, 31(11): 1448-1456.

[216] Schnitzler A, Gross J. Normal and pathological oscillatory communication in the brain [J]. Nature Reviews Neuroscience, 2005, 6(4): 285-296.

[217] Chandler P R, Patcher M, Rasmussen S. UAV cooperative[J]. Proceedings of the American Control Society, 2001, 1-6: 50-55.

[218] Passino K M. Biomimicry of bacterial foraging for distributed optimization and con-

trol[J]. IEEE Control Systems Magazine, 2002, 22(3): 52-67.

[219] Finke J, Passino K M, Sparks A G. Stable task load balancing strategies for cooperative control of networked autonomous air vehicles[J]. IEEE Transactions on Control Systems Technology, 2006, 14(5): 789-803.

[220] Blasius B, Huppert A, Stone L. Complex dynamics and phase synchronization in spatially extended ecological systems[J]. Nature, 1999, 399(6734): 354-359.

[221] Montbrió E, Kurths J. Blasius B. Synchronization of two interacting populations of oscillators[J]. Physical Review E, 2004, 70(5): 056125.

[222] Rulkov N F. Images of synchronized chaos: Experiments with circuits[J]. Chaos, 1996, 6(3): 262-279.

[223] Stone L, Olinky R, Blasius B, Huppert A, Gazelles B. Complex synchronization phenomena in ecological systems[C]. Proceedings of the Sixth Experimental Chaos Conference, 2002, 622(1): 476-487.

[224] Jones E G, Browning B, Dias M B, Argall B, Veloso M M, Stentz A. Dynamically formed heterogeneous robot teams performing tightly-coordinated tasks[C]. IEEE International Conference on Robotics and Automation, Orlando, 2006, 1-10: 570-575.

[225] Hwang K, Tan S, Chen C. Cooperative strategy based on adaptive Q-learning for robot soccer systems[J]. IEEE Transactions on Fuzzy Systems, 2004, 12(4): 569-576.

[226] Chen L, Lu J. Cluster synchronization in a complex network with two nonidentical clusters[J]. Journal of Systems Science & Complexity, 2008, 21(1): 20-33.

[227] Wang K, Fu X, Li K. Cluster synchronization in community networks with nonidentical nodes[J]. 2009, 19(2): 023106.

[228] Wu X, Lu H. Cluster synchronization in the adaptive complex dynamical networks via a novel approach[J]. Physics Letters A, 2011, 375(14): 1559-1565.

[229] Lu W, Liu B, Chen T. Cluster synchronization in networks of coupled nonidentical dynamical systems[J]. Chaos, 2010, 20(1): 013120.

[230] Yang L, Jiang J, Liu X. Cluster synchronization in community network with hybrid coupling[J]. Chaos, Solitons & Fractals, 2016, 86: 82-91.

[231] Zhou P, Cai S, Jiang S, Liu Z. Exponential cluster synchronization in directed community networks via adaptive nonperiodically intermittent pinning control[J]. Physica A: Statistical Mechanics and Its Applications, 2018, 492: 1267-1280.

[232] Zhou P, Cai S, Jiang S, Liu Z. Adaptive exponential cluster synchronization in colored community networks via aperiodically intermittent pinning control[J]. Nonlinear Dynamics, 2018, 92(3): 905-921.

[233] Ruiz-Silva A, Barajas-Ramírez J G. Cluster synchronization in networks of structured communities[J]. Chaos, Solitons & Fractals, 2018, 113: 169-177.

[234] Jiang S, Cai G, Cai S, Tian L, Lu X. Corrigendum to "Adaptive cluster general projective synchronization of complex dynamic networks in finite time"[J]. Communications in Nonlinear Science and Numerical Simulation, 2017, 46: 161-163.

[235] Danca M. Controlling chaos in discontinuous dynamical systems[J]. Chaos, Solitons &

Fractals, 2014, 22(3): 605-612.

[236] 杨科利. 耦合不连续系统中同步集团的动力学特性研究[D]. 陕西师范大学博士学位论文, 2015.

[237] Liu X, Yu W, Cao J, Alsaadi F. Finite-time synchronisation control of complex networks via non-smooth analysis[J]. IET Control Theory and Applications, 2015, 9(8): 1245-1253.

[238] Yang X, Wu Z, Cao J. Finite-time synchronization of complex networks with nonidentical discontinuous nodes[J]. Nonlinear Dynamics, 2013, 73(4): 2313-2327.

[239] Zhang W, Yang S, Li C, Li Z. Finite-time and fixed-time synchronization of complex networks with discontinuous nodes via quantized control[J]. Neural Processing Letters, 2019, 50(3): 2073-2086.

[240] Filippov A F. Differential Equations with Discontinuous Righthand Sides[M]. Dordrecht: Springer, 1988.

[241] Aubin J P, Frankowska H. Set-Valued Analysis[M]. New York: Springer, 1999.

[242] Shi L, Zhu H, Zhong S, Shi K, Cheng J. Cluster synchronization of linearly coupled complex networks via linear and adaptive feedback pinning controls[J]. Nonlinear Dynamics, 2017, 88(2): 859-870.

[243] Aziz-Alaoui M A, Chen G. Asymptotic analysis of a new piecewise linear chaotic system[J]. International Journal of Bifurcation and Chaos, 2002, 12(1): 147-157.

[244] Chua L. Memristor-the missing circuit element[J]. IEEE Transactions on Circuit Theory, 1971, 18(5): 507-519.

[245] Strukov D B, Snider G S, Stewart D R, Williams R S. The missing memristor found[J]. Nature, 2008, 453(7191): 80-83.

[246] 缪向水, 李祎, 孙华军, 薛堪豪. 忆阻器导论[M]. 北京: 科学出版社, 2018.

[247] Rachmuth G, Poon C S. Transistor analogs of emergent iono-neuronal dynamics[J]. HFSP Journal, 2010, 2(3): 156-166.

[248] Pershin Y V, La Fontaine S, Di Ventra M. Memristive model of amoeba learning[J]. Physical Review E, 2009, 80(2): 021926.

[249] Pickett M D, Medeiros-Ribeiro G, Williams R S. A scalable neuristor built with Mott memristors[J]. Nature Materials, 2012, 12(2): 114-117.

[250] Li C, Wang Z, Rao M, Belkin D, Song W, Jiang H, Yan P, Li Y, Lin P, Hu M. Long short-term memory networks in memristor crossbar arrays[J]. Nature Machine Intelligence, 2019, 1(1): 49-57.

[251] Hu S, Liu Y, Chen T, Liu Z. Emulating the Ebbinghaus forgetting curve of the human brain with a NiO-based memristor[J]. Applied Physics Letters, 2013, 103(13): 133701.

[252] Li Y, Zhong Y, Xu L, Zhang J, Xu X, Sun H, Miao X. Ultrafast synaptic events in a chalcogenide memristor[J]. Scientific Reports, 2013, 3(1): 1619.

[253] Snider G S. Self-organized computation with unreliable, memristive nanodevices[J]. Nanotechnology, 2007, 18(36): 365202.

[254] 鲍刚. 基于忆阻递归神经网络的联想记忆分析与设计[D]. 华中科技大学博士学位论文, 2012.

[255] Ziegler M, Soni R, Patelczyk T, Ignatov M, Bartsch T, Meuffels P, Kohlstedt H. An electronic version of Pavlov's dog[J]. Advanced Functional Materials, 2012, 22(13): 2744-2749.

[256] Bichler O, Zhao W, Alibart F, Pleutin S, Lenfant S, Vuillaume D, Gamrat C. Pavlov's dog associative learning demonstrated on synaptic-like organic transistors[J]. Neural Computation, 2013, 25(2): 549-566.

[257] Hu S, Liu Y, Liu Z, Chen T, Wang J, Yu Q, Deng L, Yin Y, Hosaka S. Associative memory realized by a reconfigurable memristive Hopfield neural network[J]. Nature Communications, 2015, 6(1): 7522.

[258] Chu M, Kim B, Park S, Hwang H, Jeon M, Lee B H, Lee B G. Neuromorphic hardware system for visual pattern recognition with memristor array and CMOS neuron[J]. IEEE Transactions on Industrial Electronics, 2015, 62(4): 2410-2419.

[259] Park S, Chu M, Kim J, Noh J, Jeon M, Lee B H, Hwang H, Lee B, Lee B G. Electronic system with memristive synapses for pattern recognition[J]. Scientific Reports, 2015, 5(1): 10123.

[260] Wang L, Dong T, Ge M. Finite-time synchronization of memristor chaotic systems and its application in image encryption[J]. Applied Mathematics and Computation, 2019, 347: 293-305.

[261] Hu J, Wang J. Global uniform asymptotic stability of memristor-based recurrent neural networks with time delays[C]. The 2010 International Joint Conference on Neural Networks (IJCNN). Barcelona: IEEE, 2010: 1-8.

[262] Kosko B. Bidirectional associative memories[J]. IEEE Transactions on Systems, Man, and Cybernetics, 1988, 18(1): 49-60.

[263] Li L, Xu R, Gan Q, Lin J. A switching control for finite-time synchronization of memristor-based BAM neural networks with stochastic disturbances[J]. Nonlinear Analysis: Modelling and Control, 2020, 25(6): 958-979.

[264] Wan P, Sun D, Zhao M. Finite-time and fixed-time anti-synchronization of Markovian neural networks with stochastic disturbances via switching control[J]. Neural Networks, 2020, 123: 1-11.

[265] Zhang Z, Chen M, Li A. Further study on finite-time synchronization for delayed inertial neural networks via inequality skills[J]. Neurocomputing, 2020, 373: 15-23.

[266] Wang F, Chen B, Sun Y, Lin C. Finite time control of switched stochastic nonlinear systems[J]. Fuzzy Sets and Systems, 2019, 365: 140-152.

[267] Chen C, Li L, Peng H, Yang Y, Mi L, Wang L. A new fixed-time stability theorem and its application to the synchronization control of memristive neural networks[J]. Neurocomputing, 2019, 349: 290-300.

[268] Wei R, Cao J. Fixed-time synchronization of quaternion-valued memristive neural networks with time delays[J]. Neural Networks, 2019, 113: 1-10.

[269] Li H, Li C, Huang T, Zhang W. Fixed-time stabilization of impulsive Cohen-Grossberg BAM neural networks[J]. Neural Networks, 2018, 98: 203-211.

[270] Clarke F H, Ledyaev Y S, Stern R J, Wolenski P R. Nonsmooth Analysis and Control Theory[M]. New York: Springer, 1998.

[271] 汲高见. 不连续复杂动态网络的有限时间与固定时间同步[D]. 新疆大学硕士学位论文, 2018.

[272] Wei R, Cao J, Alsaedi A. Finite-time and fixed-time synchronization analysis of inertial memristive neural networks with time-varying delays[J]. Cognitive Neurodynamics, 2017, 12(1): 121-134.

[273] Wang L, Zeng Z, Hu J, Wang X. Controller design for global fixed-time synchronization of delayed neural networks with discontinuous activations[J]. Neural Networks, 2017, 87: 122-131.

[274] Cao J, Li R. Fixed-time synchronization of delayed memristor-based recurrent neural networks[J]. Science China: Information Sciences, 2017, 60: 032201.

[275] Lü H, He W, Han Q, Peng C. Fixed-time synchronization for coupled delayed neural networks with discontinuous or continuous activations[J]. Neurocomputing, 2018, 314: 143-153.

[276] Xu Y, Wu X, Li N, Xie C, Li C. Fixed-time synchronization of complex networks with a simpler nonchattering controller[J]. IEEE Transactions on Circuits and Systems II: Express Briefs, 2020, 67(4): 700-704.

[277] Liu X, Ho D, Xie C. Prespecified-time cluster synchronization of complex networks via a smooth control approach[J]. IEEE Transactions on Cybernetics, 2020, 50(4): 1771-1775.

[278] 公维强. 复值神经网络的动力学研究及其应用[D]. 东南大学博士学位论文, 2017.

[279] Nitta T. Solving the XOR problem and the detection of symmetry using a single complex-valued neuron[J]. Neural Networks, 2003, 16: 1101-1105.

[280] 谢东. 几类复值神经网络的动力学行为研究[D]. 湖南大学博士学位论文, 2017.

[281] Wang L, Song Q, Liu Y, Zhao Z, Alsaadi F E. Finite-time stability analysis of fractional-order complex-valued memristor-based neural networks with both leakage and time-varying delays[J]. Neurocomputing, 2017, 245: 86-101.

[282] Li X, Fang J, Li H. Master-slave exponential synchronization of delayed complex-valued memristor-based neural networks via impulsive control[J]. Neural Networks, 2017, 93: 165-175.

[283] Chen J, Chen B, Zeng Z. Global asymptotic stability and adaptive ultimate Mittag-Leffler synchronization for a fractional-order complex valued memristive neural networks with delays[J]. IEEE Transactions on Systems, Man, and Cybernetics: Systems, 2019, 49(12): 2519-2535.

[284] Liu D, Zhu S, Ye E. Synchronization stability of memristor-based complex-valued neural networks with time delays[J]. Neural Networks, 2017, 96: 115-127.

[285] Sun K, Zhu S, Wei Y, Zhang X, Gao F. Finite-time synchronization of memristor-based complex-valued neural networks with time delays[J]. Physics Letters A, 2019, 383(19):

2255-2263.

[286] Feng L, Yu J, Hu C, Yang C, Jiang H. Nonseparation method-based finite/fixed-time synchronization of fully complex-valued discontinuous neural networks[J]. IEEE Transactions on Cybernetics, 2021, 51(6): 3212-3223.

[287] Gan Q, Li L, Yang J, Qin Y, Meng M. Improved results on fixed-/preassigned-time synchronization for memristive complex-valued neural networks[J]. IEEE Transactions on Neural Networks and Learning Systems, 2021, DOI: 10.1109/TNNLS.2021.3070966.

[288] Li J, Hu M, Guo L. Exponential stability of stochastic memristor-based recurrent neural networks with time-varying delays[J]. Neurocomputing, 2014, 138: 92-98.

[289] Wang F, Chen Y, Liu M. pth moment exponential stability of stochastic memristor-based bidirectional associative memory (BAM) neural networks with time delays[J]. Neural Networks, 2018, 98: 192-202.

[290] Meng Z, Xiang Z. Stability analysis of stochastic memristor-based recurrent neural networks with mixed time-varying delays[J]. Neural Computing and Applications, 2016, 28(7): 1787-1799.

[291] Applebaum D. Lévy Processes and Stochastic Calculus[M]. Cambridge: Cambridge University Press, 2010.

[292] Imzegouan C. Stability for Markovian switching stochastic neural networks with infinite delay driven by Lévy noise[J]. International Journal of Dynamics and Control, 2018, 7(2): 547-556.

[293] Zhou W, Yang J, Yang X, Dai A, Liu H, Fang J. Almost surely exponential stability of neural networks with Lévy noise and Markovian switching[J]. Neurocomputing, 2014, 145: 154-159.

[294] Adhikari S P, Yang C, Kim H, Chua L O. Memristor bridge synapse-based neural network and its learning[J]. IEEE Transactions on Neural Networks and Learning Systems, 2012, 23(9): 1426-1435.

[295] Kim H, Sah M P, Yang C, Roska T, Chua L O. Memristor bridge synapses[J]. Proceedings of the IEEE, 2012, 100(6): 2061-2070.

[296] Hou L. Lancang-Mekong dams key in mitigating aridity[N]. China Daily. 2020-08-07, http://www.chinadaily.com.cn/a/202008/07/WS5f2caef6a31083481725 ed1c.html.

[297] Li L, Xu R, Gan Q, Lin J. Synchronization of neural networks with memristor-resistor bridge synapses and Lévy noise[J]. Neurocomputing, 2021, 432: 262-274.

彩　　图

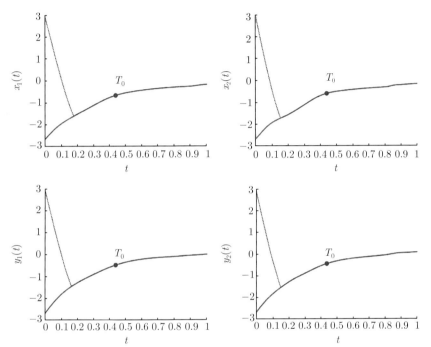

图 5-4　驱动 (初始条件为 Ψ_1) 和响应 (初始条件为 Ψ_{20}) 忆阻 BAM 神经网络系统在控制
器 (5.1.5) 下的神经元状态轨迹 (红色为驱动系统, 蓝色为响应系统)

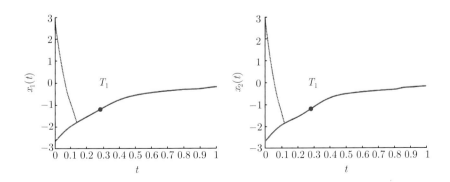

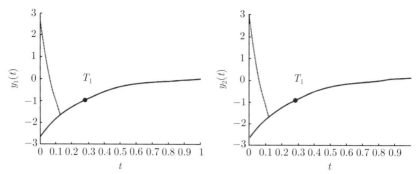

图 5-5 驱动网络 (初始条件为 Ψ_1) 和响应网络 (初始条件为 Ψ_{20}) 在控制器 (5.1.12) 下的神经元状态轨迹 (红色为驱动系统, 蓝色为响应系统)

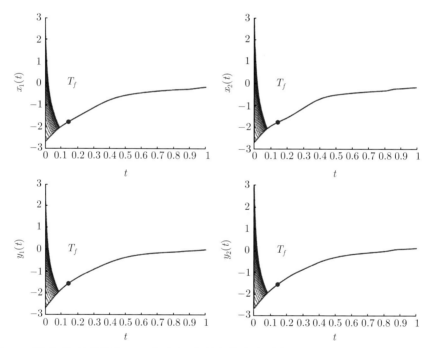

图 5-6 驱动 (初始条件为 Ψ_1) 和响应 (初始条件为分别为 Ψ_i ($i = 2, 3, \cdots, 20$) 时) 忆阻 BAM 神经网络在控制器 (5.1.24) 下的神经元状态轨迹 (红色为驱动系统, 蓝色为响应系统)

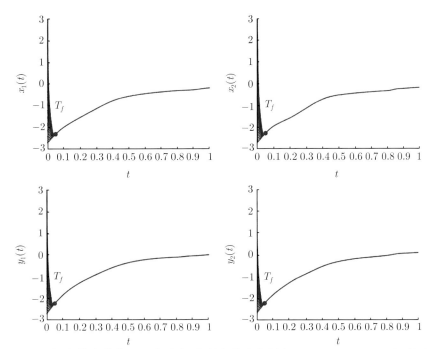

图 5-7　驱动 (初始条件为 Ψ_1) 和响应 (初始条件为分别为 Ψ_i $(i=2,3,\cdots,20)$ 时) 忆阻 BAM 神经网络在控制器 (5.1.29) 下的神经元状态轨迹 (红色为驱动系统, 蓝色为响应系统)

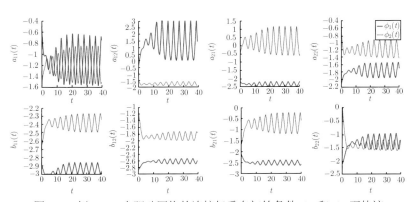

图 6-5　例 6.4.1 中驱动网络的连接权重在初始条件 ϕ_1 和 ϕ_2 下轨迹

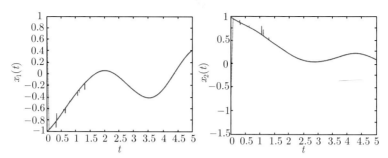

图 6-6 例 6.4.1 中驱动网络和响应网络在控制器 (6.2.1) 下的神经元状态轨迹 (红色为驱动系统, 蓝色为响应系统)

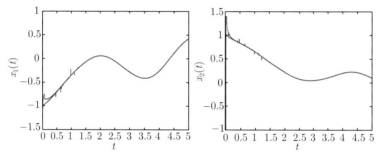

图 6-9 例 6.4.1 中驱动网络和响应网络在控制器 (6.2.1) 和 (6.3.1) 下的神经元状态轨迹 (红色为驱动系统, 蓝色为响应系统)

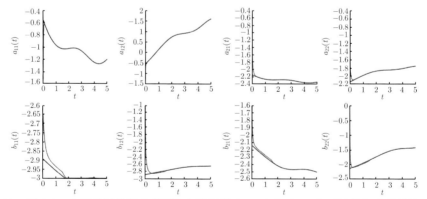

图 6-10 例 6.4.1 中驱动网络和响应网络在控制器 (6.2.1) 和 (6.3.1) 下连接权重的轨迹 (红色为驱动系统, 蓝色为响应系统)